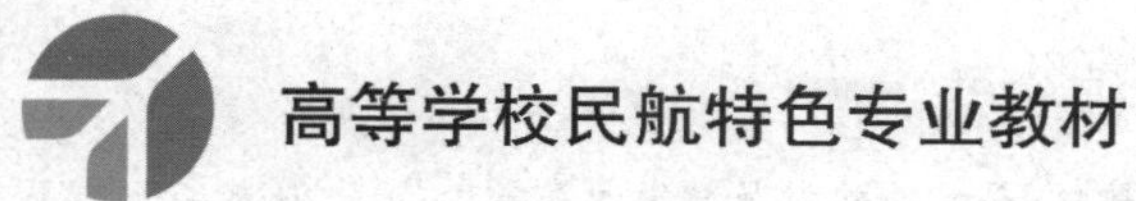

高等学校民航特色专业教材

航空运筹方法与应用

马　兰　张宝成　主编
吴　维　聂润兔　赵元棣　副主编

北京航空航天大学出版社

内 容 简 介

本书作为中国民航大学交通运输专业的基础课程教材，在专业建设及教学改革的前提下，从航空运行系统管理及优化所需的角度，介绍相关运筹学以及系统工程部分的预测、决策基本理论和方法，并结合航空运行中部分运行管理及优化案例（包含了空中交通运输系统运行规划、预测、优化、评价等所用量化优化方法和模型），帮助学生理论结合实际，提高其学习兴趣以及分析、解决实际运行优化问题的能力。

全书共分 11 章，第 1 章为绪论，介绍运筹学、系统和系统工程的内容及关系；第 2 章介绍航空运行与优化问题；第 3 章介绍空中交通运输系统线性规划问题；第 4 章介绍交通运输系统整数规划问题；第 5 章介绍空中交通进、离场排队优化问题；第 6 章介绍空中交通系统网络分析；第 7 章网络计划技术；第 8 章介绍空中交通流量管理的排队模型；第 9 章介绍空中交通系统预测；第 10 章介绍空中交通系统决策；第 11 章介绍空中交通系统综合评价。第 3～5 章、第 7～9 章以及第 11 章均有民航相关应用案例。

本教材适用于交通运输、交通管理类专业的高职高专或本科生，以及相关专业领域的专业人员。

图书在版编目(CIP)数据

航空运筹方法与应用 / 马兰，张宝成主编 ；吴维，聂润兔，赵元棣副主编. -- 北京 ：北京航空航天大学出版社，2024. 10

ISBN 978-7-5124-4248-1

Ⅰ. ①航… Ⅱ. ①马… ②张… ③吴… ④聂… ⑤赵… Ⅲ. ①运筹学－应用－航空运输－运营管理－高等学校－教材 Ⅳ. ①F560.6

中国国家版本馆 CIP 数据核字(2023)第 244986 号

航空运筹方法与应用

马 兰 张宝成 主编

吴 维 聂润兔 赵元棣 副主编

策划编辑 李 慧 责任编辑 龚 雪

*

北京航空航天大学出版社出版发行

北京市海淀区学院路 37 号(邮编 100191) http://www.buaapress.com.cn

发行部电话：(010)82317024 传真：(010)82328026

读者信箱：goodtextbook@126.com 邮购电话：(010)82316936

北京时代华都印刷有限公司印装 各地书店经销

*

开本：787×1 092 1/16 印张：19 字数：486 千字

2025 年 1 月第 1 版 2025 年 1 月第 1 次印刷 印数：1 000 册

ISBN 978-7-5124-4248-1 定价：69.00 元

若本书有倒页、脱页、缺页等印装质量问题，请与本社发行部联系调换。联系电话：(010)82317024

前　言

“运筹学”也称为“管理科学”，是应用定量的方法科学地分析、解决管理和生产运行的规划和优化的科学技术，并为决策提供依据。系统工程学是一种设计、规划、建立一个最优化系统的科学方法，是一种为了有效地运用系统而采取的各种组织管理技术的总称，包含运筹学、概率论、数理统计、数量经济学等学科，以实现系统分析、系统设计、系统预测、系统决策、系统实施、系统优化等阶段。运筹学是系统工程学的量化规划、优化的工具，可用于系统工程的各个阶段，但有时也不存在明显界限。

航空运输运行体系主要包含机场运行系统、空中交通管理运行系统和航空公司运行系统。运行管理主要包括运行设计、运行规划、运行管理、运行优化、评价、预测、决策等环节。在航空运输类院校必修的一门课程——“运筹学”中，随着教学改革的深入，对基本知识进行以应用为前提的整合是教学改革的方向。为了使课程与行业相结合，除了加入相关的运筹学基础知识及模型之外，还加入了属于系统工程范畴的预测、评价两章内容，使航空运行系统运行优化知识体系更加完善。

“运筹学”作为中国民航大学空中交通运输专业的基础课程，介绍了线性规划、对偶理论、运输问题、整数规划、动态规划、网络分析、网络计划、预测、决策、评价等基本思想与模型、算法，讨论了航空运输系统中的部分管理优化问题，并给出了解决思路和方法。教材适用于航空本科、高职高专的教学，并可作为科研参考书，同时适用于空中交通运行管理、机场运行管理、航空公司运行管理等方向的本科专业基础课。

本书主编为马兰、张宝成，副主编为吴维、聂润兔、赵元棣。在本书的编写过程中，马兰教授负责全书整体规划与统稿，以及第 1 章、第 2 章、第 5 章、第 8 章的编写工作；张宝成教授负责第 3 章的编写工作，聂润兔教授负责第 4 章的编写工作，赵元棣副教授负责第 6 章、第 7 章的编写工作，吴维讲师负责第 9 章～11 章的编写工作。同时感谢朱承元副教授、刘长有教授等同行老师的支持以及行业运行技术人员的指导。

2023.10

天津

目　　录

第1章　绪　论

航空运行运筹学中包含了运筹学基本知识和部分系统工程内容，以及部分空中交通运行系统运筹学案例。本章阐述系统、系统工程概念，运筹学与系统工程的关系。

1.1　系统和系统工程

1.1.1　系统的概念

在现实生活中，“系统”是一个被广泛使用的词。比如：人体是一个系统，人体系统是由神经、呼吸、消化、循环、运动、生殖这些子系统构成的；地球也是一个系统，地球系统由植物、动物、微生物、非微生物这些子系统构成的；交通系统是由铁路运输、公路运输、水路运输、航空运输、管道运输这些子系统构成的；一部机器是一个机器系统；一个国家、整个社会也都构成一个系统。

撇开具体形态和性质，我们可以发现，一切系统都具有以下几个共同点：

第一，系统是由两个以上的要素（Element）组成的整体（Whole）。要素是构成系统的最基本的部分，没有要素就无法构成系统，单个要素也无法构成系统。

第二，系统的诸要素之间、要素与整体之间以及整体与环境（Environment）之间存在着一定的有机联系：要素之间若没有任何联系和作用，则不能称其为系统。

第三，系统要素之间的联系与作用必产生一定的功能（Function）。功能是系统所发挥的作用或效能，且是各要素个体所不具备的功能，这种功能是由系统内部要素的有机联系和系统的结构所决定的。

由此，我们可以这样给系统下定义：系统是由相互联系、相互作用的诸要素组成的，具有一定功能的有机整体。

1.1.2　系统的特点

系统的特性主要表现为系统的整体性、相关性、目的性和环境适应性。

1. 整体性

整体性是指系统的各要素之间存在一定的组合方式，各要素之间是相互统一和协调的，系统整体的功能不是各组成要素功能的简单叠加，而是呈现出各组成要素所没有的新功能，并且一般来说，系统的整体功能大于各组成要素的功能总和。

系统整体功能大于其组成要素功能的总和，不仅体现在量的方面，更着重于质的方面。例如，一些零部件只有组装成一台机器，组成一个机器系统，才能充分发挥其功能，而单独的一个零件、一个螺丝钉没有机器的属性，是不具备机器的功能的。

比如，港口、船舶、航道等要素只有互相之间协调、配合，构成一个水运系统，才能够发挥其功能。再比如，交通管制系统是一个大系统。它由交通网、运输工具、信号控制等要素或子系统组成，只有当这些要素都很完善、配合协调的时候，才能够形成一个较好的、完善的系统。

系统的这个特性，对人类能动地改造世界有着极大的指导作用，人们总会不自觉地将相关的一些孤立的事物尽可能地组成系统，或把一些相对孤立的系统结合起来，组成更加庞大、更加复杂的系统，以便使它们获得更多的属性、更强的功能，并把某些功能和作用加以放大。比如，在工程上，人们把分散的电子计算机连接起来组成计算机网络，不仅提高了计算能力、设备的利用率与可靠性，还降低了费用，使计算机的负荷更加合理。再如，相对于自然界来说，每个人的生命是有限的，其能力也是微弱的，但是，为什么人类敢于与无限的大自然抗衡，并且成为大自然的主宰者呢？其原因就是人类不是以单个人有限的生命及微弱的能力孤立地与自然抗衡的，而是结为一个整体，形成一个系统，即组成人类社会，把分散的力量集中，并且予以充分放大后再与自然界抗衡。

但是，多个要素组合在一起的功能不一定大于部分功能之和。要使得整体的功能大于部分功能之和，组成该整体的各要素必须协调统一。

了解系统的整体性特征后，就要努力使各要素形成整体，构成系统，以获取更多、更强的功能。同时，为了提高系统的整体功能，增强系统的整体效应，必须考虑以下几个问题：

人们在认识和改造系统的时候，必须从整体出发，从全局考虑，从系统、要求、环境的相互关系中探求系统整体的本质和规律。以交通运输系统为例，构成交通运输系统的各个子系统只有统筹兼顾、保持一定的比例，才能够在动态中平衡、协调和发展。

各要素的结合要保持合理，注意从提高整体功能的角度去提高和协调要素的功能。提高要素的基本质量，是提高系统整体效能的基础。但在提高要素质量的同时，还要注意与系统相协调。比如，交通运输系统中，为了改进乘客乘车难的问题，不适当地增加车辆的数目，而在道路和调度方面没有相应的措施，就会因车辆拥挤、堵塞使问题更为严重，从而会使运输系统的效率更低。

2. 相关性

相关性说明了系统的各要素之间具有以下关系：各要素是相互联系、相互作用、相互依存，又相互制约的。系统中每个要素的存在都依赖于其他要素的存在，系统中任一要素的变化都将引起其他要素的变化乃至整个系统的变化。

各要素之间有着一定的组合关系及联系方式。比如，港口系统包含停泊位、库场、疏运、装卸等要素，这些要素之间就是一种相互作用、相互依存、相互制约的关系。整个港口的通过能力取决于泊位的通过能力、库场的通过能力、疏运系统的通过能力、装卸系统的通过能力等主要环节能力的合理组合。

再比如前面所说的交通管制系统，交通网、运输工具、信号控制等要素在这个系统中是相互关联的，通过它们之间的协调关系使交通网上的运输工具有条不紊地运行。如果各个要素各自为政，那么它们就不能组成相互协调的系统，势必会造成交通的紊乱。

了解系统中各要素之间的相关性后，就要努力建立起系统各要素之间的合理关系，以消除相互间的盲目联系和无效行动。

3. 目的性

任何一个系统都有它的目的，否则也就失去了这个系统存在的价值和意义。例如，生物系统的目的性就是增殖个体、繁衍物种、保存生命；同样，人造系统也有它的目的性，如企业的经营目的就是以最少的资源消耗取得最大的经济效益。运输系统的目的就是为国民经济的发展提供运输服务。运输系统中各运输子系统的目的就是为运输大系统的总目的服务。

了解了系统的相关性特征，就可以帮助明确系统的功能，从而进一步确定系统的结构。

4. 环境适应性

任何一个系统都存在于一定的物质环境中，环境的变化对系统的变化有很大的影响，同时系统的作用也会引起环境的变化。两者相互影响作用的结果，就有可能使系统改变或失去原有的功能。一个好的系统，必须不断地与外部环境产生物质的、能量的和信息的交换，才能适应外部环境的变化，这就是环境适应性。

以一个港口为例，如果能够经常了解同类港口和有关行业的动向，了解国家、用户和外贸的客货运要求，了解港口所处地区的工农业的发展状况、生产力的布局和产品的结构等外部环境信息，并且能够根据这些外部信息及时调整港口的战略决策，那么这个港口系统就有很好的环境适应性，就是一个理想的系统，否则就是一个没有生命力的系统，不能很好地完成系统的目的。

了解系统的环境适应性特征有助于确定系统存在的条件，想方设法创造有利条件，保证系统的生存和可持续发展。

1.1.3　系统工程

随着人类各种活动的日益多样化、复杂化和高级化，为实现人类的某些目标，往往需要大量的人与设备等资源的高度组织和配合，这种组织的集合体就是实现特定目标的人造系统或复合系统。在这样的系统中包含着人和物的多层次复杂关系，它们之间相互作用、相互影响、相互制约。如果把它们机械地凑合在一起，系统只能是个别事物的集合，丧失了应有的功能而成为一堆废物。如果将它们有机地组合起来，协调它们之间的关系，则能使系统中各元素、各部分不仅完成本身应担负的任务，还可与其他元素有效地配合，以优化的方式实现整个系统的目标。

系统工程学就是为了研究多个子系统构成的整体系统所具有的多种不同目标的相互协调，以期系统功能的最优化，并最大限度地发挥系统组成部分的能力而发展起来的一门科学。它是一种设计、规划、建立一个最优化系统的科学方法，是一种为了有效地运用系统而采取的各种组织管理技术的总称。

早在数千年前，系统工程的思想就已经在埃及的金字塔、我国的都江堰水利工程等实践中有所体现，但近代的系统工程被认为是在 19 世纪初才起源于美国的。美国的贝尔电话公司于 1940 年正式采用了“系统工程”的名称，他们在发展美国微波通信网时应用了一套系统工程的方法论，并取得了良好的结果。第二次世界大战间出现的运筹学更为系统工程奠定了理论基础，并提供了解决实际问题的有效方法。

实施系统工程的一般程序和步骤如下：

① 问题定义，通过收集有关资料和数据，提出所要解决的问题，弄清问题的本质。

② 评价系统设计，提出为解决问题所应达到的目标，并按照预期的目标提出应采取的政策、行动和控制方法。制定考核目标完成程度的评价标准。

③ 系统综合，将能够达到目标的政策、行动和控制方法综合成整个系统的概念，形成方案。

④ 系统分析，通过建立模型，对系统方案进行分析，研究各种参数、行动方案的变化对达到系统目标所产生的影响。

⑤ 最优化，精心选择系统参数和行动方案的最佳配合，寻找达到系统目标最优的方案。

⑥ 决策运作，进行系统开发。

⑦ 计划实施，将选定的最优方案付诸实施，并在实践中不断修改。

1.1.4 系统工程与运筹学

系统工程以多种专业的科学技术为基础，综合了工程技术、运筹学、应用数学、社会科学、控制论、信息论、管理科学、计算机科学等专业的学科内容。系统工程把各门学科的技术从横向的方向联系起来，综合加以运用，形成了一门新的学科。其主要的技术内容包含 5 个方面：运筹学、概率论与数理统计、数量经济学、技术经济学、管理科学。

运筹学与系统工程的关系极为密切，它是系统工程的主要理论基础。早期的有关系统工程理论的教科书大多都以教授运筹学为其主要内容，尽管 20 世纪 90 年代以后，系统工程中结构化模型技术、系统分析、系统评价、系统仿真等技术已发展得较为成熟而自成系统，但运筹学的各个分支（如数学规划、网络分析、库存论、排队论、决策论、对策论等）仍然是处理系统优化的主要技术手段。

总之，如果说系统学是为了科学地、大规模地改造世界而提供基础理论的话，那么运筹学、概率论与数理统计、数量经济学、技术经济学、管理科学则是为科学地、大规模地改造世界而提供一般的最优化方法及科学的管理工具，而系统工程则是从宏观的角度为科学地、大规模地改造世界提供组织管理技术和方法。

就广义的理解，运筹学与管理科学、系统科学/系统工程、工业工程/工程管理、运作管理等彼此都有着密切的联系，甚至在一些国家和地区，运筹学与管理科学以及系统工程都没有明确的区分。

1.2 运筹学

1.2.1 运筹学的诞生

尽管原始的运筹学思想起源可以追溯到古代的军事战争中，但真正意义上的运筹学，一般认为是诞生在第一次世界大战初期。1935 年，德国的空中力量对英国构成了越来越严重的威胁，当时英国一项迫切的任务就是如何把极其紧缺的资源更为有效地应用于军事活动中，因此，军事部门集中了一大批各学科的专家，研究用科学的方法处理各种军事战略和战术上的问题。1940 年，英国最早成立了从事军事“作业研究”（operational research）或“运作分析”的研究小组，被称为“Blackett 马戏团”的研究小组。该研究小组由曼彻斯特大学教授 P. M. S. Blackett 领导。该运筹小组由 3 位生理学家、两位数学物理学家、一位天体物理学家、一位陆军军官、一位测量员、一位普通物理学家和两位数学家组成，并由此初步形成了现代意义上的运筹学。1942 年，加拿大皇家空军也组织了 3 个研究小组，并采用运筹学思想来为战争服务。同年，在美国也出现了类似的研究组织，并将他们的工作命名为“Operations Research”。这些军事运筹研究小组的工作从雷达系统的运行开始，在战斗机群的拦截战术、空军作战的战术评价、建立有效的空防预警系统、反潜战中深水炸弹的效能、护航舰队保护商船队的编队等问题上都起到了十分重要的作用，对英美等国赢得英伦三岛空战、太平洋岛屿战以及北大西洋战争的胜利都做出了重要的贡献。由前面可以看出，当时的运筹学主要是为了应对日益紧迫的战争问题，但却为战争的胜利做出了不可磨灭的历史性贡献。

1.2.2 运筹学的发展

1939年，苏联的JI. B. K(анторович)基于其对生产组织的研究，写成了《生产组织与计划中的数学方法》一书，是最早将线性规划应用于工业生产问题的经典著作。1944年，J. Von Neumann与O. Morgenstern的《对策论与经济行为》一书出版，标志着公理化对策论的形成，其也为近代决策效用理论奠定了数学基础。1946年，Von Neumann等人在电子计算机上模拟了中子连锁反应，并称之为Monte-Carlo方法(也称随机模拟法)。1947年，G. B. Dantzig提出了单纯形方法，使得线性规划迅速成为一个独立的分支。1948年，英国运筹学会成立。第二次世界大战结束后，美英各国不但在军事部门继续保留了运筹学的研究核心，而且在研究人员、组织的配备及研究范围和水平上，都得到了进一步的扩大和发展，同时运筹学方法也向工业等部门扩展。随着战后社会的发展与经济的繁荣，很多从事军事运筹学研究的科学家转向工业经济发展等新的领域。

1949年，著名的兰德公司成立。1950年，英国的*Operational Research Quarterly*(后更名为*Journal of the Operational Research Society*)创刊。1950年，P. M. Morse和G. E. Kimball出版了对战时整个运筹学方面的作业给出系统专业叙述的著作《运筹学方法》(*Methods of Operations Research*)。同年，H. W. Kuhn与A. W. Tucker提出了Kuhn－Tucker条件，标志着非线性规划理论的初步形成。T. C. Koopmans考虑了生产和分配效率分析中的多目标优化，引进了有效解的概念并得到某些结果，为多目标优化分支奠定了初步基础。

1952年5月，美国运筹学会成立，并创刊*Operations Research*。1953年，D. G. Kendall发表的排队论经典论文，标志着现代排队论分支的形成。R. Bellnan提出动态规划并阐述了最优化原理。L. S. Shaply研究了Markov决策过程。J. Kiefer首次提出优选的分数法与0.618法(黄金分割法)。1954年，美国的*Management Science*与*Naval Research Logistics Quarterly*(后更名为*Naval Research Logistms*)创刊。1956年，法国运筹学会成立，开创刊*Revue Francaise de Research Operationnelle*(后更名为*RAIRO:Research Operationnelle*)。德国的*Unternehmensforchung*创刊(1972年更名为*Zeitschrift fur Operations Research*，1996年又更名为*Mathematical Methods Operations Research*)。同年，L. R. Ford Jr.与D. R Fulkerson提出并解决了网络最大流问题。1957年5月，日本运筹学会成立，并创刊*Journal of the Operations Research Society of Japan*，1958年，美国杜邦公司在生产中首先运用CPM(关键路线法)，同时，PERT(计划评审技)也独立地在美国海军北极星潜艇项目中开始发展起来。1959年，国际运筹学联合会正式成立。

到20世纪50年代末，很多标准的运筹学方法(如动态规划、排队论、库存论等)都已发展成熟。促使这一时期运筹学蓬勃发展的另一因素是计算机技术的发展，因为运筹学中的很多复杂问题需要大量的计算，这些计算全部用手工进行处理是根本不可能的。因此，能够快速处理大量计算任务的电子模拟计算机大大促进了运筹学的迅速成长和发展。

运筹学引进中国是在20世纪50年代中期。1957年，经中国科学院力学研究所所长钱学森的倡导，由许国志领导的国内第一个运筹学研究组在该所成立。从此在我国开始了现代运筹学的研究。后来，包括华罗庚在内的一大批中国学者在运筹学的推广和应用中做了大量工作，并取得了出色成绩，在世界上也产生了一定的影响。1980 年中国数学会运筹学会成立（后于 1991 年升为独立的一级学会——中国运筹学会），1982 年创办了我国第一份运筹学专业期刊《运筹学杂志》（1997 年更名为《运筹学学报》），1992 年该学会的另一份刊物《运筹与管理》创刊。

经过几十年的发展，目前的运筹学专业已成为一个门类齐全、理论完善、有着重要应用前景的综合性、交叉性学科。

1.2.3 运筹学研究的基本特征和基本方法

英国运筹学会曾经对运筹学给出如下定义：运筹学是运用科学的方法，解决工业、商业、政府和国防事业中，由人、机器、材料、资金等构成的大型系统管理中所出现的复杂问题的一门学科。它的一个显著特点是科学地建立系统模型和评价体系，预测和比较不同的决策策略与控制方法面对各种机会与风险得到的各种结果。其目的是帮助管理者科学地确定其政策和行动。

美国运筹学会给出了一个更为简洁的定义：运筹学是一门在紧缺资源的情况下，如何设计与运行的一门管理科学。

P. M. Morse 和 G. E. Kimball 对运筹学的定义是为决策机构在对其控制下的业务活动进行决策时，提供以数量化为基础的科学方法。

中国大百科全书对运筹学的定义是用数学方法研究经济、民政和国防等部门在内外环境的约束条件下合理分配人力、物力、财力等资源，使实际系统有效运行的技术科学，它可以用来预测发展趋势，制定行动规则或优选可行方案。

此外，在一些教科书中还有其他一些定义，如"运筹学是一门应用科学，它广泛应用现有的科学技术知识和数学方法，解决实际中提出的专门问题，为决策者选择最优决策提供定量依据。"。

从这些定义不难看出，运筹学具有如下几个明显的特点：

① 以研究事物内在规律，探求把事情办得更好的一门管理科学；

② 在有限资源条件下，研究人-机系统各种资源使用优化的一种科学方法；

③ 通过建立系统的数学模型，进行定量研究的一种分析方法；

④ 是多学科交叉，解决系统总体优化的系统方法；

⑤ 是解决复杂系统活动与组织管理中出现的实际问题的一种应用理论与方法；

⑥ 是评价、比较决策方案优劣的一种数量化决策方法。

总之，科学性、综合性、系统性和实践性是运筹学这门学科的 4 大特点。当然，运筹学也有其自身的弱点和局限性，主要问题是在建立数学模型时，为了能够进行数学上的处理，常常要对实际情况进行简化或假设。因此，如果这种简化超过一定程度，假设过于失真，就会使模型偏离实际甚远，从而失去它的实用价值。

此外，运筹学的研究对象主要是那些"结构良好"的问题，使用的理性工具是为定量描述而引入的数学模型，通常所追求的是最优解。而在面对现实中那些"结构不良"的问题时，其局限性就逐步暴露出来了。这个尖锐的问题导致了运筹学的一个重要发展方向——软化，即开始于英国学者Cheekland的"软运筹学"。"软运筹学"研究的是议题，即在社会发展的现实过程中，人们不断"构建"的、本身存在争议的问题，甚至是一团乱麻似的堆题(问题堆)。使用的理性工具除了数学模型外，还包括为理清思路而引入的概念模型，追求的是满意解或可行且满意的行动。目前，"软运筹学"尚处于探索的初始阶段，各种观点纷纭杂沓。

任何一门学科从研究范畴上都大致可分为以下4个方面：从观察现象所得到的结果和进行这种观察所需要的特殊方法；理论或模型的建立；将理论与观察相结合并从结果中得到预测；将这些预测同新的观察相比较加以证实。运筹学也不例外，围绕着模型的建立、修正与实施，对上述4个方面的研究可划分为以下6个步骤。

① 分析和表述问题

任何决策问题进行定量分析前，先必须认真地进行定性分析。一是要确定决策目标，明确主要决策什么，选取上述决策时的有效性度量，以及在对方案比较时这些度量的权衡；二是要辨认哪些是决策中的关键因素，在选取这些关键因素时存在哪些资源或环境的限制。分析时往往先提出一个初步的目标，通过对系统中各种因素和相互关系的研究，使这个目标进一步明确化。此外还需要同有关人员进一步讨论，明确有关问题的过去与未来，问题的边界、环境以及包含这个问题在内的更大系统的有关情况，以便在对问题的表述中明确要不要把整个问题分成若干较小的子问题。在上述分析的基础上，可以列出表述问题的各种基本要素，包括哪些是可控的决策变量，哪些是不可控的变量，确定限制变量取值的各种工艺技术条件，以及确定优化和对方案改进的目标。

② 建立模型

模型是对现实世界的事物、现象、过程或系统的简化描述或其部分属性的模仿，是对实际问题的抽象概括和严格的逻辑表达。模型表达了问题中可控的决策变量、不可控变量、工艺技术条件及目标有效度量之间的相互关系。模型的正确建立是运筹学研究中的关键一步，对模型的研制是一门艺术，它是将实际问题、经验、科学方法三者有机结合的一项创造性的工作。

建立模型的好处，一是使问题的描述高度规范化，掌握其本质规律。如管理中，对人力、设备、材料、资金的利用安排都可以归纳为所谓资源的分配利用问题，可建立起一个统一的规划模型，而对规划模型的研究代替了对一个个具体问题的分析研究；二是建立模型后，可以通过输入各种数据资料，分析各种因素同系统整体目标之间的因果关系，从而确立一套逻辑的分析问题的程序方法；三是建立系统的模型为应用电子计算机来解决实际问题架起桥梁。建立模型时既要尽可能地包含系统的各种信息资料，又要抓住本质的因素。一般建模时应尽可能地选择建立数学模型，即用数学语言描述的一类模型。但有时问题中的各种关系难于用数学语言描绘，或问题中包含的随机因素较多时，也可以建立起一个模拟的模型，即将问题的因素、目标及运行时的关系用逻辑框图的形式表示出来。

③ 求解模型和优化方案

即用数学方法或其他工具对模型求解。根据问题的要求，可分别求出最优解、次最优解或满意解；依据对解的精度的要求及算法上实现的可能性，又可区分为精确解和近似解等。

④ 对模型和由模型导出的解进行检验

将实际问题的数据资料代入模型，得出的精确解或近似解即为模型的解。为了检验得到的解是否正确，常采用回溯的方法，即将历史的资料输入模型，研究得到的解与历史实际的符合程度，以判断模型是否正确。当发现有较大误差时，要将实际问题同模型重新对比，检查实际问题中的重要因素在模型中是否已考虑，检查模型中各公式的表达是否前后一致，当输入发生微小变化时检验输出变化的相对大小是否合适，当模型中各参数取极值时检验问题的解，还要检查模型是否容易求解，并在规定时间内算出所需的结果等，以便发现问题进行修正。

⑤ 建立起对解的有效控制

任何模型都有一定的适用范围，模型的解是否有效，首先要注意模型是否继续有效，并依据灵敏度分析的方法，确定最优解保持稳定时的参数变化范围。一旦外界条件参数变化超出这个范围时，须及时对模型和导出的解进行修正。

⑥ 方案的实施

这是很关键但也是很困难的一步。只有实施方案后，研究成果才能有收获。这一步要求明确：方案由谁去实施，什么时间去实施，如何实施，要求估计实施过程可能遇到的阻力，并为此制定相应的克服困难的措施。

上述步骤往往需要交叉反复进行。因此在运筹学的研究中，除对系统进行定性分析和收集必要的资料外，一项主要工作是努力去建立一个用以描述现实世界复杂问题的数学模型。这个模型是近似的，它既精确到足以反映问题的本质，又粗略到足以求出数量上的解。本书中介绍的各类模型的例子都是经过大幅简化了的，只能用于帮助理解各类模型。若要较深刻地领会各类模型的建模过程，必须通过对实际问题的研究分析，才能掌握运筹学研究问题的科学方法和艺术。

1.2.4 运筹学的主要分支

运筹学是由解决不同领域优化问题的理论与方法构成的，其主要分支如下：

① 规划论。这是运筹学的一个主要分支，包括线性规划、非线性规划、整数规划、目标规划、动态规划等。它是在满足给定约束条件下，按一个或多个目标来寻找最优方案的数学方法，其应用领域十分广泛，在工业、农业、商业、交通运输业、军事、经济计划和管理决策中都可以发挥重要作用。

② 图论与网络优化。图是研究离散事物之间关系的一种分析模型，具有形象化的特点，因此更容易为人们所理解。由于求解网络模型已有成熟的特殊解法，它在解决交通网、管道网、通信网等方面的优化问题具有明显的优势，因此其应用领域也在不断扩大。最小支撑树问题、最短路问题、最大流、最小费用流问题、中国邮递员问题、旅行商问题、网络计划等都是网络优化中的重要组成部分，而且应用也十分广泛。

③ 排队论。这是一种研究公共服务系统运行与优化的数学理论与方法，通过对随机服务现象的统计研究，找出反映这些随机现象的平均特性，从而研究提高服务系统水平和工作效率的方法。

④ 决策论。决策论是为了科学地解决带有不确定性和风险性决策问题所发展的一套系统分析方法，其目的是为了提高科学决策的水平，减少决策失误的风险，主要应用于经营管理工作的高中层决策中。

⑤ 库存论。库存论又称存贮论，是研究经营生产中各种物资应在什么时间、以多少数量来补充库存，才能使库存和采购的总费用最小的一门学科，在提高系统工作效率、降低产品成本上有重要作用。

⑥ 对策论。对策论又称博弈论，是一种研究在竞争环境下决策者行为的数学方法。在社

会政治、经济、军事活动中,以及日常生活中都有很多竞争或斗争性质的场合与现象。在这种形势下,竞争双方为了达到各自的利益和目标,必须考虑对方可能采取的各种行动方案,然后选取一种对自己最有利的行动策略。对策论就是研究双方是否都有最合理的行动方案,以及如何确定合理行动方案的理论与方法。

⑦ 预测。预测又称科学预测,是人类根据特定条件,对事物的演化进行预先估计和推断,是一种数量化表述为特征的预见或预言。在系统工程的工作中,在对一个系统做出规划、设计,或进行分析、改造时,都需要对系统的过去和现状进行深入、充分的研究,对系统各种可行方案进行对比分析,并进行系统评价和优化。但是这些工作需要在预测的基础上进行,即对影响系统的某些因素或系统的发展趋势进行推断和估计,从而尽早地采用相应的措施,使系统沿着有利的方向发展。

此外,运筹学中还包括了模拟/仿真理论、可靠性理论、组合优化、搜索理论、最优控制理论等,甚至还有模糊系统理论、管理信息系统/决策支持系统、人工智能理论与技术等来自其他学科的思想方法。

思考题

1.1 说明系统、系统特性。

1.2 叙述系统工程及其研究的特性。

1.3 说明运筹学的定义及主要分支。

1.4 运筹学研究的基本特征、方法及步骤是怎样的?

1.5 系统工程与运筹学的关系是怎样的?

第2章 航空运行与优化问题

2.1 空中交通系统的组成

空中交通系统是一个以机场、航空公司和空中交通管理部门为主体的复杂运行系统，主要功能是提供高效、安全的航空运输服务，以达到准点运行、高服务质量以及取得巨大的社会效益和经济效益。

空中交通管理部门是空中交通指挥和生产调度的安全保障部门。空中交通管理部门向航空公司和机场提供航行情报、航路气象信息和通信服务，并对空中交通实行流量控制。任何航空公司的飞机从关闭舱门起飞到降落的整个过程，选择或更改航路都必须得到空中交通管理部门的预先许可。空中交通管理部门是整个交通运输系统的中枢神经系统，对整个系统的安全运营至关重要。空中交通管理还有一个重要的职能，即规划、搭建、维护航空运输网络，包括航路网、航线网、终端区、通信系统、导航系统、监视系统等，保证空中交通系统安全、高效地运行。

机场是空中交通系统网络的节点，是飞机起降、停靠、上下旅客、装卸货物、加油和维护修理的场所。机场负责飞行区跑道、机坪、灯光和净空区的维护和检查，负责机坪运作的组织和协调，为航空公司提供飞机起降与客货过港服务，并直接向航空公司收取一定的服务费用。现代化机场，尤其是枢纽机场，它的运行、管理及维护是一个非常复杂的系统工程，其管理不仅直接和空中交通管理、航空公司运行相关，还间接涉及政府机构、地面服务公司、周边产业、地面公共交通等。

航空公司是空中交通系统的主体，航空运输服务是航空运输产业的核心业务。航线组成了航空运输网路，航空公司通过飞行航线把各机场的节点连接起来。航空公司的主要职能是保障航空器的安全，销售客货运力，组织客货源，保证客货在既定时间内、既定空间上的快速移动。航空公司一方面是航空运输产品的供给方（旅客、货主是产品需求方），另一方面又是机场服务、空管服务、油料、航空信息、飞机维修等航空保障和延伸服务的直接需求者。

空中交通系统是建立在地、空、通信、导航、监视一体化基础上的高科技复杂运行体系，也是一个高投入、高成本的系统，对安全性、经营方式、运行模式、运行时间、财务等都很敏感，风险性较大。空中交通系统还有一个重要特征就是全球一体化，运行速度快、跨度大、范围广。因此，民航系统无论是从设计、规划，还是运行管理，都要求具有系统、精准的科学管理和优化方法。

2.2 机场系统

机场，也称飞机场、空港，或者航空站，是专供飞机起降活动的飞行场。除了跑道之外，机场通常还设有空中交通运行管理的设备和场所，如塔台、通信导航和监视设施；航空公司所用停机坪、维修厂等设施，以及面向旅客群体的公共服务、地面的交通枢纽设施等。

机场既是飞机行程中的各航段的经停点，也是起始端点。其功能，简而言之是能让飞机着陆和起飞；在飞机着陆后到起飞前，根据要求，还能装卸货物和上下旅客、机组人员，并进行各种服务。

2.2.1　机场系统的结构、功能和工作内容简介

从机场系统(以下简称为机场)结构来讲，通常把机场划分为空侧功能和陆侧功能(见图 2-1)。

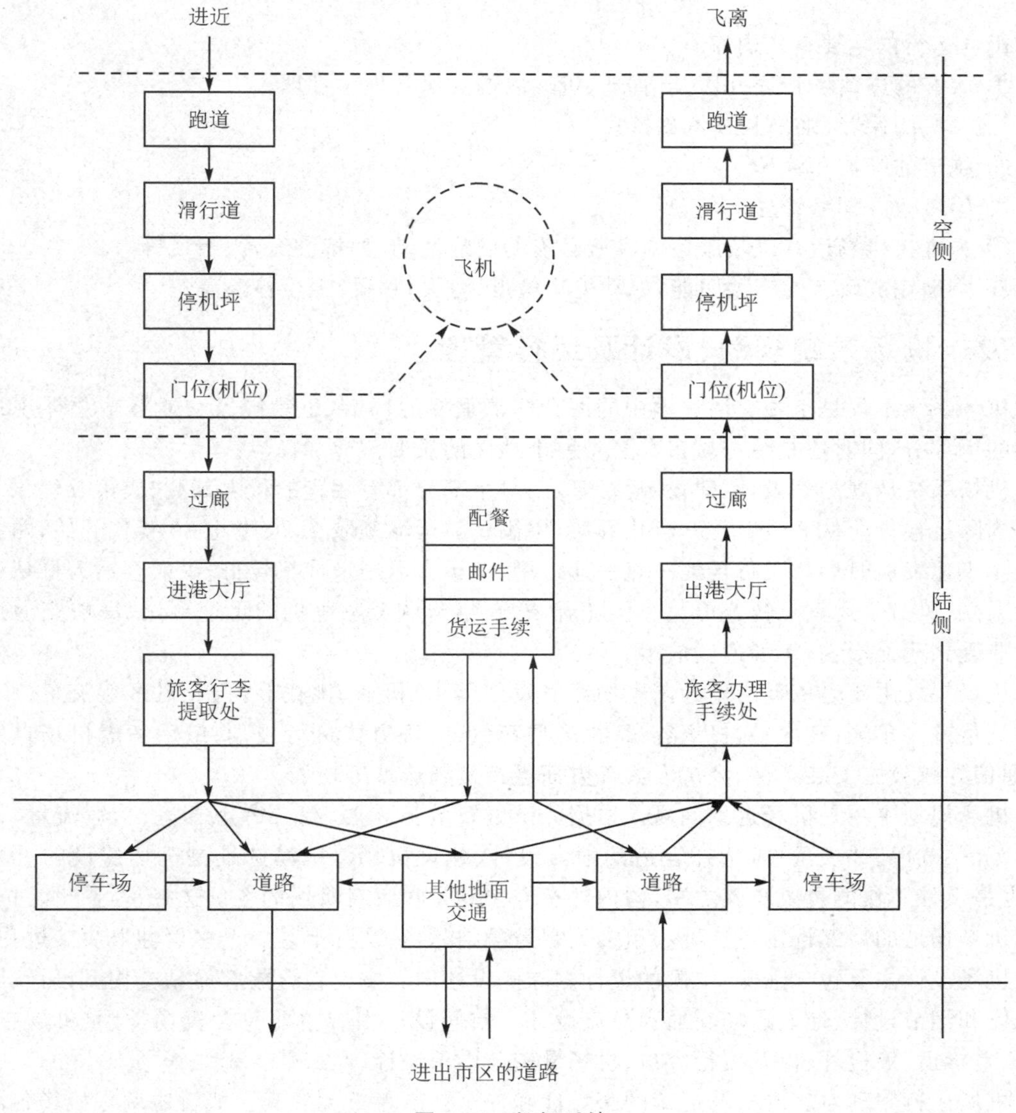

图 2-1　机场系统

空侧主要负责飞机的起飞和降落，其结构主要有跑道、停机坪、滑行道、登机口场地和所用设施等。陆侧则主要完成旅客或货物的进离场主要有旅客值机、安检、旅客货物提取、旅客公共服务以及与公共交通运输等功能及场所、设施。

机场的主要功能有：

① 根据运行要求提供符合机场大小和繁忙程度的机场跑道；

② 能安全载运旅客、货物，同时能为旅客提供舒适的服务；

③ 能对飞机进行维护和补给。

④ 能让旅客、货物顺利抵达附近城市的市中心（或是由市中心抵达机场）；

⑤ 对于国际机场，则必须设有出入境管理、通关和检疫等相关的部门；

⑥ 为空中交通管制部门和航空气象部门提供通信、导航、监视、气象雷达等航空保障设施。

机场运行的主要工作内容有：

① 旅客的进离场管理、出入境管理、机场内的安保管理等管理；

② 飞机的保养、维修和技术支持；

③ 跑道的维护和管理；

④ 停机位分配和管理；

⑤ 为维持机场运营以及服务旅客所必需的商业活动（如特许经营、租赁等）；

⑥ 协助完成政府的有关职能，如动植物检疫、海关、移民、卫生检疫等。

2.2.2 机场系统规划、设计及运行管理

机场系统不仅是空中交通运输中的一个非常重要的环节，也是国家交通运输总体规划中重要的一部分，同时还是一个城市甚至是一个地区的重要门户和窗口。

机场系统从规划到设计、建设、运行管理，每个部分都有相应的科学预测、决策及优化等问题。国际运输行业从 20 世纪 50 年代开始，中国民航运输领域从 20 世纪 80 年代开始，两者一直处于飞速发展时期。飞行场地一直快速地增长、扩大以至形成机场群；民航客运人群从少数变为大众；民航货运量也快速增长。但随着 2020 年全球金融危机的迅速蔓延，民航交通运输各企业受到明显影响，发展速度放缓。

机场规划主要是依据当地和国家的经济发展需求、机遇、挑战等，首先对客货流量、成本、交通流量进行预测；其次，对机场容量、机场群容量、管理方式进行规划；最后考虑机场自然条件、通信导航设施安装条件、经济发展等方面进行机场选址等规划。

机场规划主要是机场选址问题。根据经济以及政治需要，综合考虑客运、货运流量、机场覆盖范围、气象、地理条件，选择合适的地点设计、建设机场。机场选址是机场建设的首要环节，也是设计工作的重要步骤之一，国内外有许多专家学者对机场的场址选择进行了探讨与研究。机场场址的最终选定是选址小组多人智慧的结晶，这实际上是一个多属性群决策过程。

机场设计主要包含陆侧、空侧的设计。陆侧设计内容主要包含旅客航站楼构型设计、航站楼总体和细节设计、地面进场交通和分流设计。空侧设计内容主要包含机场类别、机场布局、跑道、滑行道、停机坪、以及飞行容量、机场覆盖范围等设计。

机场运行管理对实现机场运营的高效性和安全性有着重大意义。能否协调好机场各部门之间、与空管部门、航空公司的协作对机场的效率和服务质量的提升有至关重要的作用。

机场运行管理主要包括：场面监控、登机口指派、滑行路径管理等，要求有各种专门的机场运行管理部门来管理复杂的局面。例如，安检部门、安保部门、机场现场指挥部门、应急处理部门等。

登机口指派问题通常在三个层面进行。第一个层面，地面管制人员会根据航班时刻检查是否有足够的登机口来接受航班；第二个层面，航空公司调度人员会在航班飞行的前一天制定出航班计划；第三个层面，由于航班延误、恶劣天气、机械故障等造成航班不正常时，或者需要机务维护时，航空公司会根据情况随时更改每日的航班计划。登机口分配问题也属于运筹学的研究范畴，航空公司一般会从旅客的角度来分析这个问题，即如何使旅客的步行距离最短。因此我们可以将登机口问题定义如下：在已知登机口和航班数量、各登机口之间的距离、中转旅客人数等信息的前提下，将航班合理分配至相应登机口，使中转旅客的步行距离最短。

滑行路径问题：空中交通的持续增长导致空域拥挤，从而造成大面积的航班延误。在机场跑道多种组合运行方式下，机场场面交通也变得拥挤和复杂，能否解决好滑行路径问题，直接关系到航空器平均滑行时间和航班的延误状况，甚至关系到航空安全。滑行路径管理和分配是以机场现有的滑行道资源和将要起飞和降落的航空器滑行时刻进行匹配，实现航空器无冲突和按最短路径滑行。

2.3　航空公司

航空公司(Airlines)是指以各种航空飞行器为运输工具，以空中运输的方式运载人员或货物的企业。

航空公司的飞行运行管理对保障航空公司的安全、正点和效益具有不可或缺的作用，良好的运行管理给航空公司带来的不仅仅是安全和效益，还将提升航空公司的市场竞争力及持续发展力。飞行运行管理主要包括：航班时刻编制、机型分配、飞机航线调配、机组排班、枢纽机场选择、航班衔接等优化管理任务。

1. 航班时刻编制

航班时刻编制是航空公司一切计划和运营活动的基础，航班时刻确立了航空公司飞行的航线以及飞行的时间。航空公司对航班的安排是基于对市场需求的预测、现有飞机的运营特点、现有人力资源的情况、政府规章以及竞争对手的状况等。

在编制航班时刻时必须考虑航空公司具体的运营情况，由于大量变量的存在，时刻编制的数学模型也因此变得非常复杂。正因如此，用数学模型来解决整个航班时刻的编制问题几乎是不可能的，所以航空公司将时刻编制的过程分解成几个大模块，几乎涉及公司的各个职能部门。飞行时刻编制过程分解成子模块后，问题的复杂程度得以降低。然而这一方案也存在一定的弊端，即各模块的解决方案对整个航空公司的整体运营而言并不是最佳的方案。要解决这个难题需要在航班编制过程中设立一个反馈系统，即如果整个方案与各模块的解决方案出现冲突则立即修改航班时刻直到问题全部解决。

2. 机型分配

制定了航班时刻和相应的航线网络之后，下一步工作就是为时刻表中每一个航班确定合适的机型。机型分配是将机队中的机型与时刻表中航节相匹配的过程，需要指出的是，在此阶段考虑的只是机型而不是某一架具体飞机。机型分配的目的是在满足目标优化函数及各种运营约束条件情况下，将时刻表中的航段尽可能多地分配给一种或多种机型。

一般有多种机型参与航空公司的运营,每个机型的特点和成本有所不同,如座位数、着陆质量、机组、机务维护和油耗等。为了降低维护成本,航空公司在做机队规划时通常会尽量减少机型的种类。机队多样化使航空公司为每种机型都要配有相应的机组和机务维护人员,制订不同的维护计划,因而当飞机发生故障时,飞机替代的灵活性降低。

3. 飞机航线调配

机型分配问题确定了航线网路中机型的安排,但它没有解决哪个航节由机队中的哪架飞机来执行的问题。飞机航线调配就是要将机队中的每一架飞机指派到相应的航节上。飞机航线调配问题的主要目的之一是在满足下列条件的前提下,使航线网络收入最大化或运营成本最小化。

① 航班覆盖:每个航节必须只有一架飞机覆盖。

② 飞机使用均衡:每架飞机的使用率必须是均衡的。

③ 维护要求:航空公司所运营的机场不是都具备对各种机型的维护检修能力。航空公司一般在他们的枢纽机场设有不同机型的维修基地,保证维修就是要使飞机在航线网络各点飞行时能在正确的基地和正确的时间里得到所需的维修。

4. 机组排班

机组总成本是继航油成本之后航空公司的第二大成本项目,其中包括人员工资、福利以及机组费用。与燃油成本不同的是,大部分的飞行机组费用是可以控制的。通过机组排班就可以将机组费用减少几个百分点,进而每年可以为航空公司节省成千上万美元的开支,它将直接影响航空公司最终的盈利水平。

机组排班是一个需要大量计算工作的综合性问题,计算十分复杂,所以机组排班一般分为两个步骤,即机组配对和机组轮班。

5. 枢纽机场选择

中枢辐射航线网络是航线网络规划中非常重要的一种网络构形,其显著的特点是非枢纽机场之间的客源通过枢纽机场中转来体现规模经济效应。构建中枢辐射航线网络时枢纽机场的选择意义重大,枢纽机场的选择是航空公司长期的战略决策。当旅客和货物的吞吐量达到一定规模时,我们称之为大型机场,此时该机场就可以作为枢纽机场的备选机场。航空公司构建自己的中枢辐射航线网络时,选择新增建立一个枢纽机场,或要取消已有的枢纽机场,都要消耗大量的时间和费用,而非枢纽机场与枢纽机场的连接改变,花费相对较少。因此航空公司筹建中枢辐射航线网络时,要慎重地选择枢纽机场。可以先确定枢纽机场的位置,在一些备选机场中选择几个机场作为自己中枢辐射航线网络的枢纽,通过一系列的指标(如市场预测、自身所占的份额以及建设枢纽机场所需的前期投入等),预测该机场作为枢纽机场能给航空公司带来的效益值,然后选择多个使总效益最大的机场作为自己的枢纽机场。

6. 航班衔接表编制

编制航班衔接表是航空公司制订日常生产计划的基础。所谓航班衔接就是将本航空公司的一个到港航班与另一个离港航班衔接起来,生成若干个“航班串(through)”。在此基础上生产调度人员为每个航班串指派执行的飞机(即飞机指派问题)和空勤机组(即机组指派问题)。

目前在国内的各航空公司里,编制航班衔接表的工作主要依靠人工形式,衔接表的质量取决于生产调度人员的经验。航班规模变大后该项工作就难以靠人工完成了，为了能运用计算机完成该项工作，首先需要提出描述航班衔接问题的数学模型及算法。

在航空公司的日常运营中，航班衔接方案是一个多目标优化问题，除了使所需飞机数最少外，还须综合考虑飞机的适航限制及维护计划限制，空勤机组的作业时间限制等问题。

2.4　空中交通管理

2.4.1　空中交通管理的组成

空中交通管理的基本任务是组织和管理航空器在空域中运行，为飞行人员提供必要的情报和信息，保障空中交通的安全和通畅，使空中交通有序地、高效率地运行。

空中交通管理(air traffic management，ATM)从功能上可划分为三部分：空中交通服务(air traffic service，ATS)、空域管理(airspace management，ASM)和空中交通流量管理(air traffic flow management，ATFM)，如图 2-2 所示。可用这三种功能范畴来概括和区分分布在不同时间、空间上的各种交通功能。而空中交通服务又可进一步划分为飞行情报服务(flight information services，FIS)、空中交通管制(air traffic control，ATC)和告警服务(alerting service，AL)。

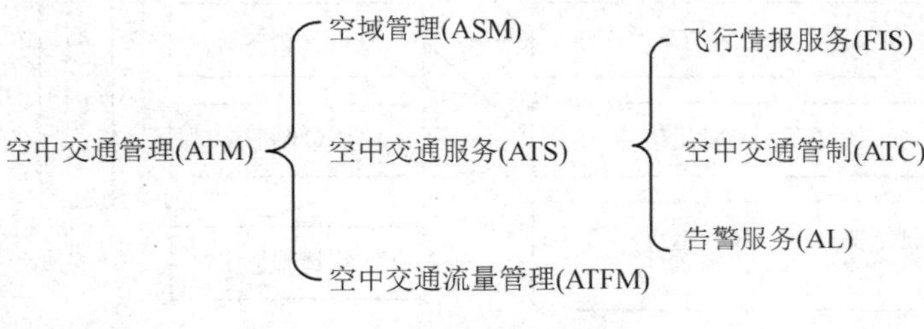

图 2-2　空中交通管理划分

2.4.2　空域管理

民用航空飞行的航线和区域遍布全国。为了在广阔的空间对航空运输飞行的飞机提供及时、有效的管制服务、飞行情报服务和告警服务，防止飞机空中相撞和与地面障碍物相撞，保证飞行安全，促使空中交通有秩序的运行，必须进行空域管理。空域管理的主要内容为空域划分与空域规划。

1. 空域划分

空域划分包括飞行高度层规定和各种空中交通服务区域的划分。规定不同的飞行高度层是为了防止飞机在飞行中相撞，因此要根据飞行方向、气象条件和飞机性能的不同，规定不同的飞行高度层。

按照统一管制和分区负责相结合的原则，我国将全国空域划分为若干飞行情报区和飞行管制区，并建立相应的机构，对在该区内的民用航空飞行提供空中交通服务。同时，为了对民用航空飞行实施有效地管制，要求飞机沿规定的路线在规定的区域内飞行。因此，在飞行情报区和管制区内划定飞行的航路、航线、空中走廊和机场区域，并对一些禁止飞行和在规定时间与高度范围内禁止飞行的区域，划定了空中的禁航区、限制区和危险区。

2. 空域规划

空域规划是指对某一给定空域(通常为终端区)，通过对未来空中交通量需求的预测，根据空中交通流的流向、大小与分布，对其按高度方向和区域范围进行设计和规划，并加以实施和修正的全过程。其目的如下：增大空中交通容量；理顺空中交通流量；有效利用空域资源；减轻空中交通管制员工作负荷；提高飞行安全水平。

2.4.3 空中交通服务

空中交通服务的主要目的是防止机动飞行区内飞机与飞机、飞机与障碍物之间发生碰撞，加快空中交通流动速度，维持空中交通秩序。服务内容主要有空中交通管制服务、飞行情报服务和告警服务，其核心是空中交通管制服务。空中交通管制服务的任务是防止航空器与航空器相撞及在机动区内航空器与障碍物相撞，维护和加快空中交通的有序流动。空中交通管制服务主要包括机场(塔台)管制服务、进近管制服务和区域管制服务。空中交通服务内容分类与空中交通服务目标之间的关系如图 2-3 所示。

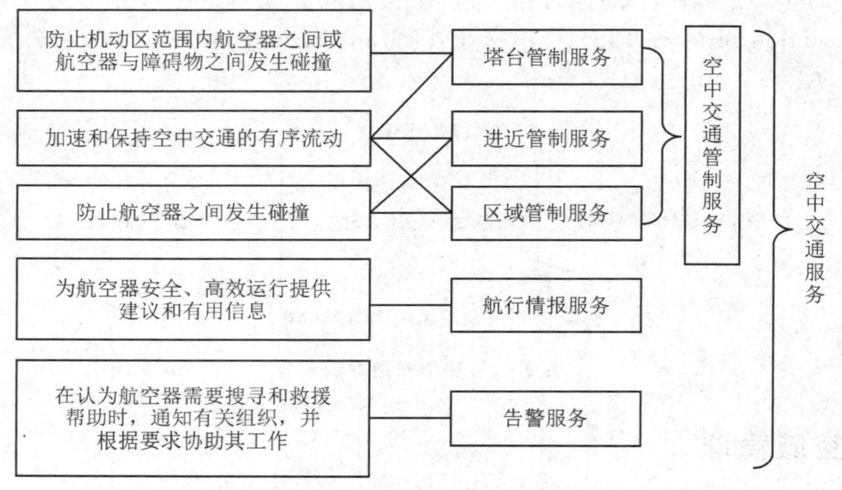

图 2-3 空中交通服务与空中交通服务目标之间的关系

2.4.4 空中交通流量管理

空中交通流量管理是飞行事业发展到一定阶段的产物。随着民航的发展，空中交通流量管理是作为“空中交通管理”的一个次要和辅助组成部分而建立起来的，它已经成为一个经常运用的工具。空中交通流量管理(ATFM)服务的目的是在需要或预期需要超过空中交通管制(ATC)系统的可用容量期间内，保证空中交通最佳地流向或通过这些区域。ATFM 包括组织与处理空中交通流量的各种方法，和以此方法进行的工作，在保证各架航空器安全、有序和迅速的同时，使得任一给定的点或任一给定的区域所处理的交通总量与空中交通管制系统的容量相适应。ATFM 通过与参与的 ATC 单位以及各类不同的空域用户保持持续的合作与协调，支持 ATC 达到其主要目的：

① 防止航空器之间的相撞；

② 保持并加快空中交通的有序流动；

③ 达到可用空间和机场容量最有效的利用率。

流量控制是根据航路、机场的地形、天气特点、通信、导航和雷达设备等条件，以及管制人员的技术水平和有关管制间隔的规定，对某条航路和某个机场在同一时间所能容纳的飞机架数加以限制。空中交通流量管理的主要方法包括地面等待、进离场排序、冲突的解决、改航，管制员排班等。

1. 地面等待

在空中交通流量管理的各种方法中，地面等待策略是一种较为有效的，也是基本的一种方法。地面等待常常应用于由于天气、航空器或人员等原因而不得不延误的航班。当这些航班飞往大流量机场或穿越拥挤空域飞行时，有可能会在指定空域中盘旋等待，这样会增加航班运行的危险因素。地面等待就是根据现有的空余时隙给这些延误的航班指定精确的延迟起飞降落的时间，使得延误不可避免的前提下，航班地面等待延迟起飞，而不会在空中等待，这样会更安全、更经济。

地面等待策略即解决如何确定航班的最优起飞时间问题，通过地面等待来调节空中交通网络的流量，并使航班的流量与机场、空域的容量大体匹配，减少延误时间，从而减少经济损失，提高机场、空域资源的利用率，保证飞行的安全与准时。当机场或航路的实际飞行量大于其最大保障容量时，就要对某些航班采取地面等待来代替空中盘旋等待。

在日常的飞行中，这种情况是经常发生的，如某航班按预定的起飞时间起飞，但是由于空中交通流量没有进行有效的管理，造成在某些空域或机场因飞机过多造成“拥挤”，但是该航班必须要途经这些“拥挤”空域或“拥挤”机场，因而不得不在空中盘旋等待，造成航班延误和大量的燃料消耗，并影响飞行安全。如果飞机在起飞机场采取地面等待策略等待一段时间，避开流量高峰期再起飞，这样飞机在空中就不会遇到“拥挤”，从而可以避免空中等待现象。这就是地面等待的实质，即用地面等待来代替空中等待。

地面等待策略根据考虑的约束数量的不同情况分为单元受限地面等待策略问题和多元受限地面等待策略。其中单元受限地面等待策略问题是地面等待策略问题中最基本的问题，即对于指定目标机场，在满足目标机场容量限制的条件下，求出每个航班的最优地面等待时间，使得由此造成的总地面等待损失最小，在一个空域中仅有一个机场发生“拥挤”，而且它只与在这个机场内起飞降落的航班有关。

2. 进离场排序

作为流量管理的一个分支问题，航班进离场排序越来越引起人们的重视。特别是随着空中交通的飞速发展，国内外空中交通拥挤现象日趋严重并且造成了巨额损失，从而使得这方面的研究变得十分迫切。

进场排序：当有多架航空器同时进场时，塔台管制员在看到航空器以前，应安排航空器之间保持高度差飞行，并指示机长注意观察，根据各航空器报告的预计到达时间和航空器出现在塔台视野范围内的具体位置，安排各航空器的着陆次序，然后将安排的着陆次序依次通报给各航空器。如果进近管制室已经对有关着陆次序做出安排，并将此着陆次序通报给塔台管制室，则一般情况下，塔台管制员只须按进近管制室的安排指挥各航空器按规定位置加入起落航线，依次着陆即可。

离场排序:对一定时段内的离场航班进行优化排序,使得跑道被充分利用并能够有效地减少航班在机场上空的滞留。离场航班分多个队列分别抵达跑道的起飞端,管制员对航班重新进行优化排序。问题的关键在于,在跑道离场端,如何从多个起飞队列的第一架航班中选择最先离场者,以使离场航班所消耗的总的离场时间和最小。

对于一些流量比较大的机场对终端区飞机进行排序显得尤为重要,有效地排序可以降低飞机延误和相撞的概率,从而提高终端区的效率。目前主要研究的算法有先到先服务算法、带有约束的位置偏移算法、时间提前算法、延误交换算法、动态尾流间隔算法、滑动排序窗算法以及像遗传算法这样的智能算法。

3. 冲突的解决

随着经济的发展,民航运输事业以其高效、快速等特点越来越受到人们的重视,并在过去的几十年内得到了高速发展。但由于空中交通流量的增加,空中交通拥挤的状况也越来越严重。空中交通管理系统所受的压力变得越来越大。例如,在空中交通相对发达的地区,每一刻空中都有上千架飞机在飞行,因此,空中交通管制的任务和压力已经非常繁重。

在航线上实施流量管理只能起到治标的作用,要从根本上解决冲突问题,必须从空域入手,空域规划的好坏决定着空域容量的大小,因为空域是由扇区和标准航路构成的,扇区和航路都严重地超载,并不意味着空域也已经超载,应当采取某种措施以利用剩下的、目前几乎没有利用的空域。目前在研究探讨的未来可能采取的方法是取消标准的航路限制,进行自由飞行,即允许飞行员选择最适合自己飞机的航线和飞行速度。这可使飞机选取最快、最直接的路径,并始终以巡航高度飞行,从而避免了以往飞机必须集中到狭窄的航线上飞行的弊端,提高了空域的利用率,并使飞机的起飞时间灵活,减少航班延误,另外还可以使噪声污染被均匀地分散开。

4. 改航策略

改航策略是空中交通流量管理的一个重要组成部分,它研究的是由于种种原因(主要是恶劣天气、导航设备失效)而使机场、空域容量下降的条件下如何组织航班的放飞以及如何为每架航班动态地选择临时航路以避开容量限制区域,以使产生的总损失最小的问题。它的主要目标就是考虑在非正常条件下怎样把经济损失降到最低。

国外不少学者和机构已对此问题进行过研究,在美国,空中交通管制单位集中于 22 个区域管制中心。这些中心接收来自飞机和雷达传来的关于飞机位置、高度、速度和天气等信息。当天气情况恶劣时,全国范围内一些机场或区域的容量显著减少甚至降低为零。在这种情况下,空中交通指挥中心(ATCC)执行一系列措施来重新安排航班时刻及改航,以便将由天气所引起的延误损失降至最低点。若飞机原计划要经过容量减少的区域,那么它就必须改航。目前,改航决定由 ATCC 和航空公司运行中心(AOC)之间的协调措施来完成。ATCC 就改航的必要性与各航空公司的 AOC 联系。每个 AOC 根据新的有限容量条件的信息来制定他们所能接受的新的航班路线,以便完成他们的计划航班。1997 年,麻省理工学院的 Sarah Stoek Patterson 在其著作 *Dynamic Flow Management Problems in Air Transportation* 中对改航策略进行了深入细致地分析,建立了针对此问题的数学模型,并用拉格朗日松弛算法对该模型进行求解,最后借助大型计算机完成了优化运算得出了优化结果。虽然该理论在与实际相结合方面和实现方面都存在一定的不足之处,但是它确实提出了不少开创性的思路,对随后学者所做的研究工作具有极大的启发意义。

在实际操作中，无论是机场塔台还是区调管制部门，在遇到航路受恶劣天气条件影响时，都只会让航班做地面等待直到预定航路恢复容量，随之而来的必然是严重的航班延误。而实际上只要安排这些航班临时选择一条不受天气影响的航路，绕过恶劣天气影响区，以少量的空中飞行时间，换取大量的地面等待时间，这样便可产生可观的经济效益。而且，实施改航策略不仅仅具有经济效益，还可提高飞行安全水平。所以，实施改航策略无论从经济性还是安全性方面来讲都是十分重要的。

5. 管制员排班

排班制度是管制工作的一个重要特性。但不科学的排班制度会导致管制员产生疲劳，而疲劳则是空管事故的诱因之一。随着国内航班量日趋增加，必须减少值班管制员的单次工作时间，以防止管制员产生过度疲劳和其他不良反应。此外，由管制工作性质导致的生理节律紊乱、睡眠缺失也是我们在进行管制员排班时必须要考虑的问题；同时长期固定管制员排班制度所产生的疲劳、厌倦也须考虑在内。如何安排排班时间在国内外是一个很有争议的话题，这个问题常会给空中交通管理部门和管制员之间带来压力。

除此之外，空中交通系统还有很多辅助产业，如制造业、油料供应、食品供应等，但飞行运行中最主要的三大组成部分是航空公司运行系统、机场系统和空中交通管理部门。各系统之间相互协作、相互依赖，组成了一个有机的整体，任何一个环节的限制都会导致整个系统效能的降低，因此系统的优化管理是非常重要的。

目前，航空运输中的很多管理优化问题都已经有了成熟的案例，我们在讲述中为了方便大家理解问题的实质，会在算法或前提条件上作一些简化。

习　题

2.1　空中交通系统的主要组成部分是什么？各部分的主要功能是什么？

2.2　分析在过去的十年中民航运输总量的趋势，并比较国内外的数据，你认为未来中国空中交通发展演变的趋势是怎样的？

2.3　试述空中交通管理的组成部分，并说明每一部分的主要功能。

第 3 章　空中交通运输系统线性规划问题

3.1　线性规划模型与图解法

3.1.1　问题的提出

各行各业在生产过程和经营管理等工作中，需要经常计划或规划内容。虽然各行各业计划和规划的内容千差万别，但是其共同点均可归结为：在现有的资源条件下，如何确定方案，使预测目标达到最优。

例 3.1　某空管设备电子元器件制造商计划造甲、乙两种电子元器件。已知各制造一件电子元器件时分别消耗的原材料 A、B、C 情况，以及各售出一件时的获利情况，如表 3－1 所列。问该制造商应生产两种元器件各多少件时，获得的利润最大？

表 3－1　生产规划问题产品及资源数据表

原材料	产　品		
	甲	乙	可用资源数量
原材料 A	2	4	320
原材料 B	2	4	360
原材料 C	4	2	400
利　润/(元)	15	20	

例 3.2　某货运公司在下一年度的 1～4 月拟租用仓库堆放物资。已知各月份所需仓库的面积列于表 3－2。仓库租借费用随合同期而定，期限越长，折扣越大，具体数字见表 3－3。租借仓库的合同每月都可办理，每份合同可具体规定租用面积和期限。因此该厂可根据需要，在任何一个月初办理租借合同。在每次办理时可签一份合同，也可签若干份租用面积和租借期限不同的合同，试确定该公司签订租借合同的最优决策，即使所付的租借费用最小。

表 3－2　存储问题仓库面积需求表

100 m^2

月　份	1	2	3	4
所需仓库面积	15	10	20	12

表 3－3　存储问题仓库租借费用表

元/100 m^2

合同租借期限	1 个月	2 个月	3 个月	4 个月
合同期内的租费	2 800	4 500	6 000	7 300

3.1.2　线性规划问题的数学模型

用数学语言对例 3.1 和例 3.2 进行描述。

例 3.1 中先用变量 x_1 和 x_2 分别表示生产甲乙两种元器件的数量。这时该制造商可获取的利润为($15x_1+20x_2$)元，令 $z=15x_1+20x_2$，因问题中要求获取的利润为最大，即 max z。又因 z 是该制造商能获取的利润的目标值，所以它是变量 x_1，x_2 的函数，称为目标函数。x_1，x_2 的取值受到原材料 A、B、C 的数量限制。用于描述限制条件的数学表达式称为约束条件。由此，例 3.1 的数学模型可表示为：

目标函数：

$$\max z = 15x_1 + 20x_2$$

约束条件：

$$\text{s.t.}\begin{cases} 2x_1 + 4x_2 \leqslant 320 & (3.1) \\ 2x_1 + 4x_2 \leqslant 360 & (3.2) \\ 4x_1 + 2x_2 \leqslant 400 & (3.3) \\ x_1, x_2 \geqslant 0 & (3.4) \end{cases}$$

模型中式(3.1)，式(3.2)，式(3.3)分别表示受到原材料 A、B、C 的数量限制，式(3.4)称为变量的非负约束，表明制造数量不能为负值。符号 s. t. (subject to)为约束。例 3.2 中若用变量 x_{ij} 表示货运公司在第 i($i=1,2,3,4$)个月初签订的租借期为 j($j=1,2,3,4$)个月仓库面积的合同(单位为 m^2)。因 5 月份起该公司不需要租借仓库，故 x_{24}，x_{33}，x_{34}，x_{42}，x_{43}，x_{44} 均为 0。该公司希望总的租借费用为最小，故有如下数学模型：

目标函数：

$$\begin{aligned} \min z = {} & 2\,800(x_{11}+x_{21}+x_{31}+x_{41}) + 4\,500(x_{12}+x_{22}+x_{32}) + \\ & 6\,000(x_{13}+x_{23}) + 7\,300x_{14} \end{aligned}$$

约束条件：

$$\text{s.t.}\begin{cases} x_{11}+x_{12}+x_{13}+x_{14} \geqslant 15 \\ x_{12}+x_{13}+x_{14}+x_{21}+x_{22}+x_{23} \geqslant 10 \\ x_{13}+x_{14}+x_{22}+x_{23}+x_{31}+x_{32} \geqslant 20 \\ x_{14}+x_{23}+x_{32}+x_{41} \geqslant 12 \\ x_{ij} \geqslant 0 \quad (i=1,2,3,4;\ j=1,2,3,4) \end{cases}$$

这个模型中的约束条件分别表示当月初签订的租借合同的面积加上该月前签订的未到期的合同的租借面积的总和，应不少于该月所需仓库的面积。

上述两个例子表明，规划问题的数学模型由 3 个要素组成：

① 变量或称决策变量，是问题中要确定的未知变量，它用以表明规划中的数量表示的方案、措施，可由决策者决定和控制；

② 目标函数，它是决策变量的函数，按优化目标分别在这个函数前加上 max 或 min；

③ 约束条件，指决策变量取值是受到的各种资源条件的限制，通常表达为含决策变量的等式或不等式。

如果规划问题的数学模型中决策变量的取值是连续的，即可以为整数，也可以为分数，小数或实数，目标函数是决策变量的线性函数，约束条件是含决策变量的线性等式或线性不等式，则该类规划问题的数学模型称为线性规划的数学模型。实际问题中线性的含义：一是严格的比例性，如生产某产品对资源消耗量和可获取的利润，同其生产数量严格成比例；二是可叠加性，如生产多种产品时，可获取的总利润是各项产品的利润之和，对某项资源的消耗量应等于各产品对该项资源的消耗量的和。很多实际问题往往不符合上述条件，为处理问题方便，可看作近似满足线性条件。

假定线性规划问题中含 n 个变量，分别用 $x_j(j=1,2,\cdots,n)$表示，在目标函数中 x_j 的系数为 c_j(c_j 通常称为价值系数)，x_j 的取值受 m 项资源的限制，用 $b_i(i=1,2,\cdots,m)$表示第 i 种资源的数量，用 a_{ij} 表示变量 i 取值为 1 单位时所消耗或含有的第 j 种资源的数量，通常称 a_{ij} 为技术系数或工艺系数。

上述线性规划问题的数学模型可表示为

$$\max\ (\text{或 } \min) z = c_1x_1 + c_2x_2 + \cdots + c_nx_n$$

$$\text{s. t.}\begin{cases} a_{11}x_1 + a_{12}x_2 + \cdots + a_{1n}x_n \leqslant (\text{或}=, \geqslant) b_1 \\ a_{21}x_1 + a_{22}x_2 + \cdots + a_{2n}x_n \leqslant (\text{或}=, \geqslant) b_2 \\ \qquad\vdots \\ a_{m1}x_1 + a_{m2}x_1 + \cdots + a_{mn}x_n \leqslant (\text{或}=, \geqslant) b_m \\ x_1, x_2, \cdots, x_n \geqslant 0 \end{cases} \tag{3.5}$$

上述模型的简写形式为

$$\max\ (\text{或 } \min) z = \sum_{j=1}^{n} c_j x_j$$

$$\text{s. t.}\begin{cases} \sum_{j=1}^{n} a_{ij}x_j \leqslant (\text{或}=, \geqslant) b_i & (i=1,2,\cdots,m) \\ x_j \geqslant 0 & (j=1,2,\cdots,n) \end{cases} \tag{3.6}$$

用向量形式的表达时，上述模型可写为

$$\left.\begin{aligned} &\max\ (\text{或 } \min) z = \boldsymbol{CX} \\ &\text{s. t.}\begin{cases} \sum_{j=1}^{n} \boldsymbol{p}_j x_j \leqslant (\text{或}=, \geqslant) \boldsymbol{b} \\ \boldsymbol{X} \geqslant 0 \end{cases} \end{aligned}\right\} \tag{3.7}$$

式中，$\boldsymbol{C} = (c_1, c_2, \cdots, c_n)$；$\boldsymbol{X} = \begin{bmatrix} x_1 \\ x_2 \\ \vdots \\ x_n \end{bmatrix}$；$\boldsymbol{p}_j = \begin{bmatrix} a_{1j} \\ a_{2j} \\ \vdots \\ a_{mj} \end{bmatrix}$；$\boldsymbol{b} = \begin{bmatrix} b_1 \\ b_2 \\ \vdots \\ b_m \end{bmatrix}$

用矩阵和向量形式来表示可写为

$$\max\ (\text{或 } \min) z = \boldsymbol{CX}$$

$$\text{s. t.}\begin{cases} \boldsymbol{AX} \leqslant (\text{或}=, \geqslant) \boldsymbol{b} \\ \boldsymbol{X} \geqslant 0 \end{cases}$$

$$\boldsymbol{A} = \begin{bmatrix} a_{11} & a_{12} & \cdots & a_{1n} \\ a_{21} & a_{22} & \cdots & a_{2n} \\ \vdots & \vdots & & \vdots \\ a_{m1} & a_{m2} & \cdots & a_{mn} \end{bmatrix}$$

A 称为约束方程组(约束条件)的系数矩阵。

变量 x_j 的取值一般为非负，即 $x_j \geqslant 0$；从数学意义上可以有 $x_j \leqslant 0$。又如果 x_j 变量表示第 j 种产品本期内产量对前期产量的增加值，则 x_j 的取值范围为$(-\infty, +\infty)$，称 x_j 取值不受约束，或 x_j 无约束。

3.1.3 线性规划问题的标准形式

由于目标函数和约束条件内容和形式上的差别，线性规划问题可以有多种表达式。为了便于讨论和制定统一的算法，规定线性规划问题的标准形式如下：

$$\max z=\sum_{j=1}^{n}c_jx_j$$

$$\text{s. t.}\begin{cases}\sum_{j=1}^{n}a_{ij}x_j=b_i & (i=1,2,\cdots,m)\\ x_j\geqslant 0 & (j=1,2,\cdots,n)\end{cases}$$

标准形式的线性规划模型中，目标函数为求极大值(有些书上规定是求极小值)，约束条件全为等式，约束条件右端常数项 b_i 全为非负值，变量 x_j 的取值全为非负值。对不符合标准形式(或称非标准形式)的线性规划问题，可分别通过下列方法化为标准形式。

① 目标函数为极小值，即

$$\min z=\sum_{j=1}^{n}c_jx_j$$

因为求 $\min z$ 等价于求 $\max(-z)$，令 $z'=-z$，即

$$\max z'=-\sum_{j=1}^{n}c_jx_j$$

约束条件的右端项 $b_i<0$ 时，只需将等式或不等式两端同乘(−1)，则等式右端项必大于零。

② 约束条件为不等式。

当约束条件为"⩽"时，如 $6x_1+2x_2\leqslant 24$，可令 $x_3=24-6x_1-2x_2$，得 $6x_1+2x_2+x_3=24$，显然 $x_3\geqslant 0$。当约束条件为"⩾"时，如有 $10x_1+12x_2\geqslant 18$，可令 $x_4=10x_1+12x_2-18$，得 $10x_1+12x_2-x_4=18$，$x_4\geqslant 0$。x_3 和 x_4 是新加上去的变量，取值均为非负，加到原约束条件中去的变量其目的是使不等式转化为等式，其中 x_3 称为松弛变量，x_4 一般称为剩余变量，但也有称松弛变量的。松弛变量或剩余变量在实际问题中分别表示未被充分利用的资源数，均未转化为价值和利润，所以引进模型后他们在目标函数中的系数均为 0。

③ 无约束的变量。

如果变量 x 代表某产品的当年计划数与上一年计划数之差，显然 x 的取值可能是正也可能为负，这时可令 $x=x'-x''$ 其中 $x'\geqslant 0,x''\geqslant 0$，将其代入线性规划模型即可。

④ 对 $x\leqslant 0$ 的情况，令 $x'=-x$，显然 $x'\geqslant 0$。

例 3.3　将下列线性规划为标准形式

$$\min z=x_1+2x_2+3x_3$$

$$\text{s. t.}\begin{cases}-2x_1+x_2+x_3\leqslant 9\\ -3x_1+x_2+2x_3\geqslant 4\\ 4x_1-2x_2-3x_3=-6\\ x_1\leqslant 0,x_2\geqslant 0,x_3\text{ 取值无约束}\end{cases}$$

解　上述问题中令 $z'=-z$，$x_1'=-x_1$，$x_3=x_3'-x''_3$ 其中 $x_3'\geqslant 0$，$x_3''\geqslant 0$ 并按上述规划，

该问题的标准形式为

$$\max z' = x_1' - 2x_2 - 3x_3' + 3x_3'' + 0x_4 + 0x_5$$

$$\text{s.t.}\begin{cases} 2x_1' + x_2 + x_3' - x_3'' + x_4 = 9 \\ 3x_1' + x_2 + 2x_3' - 2x_3'' - x_5 = 4 \\ 4x_1' + 2x_2 + 3x_3' - 3x_3'' = 6 \\ x_1', x_2, x_3', x_3'', x_4, x_5 \geqslant 0 \end{cases}$$

3.1.4 图解法

对模型中只含 2 个变量的线性规划问题，可以通过在平面上做图的方法求解。一个线性规划问题有解，是指能找出一组 $x_j(j=1,2,\cdots,n)$，满足约束条件，称这组 x_j 为问题的可行解。通常线性规划问题总是含有多个可行解，称全部可行解的集合为可行域，可行域中目标函数值达到最优的可行解称为最优解。对不存在可行解的线性规划问题，称该问题无解。图解法求解的目的，一是判别线性规划问题的求解结局，二是在存在最优解的条件下，把问题的最优解找出来。

1. 图解法的步骤

图解法的步骤可概括为在平面上建立坐标系；图示约束条件，找出可行域；图示目标函数和寻找最优解。下面通过例 3.5 来具体说明。

$$\max z = 15x_1 + 20x_2$$

$$\text{s.t.}\begin{cases} 2x_1 + 4x_2 \leqslant 320 & (3.8) \\ 2x_1 + 4x_2 \leqslant 360 & (3.9) \\ 4x_1 + 2x_2 \leqslant 400 & (3.10) \\ x_1, x_2 \geqslant 0 & (3.11) \end{cases}$$

① 以变量 x_1 为横坐标轴，x_2 为纵坐标轴画出直角平面坐标系，并适当选取单位坐标长度。由变量的非负约束条件(3.11)知，满足该约束条件的解(对应坐标系中的一个点)均在第Ⅰ象限内。

② 图示约束条件，找出可行域。约束条件(3.8)可分解为 $2x_1+4x_2=320$ 和 $2x_1+4x_2<320$，前者是 1 条直线，后者为位于这条直线下方的半平面，由此 $2x_1+4x_2\leqslant320$ 是位于含直线 $x_1+2x_2=160$ 的点及其下方的半平面，见图 3-1。类似地，约束条件(3.9)在坐标系中是含 $2x_1+4x_2=360$ 这条直线上的点及其左下方的半平面，约束条件(3.10)是含直线 $4x_1+2x_2=400$ 上的点及其左下方的半平面。同时满足约束条件(3.9～3.11)的点如图 3-2 所示，图中凸多边形 $OQ_1Q_3Q_2$ 所含的区域(用阴影线表示)是例 3.1 线性规划问题的可行域。

③ 图示目标函数。由于 z 是一个要优化的目标函数值，随 z 的变化，$z=15x_1+20x_2$ 是斜率为(−3/4)的一族平行的直线(见图 3-3)，图中向量 $\boldsymbol{p}$ 代表目标函数值 z 的增大方向。

④ 最优解的确定。因最优解是可行域中使目标函数值达到最优的点，将图 3-2 和图 3-3 合并得到图 3-4，可以看出，当代表目标函数的那条直线由原点开始向右上方移动时，z 的值逐渐增大，一直移动到目标函数的直线与约束条件包围成的凸多边形相切时为止，切点就是代表最优解的点。因为继续向上方移动，z 值仍然可以增大，但在目标函数的直线上找不出一个点位于约束条件包围成的凸多边形内部或边界上。

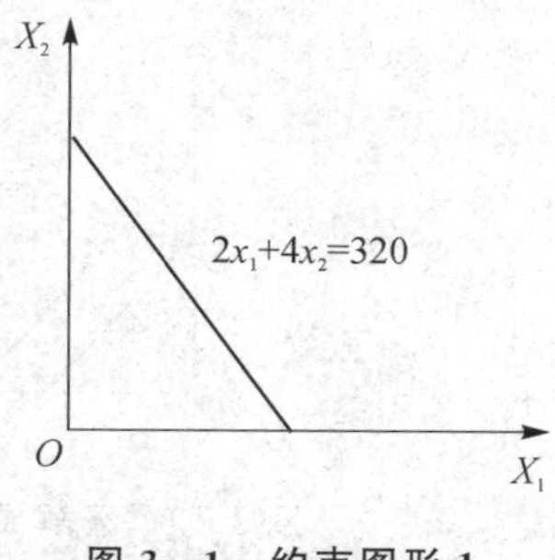

图 3-1　约束图形 1

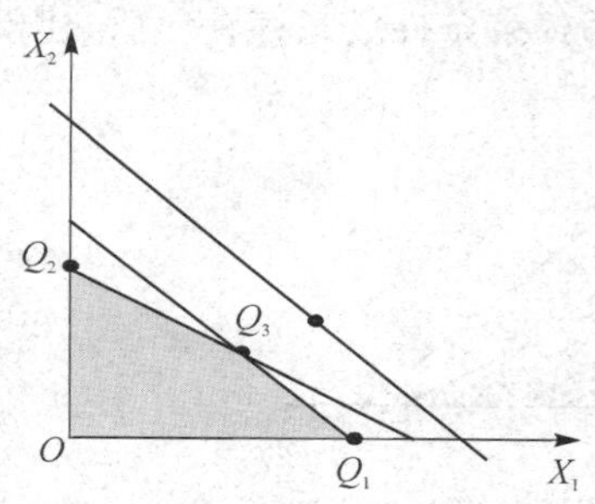

图 3-2　约束图形 2

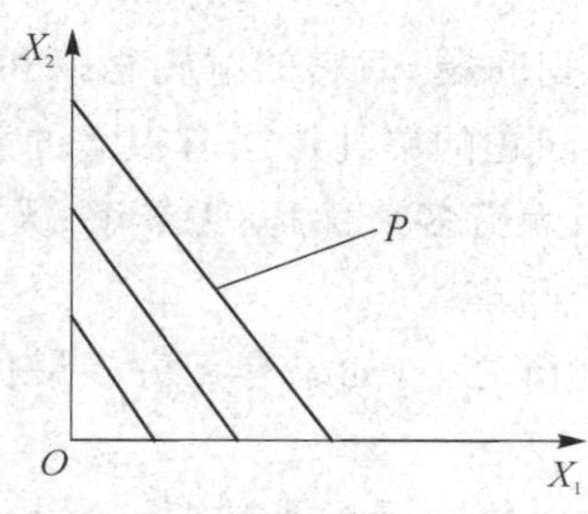

图 3-3　图解法-目标图形 1

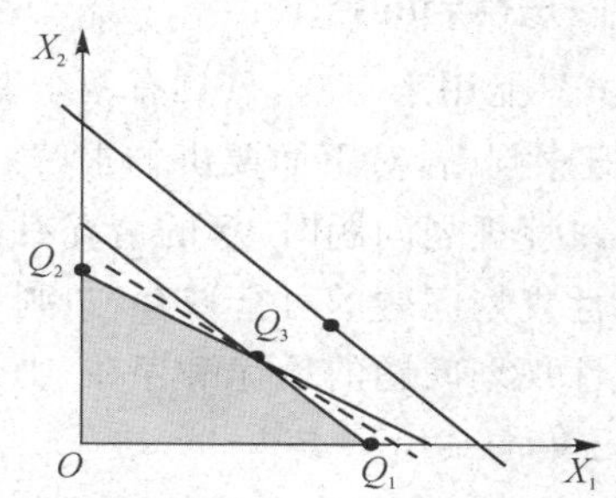

图 3-4　图解法-最优解

本例中目标函数直线与凸多边形的切点是 Q_3，该点坐标可由求解直线方程 $2x_1+4x_2=320$ 和 $4x_1+2x_2=400$ 得到，为$(x_1,x_2)=(80,40)$。将其代入目标函数得 $z=2\ 000$，即美佳公司应每天制造家电 I 80 件，家电 II 40 件，能获得利润最大。

2. 线性规划问题求解的几种可能结局

例 3.1 用图解法得到的最优解是唯一的。但对线性规划问题的求解还可能出现下列结局：

① 无穷多最优解。如将例 3.1 中的目标函数改变为 $\max z=40x_1+20x_2$，则表示名目标函数的直线族恰好与约束条件(3.10)平行。当目标函数向优化方向移动时，与可行域不是在一个点上，而是在 Q_2Q_3 线段上相切，见图 3-5。这时点 Q_2，Q_3 及 Q_2 与 Q_3 之间的所有点使目标函数 z 达到最大值，即有无穷多最优解，或多重最优解。

② 无界解。如果例 3.1 中只包含 1 个约束条件 $x_2=3$，这时可行域可伸展到无穷，即变量 x_2 的取值也可无限增大，不受限制，由此目标函数值也可增大至无穷(见图 3-6)。这种情况下问题的最优解无界。产生无界解的原因是由于在建立实际问题的数学模型时遗漏了某些必要的资源约束条件。

③ 无解或无可行解。例如下述线性规划模型

$$\max z=2x_1+x_2$$

$$\text{s.t.}\begin{cases}x_1+x_2\leqslant 2\\2x_1+2x_2\geqslant 6\\x_1,x_2\geqslant 0\end{cases}$$

用图解法求解看出不存在满足所有约束的公共区域(可行域)，见图 3-7，说明问题无解。其

原因是模型的约束条件之间存在矛盾，建模时有错误。

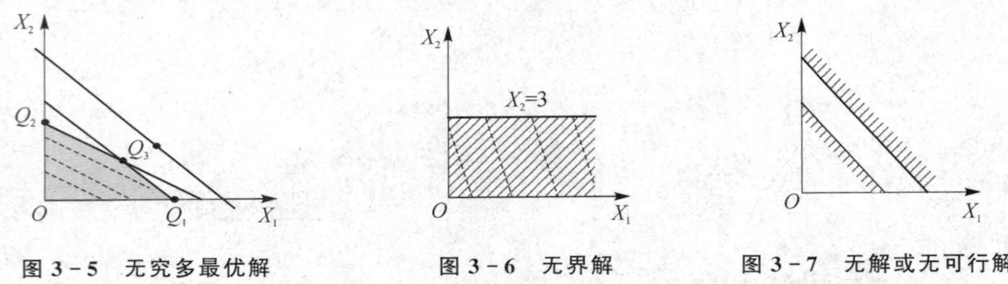

图 3-5 无究多最优解　　图 3-6 无界解　　图 3-7 无解或无可行解

3. 由图解法得到的启示

图解法虽只能用来求解，只具有两个变量的线性规划问题，但它的解题思路和几何上直观得到的一些概念判断，对下面要讲的求解一般线性规划问题的单纯形法有很大的启示：

① 求解线性规划问题时，解的情况有：唯一最优解；无穷多最优解；无界解；无可行解。

② 若线性规划问题的可行域存在，则可行域是一个凸集。

③ 若线性规划问题的最优解存在，则最优解或最优解之一（如果有无穷多最优解的话）一定是可行域凸集的某个顶点。

④ 解题思路是，先找出凸集的任一顶点，计算在顶点处的目标函数值。比较周围相邻顶点的目标函数值是否比该值大，如果为否，则该顶点就是最优解点或最优解的点之一，否则转到比这个点的目标函数值更大的另一个顶点，重复上面的过程，一直到找出使目标函数值达到最大的顶点为止。

在单纯形法原理一节中，将对上述第②、③两点进行证明，并建立起凸集顶点的代数概念特征，然后通过代数计算实现第 4 点的解题思路。

3.2 单纯形法

3.2.1 线性规划问题的解的概念

线性规划问题

$$\max z = \sum_{j=1}^{n} c_j x_j \tag{3.12}$$

$$\text{s.t.}\begin{cases} \sum_{j=1}^{n} a_{ij} x_j = b_i & (i = 1, 2, \cdots, m) \quad (3.13) \\ x_j \geqslant 0 & (j = 1, 2, \cdots, n) \quad (3.14) \end{cases}$$

可行解：满足上述约束条件(3.13)、(3.14)的解 $\boldsymbol{X} = (x_1, \cdots, x_n)^{\mathrm{T}}$ 称为线性规划问题的可行解。全部可行解的集合称为可行域。

最优解：使目标函数(3.12)达到最大值的可行解称为最优解。

基：设 A 为约束方程组(3.13)的 $m \times n$ 阶系数矩阵，(设 $n > m$)，其秩为 m，$\boldsymbol{B}$ 是矩阵 $\boldsymbol{A}$ 中的一个 $m \times m$ 阶的满秩矩阵，称 $\boldsymbol{B}$ 是线性规划问题的一个基。不失一般性，设

$$\boldsymbol{B}=\begin{pmatrix} a_{11} & \cdots & a_{1m} \\ \vdots & & \vdots \\ a_{m1} & \cdots & a_{mm} \end{pmatrix}=(\boldsymbol{P}_1,\boldsymbol{P}_2,\cdots,\boldsymbol{P}_m) \tag{3.15}$$

式(3.15)中，$\boldsymbol{B}$ 中的每一个列向量 $\boldsymbol{P}_j\ (j=1,2,\cdots,m)$ 称为基向量，与基向量 $\boldsymbol{P}_j$ 对应的变量 x_j 称为基变量。线性规划中除基变量以外的变量称为非基变量。

基解：在约束方程组(3.13)中，令所有非基变量 $x_{m+1}=x_{m+2}=\cdots=x_n=0$，又因为有 $|B|\neq 0$，根据克莱姆规则，由 m 个约束方程可解出 m 个变量的唯一解 $\boldsymbol{X}_B=(x_1,x_2,\cdots,x_m)^{\mathrm{T}}$。将这个解加上非基变量取 0 的值有 $\boldsymbol{X}=(x_1,x_2,\cdots,x_m,0,\cdots,0)^{\mathrm{T}}$ 称 $\boldsymbol{X}$ 为线性规划问题的基解。显然在基解中变量取非零值的个数不大于方程数 m，故基解的总数不超过 C_n^m 个。

基可行解：满足变量非负约束条件(3.14)的基解称为基可行解。

可行基：对应于基可行解的基称为可行基。

例 3.4　找出下述线性规划问题的全部基解，指出其中的基可行解，并确定最优解。

$$\max z=2x_1+3x_2+x_3$$

$$\text{s.t.}\begin{cases} x_1+x_3=5 \\ x_1+2x_2+x_4=10 \\ x_2+x_5=4 \\ x_{1-5}\geqslant 0 \end{cases}$$

解　该线性规划问题的全部基解见表 3-4 中的①～⑧，打√者为基可行解，注 * 者为最优解，$z^*=19$。

表 3-4　例 3.4 基本解与基本可行解

序　号	x_1	x_2	x_3	x_4	x_5	z	是否基可行解
①	0	0	5	10	4	5	√
②	0	4	5	2	0	17	√
③	5	0	0	5	4	10	√
④	0	5	5	0	−1	20	×
⑤	10	0	−5	0	4	15	×
⑥	5	2.5	0	0	1.5	17.5	√
⑦	5	4	0	−3	0	22	×
⑧	2	4	3	0	0	19	√

3.2.2　凸集及其顶点

1. 凸　集

对简单的几何形体可以直观的判断其凹凸性，但在高维空间，只能给出点集的解析表达式，因此只能用数学解析式来判断。凸集的概念为如果集合 C 中任意两个点 X_1,X_2，其连线上所有点也都是集合 C 中的点，称 C 为凸集。由于 X_1,X_2 的连线可表示为

$$aX_1+(1-a)X_2\quad(0<a<1)$$

因此凸集定义用数学解析式表示为：

对任何 $X_1 \in C, X_2 \in C$，有 $aX_1+(1-a)X_2 \in C$，$(0<a<1)$，则称 C 为凸集，在图 3-8 中(a)，(b)是凸集，(c)，(d)不是凸集。

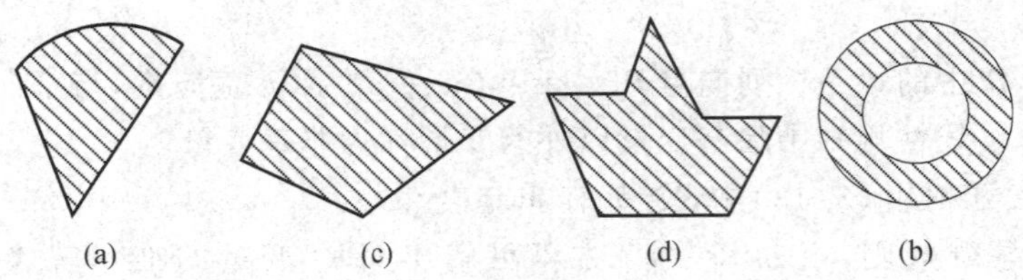

图 3-8 凸集及其反例示意图

2. 顶 点

凸集 C 中满足下述条件的点 X 称为顶点。如果 C 中不存在任何两个不相同的点 X_1，X_2，使 X 成为这两个点连线上的一点。或者这样叙述：对任何 $X_1 \in C, X_2 \in C$，不存在 $X=aX_1+(1-a)X_2(0<a<1)$，则称 X 是凸集 C 的顶点。

3.2.3 几个基本的定理

定理 1 若线性规划问题存在可行解，则问题的可行域是凸集。即如果存在可行解，且画出线性规划问题的凸集，那么这个线性规划问题的解都在这个凸集里面。

定理 2 线性规划问题的基可行解 X 对应线性规划问题可行域(凸集)的顶点。因为可行域(凸集)是由约束条件函数表达式所围成的区域，所以当有基可行解时一定是在凸集的边上。由各个约束条件共同约束得到的解就在凸集顶点上。当线性规划问题有基可行解时，那么它的解就是凸集的顶点。

定理 3 若线性规划问题有最优解，一定存在一个基可行解是最优解。最优解是当目标函数达到最大(最小)时的基向量的最佳组合，当线性规划问题有最优解时，那么这个基向量的组合就是线性规划问题的一个最优基可行解。

3.2.4 单纯形法迭代原理

由上述定理 3 可知，如果线性规划问题存在最优解，一定有一个基可行解是最优解。因此单纯形法迭代的基本思路是先找出一个基可行解，判断其是否为最优解，若为否，则转换到相邻的基可行解，并使目标函数值不断增大，一直找到最优解为止。

1. 确定初始基可行解

对标准型的线性规划问题

$$\max z = \sum_{j=1}^{n} c_j x_j$$

$$\text{s.t.} \begin{cases} \sum_{j=1}^{n} \boldsymbol{P}_j x_j = \boldsymbol{b} & (3.16) \\ x_j \geqslant 0 \quad (j=1,2,\cdots,n) & (3.17) \end{cases}$$

在约束条件式(3.16)得变量的系数矩阵中总会存在一个单位矩阵

$$(\boldsymbol{P}_1, \boldsymbol{P}_2, \cdots, \boldsymbol{P}_m) = \begin{bmatrix} 1 & 0 & \cdots & 0 \\ 0 & 1 & \cdots & 0 \\ \vdots & \vdots & & \vdots \\ 0 & 0 & \cdots & 1 \end{bmatrix} \tag{3.18}$$

当线性规划的约束条件均为≤号时，其松弛变量 $x_{s_1}, x_{s_2}, \cdots, x_{s_m}$ 的系数矩阵即为单位矩阵。对约束条件为≥或=的情况，为便于找到初始可行解，可以构造人工基，人为产生一个单位矩阵，这将在 3.5 节中讨论。式(3.18)中称为基向量，同其对应的变量 $x_1, x_2, \cdots, x_m$ 称为基变量，模型中的其他变量，$x_{m+1}, x_{m+2}, \cdots, x_n$，称为非基变量。在式(3.16)中令所有的非基变量等于 0，即可找到一个解

$$\boldsymbol{X} = (x_1, x_2, \cdots, x_m, x_{m+1}, \cdots, x_n)^{\mathrm{T}} = (b_1, b_2, \cdots, b_m, 0, \cdots, 0)^{\mathrm{T}}$$

因有 $b \geqslant 0$，故 $\boldsymbol{X}$ 满足约束(3.17)，是一个基可行解。

2. 从一个基可行解转换为相邻的基可行解

定义：两个基可行解称为相邻的，如果他们之间变换且仅变换一个基变量。

设初始基可行解中的前 m 个为基变量，即 $\boldsymbol{X}^{(0)} = (x_1^0, x_2^0, \cdots, x_m^0, 0, \cdots, 0)^{\mathrm{T}}$ 代入约束条件(3.16)有

$$\sum_{i=1}^{m} \boldsymbol{p}_i x_i^0 = b \tag{3.19}$$

写出式(3.19)系数矩阵的增广矩阵

$$\begin{matrix} \boldsymbol{P}_1 & \boldsymbol{P}_2 & \cdots & \boldsymbol{P}_m & \boldsymbol{P}_{m+1} & \cdots & \boldsymbol{P}_j & \cdots & \boldsymbol{P}_n & \boldsymbol{b} \end{matrix}$$

$$\begin{bmatrix} 1 & 0 & \cdots & 0 & a_{1,m+1} & \cdots & a_{1j} & \cdots & a_{1n} & b_1 \\ 0 & 1 & \cdots & 0 & a_{2,m+1} & \cdots & a_{2j} & \cdots & a_{2n} & b_2 \\ \vdots & \vdots & & \vdots & \vdots & & \vdots & & \vdots & \vdots \\ 0 & 0 & \cdots & 1 & a_{m,m+1} & \cdots & a_{mj} & \cdots & a_{mn} & b_m \end{bmatrix}$$

因 $\boldsymbol{P}_1, \boldsymbol{P}_2, \cdots, \boldsymbol{P}_m$ 是一个基，其他向量 $\boldsymbol{P}_j$ 可用这个基的线性组合来表示，有

$$\boldsymbol{P}_j = \sum_{i=1}^{m} a_{ij} \boldsymbol{P}_j$$

或

$$\boldsymbol{P}_j - \sum_{i=1}^{m} a_{ij} \boldsymbol{P}_j = 0 \tag{3.20}$$

将式(3.20)乘上一个正整数 $\theta(\theta > 0)$ 得

$$\theta(\boldsymbol{P}_j - \sum_{i=1}^{m} a_{ij} \boldsymbol{P}_j) = 0 \tag{3.21}$$

式(3.20)与式(3.21)相加并经过整理后有

$$\sum_{i=1}^{m} (x_i^0 - \theta a_{ij}) \boldsymbol{P}_i + \theta \boldsymbol{P}_j = \boldsymbol{b} \tag{3.22}$$

由式(3.22)找到满足约束方程组 $\sum_{j=1}^{n} \boldsymbol{P}_j x_j = \boldsymbol{b}$ 的另一个点 $\boldsymbol{X}^{(1)}$，有

$$\boldsymbol{X}^{(1)} = (x_1^0 - \theta a_{ij}, \cdots, x_m^0 - \theta a_{mj}, 0, \cdots, \theta, \cdots, 0)^{\mathrm{T}}$$

其中 θ 是 $\boldsymbol{X}^{(1)}$ 的第 j 个坐标的值。要使 $\boldsymbol{X}^{(1)}$ 是一个基可行解，因规定 $\theta > 0$，故应对所有 $i = 1, 2, \cdots, m$，存在

$$x_i^0-\theta a_{ij}\geqslant 0 \tag{3.23}$$

令这 m 个不等式中至少有一个等号成立。因为当 $a_{ij}\leqslant 0$ 时，式(3.23)显然成立，故可令

$$\theta=\min_i\left\{\frac{x_i^0}{a_{ij}}\mid a_{ij}>0\right\}=\frac{x_l^0}{a_{lj}} \tag{3.24}$$

由式(3.24)

$$x_i^0-\theta a_{ij}\begin{cases}=0 & (i=l)\\ \geqslant 0 & (i\neq l)\end{cases}$$

故 $\boldsymbol{X}^{(1)}$ 是一个基可行解。又因与变量 $x_1^1,\cdots,x_{l-1}^1,x_{l+1}^1,\cdots,x_m,x_j$ 对应的向量，经重新排列后加上 $\boldsymbol{b}$ 列有如下形式的矩阵（不含 $\boldsymbol{b}$ 列）和增广矩阵（含 $\boldsymbol{b}$ 列）

$$\begin{array}{ccccccccc}\boldsymbol{P}_1 & \boldsymbol{P}_2 & \cdots & \boldsymbol{P}_{l-1} & \boldsymbol{P}_j & \boldsymbol{P}_{l+1} & \cdots & \boldsymbol{P}_m & \boldsymbol{b}\end{array}$$

$$\begin{bmatrix}1 & 0 & \cdots & 0 & a_{1j} & 0 & \cdots & 0 & b_1\\ 0 & 1 & \cdots & 0 & a_{2j} & 0 & \cdots & 0 & b_2\\ \vdots & \vdots & & \vdots & \vdots & \vdots & & \vdots & \vdots\\ 0 & 0 & \cdots & 1 & a_{l-1,j} & 0 & \cdots & 0 & b_{l-1}\\ 0 & 0 & \cdots & 0 & a_{lj} & 0 & \cdots & 0 & b_l\\ 0 & 0 & \cdots & 0 & a_{l+1,j} & 1 & \cdots & 0 & b_{l+1}\\ \vdots & \vdots & & \vdots & \vdots & \vdots & & \vdots & \vdots\\ 0 & 0 & \cdots & 0 & a_{mj} & 0 & \cdots & 1 & b_m\end{bmatrix}$$

因 $a_{ij}>0$，故由上述矩阵元素组成的行列式不为 0，$\boldsymbol{P}_1,\boldsymbol{P}_2,\cdots,\boldsymbol{P}_{l-1},\boldsymbol{P}_j,\boldsymbol{P}_{l+1},\cdots,\boldsymbol{P}_m$ 是一个基。

在上述增广矩阵中进行行的初等变换，将第 l 行乘上 $(1/a_{ij})$，再分别乘以 $(-a_{ij})(i=1,2,\cdots,l-1,l+1,\cdots,m)$ 加到各行上去，则增广矩阵左半部变成单位矩阵，又因 $b_l/a_{lj}=\theta$，故

$$\boldsymbol{b}=(b_1-\theta a_{1j},\cdots,b_{l-1}-\theta a_{l-1,j},\theta,b_{l+1}-\theta a_{l+1,j},\cdots,b_m-\theta a_{m,j})^{\mathrm{T}}$$

因此，$\boldsymbol{X}^{(1)}$ 是同 $\boldsymbol{X}^{(0)}$ 相邻的基可行解，且由基向量组成的矩阵仍为单位矩阵。

3. 最优性检验和解的判别

将基可行解 $\boldsymbol{X}^{(0)}$ 和 $\boldsymbol{X}^{(1)}$ 分别代入目标函数得

$$z^{(0)}=\sum_{i=1}^m c_i x_i^0$$

$$\begin{aligned}z^{(1)}&=\sum_{i=1}^m c_i\left[x_i^0-\theta a_{ij}\right]+\theta c_j\\ &=\sum_{i=1}^m c_i x_i^0+\theta\left[c_j-\sum_{i=1}^m c_i a_{ij}\right]\\ &=z^{(0)}+\theta\left[c_j-\sum_{i=1}^m c_i a_{ij}\right]\end{aligned} \tag{3.25}$$

式(3.25)中因 $\theta>0$ 为给定，所以只要有 $\left[c_j-\sum_{i=1}^m c_i a_{ij}\right]>0$，就有 $z^{(1)}>z^{(0)}$。$\left[c_j-\sum_{i=1}^m c_i a_{ij}\right]$ 通常简写为 (c_j-z_j) 或 σ_j，它是对线性规划问题的解进行最优性检验的

标志。

① 当所有的 $\sigma_j \leqslant 0$ 时，表明现有顶点（基可行解）的目标函数值比起相邻各顶点（基可行解）的目标函数值都大，根据线性规划问题的可行域是凸集的证明及凸集的性质，可以判定现有顶点对应的基可行解即为最优解。

② 当所有的 $\sigma_j \leqslant 0$，又对某个非基变量 x_j 有 $c_j - z_j = 0$，且按式(3.24)可以找到 $\theta > 0$，这表明可以找到另一个顶点（基可行解）目标函数值也达到最大。由于该两点连线上的点也属可行域内的点，且目标函数值相等，即该线性规划问题有无穷多最优解。反之，当所有非基变量的 $\sigma_j < 0$ 时，线性规划问题具有唯一最优解。

③ 如果存在某个 $\sigma_j > 0$，又 $\boldsymbol{P}_j \leqslant 0$，由式(3.23)看出对任意的 $\theta > 0$，均有 $x_i^0 - \theta a_{ij} \geqslant 0$，因而 θ 的取值可无限增大不受限制。由式(3.25)看到 $z^{(1)}$ 也可无限增大，表明线性规划有无界解。

对线性规划问题无可行解的判别将在 3.5 节中讨论。

3.2.5　单纯形法计算步骤

根据上节中讲述的原理，单纯形法的计算步骤如下：

第 1 步：求初始可行解，列出初始单纯形表。

对非标准型的线性规划问题首先要化成标准形式。由于总可以设法使约束方程的系数矩阵中包含一个单位矩阵 $(\boldsymbol{P}_1, \boldsymbol{P}_2, \cdots, \boldsymbol{P}_m)$ 依次作为基求出问题的一个初始基可行解。

为检验一个基可行解是否最优，需要将其目标函数值与相邻基可行解的目标函数值进行比较。为了书写规范和便于计算，对单纯形法的计算设计了一种专门的表格，称为单纯形表（见表 3-5）。迭代计算中每找出一个新的基可行解时，就重画一张单纯形表。含初始基可行解的单纯形表称初始单纯形表，含最优解的单纯形表称最优单纯形表。

表 3-5　单纯形法初始表结构图

$c_j \rightarrow$			c_1	…	c_m	…	c_j	…	c_n
$\boldsymbol{C}_B$	基	$\boldsymbol{b}$	x_1	…	x_m	…	x_j	…	x_n
c_1	x_1	b_1	1		0	…	a_{1j}	…	a_{1n}
c_2	x_2	b_2	0		0	…	a_{2j}	…	a_{2n}
⋮	⋮	⋮	⋮		⋮		⋮		⋮
c_m	x_m	b_m	0		1	…	a_{mj}	…	a_{mn}
$c_j - z_j$			0	…	0	…	$c_j - \sum_{i=1}^{m} c_i a_{ij}$	…	$c_n - \sum_{i=1}^{m} c_i a_{in}$

单纯形表结构为表的第 2～3 列列出基可行解中的基变量及其取值。接下来列出问题中所有变量，基变量下面列示单位矩阵，非基变量 x_j 下面数字是该变量系数向量 p_j 表为基向量线性组合时的系数。因 $\boldsymbol{P}_1, \boldsymbol{P}_2, \cdots, \boldsymbol{P}_m$ 是单位向量，故有

$$\boldsymbol{P}_j = a_{1j}\boldsymbol{P}_1 + a_{2j}\boldsymbol{P}_2 + \cdots + a_{mj}\boldsymbol{P}_m$$

表 3-5 最上端的一行数是各变量在目标函数中的系数值，最左端一列数是与各基变量对应的目标函数中的系数值 $\boldsymbol{C}_B$。

对 x_j 只要将它下面这一列数字与 $\boldsymbol{C}_B$ 中同行的数字分别相等，再用它上端的 c_j 值减去上述乘积之和有

$$\sigma_j = c_j - (c_1 a_{1j} + c_2 a_{2j} + \cdots + c_m a_{mj}) = c_j - \sum_{i=1}^{m} c_i a_{ij} \tag{3.26}$$

对 $j=1,2,\cdots,n$，将分别按式(3.26)求得的检验数 σ_j，或写为 $(c_j - z_j)$ 记入表的最下面一行。

第 2 步：最优性检验。

如表中所有检验数 $c_j - z_j \leqslant 0$，且基变量中不含有人工变量时，表中的基可行解即为最优解，计算结束。对基变量中含人工变量时的解的最优性检验将在下一节中讨论。当表中存在 $c_j - z_j > 0$，时，如有 $\boldsymbol{P}_j \leqslant 0$，问题为无界解，计算结束；否则转下一步。

第 3 步：从一个基可行解转换到相邻的目标函数值更大的基可行解，列出新的单纯形表。

(1) 确定换入基的变量。只要有检验数 $\sigma_j > 0$，对应的变量 x_j 就可作为换入基的变量，当有一个以上检验数大于零时，一般从中找出最大一个 σ_k。

$$\sigma_k = \max_j \{\sigma_j \mid \sigma_j > 0\}$$

其对应的变量 x_k 作为换入基变量(简称换入变量)。

(2) 确定换出基的变量。根据上一节中确定 θ 的规则，对 $\boldsymbol{P}_k$ 列由式(3.24)计算得到

$$\theta = \min\left\{\frac{b_i}{a_{ik}} \middle| a_{ik} > 0\right\} = \frac{b_l}{a_{lk}} \tag{3.27}$$

确定 x_l 是换出基的变量(简称换出变量)。元素 a_{lk} 决定了从一个基可行解到相邻基可行解得转移去向，取名主元素。

(3) 用换入变量 x_k 替换基变量中的换出变量 x_l，得到一个新的基$(\boldsymbol{P}_1,\cdots,\boldsymbol{P}_{l-1},\boldsymbol{P}_k,\boldsymbol{P}_{l+1},\cdots,\boldsymbol{P}_m)$。对应这个基可以找出一个新的基可行解，并相应地可以画出一个新的单纯形表(表 3-6)。

表 3-6 单纯形法迭代表

$c_j \to$			c_1	$\cdots$	c_l	$\cdots$	c_m	$\cdots$	c_j	$\cdots$	c_k	$\cdots$
$\boldsymbol{C}_B$	基	$\boldsymbol{b}$	x_1	$\cdots$	x_l	$\cdots$	x_m	$\cdots$	x_j	$\cdots$	x_k	$\cdots$
c_1	x_1	$b_1 - b_l \dfrac{a_{1k}}{a_{lk}}$	1	$\cdots$	$-\dfrac{a_{1k}}{a_{lk}}$	$\cdots$	0	$\cdots$	$a_{1j} - a_{1k}\dfrac{a_{lj}}{a_{lk}}$	$\cdots$	0	$\cdots$
$\vdots$	$\vdots$	$\vdots$	$\vdots$		$\vdots$		$\vdots$		$\vdots$		$\vdots$	
c_k	x_k	$\dfrac{b_l}{a_{lk}}$	0	$\cdots$	$\dfrac{1}{a_{lk}}$	$\cdots$	0	$\cdots$	$\dfrac{a_{lj}}{a_{lk}}$	$\cdots$	1	$\cdots$
$\vdots$	$\vdots$	$\vdots$	$\vdots$		$\vdots$		$\vdots$		$\vdots$		$\vdots$	
c_m	x_m	$b_m - b_l \dfrac{a_{mk}}{a_{lk}}$	0	$\cdots$	$-\dfrac{a_{mk}}{a_{lk}}$	$\cdots$	1	$\cdots$	$a_{mj} - a_{mk}\dfrac{a_{lj}}{a_{lk}}$	$\cdots$	0	$\cdots$
$c_j - z_j$			0	$\cdots$	$-\dfrac{c_k - z_k}{a_{lk}}$	$\cdots$	0	$\cdots$	$(c_j - z_j) - \dfrac{a_{lj}}{a_{lk}}(c_k - z_k)$	$\cdots$	0	$\cdots$

在这个新表中的基仍应是单位矩阵，即 $\boldsymbol{P}_k$ 应变换成单位向量。为此在表 3-5 中进行初等变换，并将运算结果填入表 3-6 相应格中。

(a) 将主元素所在 l 行数字除以主元素 a_{lk}，即有

$$\begin{aligned} b'_l &= b_l / a_{lk} \\ a'_{lj} &= a_{lj} / a_{lk} \end{aligned} \tag{3.28}$$

(b) 将表 3-6 中刚计算得到的第 l 行数字乘上 $(-a_{ik})$ 加到表 3-5 的第 i 行数字上，记入表 3-6 的相应行。即有

$$\begin{aligned} b'_i &= b_i - \frac{b_l}{a_{lk}} \cdot a_{ik} \quad (i \neq l) \\ a'_{ij} &= a_{ij} - \frac{a_{lj}}{a_{lk}} \cdot a_{ik} \quad (i \neq l) \end{aligned} \tag{3.29}$$

(c) 表 3-6 中各变量的检验数求法见式(3.26)。

其中：

$$\begin{aligned} (c_l - z_l)' &= c_l - \frac{1}{a_{lk}}\left(-\sum_{i=1}^{l-1} c_i a_{ik} + c_k - \sum_{i=l+1}^{m} c_i a_{ik}\right) \\ &= -\frac{c_k}{a_{lk}} + \frac{1}{a_{lk}} \sum_{i=1}^{m} c_i a_{ik} \\ &= -\frac{1}{a_{lk}}(c_k - z_k) \end{aligned} \tag{3.30}$$

$$\begin{aligned} (c_j - z_j)' &= c_j - \left(\sum_{i=1}^{l-1} c_i a_{ij} - \sum_{i=l+1}^{m} c_i a_{ij}\right) - \frac{a_{lj}}{a_{lk}}\left(-\sum_{i=1}^{l-1} c_i a_{ik} + c_k - \sum_{i=l+1}^{m} c_i a_{ik}\right) \\ &= \left(c_j - \sum_{i=1}^{m} c_i a_{ij}\right) - \frac{a_{lj}}{a_{lk}}\left(c_k - \sum_{i=1}^{m} c_i a_{ik}\right) \\ &= (c_j - z_j) - \frac{a_{lj}}{a_{lk}}(c_k - z_k) \end{aligned} \tag{3.31}$$

第 4 步：重复第 2、3 两步，一直到计算结束为止。

例 3.5　用单纯形法求解线性规划问题

$$\max z = 15x_1 + 20x_2$$

$$\text{s.t.} \begin{cases} 2x_1 + 4x_2 \leqslant 320 \\ 2x_1 + 4x_2 \leqslant 360 \\ 4x_1 + 2x_2 \leqslant 400 \\ x_1, x_2 \geqslant 0 \end{cases}$$

解　先将上述问题化成标准形式有

$$\max z = 15x_1 + 20x_2 + 0x_3 + 0x_4 + 0x_5$$

$$\text{s.t.} \begin{cases} 2x_1 + 4x_2 + x_3 = 320 \\ 2x_1 + 4x_2 + x_4 = 360 \\ 4x_1 + 2x_2 + x_5 = 400 \\ x_{1-5} \geqslant 0 \end{cases}$$

其约束条件系数矩阵的增广矩阵为

$$\begin{matrix} \boldsymbol{P}_1 & \boldsymbol{P}_2 & \boldsymbol{P}_3 & \boldsymbol{P}_4 & \boldsymbol{P}_5 & \boldsymbol{b} \end{matrix}$$

$$\begin{bmatrix} 2 & 4 & 1 & 0 & 0 & 320 \\ 2 & 4 & 0 & 1 & 0 & 360 \\ 4 & 2 & 0 & 0 & 1 & 400 \end{bmatrix}$$

其中，$\boldsymbol{P}_3,\boldsymbol{P}_4,\boldsymbol{P}_5$ 是单位矩阵，构成一个基，对应变量 x_3,x_4,x_5 是基变量。令非基变量 x_1,x_2

等于 0，即找到一个初始基可行解

$$\boldsymbol{X}=(0,0,320,360,400)^{\mathrm{T}}$$

依次列出单纯形表，见表 3-7。

表 3-7　初始单纯形表

$c_j \to$			15	20	0	0	0
$\boldsymbol{C}_B$	基	$\boldsymbol{b}$	x_1	x_2	x_3	x_4	x_5
0	x_3	320	2	[4]	1	0	0
0	x_4	360	2	4	0	1	0
0	x_5	400	4	2	0	0	1
c_j-z_j			15	20	0	0	0

因表中有大于零的检验数，故表中基可行解不是最优解。因 $\sigma_1<\sigma_2$，故确定 x_2 为换入变量。将 $\boldsymbol{b}$ 列除以 $\boldsymbol{P}_2$ 的同行数字得

$$\theta=\min\left(\frac{320}{4},\frac{360}{4},\frac{400}{2}\right)=80$$

由此 $4(a_{12})$为主元素，作为标志对主元素加上方括号[　]，主元素所在行基变量 x_3 为换出变量。用 x_2 替换基变量 x_3，得到一个新的基 $\boldsymbol{P}_2,\boldsymbol{P}_4,\boldsymbol{P}_5$，按上述单纯形法计算步骤第 3 步之(3)，可以找到新的基可行解，并列出新的单纯形表，见表 3-8。

表 3-8　单纯形第 1 次迭代表

$c_j \to$			15	20	0	0	0
$\boldsymbol{C}_B$	基	$\boldsymbol{b}$	x_1	x_2	x_3	x_4	x_5
20	x_2	80	0.5	1	1/4	0	0
0	x_4	40	0	0	−1	1	0
0	x_5	240	[3]	0	−1/2	0	1
c_j-z_j			5	0	−5	0	0

表 3-9 中所有 $\sigma_j\leqslant 0$，且基变量中不含人工变量，故表中的基可行解 $\boldsymbol{X}=(80,40,0,40,0)^{\mathrm{T}}$ 为最优解，代入目标函数得 $z=2\,000$。

表 3-9　单纯形终表

$c_j \to$			15	20	0	0	0
$\boldsymbol{C}_B$	基	$\boldsymbol{b}$	x_1	x_2	x_3	x_4	x_5
20	x_2	40	0	1	1/3	0	−1/6
0	x_4	40	0	0	−1	1	0
15	x_1	80	1	0	−1/6	0	1/3
c_j-z_j			0	0	−25/6	0	−5/3

3.2.6　单纯形法的进一步讨论

1. 人工变量法

在上述例 3.5 中，化为标准形式后的约束条件系数矩阵中含有单位矩阵，以此作初始基，使求初始基可行解和建立初始单纯形表都十分方便。但在下述例 3.6 中，化为标准形后的约束条件的系数矩阵中不存在单位矩阵。

例 3.6　用单纯形法求解线性规划问题

$$\max z = -3x_1 + x_3$$

$$\text{s.t.}\begin{cases} x_1 + x_2 + x_3 \leqslant 4 \\ -2x_1 + x_2 - x_3 \geqslant 1 \\ 3x_2 + x_3 = 9 \\ x_1, x_2, x_3 \geqslant 0 \end{cases}$$

解　先将其化成标准形式有

$$\max z = -3x_1 + x_3 + 0x_4 + 0x_5$$

$$\text{s.t.}\begin{cases} x_1 + x_2 + x_3 + x_4 = 4 & (3.32\text{a}) \\ -2x_1 + x_2 - x_3 - x_5 = 1 & (3.32\text{b}) \\ 3x_2 + x_3 = 9 & (3.32\text{c}) \\ x_{1-5} \geqslant 0 \end{cases}$$

这种情况可以添加两列单位向量 $\boldsymbol{P}_6, \boldsymbol{P}_7$，连同约束条件中的向量 $\boldsymbol{P}_4$ 构成单位矩阵

$$\begin{matrix} \boldsymbol{P}_4 & \boldsymbol{P}_6 & \boldsymbol{P}_7 \end{matrix}$$
$$\begin{bmatrix} 1 & 0 & 0 \\ 0 & 1 & 0 \\ 0 & 0 & 1 \end{bmatrix}$$

p_6, p_7 是人为添加上去的，它相当于在上述问题的约束条件(3.32b)中添加变量 x_6，约束条件(3.32c)添加变量 x_7，在添加人工变量前(3.32b)和(3.32c)已是等式，为使这些等式得到满足，在最优解中人工变量取值必须为零。为此，令目标函数中人工变量的系数为任意大的负值，用“$-M$”代表。“$-M$”称为“罚因子”，即只要人工变量取值大于零，目标函数就不可能实现最优化。因而添加人工变量后，例 3.6 的数学模型形式就变成

$$\max z = -3x_1 + x_3 + 0x_4 + 0x_5 - Mx_6 - Mx_7$$

$$\text{s.t.}\begin{cases} x_1 + x_2 + x_3 + x_4 = 4 \\ -2x_1 + x_2 - x_3 - x_5 + x_6 = 1 \\ 3x_2 + x_3 + x_7 = 9 \\ x_j \geqslant 0 \quad (j = 1, 2, \cdots, 7) \end{cases}$$

该模型中与 $\boldsymbol{P}_4, \boldsymbol{P}_6, \boldsymbol{P}_7$ 对应的变量 x_4, x_6, x_7 为基变量，令非基变量 x_1, x_2, x_3, x_5 等于零，即得到初始可行解 $\boldsymbol{X}^{(0)} = (0,0,0,4,0,1,9)^T$，并列出初始单纯形表。在单纯形法迭代运算中，M 可当作一个数学符号一起参加运算。检验数中含 M 符号的，当 M 的系数为正时，该检验数为正，当 M 的系数为负时，该项检验数为负。例 3.6 添加人工变量后，用单纯形法求解的过程见表 3-10。

表 3-10 单纯形大 M 法

c_j			-3	0	1	0	0	$-M$	$-M$
C_B	基	b	x_1	x_2	x_3	x_4	x_5	x_6	x_7
0	x_4	4	1	1	1	1	0	0	0
$-M$	x_6	1	-2	[1]	-1	0	-1	1	0
$-M$	x_7	9	0	3	1	0	0	0	1
c_j-z_j			$-2M-3$	$4M$	1	0	$-M$	0	0
c_j			-3	0	1	0	0	$-M$	$-M$
0	x_4	3	3	0	2	1	1	-1	0
0	x_2	1	-2	1	-1	0	-1	1	0
$-M$	x_7	6	[6]	0	4	0	3	-3	1
c_j-z_j			$6M-3$	0	$4M+1$	0	$3M$	$-4M$	0
0	x_4	0	0	0	0	1	$-1/2$	$1/2$	$-1/2$
0	x_2	3	0	1	$1/3$	0	0	0	$1/3$
-3	x_1	1	1	0	[2/3]	0	$1/2$	$-1/2$	$1/6$
c_j-z_j			0	0	3	0	$3/2$	$-M-3/2$	$-M+1/2$
0	x_4	0	0	0	0	1	$-1/2$	$1/2$	$-1/2$
0	x_2	$5/2$	$-1/2$	1	0	0	$-1/4$	$1/4$	$1/4$
1	x_3	$3/2$	$3/2$	0	1	0	$3/4$	$-3/4$	$1/4$
c_j-z_j			$-9/2$	0	0	0	$-3/4$	$-M+3/4$	$-M-1/4$

2. 两阶段法

用手工计算实施大 M 法求解过程中，无须为 M 指定具体数值。但用电子计算机求解时，对 M 就只能在计算机内输入一个机器最大字长的数字。如果线性规划问题中的 a_{ij}，b_i 或 c_j 等参数值与这个代表 M 的数相对比较接近，或远远小于这个数字，由于计算机计算时取值上的误差，有可能使计算结果发生错误。为了克服这个困难，可以对添加人工变量后的线性规划问题分两个阶段来计算，称两阶段法。

两阶段法的第一阶段是先求解一个目标函数中只包含人工变量的线性规划问题，即令目标函数中其他变量的系数取零，人工变量的系数取某个正的常数（一般为 1），在保持原问题约束条件不变的情况下求这个目标函数极小化时的解。显然在第一阶段中，当人工变量取值为 0 时，目标函数值也为 0。这时候的最优解就是原线性规划问题的一个基可行解。如果第一阶段求解结果最优解的目标函数值不为 0，也即最优解的基变量中含有非零的人工变量，则表明原线性规划问题无可行解。

当第一阶段求解结果表明问题有可行解时，第二阶段是在原问题中去除人工变量，并从此可行解（即第一阶段的最优解）出发，继续寻找问题的最优解。

例 3.7 用两阶段法求解时，第一阶段的线性规划问题可写为

$$\min \omega = x_6 + x_7$$

$$\text{s.t.}\begin{cases}x_1+x_2+x_3+x_4=4\\-2x_1+x_2-x_3-x_5+x_6=1\\3x_2+x_3+x_7=9\\x_j\geqslant 0\quad (j=1,2,\cdots,7)\end{cases}$$

用单纯形法求解时，先将问题化成标准形式。单纯形法迭代的过程见表 3-11。

表 3-11　单纯形两阶段法—第一阶段

$c_j\to$			0	0	0	0	0	−1	−1
$\boldsymbol{C}_B$	基	$\boldsymbol{b}$	x_1	x_2	x_3	x_4	x_5	x_6	x_7
0	x_4	4	1	1	1	1	0	0	0
−1	x_6	1	−2	[1]	−1	0	−1	1	0
−1	x_7	9	0	3	1	0	0	0	1
c_j-z_j			−2	4	0	0	−1	0	0
0	x_4	3	3	0	2	1	1	−1	0
0	x_2	1	−2	1	−1	0	−1	1	0
−1	x_7	6	[6]	0	4	0	3	−3	1
c_j-z_j			6	0	4	0	3	−4	0
0	x_4	0	0	0	0	1	−1/2	1/2	−1/2
0	x_2	3	0	1	1/3	0	0	0	1/3
0	x_1	1	1	0	2/3	0	1/2	−1/2	1/6
c_j-z_j			0	0	0	0	0	−1	−1

第二阶段是将表 3-11 中的人工变量 x_6，x_7 除去，目标函数回归到

$$\max z=-3x_1+0x_2+x_3+0x_4+0x_5$$

再从表 3-11 中的最后一个表出发，继续用单纯形法计算，求解过程见表 3-12。

表 3-12　单纯形两阶段法—第二阶段

$c_j\to$			−3	0	1	0	0
$\boldsymbol{C}_B$	基	$\boldsymbol{b}$	x_1	x_2	x_3	x_4	x_5
0	x_4	0	0	0	0	1	−1/2
0	x_2	3	0	1	1/3	0	0
−3	x_1	1	1	0	[2/3]	0	1/2
c_j-z_j			0	0	3	0	3/2
0	x_4	0	0	0	0	1	−1/2
0	x_2	5/2	−1/2	1	0	0	−1/4
1	x_3	3/2	3/2	0	1	0	3/4
c_j-z_j			−9/2	0	0	0	−3/4

3. 单纯形法计算中的几个问题

① 目标函数极小化时解的最优性判别。有些书中规定求目标函数值的极小化作为线性规划的标准形式，这时只需以所有检验数 $\sigma_j \geqslant 0$ 作为判别表中解是否最优的标志。

② 退化。按最小化值 θ 来确定换出基的变量时，有时出现存在两个以上相同的最小比值，从而使下一个表的基可行解中出现一个或多个基变量等于零的退化解。退化解的出现原因是模型中存在多余的约束，使多个基可行解对应同一顶点。当存在退化解时，就有可能出现迭代计算的循环，尽管可能性极其微小。为避免出现计算的循环，1974 年勃兰特(Bland)提出了一个简便有效的规则：(a)当存在多个 $\sigma_j > 0$ 时，始终选取下标值为最小的变量作为换入变量；(b)当计算 θ 值出现两个以上相同的最小化比值式，始终选取下标值为最小的变量作为换出变量。

③ 无可行解的判别。在 3.3 节的单纯形法迭代原理中，讲述了用单纯形法求解时如何判别问题结构属唯一最优解、无穷多最优解和无界解。当线性规划问题中添加人工变量后，无论用人工变量法或两阶段法，初始单纯形表中的解因含非人工变量，故实质上是非可行解。当求解结果出现所有 $\sigma_j \leqslant 0$ 时，如基变量中含有非零的人工变量(两阶段法求解是第一阶段目标函数值不等于零)，表明问题无可行解。

例 3.8　用单纯形法求解线性规划问题

$$\max z = 2x_1 + x_2$$

$$\text{s.t.}\begin{cases} x_1 + x_2 \leqslant 2 \\ 2x_1 + 2x_2 \geqslant 6 \\ x_1, x_2 \geqslant 0 \end{cases}$$

解　在图解法 3.1.4 一节图 3-7 中已看出本例无可行解。现用单纯形法求解，在添加松弛变量和人工变量后，模型可写成

$$\max z = 2x_1 + x_2 + 0x_3 + 0x_4 - Mx_5$$

$$\text{s.t.}\begin{cases} x_1 + x_2 + x_3 = 2 \\ 2x_1 + 2x_2 - x_4 + x_5 = 6 \\ x_{1-5} \geqslant 0 \end{cases}$$

以 x_3, x_5 为基变量列出初始单纯形表，进行迭代计算，过程见表 3-13。表中当所有 $c_j - z_j \leqslant 0$ 时，基变量中仍含有非零的人工变量 $x_5 = 2$，故例 3.8 的线性规划问题无可行解。

表 3-13　单纯形无可行解示例

$c_j \to$			2	1	0	0	$-M$
$\boldsymbol{C}_B$	基	$\boldsymbol{b}$	x_1	x_2	x_3	x_4	x_5
0	x_3	2	[1]	1	1	0	0
$-M$	x_5	6	2	2	0	-1	1
$c_j - z_j$			$2+2M$	$1+2M$	0	$-M$	0
2	x_1	2	1	1	1	0	0
$-M$	x_5	2	0	0	-2	-1	1
$c_j - z_j$			0	-1	$-2-2M$	$-M$	0

3.2.7 其他应用例子

应用线性规划解决经济、管理领域的实际问题，最重要的一步是建立实际问题的线性规划模型。这是一项技巧性很强的创造性工作，既要求对研究问题有深入的了解，又要求很好的掌握线性规划模型的结构特点，并具有对实际问题进行较强的数学描述的能力。因此在研究建立一些较复杂的数学模型时，需要各方面专业人员的通力协作配合。一般来讲，一个经济、管理问题要满足下列条件，才能归结为线性规划的模型：① 要求解的问题的目标函数能用某种效益指标度量大小，并能用线性函数描述目标函数的要求；② 达到这个目标存在的多种方案；③ 要达到的目标是在一定约束条件下实现的，这些条件可用线性等式或不等式描述。

下面通过 2 个例子来说明如何将一些实际问题归结为线性规划的数学模型。

例 3.9　混合配料问题

某糖果厂用原料 A,B,C 加工成 3 种不同牌号的糖果甲、乙、丙。已知各种牌号的糖果中 A,B,C 含量，原料成本，各种原料的每月限制用量，3 种牌号糖果的单位加工费及售价如表 3-14 所列。问该厂每月生产这 3 种牌号糖果各多少千克，使其获利最大？试建立这个问题的线性规划的数学模型。

表 3-14　混合配料问题产品、资源数据表

原　料	甲	乙	丙	原料成本/(元·kg^{-1})	每月限制用量/kg
A	≥60%	≥30%		2.00	2 000
B				1.50	2 500
C	≤20%	≤50%	≤60%	1.00	1 200
加工费/(元·kg^{-1})	0.50	0.40	0.30		
售价/(元·kg^{-1})	3.40	2.85	2.25		

解　用 $i=1,2,3$ 分别代表原料 A,B,C，用 $j=1,2,3$ 分别代表甲、乙、丙 3 种糖果，x_{ij} 为生产第 j 种糖果用的第 i 种原料的千克数量。该厂的获利为 3 种牌号糖果的售价减去相应的加工费和原料成本，3 种糖果的生产量 $x_{甲}$，$x_{乙}$，$x_{丙}$ 分别为

$$x_{甲}=x_{11}+x_{21}+x_{31}$$

$$x_{乙}=x_{12}+x_{22}+x_{32}$$

$$x_{丙}=x_{13}+x_{23}+x_{33}$$

3 种糖果的生产量受到原料月供应量和原料含量成份的限制。由例 3.9 的数学模型可归结为

$$\begin{aligned}\max z=&(3.40-0.50)(x_{11}+x_{21}+x_{31})+(2.85-0.40)(x_{12}+x_{22}+x_{32})+\\&(2.25-0.30)(x_{13}+x_{23}+x_{33})-2.0(x_{11}+x_{12}+x_{13})-\\&1.50(x_{21}+x_{22}+x_{23})-1.0(x_{31}+x_{32}+x_{33})=0.9x_{11}+1.4x_{21}+\\&1.9x_{31}+0.45x_{12}+0.95x_{22}+1.45x_{32}-0.05x_{13}+0.45x_{23}+0.95x_{33}\end{aligned}$$

$$
\text{s.t.}\begin{cases}
\left.\begin{array}{l} x_{11}+x_{12}+x_{13}\leqslant 2\,000 \\ x_{21}+x_{22}+x_{23}\leqslant 2\,500 \\ x_{31}+x_{32}+x_{33}\leqslant 1\,200 \end{array}\right\}\text{原料月供应量限制} \\
\left.\begin{array}{l} x_{11}\geqslant 0.6(x_{11}+x_{21}+x_{31}) \\ x_{31}\leqslant 0.2(x_{11}+x_{21}+x_{31}) \\ x_{12}\geqslant 0.3(x_{12}+x_{22}+x_{32}) \\ x_{32}\leqslant 0.5(x_{12}+x_{22}+x_{32}) \\ x_{33}\leqslant 0.6(x_{13}+x_{23}+x_{33}) \\ x_{ij}\geqslant 0\quad (i=1,2,3;j=1,2,3) \end{array}\right\}\text{含量成分的限制}
\end{cases}
$$

例 3.10 产品计划问题

某厂生产Ⅰ,Ⅱ,Ⅲ 3 种产品,都分别经过 A,B 两道工序加工。设 A 工序可分别在设备 A_1 或 A_2 上完成,有 B_1,B_2,B_3 3 种设备可用于完成 B 工序。已知产品Ⅰ可在 A,B 任何一种设备上加工;产品Ⅱ可在任何规格的 A 设备上加工,但完成 B 工序时,只能在 B_1 设备上加工;产品Ⅲ只能在 A_2 与 B_2 设备上加工,加工单位产品所需工序时间及其他各项数据见表 3-15,试安排最优生产计划,使该厂获利最大。

表 3-15 产品计划问题产品及工序台时数据表

设 备	产品			设备有效台时	设备加工费/(元·h^{-1})
	Ⅰ	Ⅱ	Ⅲ		
A_1	5	10		6 000	0.05
A_2	7	9	12	10 000	0.03
B_1	6	8		4 000	0.06
B_2	4		11	7 000	0.11
B_3	7			4 000	0.05
原料费 元/件$^{-1}$	0.25	0.35	0.50	—	—
售 价 元/件$^{-1}$	1.25	2.00	2.80	—	—

解 设产品Ⅰ,Ⅱ,Ⅲ的产量分别为 x_1,x_2,x_3 件。产品Ⅰ有 6 种加工方案,分别利用设备(A_1,B_1),(A_1,B_2),(A_1,B_3),(A_2,B_1),(A_2,B_2),(A_2,B_3),各方案加工的产品Ⅰ数量用 x_{11},x_{12},x_{13},x_{14},x_{15},x_{16} 表示;产品Ⅱ有 2 种加工方案,即(A_1,B_1),(A_2,B_1),加工数量用 x_{21},x_{22} 表示;产品Ⅲ只有 1 种加工方案(A_2,B_2),加工的数量等于 x_3。而

$$x_1=x_{11}+x_{12}+x_{13}+x_{14}+x_{15}+x_{16}$$

$$x_2=x_{21}+x_{22}$$

工厂的盈利为产品售价减去相应的原料费和设备加工费。产品加工量只受设备有效台时的限制。故对例 3.10 可建立如下线性规划模型:

$$
\begin{aligned}
\max z=&(1.25-0.25)(x_{11}+x_{12}+x_{13}+x_{14}+x_{15}+x_{16})+(2.0-0.35)\times \\
&(x_{21}+x_{22})+(2.80-0.50)x_3-0.50(5x_{11}+5x_{12}+5x_{13}+10x_{21})- \\
&0.03(7x_{14}+7x_{15}+7x_{16}+9x_{22}+12x_3)-0.06(6x_{11}+6x_{14}+8x_{21}+8x_{22})- \\
&0.11(4x_{12}+4x_{13}+11x_3)-0.05(7x_{13}+7x_{16})
\end{aligned}
$$

$$
\text{s.t.}\begin{cases}5x_{11}+5x_{12}+5x_{13}+10x_{21}\leqslant 6\,000\\7x_{14}+7x_{15}+7x_{16}+9x_{22}+12x_3\leqslant 10\,000\\6x_{11}+6x_{14}+8x_{21}+8x_{22}\leqslant 4\,000\\4x_{12}+4x_{13}+11x_3\leqslant 7\,000\\7x_{13}+7x_{16}\leqslant 4\,000\\x_{ij}\geqslant 0\end{cases}
$$

3.3 对偶问题与灵敏度分析

3.3.1 对偶问题的提出

无论从理论或实践角度来看，对偶理论都是线性规划中的一个最重要和有趣的概念。支持对偶理论的基本思想是，每一个线性规划问题都存在一个与其对偶的问题，在求出一个问题的解的同时给出了另一问题的解。下面先通过实际例子看对偶问题的经济意义。

例 3.11　在例 3.1 中，某空管电子设备公司利用原材料 A,B,C 生产两种电子产品时，其线性规划问题为

(LP1)：

$$
\max z=15x_1+20x_2
$$

$$
\text{s.t.}\begin{cases}2x_1+4x_2\leqslant 320\\2x_1+4x_2\leqslant 360\\4x_1+2x_2\leqslant 400\\x_1,x_2\geqslant 0\end{cases}
$$

现从另一角度提出问题。假定有另一公司想把原材料 A,B,C 收买过来、它至少应付出多大代价，才能使这家空管电子设备公司愿意放弃生产活动，出让自己的资源；显然公司愿出让自己资源的条件是，出让代价应不低于用同等数量资源由自己组织生产活动时获取的盈利。设分别用 y_1,y_2 和 y_3 代表原材料 A,B,C 的出让代价。因空管公司用 2 单位的原材料 A，2 单位的原材料 B，4 单位的原材料 C 生产一件甲产品，盈利 15 元；用 4 单位的原材料 A，4 单位的原材料 B，2 单位的原材料 C 生产一件乙产品，盈利 20 元。由此 y_1,y_2,y_3 的取值应满足

$$
\begin{aligned}&2y_1+2y_2+4y_3\geqslant 15\\&4y_1+4y_2+2y_3\geqslant 20\end{aligned}\tag{3.33}
$$

又该公司希望用最小代价把美佳公司的全部资源收买过来，故有

$$
\min z=320y_1+360y_2+400y_3\tag{3.34}
$$

显然 $y_i\geqslant 0(i=1,2,3)$，再综合式(3.33)和式(3.34)有

(LP2)：

$$
\min z=320y_1+360y_2+400y_3
$$

$$
\text{s.t.}\begin{cases}2y_1+2y_2+4y_3\geqslant 15\\4y_1+4y_2+2y_3\geqslant 20\\y_1,y_2,y_3\geqslant 0\end{cases}
$$

上述 LP1 和 LP2 两个线性规划问题，通常称前者为原问题，后者是前者的对偶问题。

3.3.2 对称形式下对偶问题的一般形式

定义:满足下列条件的线性规划问题称为具有对称形式:其变量均具有非负约束.其约束条件当目标函数求极大时均取"⩽"号,当目标函数求极小时均取"⩾"号。

对称形式下线性规划原问题的一般形式为

$$\max z = c_1x_1 + c_2x_2 + \cdots + c_nx_n$$

$$\text{s.t.}\begin{cases} a_{11}x_1 + a_{12}x_2 + \cdots + a_{1n}x_n \leqslant b_1 \\ a_{21}x_1 + a_{22}x_2 + \cdots + a_{2n}x_n \leqslant b_2 \\ \qquad \vdots \\ a_{m1}x_1 + a_{m2}x_2 + \cdots + a_{mn}x_n \leqslant b_m \\ x_j \geqslant 0 \quad (j=1,2,\cdots,n) \end{cases} \tag{3.35}$$

用 $y_i(i=1,2,\cdots,m)$代表第 i 种资源的估价,则对偶问题的一般形式为

$$\min w = b_1y_1 + b_2y_2 + \cdots + b_my_m$$

$$\text{s.t.}\begin{cases} a_{11}y_1 + a_{21}y_2 + \cdots + a_{m1}y_m \geqslant c_1 \\ a_{21}y_1 + a_{22}y_2 + \cdots + a_{m2}y_m \geqslant c_2 \\ \qquad \vdots \\ a_{1n}y_1 + a_{2n}y_2 + \cdots + a_{mn}y_m \geqslant c_n \\ y_i \geqslant 0 \quad (i=1,2,\cdots,m) \end{cases} \tag{3.36}$$

矩阵形式表示,对称形式的线性规划问题的原问题为

$$\max z = \boldsymbol{CX}$$

$$\text{s.t.}\begin{cases} \boldsymbol{AX} \leqslant \boldsymbol{b} \\ \boldsymbol{X} \geqslant 0 \end{cases} \tag{3.37}$$

其对偶问题为

$$\min w = \boldsymbol{Y}'\boldsymbol{b}$$

$$\text{s.t.}\begin{cases} \boldsymbol{A}'\boldsymbol{Y} \geqslant \boldsymbol{C}' \\ \boldsymbol{Y} \geqslant 0 \end{cases} \tag{3.38}$$

将上述对称形式下线性规划的原问题与对偶问题进行比较,可以列出如表 3-16 所列的对应关系。

表 3-16 对称形式下原问题与对偶问题对应关系表

项　目	原问题	对偶问题
$\boldsymbol{A}$	约束系数矩阵	其约束系数矩阵的转置
$\boldsymbol{b}$	约束条件的右端项向量	目标函数中的价格系数向量
$\boldsymbol{C}$	目标函数中的价格系数向量	约束条件的右端项向量
目标函数	$\max z=\boldsymbol{CX}$	$\min w=\boldsymbol{Y}'\boldsymbol{b}$
约束条件	$\boldsymbol{AX}\leqslant\boldsymbol{b}$	$\boldsymbol{A}'\boldsymbol{Y}\geqslant\boldsymbol{C}'$
决策变量	$\boldsymbol{X}\geqslant 0$	$\boldsymbol{Y}\geqslant 0$

上述式(3.38)对偶问题中令 $w'=-w$,可改写为

$$\max w' = -\boldsymbol{Y}'\boldsymbol{b}$$

$$\text{s. t.} \begin{cases} -\boldsymbol{A}'\boldsymbol{Y} \leqslant -\boldsymbol{C}' \\ \boldsymbol{Y} \geqslant 0 \end{cases}$$

若将其作为原问题,并按表 3-16 所列对应关系写出它的对偶问题,则有

$$\min z' = -\boldsymbol{CX}$$

$$\text{s. t.} \begin{cases} -\boldsymbol{AX} \geqslant -\boldsymbol{b} \\ \boldsymbol{X} \geqslant 0 \end{cases}$$

再令 $z = -z'$,则上式可改写为

$$\max z = \boldsymbol{CX}$$

$$\text{s. t.} \begin{cases} \boldsymbol{AX} \leqslant \boldsymbol{b} \\ \boldsymbol{X} \geqslant 0 \end{cases}$$

可见对偶问题的对偶即原问题。因此也可以把表 3-16 右端的线性规划问题作为原问题,写出其左端形式的对偶问题。

3.3.3　非对称形式的原—对偶问题关系

因为并非所有线性规划问题都具有对称形式,故下面讨论一般情况下线性规划问题如何写出其对偶问题。考虑下面的例子。

例 3.12　写出下述线性规划问题的对偶问题

$$\max z = c_1x_1 + c_2x_2 + c_3x_3 \tag{3.39}$$

$$\text{s. t.} \begin{cases} a_{11}x_1 + a_{12}x_2 + a_{13}x_3 \leqslant b_1 & (3.39\text{a}) \\ a_{21}x_1 + a_{22}x_2 + a_{23}x_3 = b_2 & (3.39\text{b}) \\ a_{31}x_1 + a_{32}x_2 + a_{33}x_3 \geqslant b_3 & (3.39\text{c}) \\ x_1 \geqslant 0, x_2 \leqslant 0, x_3 \text{ 无约束} & (3.39\text{d}) \end{cases}$$

先将式(3.39)转换成对称形式,再按表 3-16 的对应关系写出其对偶问题。为此:

① 将约束(3.39b)先转换成 $a_{21}x_1+a_{22}x_2+a_{23}x_3\leqslant b_2$ 和 $a_{21}x_1+a_{22}x_2+a_{23}x_3\geqslant b_2$,再变换为 $a_{21}x_1+a_{22}x_2+a_{23}x_3\leqslant b_2$ 和 $-a_{21}x_1-a_{22}x_2-a_{23}x_3\leqslant -b_2$;

② 将约束(3.39c)两端乘"-1",得 $-a_{31}x_1-a_{32}x_2-a_{33}x_3\leqslant -b_3$;

③ 在约束(3.39d)中令 $x_2=-x'_2$,由此 $x'_2\geqslant 0$;令 $x_3=x'_3-x''_3$,其中 $x'_3\geqslant 0, x''_3\geqslant 0$。经上述变换后例 3.12 可重新表达为

$$\max z = c_1x_1 - c_2x'_2 + c_3x'_3 - c_3x''_3 \qquad \text{对偶变量}$$

$$\text{s. t.} \begin{cases} a_{11}x_1 - a_{12}x'_2 + a_{13}x'_3 - a_{13}x''_3 \leqslant b_1 & y_1 \\ a_{21}x_1 - a_{22}x'_2 + a_{23}x'_3 - a_{23}x''_3 \leqslant b_2 & y'_2 \\ -a_{21}x_1 + a_{22}x'_2 - a_{23}x'_3 + a_{23}x''_3 \leqslant -b_2 & y''_2 \\ -a_{31}x_1 + a_{32}x'_2 - a_{33}x'_3 + a_{33}x''_3 \leqslant -b_3 & y'_3 \\ x_1 \geqslant 0, x'_2 \geqslant 0, x'_3 \geqslant 0, x''_3 \geqslant 0 \end{cases}$$

令各约束对应的对偶变量分别为 y_1、y'_2、y''_2 和 y'_3,按表 3-16 的对应关系写出其对偶问题为

$$\min w = b_1y_1 + b_2y'_2 - b_2y''_2 - b_3y'_3$$

$$\text{s.t.}\begin{cases} a_{11}y_1 + a_{21}y'_2 - a_{21}y''_2 - a_{31}y'_3 \geqslant c_1 & (3.40\text{a}) \\ -a_{12}y_1 - a_{22}y'_2 + a_{22}y''_2 + a_{32}y'_3 \geqslant -c_2 & (3.40\text{b}) \\ a_{13}y_1 + a_{23}y'_2 - a_{23}y''_2 - a_{33}y'_3 \geqslant c_3 & (3.40\text{c}) \\ -a_{13}y_1 - a_{23}y'_2 + a_{23}y''_2 + a_{33}y'_3 \geqslant -c_3 & (3.40\text{d}) \\ y_1 \geqslant 0, y'_2 \geqslant 0, y''_2 \geqslant 0, y'_3 \geqslant 0 \end{cases}$$

在式(3.40)中，令 $y_2 = y'_2 - y''_2$，$y_3 = -y'_3$，将式(3.40c)、式(3.40d)转换为 $a_{13}y_1 + a_{23}y'_2 - a_{23}y''_2 - a_{33}y'_3 = c_3$，即有 $a_{13}y_1 + a_{23}y_2 + a_{33}y_3 = c_3$，式(3.40b)两端乘以"$-1$"，由此得

$$\min w = b_1y_1 + b_2y_2 + b_3y_3$$

$$\text{s.t.}\begin{cases} a_{11}y_1 + a_{21}y_2 + a_{31}y_3 \geqslant c_1 \\ a_{12}y_1 + a_{22}y_2 + a_{32}y_3 \leqslant c_2 \\ a_{13}y_1 + a_{23}y_2 + a_{33}y_3 = c_3 \\ y_1 \geqslant 0, y_2 \text{ 无约束}, y_3 \leqslant 0 \end{cases}$$

将上述对偶问题同例 3.11 的原问题对比发现，无论对称或非对称的线性规划问题在写出其对偶问题时。表 3-16 中前 4 行的对应关系都适用，区别的只是约束条件的形式与其对应变量的取值。根据例 3.12 中约束条件和变量的对应关系，下面将对称或不对称线性规划原问题同对偶问题的对应关系，统一归纳为表 3-17 所列形式。然后说明对偶问题的基本性质在非对称形式时也适用。

表 3-17　非对称形式下原问题与对偶问题对应关系表

项　目	原问题(对偶问题)	对偶问题(原问题)
$\boldsymbol{A}$	约束条件矩阵	约束系数矩阵的转置
$\boldsymbol{b}$	约束条件右端项向量	目标函数中的价格系数向量
$\boldsymbol{C}$	目标函数中的价格系数向量	约束条件右端项向量
目标函数	$\max z = \sum_{j=1}^{n} c_j x_j$	$\min w = \sum_{i=1}^{m} b_i y_i$
有 n 个变量 变量 $\begin{cases} x_j \quad (j = 1,2,\cdots,n) \\ x_j \geqslant 0 \\ x_j \leqslant 0 \\ x_j \text{ 无约束} \end{cases}$		有 n 个约束条件($j = 1,2,\cdots,n$) 约束条件 $\begin{cases} \sum_{i=1}^{m} a_{ij}y_i \geqslant c_i \\ \sum_{i=1}^{m} a_{ij}y_i \leqslant c_i \\ \sum_{i=1}^{m} a_{ij}y_i = c_i \end{cases}$
有 m 个约束条件($i = 1,2,\cdots,m$) 约束条件 $\begin{cases} \sum_{i=1}^{m} a_{ij}x_j \leqslant b_i \\ \sum_{i=1}^{m} a_{ij}x_j \geqslant b_i \\ \sum_{i=1}^{m} a_{ij}x_j = b_i \end{cases}$		有 m 个变量($i = 1,2,\cdots,m$) 变量 $\begin{cases} y_i \quad (i = 1,\cdots,m) \\ y_i \geqslant 0 \\ y_i \leqslant 0 \\ j_i \text{ 无约束} \end{cases}$

3.3.4　对偶问题的基本性质

本节的讨论先假定原问题及对偶问题为对称形式线性规划问题,即原问题为

$$\max z = \sum_{j=1}^{n} c_i x_j$$

$$\text{s. t.}\begin{cases}\sum_{j=1}^{n} a_{ij}x_j \leqslant b_i & (i=1,2,\cdots,m)\\ x_j \geqslant 0 & (j=1,2,\cdots,n)\end{cases} \tag{3.41}$$

其对偶问题为

$$\min w = \sum_{i=1}^{m} b_i y_i$$

$$\text{s. t.}\begin{cases}\sum_{i=1}^{m} a_{ij}y_i \geqslant c_j & (j=1,2,\cdots,n)\\ y_i \geqslant 0 & (i=1,2,\cdots,m)\end{cases} \tag{3.42}$$

然后说明对偶问题的基本性质在非对称形式时也适用。

为本节讨论及后面讲述的需要,这里先介绍有关单纯形法计算的矩阵描述。

1. 单纯形法计算的矩阵描述

对称形式线性规划问题式(3.41)的矩阵表达式加上松弛变量 $\boldsymbol{X}_s$ 后为

$$\max z = \boldsymbol{CX} + 0\boldsymbol{X}_s$$

$$\text{s. t.}\begin{cases}\boldsymbol{AX}+\boldsymbol{IX}_s=\boldsymbol{b}\\ \boldsymbol{X}\geqslant 0,\boldsymbol{X}_s\geqslant 0\end{cases} \tag{3.43}$$

上式中 X_s 为松弛变量,$\boldsymbol{X}_s=(x_{n+1},x_{n+2},\cdots,x_{n+m})$,$\boldsymbol{I}$ 为 $m\times m$ 单位矩阵。

单纯形法计算时,总选取 I 为初始基,对应基变量为 $\boldsymbol{X}_S$。设迭代若干步后,基变量为 X_B,X_B 在初始单纯形表中的系数矩阵为 $\boldsymbol{B}$。将 $\boldsymbol{B}$ 在初始单纯形表中单独列出,而 $\boldsymbol{A}$ 中去掉 $\boldsymbol{B}$ 的若干列后剩下的列组成矩阵 $\boldsymbol{N}$,这样式(3.43)的初始单纯形表可列成表 3-18 的形式。

表 3-18　单纯形初始表结构示意图

<table>
<tr><td colspan="3" rowspan="2">项　目</td><td colspan="2">非基变量</td><td>基变量</td></tr>
<tr><td>$\boldsymbol{X}_B$</td><td>$\boldsymbol{X}_N$</td><td>$\boldsymbol{X}_S$</td></tr>
<tr><td>0</td><td>$\boldsymbol{X}_S$</td><td>$\boldsymbol{b}$</td><td>$\boldsymbol{B}$</td><td>$\boldsymbol{N}$</td><td>$\boldsymbol{I}$</td></tr>
<tr><td colspan="3">c_j-z_j</td><td>$\boldsymbol{C}_B$</td><td>$\boldsymbol{C}_N$</td><td>0</td></tr>
</table>

当迭代若干步,基变量为 $\boldsymbol{X}_B$ 时,则该步的单纯形表中由 $\boldsymbol{X}_B$ 系数组成的矩阵为 $\boldsymbol{I}$。又因单纯形法的迭代是对约束增广矩阵进行的行的初等变换,对应 $\boldsymbol{X}_S$ 的系数矩阵在新表中应为 $\boldsymbol{B}^{-1}$。故当基变量为 $\boldsymbol{X}_B$ 时,新的单纯形表具有表 3-19 的形式。

表 3-19　单纯形终表结构示意图

项　目			基变量	非基变量	
			$\boldsymbol{X}_B$	$\boldsymbol{X}_N$	$\boldsymbol{X}_S$
$\boldsymbol{C}_B$	$\boldsymbol{X}_B$	$\boldsymbol{B}^{-1}\boldsymbol{b}$	$\boldsymbol{I}$	$\boldsymbol{B}^{-1}\boldsymbol{N}$	$\boldsymbol{B}^{-1}$
c_j-z_j			0	$\boldsymbol{C}_N-\boldsymbol{C}_B\boldsymbol{B}^{-1}\boldsymbol{N}$	$-\boldsymbol{C}_B\boldsymbol{B}^{-1}$

从表 3-18 和表 3-19 中看出，当迭代后基变量为 $\boldsymbol{X}_B$ 时，其在初始单纯形表中的系数矩阵为 $\boldsymbol{I}$，则有：

① 对应初始单纯形表中的单位矩阵 $\boldsymbol{I}$，迭代后的单纯形表中为 $\boldsymbol{B}^{-1}$；

② 初始单纯形表中基变量 $\boldsymbol{X}_S=\boldsymbol{b}$，迭代后的表中

$$\boldsymbol{X}_B=\boldsymbol{B}^{-1}\boldsymbol{b}; \tag{3.44}$$

③ 初始单纯形表中约束系数矩阵为 $[\boldsymbol{A},\boldsymbol{I}]=[\boldsymbol{B},\boldsymbol{N},\boldsymbol{I}]$，迭代后的表中约束系数矩阵为 $[\boldsymbol{B}^{-1}\boldsymbol{A},\boldsymbol{B}^{-1}\boldsymbol{I}]=[\boldsymbol{B}^{-1}\boldsymbol{B},\boldsymbol{B}^{-1}\boldsymbol{N},\boldsymbol{B}^{-1}\boldsymbol{I}]=[\boldsymbol{I},\boldsymbol{B}^{-1}\boldsymbol{N},\boldsymbol{B}^{-1}]$。

④ 若初始矩阵中变量 x_j 的系数向量为 $\boldsymbol{P}_j$，迭代后为 $\boldsymbol{P}'_j$，则有

$$\boldsymbol{P}'_j=\boldsymbol{B}^{-1}\boldsymbol{P}_j \tag{3.45}$$

⑤ 当 $\boldsymbol{B}$ 为优基时，在表 3-19 中应有

$$\boldsymbol{C}_N-\boldsymbol{C}_B\boldsymbol{B}^{-1}\boldsymbol{N}\leqslant 0 \tag{3.46}$$

$$-\boldsymbol{C}_B\boldsymbol{B}^{-1}\leqslant 0 \tag{3.47}$$

因 x_B 的检验数可写为

$$\boldsymbol{C}_B-\boldsymbol{C}_B\cdot\boldsymbol{I}=0 \tag{3.48}$$

故式(3.46)～式(3.47)可重写为

$$\boldsymbol{C}-\boldsymbol{C}_B\boldsymbol{B}^{-1}\boldsymbol{A}\leqslant 0 \tag{3.49}$$

$$-\boldsymbol{C}_B\boldsymbol{B}^{-1}\leqslant 0 \tag{3.50}$$

$\boldsymbol{C}_B\boldsymbol{B}^{-1}$ 称为单纯形乘子，若令 $\boldsymbol{Y}=\boldsymbol{C}_B\boldsymbol{B}^{-1}$，则式(3.49)、式(3.50)可改写为

$$\begin{cases}\boldsymbol{A}'\boldsymbol{Y}'\geqslant\boldsymbol{C}'\\ \boldsymbol{Y}\geqslant 0\end{cases} \tag{3.51}$$

看出这时检验数行，若取其相反数恰好是其对偶问题的一个可行解。将这个解代入对偶问题的目标函数值，有

$$w=\boldsymbol{Y}\boldsymbol{b}=\boldsymbol{C}_B\boldsymbol{B}^{-1}\boldsymbol{b}=z \tag{3.52}$$

由式(3.52)看出，当原问题为最优解时，这时对偶问题为可行解，且两者具有相同的目标函数值。根据下一节讲述的对偶问题的基本性质，将看到这时对偶问题的解也为最优解。

下面通过例子说明两个问题的变量及解之间的对应关系，见例 3.13。

例 3.13　下面给出了两个互为对偶的线性规划问题，两者分别加上松弛相剩余变量后为

$$\max z=15x_1+20x_2+0x_3+0x_4+0x_5 \qquad \text{对偶变量}$$

$$\text{s.t.}\begin{cases}2x_1+4x_2+x_3=320 & y_1\\ 2x_1+4x_2+x_4=360 & y_2\\ 4x_1+2x_2+x_5=400 & y_3\\ x_j\geqslant 0,\quad(j=1,2,\cdots,5)\end{cases}$$

$$\min w = 320y_1 + 360y_2 + 400y_3 + 0y_4 + 0y_5 \qquad \text{对偶变量}$$

$$\text{s.t.}\begin{cases} 2y_1 + 2y_2 + 4y_3 - y_4 = 15 & x_1 \\ 4y_1 + 4y_2 + 2y_3 - y_5 = 20 & x_2 \\ y_i \geqslant 0 \quad (i = 1, 2, \cdots, 5) \end{cases}$$

用单纯形法和两阶段法求得两个问题的最终单纯形表分别见表 3 - 20 和表 3 - 21。

表 3 - 20　原问题单纯形表中对偶解的位置

项　目		原问题变量		原问题松弛变量		
		x_1	x_2	x_3	x_4	x_5
x_2	40	0	1	1/3	0	−1/6
x_4	40	0	0	−1	1	0
x_1	80	1	0	−1/6	0	1/3
$z_j - c_j$		0	0	25/6	0	5/3
—		对偶问题的剩余变量		对偶问题变量		
		y_4	y_5	y_1	y_2	y_3

表 3 - 21　对偶问题单纯形表中原问题解的位置

项　目		对偶问题变量		对偶问题剩余变量		
		y_1	y_2	y_3	y_4	y_5
y_3	5/3	0	0	1	−1/3	1/6
y_1	25/6	1	1	0	1/6	−1/3
$c_j - z_j$		0	40	0	80	40
—		原问题松弛变量		原问题变量		
		x_3	x_4	x_5	x_1	x_2

从表 3 - 20 和表 3 - 21,可以清楚看出两个问题变量之间的对应关系。同时看出只需求解其中一个问题,从最优解的单纯形表中同时得到另一个问题的最优解。

2. 对偶问题的基本性质

设对偶问题如式(3.41)所列,其对偶问题如式(3.42)所列,则对偶问题具有以下性质。

(1) 弱对偶性

如果 $\bar{x}_j (j = 1, 2, \cdots, n)$ 是原问题的可行解,$\bar{y}_i (i = 1, 2, \cdots, m)$ 是其对偶问题的可行解,则恒有

$$\sum_{j=1}^{n} c_j \bar{x}_j \leqslant \sum_{i=1}^{m} b_i \bar{y}_i$$

由弱对偶性,可得出以下推论:

① 原问题任一可行解的目标函数值是其对偶问题目标函数值的下界;反之对偶问题任一可行解的目标函数值是其原问题目标函数值的上界。

② 如原问题有可行解且目标函数值无界(具有无界解),则其对偶问题无可行解;反之对偶问题有可行解且目标函数值无界。则其原问题无可行解(注意:本点性质的逆不成立,当对

偶问题无可行解时，其原问题或具有无界解或无可行解，反之亦然）。

③ 若原问题有可行解而其对偶问题无可行解，则原问题目标函数值无界，反之对偶问题有可行解而其原问题无可行解，则对偶问题的目标函数值无界。

(2) 最优性

如果 $\hat{x}_j(j=1,2,\cdots,n)$ 是原问题的可行解，$\hat{y}_i(i=1,2,\cdots,m)$ 是其对偶问题的可行解，且有

$$\sum_{j=1}^{n} c_j \hat{x}_j = \sum_{i=1}^{m} b_i \hat{y}_i$$

$\hat{x}_j(j=1,2,\cdots,n)$ 与 $\hat{y}_i(i=1,2,\cdots,n)$ 分别是原问题与对偶问题的最优解。

(3) 强对偶性（或称对偶定理）

若原问题及其对偶问题均具有可行解，则两者均具有最优解。且它们最优解的目标函数值相等。

(4) 互补松弛性

在线性规划问题的最优解中，如果对应某一约束条件的对偶变量值为非 0，则该约束条件取严格等式；反之如果约束条件取严格不等式，则其对应的对偶变量一定为 0。即

若 $\hat{y}_i > 0$，则有 $\sum_{j=1}^{n} a_{ij}\hat{x}_j = b_i$，即 $\hat{x}_{si} = 0$；

若 $\sum_{j=1}^{n} a_{ij}\hat{x}_j < b_i$，即 $\hat{x}_{si} > 0$，则有 $\hat{y}_i = 0$。

因此一定有 $\hat{x}_{si} \cdot \hat{y}_i = 0$

3.3.5 灵敏度分析

灵敏度分析一词的含义是指对系统或事物因周围条件变化显示出来的敏感程度的分析。在这以前讲的线性规划问题中，都假定问题中的 a_{ij}，b_i，c_j 是已知常数。但实际上这些数往往是一些估计和预测的数字，若市场条件一变，c_j 值就会变化。a_{ij} 是随工艺技术条件的改变而改变，而 b_i 值则是根据资源投入后能产生多大经济效益来决定的一种决策选择。因此就会提出以下问题：当这些参数中的一个或几个发生变化时，问题的最优解会有什么变化，或者这些参数在一个多大范围内变化时，问题的最优解不变。这就是灵敏度分析所要研究解决的问题。

当然，当线性规划问题中的一个或几个参数变化时，可以用单纯形法从头计算，看最优解有无变化，但这样做既麻烦又没有必要。因为前面已经讲到，单纯形法的迭代计算是从一组基向量变换为另一组基向量，表中每步迭代得到的数字只随基向量的不同选择而改变，因此有可能把个别参数的变化直接在计算得到最优解的最终单纯形表上反映出来。这样就不需要从头计算，而直接对计算得到最优解的单纯形表进行审查，看一些数字变化后，是否仍满足最优解的条件，如果不满足的话，再从这个表开始进行迭代计算，求得最优解。

灵敏度分析的步骤可归纳如下：

① 将参数的改变计算反映到最终单纯形表上来：

具体计算方法是，按下列公式计算出由参数 a_{ij}，b_i，c_j 的变化而引起的最终单纯形表上有关数字变化。由式(3.44)、式(3.45)、式(3.49)可得出下列各式：

$$\Delta \boldsymbol{b}' = \boldsymbol{B}^{-1} \Delta \boldsymbol{b} \tag{3.53}$$

$$\Delta \boldsymbol{P}'_j = \boldsymbol{B}^{-1} \Delta \boldsymbol{P}_j \tag{3.54}$$

$$(c_j - z_j)' = c_j - \sum_{i=1}^{m} a_{ij} y_i^* \tag{3.55}$$

② 检查原问题最否仍为可行解；

③ 检查对偶问题是否仍为可行解；

④ 按表 3－22 所列情况得以结论和决定继续计算的步骤。

表 3－22　参数变化对解的影响及求解方法

原问题	对偶问题	结论或继续计算的步骤
可行解	可行解	问题的最优解或最优基不变
可行解	非可行解	用单纯形法继续迭代求最优解
非可行解	可行解	用对偶单纯形法继续迭代求最优解
非可行解	非可行解	引进人工变量，编制新的单纯形表重新计算

下面分别就各个参数改变后的情形进行讨论。

(1) 分析 c_j 的变化

线性规划目标函数中变量系数 c_j 的变化仅仅影响到检验数($c_j - z_j$)的变化。所以将 c_j 的变化直接反映到最终单纯形表中，只可能出现如表 3－22 中的前两种情况。

下面举例说明。

例 3.14　在例 3.1 中，(1)若甲产品的利润降至 8 元/件，而乙产品的利润降至 17 元/件时，最优生产计划有何变化；(2)若甲产品的利润不变，则乙产品的利润在什么范围内变化时，该公司的最优生产计划将不发生变化。

解　①将甲乙产品的利润变化直接反映到最终单纯形表(表 3－9)中的表 3－23。

表 3－23　产品的利润变化在终表的反映

$c_j \rightarrow$			8	17	0	0	0
$\boldsymbol{C}_B$	基	$\boldsymbol{b}$	x_1	x_2	x_3	x_4	x_5
17	x_2	40	0	1	1/3	0	−1/6
0	x_4	40	0	0	−1	1	0
8	x_1	80	1	0	−1/6	0	1/3
$c_j - z_j$			0	0	−13/3	0	1/6

因变量 x_5 的检验数大于 0，故需继续用单纯形法迭代计算得表 3－24。

表 3－24　产品的利润变化在终表的进一步求解

$c_j \rightarrow$			8	17	0	0	0
$\boldsymbol{C}_B$	基	$\boldsymbol{b}$	x_1	x_2	x_3	x_4	x_5
17	x_2	80	1/2	1	1/4	0	0
0	x_4	40	0	0	−1	1	0

续表 3-24

$c_j \rightarrow$			8	17	0	0	0
0	x_5	240	3	0	−1/2	0	1
$c_j - z_j$			−1/2	0	−17/4	0	0

即应调整为生产甲产品 0 件，生产乙产品 80 件。

② 设乙产品的利润为($20+\lambda$)元，反映到最终单纯形表中，得表 3-25。

表 3-25　产品的利润变化范围分析

$c_j \rightarrow$			15	$20+\lambda$	0	0	0
$\boldsymbol{C}_B$	基	$\boldsymbol{b}$	x_1	x_2	x_3	x_4	x_5
$20+\lambda$	x_2	40	0	1	1/3	0	−1/6
0	x_4	40	0	0	−1	1	0
15	x_1	80	1	0	−1/6	0	1/3
$c_j - z_j$			0	0	$\frac{-2\lambda-25}{6}$	0	$\frac{\lambda-10}{6}$

为使表 3-12 中的解仍为最优解，应有

$$\frac{-2\lambda-25}{6} \leqslant 0, \quad \frac{\lambda-10}{6} \leqslant 0$$

解得

$$-12.5 \leqslant \lambda \leqslant 10$$

即乙产品的利润 c_2 的变化范围应满足

$$7.5 \leqslant c_2 \leqslant 30$$

(2) 分析 b_i 的变化

右端项 b_i 的变化在实际问题中反映为可用资源数量的变化。由式(3.53)看出 b_i 变化反映到最终单纯形表上将引起 $\boldsymbol{b}$ 列数字的变化，在表 3-22 中可能出现第一或第三的两种情况。出现第一种情况时，问题的最优基不变，变化后的 $\boldsymbol{b}$ 列值为最优解。出现第三种情况时，用对偶单纯形法迭代继续找出最优解。

例 3.15　在上述公司的例子中：(1)若原材料 B 和原材料 C 的数量不变，而原材料 A 增加到 350 单位，分析最优生产计划的变化；(2)若原材料 B 和原材料 C 数量不变，则原材料 A 在什么范围内变化时，问题的最优解中基本变量保持不变。

解　① 因有 $\Delta \boldsymbol{b} = \begin{bmatrix} 30 \\ 0 \\ 0 \end{bmatrix}$，由式(3.53)有

$$\Delta \boldsymbol{b}' = \boldsymbol{B}^{-1} \Delta \boldsymbol{b} = \begin{bmatrix} 1/3 & 0 & -1/6 \\ -1 & 1 & 0 \\ -1/6 & 0 & 1/3 \end{bmatrix} \begin{bmatrix} 30 \\ 0 \\ 0 \end{bmatrix} = \begin{bmatrix} 10 \\ -3 \\ -5 \end{bmatrix}$$

将其反映到原问题最终单纯形表(表 3-26)中，得表 3-27，由此最优计划改为生产甲产品 75 件，生产乙产品 50 件。

表 3-26　资源限量变化在终表的反映

$c_j \to$			15	20	0	0	0
$\boldsymbol{C}_B$	基	$\boldsymbol{b}$	x_1	x_2	x_3	x_4	x_5
20	x_2	40	0	1	1/3	0	−1/6
0	x_4	40	0	0	−1	1	0
15	x_1	80	1	0	−1/6	0	1/3
$c_j - z_j$			0	0	−25/6	0	−5/3

表 3-27　资源限量变化在终表的进一步求解

$c_j \to$			15	20	0	0	0
$\boldsymbol{C}_B$	基	$\boldsymbol{b}$	x_1	x_2	x_3	x_4	x_5
20	x_2	50	0	1	1/3	0	−1/6
0	x_4	37	0	0	−1	1	0
15	x_1	75	1	0	−1/6	0	1/3
$c_j - z_j$			0	0	−25/6	0	−5/3

② 设原材料 A 的数量为$(320+\lambda)$，因有

$$\Delta \boldsymbol{b}' = \boldsymbol{B}^{-1}\Delta \boldsymbol{b} = \begin{bmatrix} 1/3 & 0 & -1/6 \\ -1 & 1 & 0 \\ -1/6 & 0 & 1/3 \end{bmatrix} \begin{bmatrix} \lambda \\ 0 \\ 0 \end{bmatrix} = \begin{bmatrix} \lambda/3 \\ -\lambda \\ -\lambda/6 \end{bmatrix}$$

将其反映到最终单纯形表中，其 $\boldsymbol{b}$ 列数字为

$$\boldsymbol{b} = \begin{bmatrix} 40+\lambda/3 \\ 40-\lambda \\ 80-\lambda/6 \end{bmatrix}$$

当 $\boldsymbol{b} \geqslant 0$ 时问题的最优解中，基变量保持不变，解得 $-120 \leqslant \lambda \leqslant 40$。由此原材料 A 的数量应在 200～360 之间。

(3) 增加一个变量 x_j 的分析

增加一个变量在实际问题中反映为增加一种新的产品。其分析步骤为

① 计算 $\sigma'_j = c_j - z_j = c_j - \sum_{i=1}^{m} a_{ij} y_i^*$；

② 计算 $\boldsymbol{P}'_j = \boldsymbol{B}^{-1}\boldsymbol{P}_j$；

③ 若 $\sigma'_j \leqslant 0$，原最优解不变，只需将计算得到的 $\boldsymbol{P}'_j$ 和 σ'_j 直接写入最终单纯形表中；若 $\sigma'_j > 0$，则按单纯形法继续迭代计算找出最优解。

例 3.16　在空管公司例子中，设该公司又计划推出新型号的丙产品，生产一件所需原材料 A、B 和 C 的数量分别为 3、3、3，该产品的预期盈利为 18 元/件，试分析该种产品是否值得投产；若投产，对该公司的最优生产计划有何变化。

解　设该公司生产丙产品 x_6 件，有 $c_6 = 18$，$\boldsymbol{P}_6 = (3,3,3)^{\mathrm{T}}$。

$$\sigma_6 = 18 - \left(\frac{25}{6}, 0, \frac{5}{3}\right)\begin{bmatrix}3\\3\\3\end{bmatrix} = \frac{1}{2}$$

$$\boldsymbol{P}'_6 = \begin{bmatrix}1/3 & 0 & -1/6\\ -1 & 1 & 0\\ -1/6 & 0 & 1/3\end{bmatrix}\begin{bmatrix}3\\3\\3\end{bmatrix} = \begin{bmatrix}1/2\\0\\1/2\end{bmatrix}$$

将其反映到最终单纯形表(表 3-9)中得表 3-28。

表 3-28　增加新产品在终表的反映

$c_j \rightarrow$			15	20	0	0	0	18
$\boldsymbol{C}_B$	基	$\boldsymbol{b}$	x_1	x_2	x_3	x_4	x_5	x_6
20	x_2	40	0	1	1/3	0	−1/6	1/2
0	x_4	40	0	0	−1	1	0	0
15	x_1	80	1	0	−1/6	0	1/3	1/2
$c_j - z_j$			0	0	−25/6	0	−5/3	1/2

因 $\sigma_6 > 0$,故用单纯形法继续迭代计算得表 3-29。

表 3-29　增加新产品在终表的进一步计算

$c_j \rightarrow$			15	20	0	0	0	18
$\boldsymbol{C}_B$	基	$\boldsymbol{b}$	x_1	x_2	x_3	x_4	x_5	x_6
18	x_6	80	0	2	2/3	0	−2/6	1
0	x_4	40	0	0	−1	1	0	0
15	x_1	40	1	−1	−1/2	0	1/2	0
$c_j - z_j$			0	−1	−9/2	0	−5/2	0

由表 3-29,新的最优生产计划应为每天生产甲产品 40 件,乙产品 0 件,丙产品 80 件。

3.4　运输问题

在生产和日常生活中,人们常需要将某些物品(包括人们自身)由一个空间位置移动到另一个空间位置,这就产生了运输。随着社会和经济的发展,“运输”变得越来越复杂,且运输量有时非常巨大,科学组织运输显得十分必要。

3.4.1　运输问题的数学模型

本章研究单一品种物资的运输调度问题,其典型情况是设某种物品有 m 个产地:A_1,A_2,…,A_m,各产地的产量分别是 a_1,a_2,…,a_m;有 n 个销地 B_1,B_2,…,B_n,各销地的销量分别为 b_1,b_2,…,b_n。假定从产地 $A_i(i=1,2,\cdots,m)$向销地出 $B_j(j=1,2,\cdots,n)$运输单位物品的运价是 c_{ij},问怎样调运这些物品才能使总运费最小?

这是由多个产地供应多个销地的单品种物品运输问题。为直观清楚起见。可列出该问题的运输表。如表 3-30 所列,表中的变量 $x_{ij}(i=1,2,\cdots,m;j=1,2,\cdots,n)$ 为由产地 A_i 运注

销地 B_j 的物品数量，c_{ij} 为 A_i 到 B_j 的单位运价。有时，将单位运价单独列入另一个表中，并称其为运价表。

表 3-30　运输问题表上模型

产　地	销地				
	B_1	B_2	…	B_n	产　量
A_1	x_{11} c_{11}	x_{12} c_{12}		x_{1n} c_{1n}	a_1
A_2	x_{21} c_{21}	x_{22} c_{22}		x_{2n} c_{2n}	a_2
⋮					⋮
A_m	x_{m1} c_{m1}	x_{m2} c_{m2}		x_{mn} c_{mn}	a_m
销　量	b_1	b_2	…	b_n	

如果运输问题的总产量等于总销量，即

$$\sum_{i=1}^{m} a_i = \sum_{j=1}^{n} b_j \tag{3.56}$$

则称该运输问题为产销平衡运输问题；反之，称产销不平衡运输问题。

产销平衡运输问题的数学模型可表示为

$$\min z = \sum_{i=1}^{m} \sum_{j=1}^{n} c_{ij} x_{ij} \tag{3.57}$$

$$\text{s.t.}\begin{cases} \sum_{j=1}^{n} x_{ij} = a_i \quad (i=1,2,\cdots,m) & (3.57\text{a}) \\ \sum_{i=1}^{m} x_{ij} = b_j \quad (j=1,2,\cdots,n) & (3.57\text{b}) \\ x_{ij} \geqslant 0 \quad (i=1,2,\cdots,m;j=1,2,\cdots,n) & (3.57\text{c}) \end{cases}$$

其中，约束条件右侧常数 a_i 和 b_j 满足式(3.56)。

在模型(3.57)中，目标函数表示运输总费用，要求其极小化；约束条件(3.57a)的意义是由某一产地运往各个销地的物品数量之和等于该产地的产量；约束条件(3.57b)指由各产地运往某一销地的物品数量之和等于该销地的销量；约束条件(3.57c)为变量非负条件。

模型(3.57)是一种线性规划模型。第一章中讲述的单纯形法是求解线性规划问题十分有效的一般方法，因而可用单纯形法求解运输问题(3.57)。但是，当用线性规划的单纯形法求解运输问题时，先得在每个约束条件中引入一个人工变量，这样一来，即使对于 $m=3$、$n=4$ 这样简单的运输问题，变量数目也会达到 19 个之多(未考虑去掉一个多余约束条件)，因而需要寻求更简便的解法。

为了说明适于求解运输问题的更好的解法，先分析一下运输问题数学模型的特点。

3.4.2 运输问题数学模型的特点

1. 运输问题存在有限最优解

对运输问题式(3.57),若令其变量

$$x_{ij}=\frac{a_i b_j}{Q} \quad (i=1,2,\cdots,m;j=1,2,\cdots,n) \tag{3.58}$$

其中 $Q=\sum_{i=1}^{m}a_i=\sum_{j=1}^{n}b_j$,则式(3.58)就是运输问题式(3.57)的一个可行解;另一方面,式(3.57)的目标函数有下界,目标函数值不会趋于$-\infty$。由此可知,运输问题必存在有限最优解。

1. 运输问题约束条件的系数矩阵

将式(3.57)的结构约束加以整理,可知其系数矩阵具有下述形式:

$$\begin{array}{c} x_{11}\ x_{12}\ \cdots\ x_{1n}\ x_{21}\ x_{22}\ \cdots\ x_{2n}\ \cdots\ x_{m1}\ x_{m2}\ \cdots\ x_{mn} \\ \left[\begin{array}{cccccccccccc} 1 & 1 & \cdots & 1 & & & & & & & & \\ & & & & 1 & 1 & \cdots & 1 & & & & \\ & & & & & & & & \ddots & & & \\ & & & & & & & & & 1 & 1 & \cdots & 1 \\ 1 & & & & 1 & & & & & 1 & & \\ & 1 & & & & 1 & & & & & 1 & \\ & & \ddots & & & & \ddots & & & & & \ddots \\ & & & 1 & & & & 1 & & & & & 1 \end{array}\right] \begin{array}{l} \left.\begin{array}{l}\\ \\ \\ \\ \end{array}\right\} m\text{ 行} \\ \left.\begin{array}{l}\\ \\ \\ \\ \end{array}\right\} n\text{ 行} \end{array} \end{array} \tag{3.59}$$

其系数列向量的结构是

$$\boldsymbol{A}_{ij}=(0,\cdots,0,\underset{\text{第}i\text{个}}{1},0,\cdots,0,\underset{\text{第}(m+j)\text{个}}{1},0,\cdots,0)^{\mathrm{T}} \tag{3.60}$$

即除第 i 个和第$(m+j)$个分量为 1 外,其他分量全等于 0。

由此可知,运输问题具有下述特点:

① 约束条件系数矩阵的元素等于 0 或 1;

② 约束条件系数矩阵的每一列有两个非零元素,这对应于每一个变量在前 m 个约束方程中出现一次,在后 n 个约束方程中也出现一次。

对产销平衡运输问题,除上述两个特点外,还有以下特点:

① 所有结构约束条件都是等式约束;

② 各产地产量之和等于各销地销量之和。

例 3.17 某部门有 3 个生产同类产品的工厂(产地),生产的产品由 4 个销售点(销地)出售,各工厂的生产量、各销售点的销售量(假定单位均为 t)以及各工厂到各销售点的单位运价(元/t)列于表 3-31 中,要求研究产品如何调运才能使总运费最少?

表 3-31　例 3.17 的运输问题表上模型

产　地	销　地				
	B_1	B_2	B_3	B_4	产量/t
A_1	4	12	4	11	16
A_2	2	10	3	9	10
A_3	8	5	11	6	22
销量/t	8	14	12	14	48

由于总产量和总销量均为 48 t，故知这是一个产销平衡运输问题。

用 x_{ij} 表示由第 i 个产地运往第 j 个销地的产品数量，即可写出该问题的数学模型：

$$\min z = \sum_{i=1}^{3}\sum_{j=1}^{4} c_{ij}x_{ij} = 4x_{11} + 12x_{12} + 4x_{13} + 11x_{14} + 2x_{21} + 10x_{22} + 3x_{23} + 9x_{24} + 8x_{31} + 5x_{32} + 11x_{33} + 6x_{34}$$

$$\begin{cases} x_{11} + x_{12} + x_{13} + x_{14} = 16 \\ x_{21} + x_{22} + x_{23} + x_{24} = 10 \\ x_{31} + x_{32} + x_{33} + x_{34} = 22 \\ x_{11} + x_{21} + x_{31} = 8 \\ x_{12} + x_{22} + x_{32} = 14 \\ x_{13} + x_{23} + x_{33} = 12 \\ x_{14} + x_{24} + x_{34} = 14 \\ x_{ij} \geqslant 0 \quad (i = 1,2,3; j = 1,2,3,4) \end{cases} \tag{3.61}$$

2. 运输问题的解

根据运输问题的数学模型求出的运输问题的解 $\boldsymbol{X} = (x_{ij})$，代表着一个运输方案，其中每一个变量 x_{ij} 值表示由 A_i 调运数量为 x_{ij} 的物品给 B_j。由于运输问题是一种线性规划问题，故可设想用迭代法求解，即先找出它的某一个基可行解，再进行解的最优性检验，若它不是最优解，就进行迭代调整，以得到一个新的更优解，继续检验和调整改进，直至得到最优解为止。

能按上述思路求解运输问题，要求每步得到的解 $\boldsymbol{X} = (x_{ij})$ 都必须是基可行解，这意味着：① 解 $\boldsymbol{X}$ 必须满足模型中的所有约束条件；② 基变量对应的约束方程组的系数列向量线性无关；③ 解中非零变量 x_{ij} 的个数不能大于 $(m+n-1)$ 个，原因是运输问题中虽有 $(m+n)$ 个结构约束条件，但由于总产量等于总销量，故只有 $(m+n-1)$ 个结构约束条件是线性独立的；④ 为使迭代顺利进行，基变量的个数在迭代过程中保持为 $(m+n-1)$ 个。

运输问题解的每一个分量，都唯一对应其运输表中的一个格。得出运输问题的一个基可行解后，就将基变量的值 x_{ij} 填入运输表相应的格 (A_i, B_j) 内，称其为填有数字的格（含填数字 0 的格）；非基变量对应的格不填入数字，称为空格。表 3-32 给出了例 3.17 的一个基可行解，含有 6 个填有数字的格和 6 个空格。

读者可以验证表 3-32 中给出的基变量 $x_{11}, x_{13}, x_{14}, x_{23}, x_{32}, x_{34}$，它们对应的约束方程组的系数列向量线性无关。

表 3-32 运输问题的基可行解

产地	销地				
	B_1	B_2	B_3	B_4	产量/t
A_1	8 [4]	[12]	2 [4]	6 [11]	16
A_2	[2]	[10]	10 [3]	[9]	10
A_3	[8]	14 [5]	[11]	8 [6]	22
销量/t	8	14	12	14	48

3.4.3 用表上作业法求解运输问题

表上作业法是求解运输问题的一种简便而有效的方法，其求解工作在运输表上进行。它是一种迭代法，迭代步骤为先按某种规则找出一个初始解（初始调运方案）；再对现行解作最优性判别；若这个解不是最优解，就在运输表上对它进行调整改进，得出一个新解；再判别，再改进；直至得到运输问题的最优解为止。如前所述，迭代过程中得出的所有解都要求是运输问题的基可行解。下面阐明这几个步骤，并结合例 3.17 详细加以说明。

当用一般单纯形法求解运输问题时，应去掉一个多余的约束等式（任一约束等式均可）；当用表上作业法求解时，因在运输表上进行，不必写出其上述数学模型。

1. 给出运输问题的初始基可行解（初始调运方案）

下面介绍 3 种常用的方法。

(1) 最小元素法

容易直观想到，为了减少运费，应优先考虑单位运价最小（或运距最短）的供销业务，最大限度地满足其供销量。即对所有 i 和 j，找出 $c_{i_0j_0}=\min(c_{ij})$，并将 $x_{i_0j_0}=\min(a_{i_0}, b_{j_0})$ 的物品量由 A_{i_0} 供应给 B_{j_0}。若 $x_{i_0j_0}=a_{i_0}$，则产地 A_{i_0} 的可供物品已用完，以后不再继续考虑这个产地，且 B_{j_0} 的需求量由 b_{j_0} 减少为 $b_{j_0}-a_{i_0}$；如果 $x_{i_0j_0}=b_{j_0}$，则销地 B_{j_0} 的需求已全部得到满足，以后不再考虑这个销地，且 A_{i_0} 的可供量由 a_{i_0} 减少为 $a_{i_0}-b_{j_0}$。然后，在余下的供、销点的供销关系中，继续按上述方法安排调运，直至安排完所有供销任务，得到一个完整的调运方案（完整的解）为止。这样就得到了运输问题的一个初始基可行解（初始调运方案）。

由于该方法基于优先满足单位运价（或运距）最小的供销业务，故称为最小元素法。

在例 3.17 中，因 A_2 到 B_1 的单位运价 2 最小，故首先考虑这项运输业务。

由于 $\min(a_2, b_1)=b_1=8$，所以令 $x_{21}=8$，在表 3-32 的 (A_2, B_1) 格中填入数字 8，这时 A_2 的可供量变为 $a_2-b_1=10-8=2$；B_1 的需求量全部得到满足，在以后运输量分配时不再考虑，故划去 B_1 列。

在运输表尚未划去的各格中再寻求最小单位运价，它等于 3，对应 (A_2, B_3) 格。由于 A_2

供应 B_1 后其供应能力变为 2，小于 $b_3=12$，故在格(A_2,B_3)中填入数字 2。这时 A_2 的供应能力已用尽，划去 A_2 行。

如上，在(A_1,B_3)格中填入数字 10，划去 B_3 列；在(A_3,B_2)格中填入数字 14，划去 B_2 列；在(A_3,B_4)格中填入数字 8，划去 A_3 行；至此，只有(A_1,B_4)格未被划去。在其中填入数字 6，使 A_1 的可供量和 B_4 的需求量同时得到满足，并同时划去 A_1 行和 B_4 列。这时，运输表中的全部格子均被划去，所有供销要求均得到满足。上述过程和结果列于表 3－33 中，表中下部和右侧小圆圈中的数字表示各列和各行划去的先后顺序。

表 3－33　运输问题初始解—最小元素法

产　地	销　地					
	B_1	B_2	B_3	B_4	产　量/t	
A_1	4	12	4 10	11 6	16	⑥
A_2	2 8	10	3 2	9	10	②
A_3	8	5 14	11	6 8	22	⑤
销量/t	8	14	12	14	48	
	①	④	③	⑥		

这时得到了该运输问题的一个初始解：$x_{13}=10$，$x_{14}=6$，$x_{21}=8$，$x_{23}=2$，$x_{32}=14$，$x_{34}=8$，其他变量全等于 0。即由 A_1 运 10 单位物品给 B_3，运 6 单位物品给 B_4；由 A_2 运 8 单位物品给 B_1，运 2 单位物品给 B_3；由 A_3 运 14 单位物品给 B_2，运 8 单位物品给 B_4。总运费(目标函数值)

$$
\begin{aligned}
z &= \sum_{i=1}^{3}\sum_{j=1}^{4} c_{ij}x_{ij} \\
&= 10\times 4+6\times 11+8\times 2+2\times 3+14\times 5+8\times 6=246
\end{aligned}
$$

这个解满足所有约束条件，其非零变量的个数为 6(等于 $m+n-1=3+4-1=6$)，不难验证，这 6 个非零变量(基变量)对应的约束条件系数列向量线性无关。

(2) 西北角法

西北角法与最小元素法不同，它不是优先考虑具有最小单位运价的供销业务，而是优先满足运输表中西北角(即左上角)上空格的供销需求。

现再看例 3.17。由表 3－31 知，其左上角的空格是(A_1,B_1)，用西北角法时先在(A_1,B_1)格中填入 $x_{11}=\min(a_1,b_1)=\min(16,8)=8$，因 B_1 的销量已满足，划去 B_1 列。A_1 的可供量变为 $16-8=8$。运输表尚未划去的部分中，左上角格子变为(A_1,B_2)，由于 $\min(a_1-8,b_2)=\min(8,14)=8$，故在$(A_1,B_2)$格子中填入 8，因 A_1 的可供量已用完，划去 A_1 行，B_2 的需求量由 $b_2=14$ 变为 $14-8=6$。这时(A_2,B_2)是运输表剩下部分的左上角格子。因 $\min(a_2,b_2-8)=6$，在(A_2,B_2)中填入数字 6，并划去 B_2 列。如此继续，在(A_2,B_3)格中填入 4，在(A_3,B_3)格中填入 8，最后在(A_3,B_4)格中填入 14，并同时划去 A_3 行和 B_4 列。寻求初始调运方案的过程列于表 3－34 中。

表 3-34 运输问题初始解—西北角法

产地	销地 B_1	B_2	B_3	B_4	产量	
A_1	4 8	12 8	4	11	16	②
A_2	2	10 6	3 4	9	10	④
A_3	8	5	11 8	6 14	22	⑥
销量	8	14	12	14	48	
	①	③	⑤	⑥		

至此得到初始基可行解：$x_{11}=8$，$x_{12}=8$，$x_{22}=6$，$x_{23}=4$，$x_{33}=8$，$x_{34}=14$。其他变量全为0。即由 A_1 运 8 个单位物品至 B_1，运 8 个单位物品至 B_2；由 A_2 运 6 个单位物品至 B_2，4 个单位物品至 B_3；由 A_3 运 8 个单位物品至 B_3，14 个单位物品至 B_4。总运输费用为

$$z=8\times4+8\times12+6\times10+4\times3+8\times11+14\times6=372$$

(3) 沃格尔法(Vogel 法)

初看起来，最小元素法十分合理。但是，有时按某一最小单位运价优先安排物品调运时，却可能导致不得不采用运费很高的其他供销点对，从而使整个运输费用增加。对每一个供应地或销售地，均可由它到各销售地或到备供应地的单位运价中找出最小单位运价和次小单位运价，并称这两个单位运价之差为该供应地或销售地的罚数。若罚数的值不大，当不能按最小单位运价安排运输时造成的运费损失不大；反之，如果罚数的值很大，不按最小运价组织运输就会造成很大损失，故应尽量按最小单位运价安排运输。沃格尔法就是基于这种考虑提出来的。

现再结合例 3.17 说明这种方法。

首先计算运输表中每一行和每一列的次小单位运价和最小单位运价之间的差值，并分别称之为行罚数和列罚数。将算出的行罚数填入位于运输表右列行罚数栏的左边第一列的相应格子中，列罚数填入位于运输表下边列罚数栏的第一行的相应格子中(见表 3-6)。例如，A_1 行中的次小相最小单位运价均为 4，故其行罚数等于 0；A_2 行中的次小和最小单位运价分别为 2 和 3，其行罚数等于 3－2＝1，B_1 列中的次小单位运价和最小单位运价分别为 4 和 2，其列罚数等于 2。如此进行，再算出本例 A_1，A_2 和 A_3 行的行罚数分别为 0，1 和 1；B_1，B_2，B_3 和 B_4 列的列罚数分别为 2，5，1 和 3。在这些罚数中，最大者为 5(在表 3-35 中用小圆圈示出)，它位于 B_2 列。由于 B_2 列中的最小单位运价是位于(A_3，B_2)格中的 5，故在(A_3，B_2)格中填入尽可能大的运量 14，此时 B_2 的需要量得到满足，划去 B_2 列。

在尚未划去的各行和各列中，如上重新计算各行罚数和列罚数，并分别填入行罚数栏的第 2 列和列罚数栏的第 2 行。例如，在 A3 行中剩下的次小单位运价与最小单位运价分别为 8 和 6，故其罚数等于 2。由表 3-35 中填入这一轮计算出的各罚数可知。最大者等于 3，位于 B_4 列，由于 B_4 列中的最小单位运价为 6，故在其相应的格中填入这时可能的最大调运量 8，划去 A_3 行。

表 3-35　运输问题初始解—沃格尔法

<table>
<tr><th rowspan="2">产　地</th><th colspan="5">销　地</th><th colspan="5">行罚数</th></tr>
<tr><th>B_1</th><th>B_2</th><th>B_3</th><th>B_4</th><th>产量/t</th><th>1</th><th>2</th><th>3</th><th>4</th><th>5</th></tr>
<tr><td>A_1</td><td>4</td><td>12</td><td>4
12</td><td>11
4</td><td>16</td><td>0</td><td>0</td><td>0</td><td>⑦</td><td>0</td></tr>
<tr><td>A_2</td><td>2
8</td><td>10</td><td>3</td><td>9
2</td><td>10</td><td>1</td><td>1</td><td>1</td><td>6</td><td>0</td></tr>
<tr><td>A_3</td><td>8</td><td>5
14</td><td>11</td><td>6
8</td><td>22</td><td>1</td><td>2</td><td></td><td></td><td></td></tr>
<tr><td>销　量/t</td><td>8</td><td>14</td><td>12</td><td>14</td><td>48</td><td colspan="5"></td></tr>
<tr><td>数罚列 1</td><td>2</td><td>⑤</td><td>1</td><td>3</td><td colspan="6"></td></tr>
<tr><td>数罚列 2</td><td>2</td><td></td><td>1</td><td>③</td><td colspan="6"></td></tr>
<tr><td>数罚列 3</td><td>②</td><td></td><td>1</td><td>2</td><td colspan="6"></td></tr>
<tr><td>数罚列 4</td><td></td><td></td><td>1</td><td>2</td><td colspan="6"></td></tr>
<tr><td>数罚列 5</td><td></td><td></td><td></td><td>②</td><td colspan="6"></td></tr>
</table>

用上述方法继续做下去，依次算出每次迭代的行罚数和列罚数，根据其最大罚数值的位置在运输表中的适当格中填入一个尽可能大的运输量，并划去对应的一行或一列。在本例中，依次在运输表中填入运输量：$x_{32}=14$，$x_{34}=8$，$x_{21}=8$，$x_{13}=12$，$x_{24}=2$，并相应地依次划去 B_2 列、A_3 行、B_1 列、B_3 列、A_2 行。最后未划去的格仅为(A_1,B_4)，在这个格中填入数字 4，并同时划去 A_1 行和 B_4 列。

用这种方法得到的初始基可行解如下：

$x_{13}=12$，$x_{14}=4$，$x_{21}=8$，$x_{24}=2$，$x_{32}=14$，$x_{34}=8$，其他变量的值恒等于 0。这个解的目标函数值

$$z=12\times 4+4\times 11+8\times 2+2\times 9+14\times 5+8\times 6=244$$

在例 3.17 中，比较上述 3 种方法给出的初始基可行解，以沃格尔法给出的解的目标函数值最小、最小元素法次之，西北角法解的目标函数值最大。一般说来，沃格尔法得出的初始解的质量最好，常用来作为运输问题最优解的近似解。

2. 解的最优性检验

得到了运输问题的初始基可行解之后，即应对这个解进行最优性判别，看它是不是最优解。下面介绍两种常用的方法：闭回路法和对偶变量法。

(1) 闭回路法(cycle method)

要判定运输问题的某个解是否为最优解，可仿照一般单纯形法，检验这个解的各非基变量(对应于运输表中的空格)的检验数，若有某空格(A_i,B_j)的检验数为负。说明将 x_{ij} 变为基变量将使运输费用减少，故当前这个解不是最优解。若所有空格的检验数全非负，则不管怎样变换解均不能使运输费用降低，即目标函数值已无法改进，这个解就是最优解。

现结合例 3.17 中用最小元素法给出的初始解(参看表 3-33)说明检验数的计算方法。

首先考虑表 3-33 中的空格(A_1,B_1)，设想由产地 A_1 供应 1 个单位的物品给销地 B_1，为

使运入销地的物品总数量不大于它的销量，就应将 A_2 运到 B_1 的物品数量减去 1 个单位，即将格子(A_2,B_1)中填入的数字 8 改为 7；另一方面，为了使由产地 A_2 运出的物品数量正好等于它的产量，且保持新得到的解仍为基可行解，需将 x_{23} 由原来的 2 增加 1，即改为 3；然后将 x_{13} 由 10 减去 1，即变为 9，以使运入销地 B_3 的物品数量正好等于它的销量，同时使由 A_1 运出的物品数量正好等于它的产量。显然，这样的调整将影响到 x_{11}，x_{21}，x_{23} 和 x_{13} 这 4 个变量的取值，即(A_1,B_1)，(A_2,B_1)，(A_2,B_3)和(A_1,B_3)这 4 个格子中填入的数据。这些格子除(A_1,B_1)为空格外，其他都是填有数字的格。在运输表中，每一个空格总可以和一些填有数字的格用水平线段与垂直线段交替连在一闭合回路上(见表 3-36)。按照上述设想，由产地 A_1 供给 1 个单位物品给销地 B_1，由此引起的总运费变化是 $c_{11}-c_{21}+c_{23}-c_{13}=4-2+3-4=1$，根据检验数的定义，它正是非基变量 x_{11}(或说空格(A_1,B_1))的检验数。

现再看空格(A_2,B_2)，它的闭回路(表 3-36 中的虚线)的顶点由以下各格组成：(A_2,B_2)，(A_3,B_2)，(A_3,B_4)，(A_1,B_4)，(A_1,B_3)，(A_2,B_3)，(A_2,B_2)，其检验数 $\sigma_{22}=c_{22}-c_{32}+c_{34}-c_{14}+c_{13}-c_{23}=10-5+6-11+4-3=1$。

按照同样的方法，可得表 3-22 中其他各空格(非基变量)的检验数如下：

$$\sigma_{12}=c_{12}-c_{32}+c_{34}-c_{14}=12-5+6-11=2$$

$$\sigma_{24}=c_{24}-c_{14}+c_{13}-c_{23}=9-11+4-3=-1$$

$$\sigma_{31}=c_{31}-c_{21}+c_{23}-c_{13}+c_{14}-c_{34}=8-2+3-4+11-6=10$$

$$\sigma_{33}=c_{33}-c_{34}+c_{14}-c_{13}=11-6+11-4=12$$

表 3-36 运输问题检验—闭回路法

产地	销地				
	B_1	B_2	B_3	B_4	产量
A_1	4	12	4 10	11 6	16
A_2	2 8	10	3 2	9	10
A_3	8	5 14	11	6 8	22
销量	8	14	12	14	

由于 $\sigma_{24}=-1<0$，故知表 3-33 中的解不是最优解。

用上述闭回路法算出的例 3.17 初始调运方案(见表 3-33)各空格的检验数列于表 3-37 中。

表 3-37 运输问题检验—闭回路法检验数

产地	销地				
	B_1	B_2	B_3	B_4	产量
A_1	1	2			
A_2		1		−1	
A_3	10		12		
销量					

由上可知，为了求某个空格(非基变量)的检验数，先要找出它在运输表上的闭回路。闭回

路是由水平线段和竖直线段依次连接构成的一个封闭多边形；这个多边形的顶点，只有一个是空格（非基变量），其他顶点均为填有数字的格（基变量格）。可以证明，每个空格都唯一存在这样的一条闭回路。

闭回路可以是一个简单的矩形，也可以是由水平和竖直边线组成的其他更为复杂的封闭多边形，图 3-9(a)～(c)列出了几种可能的闭回路的形式。

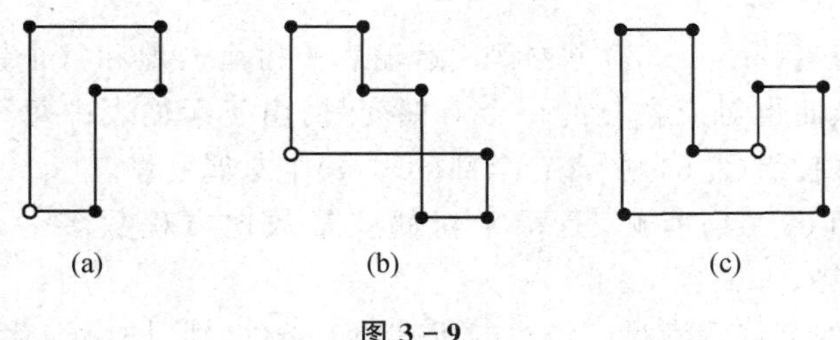

图 3-9

位于闭回路上的一组变量对应的运输问题约束条件的系数列向量线性相关，因而在运输问题基可行解的迭代过程中，不允许出现全部顶点由填有数字的格构成的闭回路。这就是说，在确定运输问题的基可行解时，除要求基变量的个数为$(m+n-1)$外，还要求运输表中填有数字的格不构成闭回路（当然还要满足所有约束条件）。用前述最小元素法、西北角法和沃格尔法得到的解满足上述所有条件。

(2) 对偶变量法(dual variable method)

用闭回路法判定一个运输方案是否为最优方案，需要找出所有空格的闭回路，并计算出其检验数。当运输问题的产地和销地很多时，空格的数目很大，使用闭回路法计其检验数的工作十分繁重，而使用对偶变量法（也称位势法）就要简便得多。

对产销平衡运输问题(3.57)，若用 $u_1,u_2,\cdots,u_m$ 分别表示前 m 个约束等式相应的对偶变量，用 $v_1,v_2,\cdots,v_n$ 分别表示后 n 个等式约束相应的对偶变量，即有对偶变量向量

$$\boldsymbol{Y}=(u_1,u_2,\cdots,u_m,v_1,v_2,\cdots,v_n)$$

这时可将运输问题(3.57)的对偶规划写成

$$\max z'=\sum_{i=1}^{m}a_iu_i+\sum_{j=1}^{n}b_jv_j$$

$$\text{s.t.}\begin{cases}u_i+v_j\leqslant c_{ij}\\ i=1,2,\cdots,m \quad (u_i,v_j\text{ 的符号不限})\\ j=1,2,\cdots,n\end{cases} \tag{3.62}$$

由式(2.17)可知，线性规划问题变量 x_j 的检验数可表示为

$$\sigma_j=c_j-z_j=c_j-\boldsymbol{C}_B\boldsymbol{B}^{-1}\boldsymbol{P}_j=c_j-\boldsymbol{YP}_j$$

由此可写出运输问题某变量 x_{ij}（对应于运输表中的(A_i,B_j)格）的检验数如下：

$$\begin{aligned}\sigma_{ij}&=c_{ij}-z_{ij}=c_{ij}-\boldsymbol{YP}_{ij}\\&=c_{ij}-(u_1,u_2,\cdots,u_m,v_1,v_2,\cdots,v_n)\boldsymbol{P}_{ij}\\&=c_{ij}-(u_i+v_j)\end{aligned} \tag{3.63}$$

现设我们已得到了运输问题(3.57)的一个基可行解，其基变量是

$$x_{i_1j_1},x_{i_2j_2},\cdots,x_{i_sj_s},\quad s=m+n-1$$

由于基变量的检验数等于 0,故对这组基变量可写出方程组

$$\begin{cases} u_{i_1} + v_{j_1} = c_{i_1 j_1} \\ u_{i_2} + v_{j_2} = c_{i_2 j_2} \\ \quad \vdots \\ u_{i_s} + v_{j_s} = c_{i_s j_s} \end{cases} \tag{3.64}$$

显然,这个方程组有$(m+n-1)$个方程。运输表中每个产地和每个销地都对应原运输问题的一个约束条件,从而也对应各自的一个对偶变量;由于运输表中每行和每列都含有基变量,可知这样构造的方程组(3.64)中含有全部$(m+n)$个对偶变量。

可以证明,方程组(3.64)有解,且由于对偶变量数比方程数多一个,故解不唯一。方程(3.64)的解称为位势。

若由(3.64)解得的某组解满足(3.62)的所有约束条件,即对所有 i 和 j 均有

$$\sigma_{ij} = c_{ij} - (u_i + v_j) \geqslant 0$$

即这组对偶变量(位势)对偶可行,则互补松弛条件

$$(\boldsymbol{YA} - \boldsymbol{C})\boldsymbol{X} = 0$$

成立,从而这时得到的解

$$\boldsymbol{X} = (\boldsymbol{X}_B, \boldsymbol{X}_N)^{\mathrm{T}} = (x_{i_1 j_1}, x_{i_2 j_2}, \cdots, x_{i_s j_s}, 0, 0, \cdots, 0)^{\mathrm{T}}$$
$$s = m + n - 1$$

和

$$\boldsymbol{Y} = (u_1, u_2, \cdots, u_m, v_1, v_2, \cdots, v_n)$$

分别为原运输问题及其对偶问题的最优解。

若由方程组(3.64)解得的解不满足方程组(3.62)的约束条件,即非基变量的检验数有负值存在,则上面得到的运输问题的解不是最优解,需要进行解的调整。

现仍用前面的例子(见表 3-33)说明用位势法求检验数的方法和步骤。

例 3.18 用位势法对表 3-33 给出的运输问题的解做最优性检验。

解

① 在表 3-33 上增加一位势列 u_i 和位势行 v_j,得表 3-38。

表 3-38 运输问题检验—对偶变量法

产地	销地					
	B_1	B_2	B_3	B_4	产量	u_i
A_1	8 [4]	[12]	10 [4]	6 [11]	16	$u_1(1)$
A_2	8 [2]	[10]	2 [3]	[9]	10	$u_2(0)$
A_3	[8]	14 [5]	[11]	8 [6]	22	$u_3(-4)$
销量	8	14	12	14	48	
v_j	$v_1(2)$	$v_2(9)$	$v_3(3)$	$v_4(10)$		

② 计算位势。

根据方程组(3.64)，以及本例中，x_{13}，x_{14}，x_{21}，x_{23}，x_{32}，x_{34} 这 6 个基变量，得出本例的方程组(3.65)，并据此计算出运输表各行和各列的位势。

在求解方程组(3.64)时，为计算简便，常任意指定其一位势等于一个较小的整数或 0。

$$\begin{cases} u_1 + v_3 = 4 \\ u_1 + v_4 = 11 \\ u_2 + v_1 = 2 \\ u_2 + v_3 = 3 \\ u_3 + v_2 = 5 \\ u_3 + v_4 = 6 \end{cases} \tag{3.65}$$

在本例求解方程组(3.65)时，任意指定 $u_2=0$，由此可算出：

$$v_1 = 2, v_3 = 3, u_1 = 1, v_4 = 10, u_3 = -4, v_2 = 9$$

上述各位势的值列于表 3-39 中相应的圆括号内。在实际计算时，不必在形式上列出方程组(3.65)，可在运输表上凭观察直接计算，并填入 u_i 和 v_j 相应的值。

③ 计算检验数

有了位势 u_i 和 v_j 之后，即可由式(3.63)计算空格的检验数。本例算出的各空格的检验数列于表 3-39 中(基变量的检验数等于 0，表示不再列出)。

表 3-39　运输问题检验—对偶变量法检验数

产地	销地								
	B_1		B_2		B_3		B_4		u_i
A_1	1	4	2	12		4		11	1
A_2		2	1	10		3	−1	9	0
A_3	10	8		5	12	11		6	−4
v_j	2		9		3		10		

比较表 3-39 和表 3-37，可知用位势法(对偶变量法)与用闭回路法算出的检验数完全相同。因 $\sigma_{24}=-1<0$，故这个解不是最优解。

④ 解的改进

对运输问题的一个解来说，若最优性检验时某非基变量 x_{ij}(空格(A_i, B_j))的检验数 σ_{ij} 为负，说明将这个非基变量变为基变量时运费会更小，因而这个解不是最优解，还可以进一步改进。改进的方法是在运输表中找出这个空格对应的闭回路 L_{ij}，在满足所有约束条件的前提下，使 x_{ij} 尽量增大并相应调整此闭回路上其他顶点的运输量，以得到另一个更好的基可行解。

解改进的具体步骤如下：

步骤① 以 x_{ij} 为换入变量，找出它在运输表中的闭回路；

步骤② 以空格(A_i, B_j)为第一个奇数顶点，沿闭回路的顺(或逆)时针方向前进. 对闭回路上的顶点依次编号；

步骤③ 在闭回路上的所有偶数顶点中，找出运输量最小$\min\limits_{L(e)} x_{ij}$ 的顶点（格子），以该格中的变量为换出变量；

步骤④ 以$\min\limits_{L(e)} x_{ij}$ 为调整量，将该闭回路上所有奇数顶点处的运输量都增加这一数值，所有偶数顶点处的运输量都减去这一数值，从而得出一新的运输方案。该运输方案的总运费比原运输方案减少，改变量等于 $\sigma_{ij} \min\limits_{L(e)} x_{ij}$。

然后，再对得到的新解进行最优性检验，若不是最优解，就重复以上步骤继续进行调整。一直到得出最优解为止。

例 3.19 对例 3.17 中用最小元素法得出的解（见表 3-33）进行改进。

解 在例 3.17 和例 3.18 中已算出了这个解的检验数（见表 3-37 或表 3-39），由于 $\sigma_{24}=-1<0$，故以 x_{24} 为换入变量，它对应的闭回路列于表 3-40 中。

该闭回路的偶数顶点位于格(A_1,B_4)和(A_2,B_3)，由于

$$\min\{x_{14},x_{23}\}=\min\{6,2\}=2$$

故应对解作如下调整，

$$x_{24}:加\ 2,\quad x_{14}:减\ 2,$$

$$x_{13}:加\ 2,\quad x_{23}:减\ 2。$$

表 3-40 运输问题解的调整

产 地	销 地				
	B_1	B_2	B_3	B_4	产 量
A_1	4	12	(+2)10 4	6(-2) 11	16
A_2	8 2	10	(-2) 2 3	(+2) 9	10
A_3	8	14 5	11	8 6	22
销 量	8	14	12	14	48

得到新的基可行解（见表 3-41）：$x_{13}=10+2=12$，$x_{14}=6-2=4$，$x_{21}=8$，$x_{24}=0+2=2$，$x_{32}=14$，$x_{34}=8$，其他为非基变量。原来的基变量 x_{23} 变为非基变量，基变量的个数仍维持 6 个。这时的目标函数值等于 $246+2(-1)=244$。

表 3-41 运输问题最优解

产 地	销 地				
	B_1	B_2	B_3	B_4	产 量
A_1	(0) 4	(2) 12	12 4	4 11	16
A_2	8 2	(2) 10	(1) 3	2 9	10
A_3	(9) 8	14 5	(12) 11	8 6	22
销 量	8	14	12	14	48

再用位势法或闭回路法求这个新解各非基变量的检验数，结果列于表 3 - 41 中各空格的小圆圈内。由于所有非其变量的检验数全非负，故这个解为最优解。

对这个解来说，因 $\sigma_{11}=0$，若以 x_{11} 为换入变量可再得一解，它与上面最优解的目标函数值相等，故它也是一个最优解。例 3.17 的运输问题有两个最优基解，按线性规划的理论，可知它有无穷多个最优解。

⑤ 需要说明的几个问题

(a) 若运输问题的某一基可行解有几个非基变量的检验数为负，在继续进行迭代时，取它们中的任一变量为换入变量均可使目标函数值得到改善，但通常取 $\sigma_{ij}<0$ 中最小者对应的变量为换入变量。

(b) 当迭代到运输问题的最优解时，如果有某非基变量的检验数等于 0，则说明该运输问题有多重(无穷多)最优解。

(c) 当运输问题某部分产地的产量和，与某一部分销地的销量和相等时，在迭代过程中有可能在某个格填入一个运量时需同时划去运输表的一行和一列，这时就出现了退化。在运输问题中，退化解是时常发生的。为了使表上作业法的迭代工作能顺利进行下去，退化时应在同时划去的一行或一列中的某个格中填入数字 0，表示这个格中的变量是取值为 0 的基变量，使迭代过程中基变量个数恰好为$(m+n-1)$。

3.4.4　运输问题的进一步讨论

3.4.3 讲述的运输问题的算法，是以总产量等于总销量(产销平衡)为前提的。实际上，在很多运输问题中，总产量不等于总销量。这时，为了使用前述表上作业法求解，就需将产销不平衡运输问题化为产销平衡运输问题。

如果总产量大于总销量，即

$$\sum_{i=1}^{m} a_i > \sum_{j=1}^{n} b_j$$

这时的数学模型是

$$\min z = \sum_{i=1}^{m}\sum_{j=1}^{n} c_{ij}x_{ij}$$

$$\text{s.t.}\begin{cases}\sum_{j=1}^{n} x_{ij} \leqslant a_i & (i=1,2,\cdots,m)\\ \sum_{i=1}^{m} x_{ij} = b_j & (j=1,2,\cdots,n)\\ x_{ij}\geqslant 0\end{cases}\tag{3.66}$$

为借助于产销平衡时的表上作业法求解，可增加一个假想的销地 B_{n+1}，由于实际上它不存在，因而由产地 $A_i(i=1,2,\cdots,m)$调运到这个假想销地的物品数量 $x_{i,n+1}$(相当于松弛变量)，实际上是就地存储在 A_i 的物品数量。就地存储的物品不经运输，故可以令其单位运价 $c_{i,n+1}=0(i=1,2,\cdots,m)$。

若令假想销地的销量为 b_{n+1}，且

$$b_{n+1}=\sum_{i=1}^{m}a_i-\sum_{j=1}^{n}b_j \tag{3.67}$$

则模型(3.66)变为

$$\min z=\sum_{i=1}^{m}\sum_{j=1}^{n+1}c_{ij}x_{ij}$$

$$\text{s.t.}\begin{cases}\sum_{j=1}^{n+1}x_{ij}=a_i & (i=1,2,\cdots,m)\\ \sum_{i=1}^{m}x_{ij}=b_j & (j=1,2,\cdots,n)\\ x_{ij}\geqslant 0\end{cases} \tag{3.68}$$

和模型(3.68)相对应的运输表见表 3-42。

表 3-42 产量大于销量的产销平衡表

产地	销地					
	B_1	B_2	…	B_n	B_{n+1}(贮存)	产量
A_1	x_{11} c_{11}	x_{12} c_{12}		x_{1n} c_{1n}	0	a_1
A_2	x_{21} c_{21}	x_{22} c_{22}		x_{2n} c_{2n}	$x_{2,n+1}$ 0	a_2
⋮						⋮
A_m	x_{m1} c_{m1}	x_{m2} c_{m2}		x_{mn} c_{mn}	$x_{m,n+1}$ 0	a_m
销量	b_1	b_2	…	b_n	$\sum_{i=1}^{m}a_i-\sum_{j=1}^{n}b_j$	

总销量大于总产量的情形可仿照上述类似处理，即增加一个假想的产地 A_{m+1}，它的产量等于

$$a_{m+1}=\sum_{j=1}^{n}b_j-\sum_{i=1}^{m}a_i$$

由于这个假想的产地并不存在，求出由它发往各个销地的物品数量 $x_{m+1,j}(j=1,2,\cdots n)$，实际上是各销地 b_j 所需物品的欠缺额，显然有

$$c_{m+1,j}=0\quad(j=1,2,\cdots,n)$$

例 3.20 某市有 3 个造纸厂 A_1，A_2 和 A_3，其纸的产量分别为 8,5 和 9 个单位；有 4 个集中用户 B_1，B_2，B_3 和 B_4，其需要量分别为 4,3,5 和 6 个单位。由各造纸厂到各用户的单位运价如表 3-43 所列，请确定总运费最少的调运方案。

表 3－43　生产能力及交货数据表

产　地	销　地				
	B_1	B_2	B_3	B_4	产　量
A_1	3	12	3	4	8
A_2	11	2	5	9	15
A_3	6	7	1	5	9
销　量	4	3	5	6	

解　由于总产量 22 大于总销量 18，故本问题是个产销不平衡运输问题。为用表上作业法求解，需增加一假想销地，并可仿照表 3－42 的形式写出运输表，再用表上作业法求解。

3.5　应用问题举例

由于运输问题的表上作业法远比一般单纯形法计算简单，因而人们在解决有些实际问题时，常设法将其转化为运输问题的数学模型求解，下面通过几个例子说明。

例 3.21　某企业和用户签订了设备交货合同，已知该企业各季度的生产能力、每台设备的生产成本和每季度末的交货量（见表 3－44），若生产出的设备当季度不交货，每台设备每季度需支付保管维护费 0.1 万元，试问在遵守合同的条件下，企业应如何安排生产计划，才能使年消耗费用最低？

表 3－44　生产能力及交货数据表

季　度	工厂生产能力/台	交货量/台	每台设备生产成本/万元
1	25	15	12.0
2	35	20	11.0
3	30	25	11.5
4	20	20	12.5

解　用 x_{ij} 表示第 i 季度生产、第 j 季度交货的设备台数，由于生产能力的限制，须满足以下条件：

$$\begin{cases} x_{11}+x_{12}+x_{13}+x_{14} \leqslant 25 \\ x_{22}+x_{23}+x_{24} \leqslant 35 \\ x_{33}+x_{34} \leqslant 30 \\ x_{44} \leqslant 20 \end{cases}$$

根据合同规定，须满足

$$\begin{cases} x_{11}=15 \\ x_{12}+x_{22}=20 \\ x_{13}+x_{23}+x_{33}=25 \\ x_{14}+x_{24}+x_{34}+x_{44}=20 \end{cases}$$

该问题的数学模型见式(3.66),这时 $i,j=1,2,3,4$。

第 i 季度生产、第 j 季度交货的每台设备所消耗的费用 c_{ij},应等于生产成本加上保管维护费用之和,其值如表 3-45 所列。

表 3-45　交货费用表

万元

生产季	交货季 j			
	1	2	3	4
1	12.0	12.1	12.2	12.3
2		11.0	11.1	11.2
3			11.5	11.6
4				12.5

表 3-46　交货问题转运输问题运价表

生产季	交货季					生产量
	1	2	3	4	d	
1	12.0	12.1	12.2	12.3	0	25
2	M	11.0	11.1	11.2	0	35
3	M	M	11.5	11.6	0	30
4	M	M	M	12.5	0	20
交货量	15	20	25	20	30	

应注意,在该问题中,当 $j<i$ 时,应使 $x_{ij}=0$。为实现这一要求,在模型(3.66)中,当 $j<i$ 时取 $c_{ij}=M$,此处 M 为一充分大的正数。此外,由于这是一个产量大于销量的不平衡运输问题,为使用表上作业法求解,应在运输表中增加一假想交货季 d。经上述处理之后,就变成了一个产销平衡运输问题,其运输表如表 3-46 所列。

用表上作业法的求解过程此处从略,请读者自己完成。

例 3.22　有 3 个产地 A_1,A_2 和 A_3。生产同一种物品。使用者为 B_1,B_2 和 B_3,各产地到各使用者的单位运价列于表 3-47 中。这 3 个使用者的需求量分别为 10、4 和 6 个单位。由于销售需要和客观条件的限制,产地 A_1 至少要发出 6 个单位的产品,它最多只能生产 11 个单位的产品;A_2 必须发出 7 个单位的产品;A_3 至少要发出 4 个单位的产品。试根据上述条件用表上作业法求该运输问题的最优运输方案。

解　由表 3-47 可知，当 A_1 的产量取最小值 6 时，A_1 和 A_2 的产量之和等于 13，而总需量为 20，故在产销平衡的条件下产地 A_3 的产量 a_3 最多等于 7。如果产地 A_1 和 A_3 的产量都取各自的最大值 11 和 7，则总产量可达 25，大于总需量 20，这时应增设一个虚销点 B_4，其需用量为 5。

为考虑可能出现的各种情况，将 A_1 和 A_3 这两个产地的产量都分成两部分，其中一部分是必须发出的，应运至实际的需用地，而不能运往虚销点 B_4，从而应将这部分产品运往虚销点 B_4 的单位运价取为充分大的正数 M；另一部分产品可以运往虚销点，但由于这时实际上不需要运输，故取相应的单位运价等于 0。

表 3-47　产销不平衡问题数据表

产　地	使　用			
	B_1	B_2	B_3	产　量
A_1	2	4	3	$6\leqslant a_1\leqslant 11$
A_2	1	5	6	$a_2=7$
A_3	3	2	4	$a_3\geqslant 4$
使用量	10	4	5	

基于上述分析，可将该运输问题的运输表写成表 3-48 的形式。用表 3-48 求解该运输问题的过程请读者完成。

表 3-48　产销不平衡转为产销平衡问题运价表

生　产	使　用				
	B_1	B_2	B_3	B_4	产　量
A_1	2	5	3	M	6
A_1'	2	4	3	0	5
A_2	1	5	6	M	7
A_3	3	2	4	M	4
A_3'	3	2	4	0	3
销　量	10	4	6	5	

例 3.23　某公司承担 4 条航线的运输任务。已知：各条航线的起点城市和终点城市及每天的航班数（见表 3-49）；各城市间的航行时间（见表 3-50）；所有航线都使用同一种机型，每次装货和卸货时间均为 1 小时。问该公司至少应配备多少架飞机才能满足所有航线的运输

需要？

表 3－49　航线任务表

航　线	起点城市	终点城市	每天航班数量
1	*E*	*D*	3
2	*B*	*C*	2
3	*A*	*F*	1
4	*D*	*B*	1

表 3－50　各城市间的航行时间

h

起　点	终　点					
	A	*B*	*C*	*D*	*E*	*F*
A	0	1	2	14	7	7
B	1	0	3	13	8	8
C	2	3	0	15	5	5
D	14	13	15	0	17	20
E	7	8	5	17	0	3
F	7	8	5	20	3	0

解　所需飞机可分为两部分：

① 各航线航行、装货、卸货所占的飞机。对各航线逐一分析，所需飞机数列入表 3－51 中，累计共需 91 架飞机。

表 3－51　所需飞机数

航　线	装货时间/h	卸货时间/h	航行时间/h	小计/h	航班数量	所需飞机
1	1	1	17	19	3	57
2	1	1	3	5	2	10
3	1	1	7	9	1	9
4	1	1	13	15	1	15

② 各空港之间调度所需飞机数量。这由每天到达某一空港的飞机数量与它所需发出的飞机数量不相等而产生。各空港城市每天到达飞机、需求飞机数量及其差额列于表 3－52 中。

表 3－52　到达、需求及其差额飞机数量表

城　市	*A*	*B*	*C*	*D*	*E*	*F*
每天到达	0	1	2	3	0	1
每天需要	1	2	0	1	3	0
余缺数	－1	－1	2	2	－3	1

将飞机由多余飞机的空港调往需用飞机的空港为空机飞行，应采用合理的调度方案，以使“调运量”最小。为此，建立表 3－53 所列的运输问题，其单位运价取为相应一对空港城市间的

航行时间(h)。

表 3-53　飞机调度转化运输问题表

起　点	终点			
	A	B	E	多余飞机
C	2	3	5	2
D	14	13	17	2
F	7	8	3	1
缺少飞机	1	1	3	

用表上作业法求解这一运输问题，可得如下两个最优解：

$$x_{CE}=2,\quad x_{DA}=1,\quad x_{DB}=1,\quad x_{FE}=1$$

和

$$x_{CA}=1,\quad x_{CE}=1,\quad x_{DB}=1,\quad x_{DE}=1,\quad x_{FE}=1$$

按这两个方案调运多余飞机，其目标函数值等于 40，说明各空港之间调度所需飞机至少为 40 架。

综合以上两个方面的要求，在不考虑维修、储备等情况下，该公司至少要配备 131 架飞机，才能满足 4 条航线正常运输的需要。

下面通过一个案例分析来介绍数学规划在人力资源规划中的应用。

例 3.24　在每天的不同时间及每周的不同日期对工作人员的人力资源需求问题

该案例需要解决航空公司在机场对地面服务人员(值机人员和行李操作员)一周的人员值班问题。一周的需求情况如下表所列。

航空公司将每天的运营分为 4 个时段，每个时段 4 个小时。如周一的上午 6 点至 10 点需要安排 8 名员工。航空公司在安排雇员工作时还应当考虑如下的公司政策及劳动合同的规定：

① 每个雇员一天连续工作 8 h；

② 实行 3 个轮班工作制，即轮班 1：上午 6 点至下午 2 点，轮班 2：上午 10 点至下午 6 点，轮班 3：下午 2 点至下午 10 点；

③ 每个雇员连续工作 5 天之后休息 2 天。

其中，在每日的 4 个时间段，对雇员的需求如表 3-54 所列：

表 3-54　人力资源轮班日需求数量表

班组/天	周　一	周　二	周　三	周　四	周　五	周　六	周　日
06:00-10:00	8	8	8	8	10	10	6
10:00-14:00	12	10	12	10	16	16	8
14:00-18:00	16	12	16	12	20	20	8
18:00-20:00	9	8	9	8	12	12	4

解　首先我们设定决策变量

$x_{i,j}$＝从第 i 天第 j 班班组开始工作的员工数量在此决策变量中，i 代表员工开始工作的日期 $i=1,2,3,4,5,6,7$ 。j 代表工作的轮班序号 $j=1,2,3$。因此，$X_{1,1}$ 表示周一上午从 6 点开始至下午 2 点工作的员工数量。

轮班 1：上午 6 点至下午 2 点

轮班 2：上午 10 点至下午 6 点

轮班 3：下午 2 点至下午 10 点

因此，本题的目标函数是使得所需员工总数最少。即

$$\min \sum_{i=1}^{7} \sum_{j=1}^{2} x_{ij} \quad (i=1,2,\cdots,7;j=1,2)$$

同时，根据每日时间所需的员工数量，可得到约束条件如下：

① 上午 6 点至上午 10 点时间段的约束条件

在这个时间段工作的员工仅指那些从上午 6 点（第一班）开始上班的工作人员。从上午 10 点或下午 2 点（第二班和第三班）开始上班的人就绝不会出现在此时间段内。因此，对于周一从上午 6 点至 10 点的轮班有如下的约束条件：

$$x_{1,1}+x_{4,1}+x_{5,1}+x_{6,1}+x_{7,1} \geqslant 8$$

这个约束条件确定了周一上午 6 点至 10 点这一轮班的员工人数。即那些从周一开始一周工作的员工和从周四（$x_{4,1}$）、周五（$x_{5,1}$）、周六（$x_{6,1}$）、周日（$x_{7,1}$）开始工作的员工。因为每个员工连续工作 5 天后需要休息 2 天。因此，周二、周三开始一周工作的员工不可能在周一的时段里上班。同理，我们还可列出一周中其他 6 天第一个时间段的约束条件。因此，这个时段的约束条件可总括为

$$\begin{cases} x_{1,1}+x_{4,1}+x_{5,1}+x_{6,1}+x_{7,1} \geqslant 8 \\ x_{2,1}+x_{5,1}+x_{6,1}+x_{7,1}+x_{1,1} \geqslant 8 \\ x_{3,1}+x_{6,1}+x_{7,1}+x_{1,1}+x_{2,1} \geqslant 8 \\ x_{4,1}+x_{7,1}+x_{1,1}+x_{2,1}+x_{3,1} \geqslant 8 \\ x_{5,1}+x_{1,1}+x_{2,1}+x_{3,1}+x_{4,1} \geqslant 8 \\ x_{6,1}+x_{2,1}+x_{3,1}+x_{4,1}+x_{5,1} \geqslant 8 \\ x_{7,1}+x_{3,1}+x_{4,1}+x_{5,1}+x_{6,1} \geqslant 8 \end{cases}$$

② 上午 10 点至下午 2 点时间段的约束

这个时间段包含上午第一班（上午 6 点至下午 2 点）和第 2 班（上午 10 点至下午 6 点）的工作员工。因此，可以得到约束条件为

$$\begin{cases} x_{1,1}+x_{4,1}+x_{5,1}+x_{6,1}+x_{7,1}+x_{1,2}+x_{4,2}+x_{5,2}+x_{6,2}+x_{7,2} \geqslant 12 \\ x_{2,1}+x_{5,1}+x_{6,1}+x_{7,1}+x_{1,1}+x_{2,2}+x_{5,2}+x_{6,2}+x_{7,2}+x_{1,2} \geqslant 10 \\ x_{3,1}+x_{6,1}+x_{7,1}+x_{1,1}+x_{2,1}+x_{3,2}+x_{6,2}+x_{7,2}+x_{1,2}+x_{2,2} \geqslant 12 \\ x_{4,1}+x_{7,1}+x_{1,1}+x_{2,1}+x_{3,1}+x_{4,2}+x_{7,2}+x_{1,2}+x_{2,2}+x_{3,2} \geqslant 10 \\ x_{5,1}+x_{1,1}+x_{2,1}+x_{3,1}+x_{4,1}+x_{5,2}+x_{1,2}+x_{2,2}+x_{3,2}+x_{4,2} \geqslant 16 \\ x_{6,1}+x_{2,1}+x_{3,1}+x_{4,1}+x_{5,1}+x_{6,2}+x_{2,2}+x_{3,2}+x_{4,2}+x_{5,2} \geqslant 16 \\ x_{7,1}+x_{3,1}+x_{4,1}+x_{5,1}+x_{6,1}+x_{7,2}+x_{3,2}+x_{4,2}+x_{5,2}+x_{6,2} \geqslant 8 \end{cases}$$

③ 下午 2 点至下午 6 点时间段的约束条件

这个时间段包含第 2 班(上午 10 点至下午 6 点)和第三班(下午 2 点至下午 10 点)的员工。因此,可得到约束条件为

$$
\begin{cases}
x_{1,2}+x_{4,2}+x_{5,2}+x_{6,2}+x_{7,2}+x_{1,3}+x_{4,3}+x_{5,3}+x_{6,3}+x_{7,3}\geqslant 12\\
x_{2,2}+x_{5,2}+x_{6,2}+x_{7,2}+x_{1,2}+x_{2,3}+x_{5,3}+x_{6,3}+x_{7,3}+x_{1,3}\geqslant 10\\
x_{3,2}+x_{6,2}+x_{7,2}+x_{1,2}+x_{2,2}+x_{3,3}+x_{6,3}+x_{7,3}+x_{1,3}+x_{2,3}\geqslant 12\\
x_{4,2}+x_{7,2}+x_{1,2}+x_{2,2}+x_{3,2}+x_{4,3}+x_{7,3}+x_{1,3}+x_{2,3}+x_{3,3}\geqslant 10\\
x_{5,2}+x_{1,2}+x_{2,2}+x_{3,2}+x_{4,2}+x_{5,3}+x_{1,3}+x_{2,3}+x_{3,3}+x_{4,3}\geqslant 16\\
x_{6,2}+x_{2,2}+x_{3,2}+x_{4,2}+x_{5,2}+x_{6,3}+x_{2,3}+x_{3,3}+x_{4,3}+x_{5,3}\geqslant 16\\
x_{7,2}+x_{3,2}+x_{4,2}+x_{5,2}+x_{6,2}+x_{7,3}+x_{3,3}+x_{4,3}+x_{5,3}+x_{6,3}\geqslant 8
\end{cases}
$$

④ 下午 6 点至下午 10 点时间段的约束条件

这个时间段只有第 3 班(下午 2 点至下午 10 点)员工在工作。因此,约束条件为

$$
\begin{cases}
x_{1,3}+x_{4,3}+x_{5,3}+x_{6,3}+x_{7,3}\geqslant 9\\
x_{2,3}+x_{5,3}+x_{6,3}+x_{7,3}+x_{1,3}\geqslant 8\\
x_{3,3}+x_{6,3}+x_{7,3}+x_{1,3}+x_{2,3}\geqslant 9\\
x_{4,3}+x_{7,3}+x_{1,3}+x_{2,3}+x_{3,3}\geqslant 8\\
x_{5,3}+x_{1,3}+x_{2,3}+x_{3,3}+x_{4,3}\geqslant 12\\
x_{6,3}+x_{2,3}+x_{3,3}+x_{4,3}+x_{5,3}\geqslant 12\\
x_{7,3}+x_{3,3}+x_{4,3}+x_{5,3}+x_{6,3}\geqslant 12
\end{cases}
$$

综上包含 28 个约束条件,21 个变量。可解得结果如表 3 - 55 所列。本案例人力需求为 36 名员工。

表 3 - 55　人力资源轮班日需求数量优化结果

班\天	周　一	周　二	周　三	周　四	周　五	周　六	周　日
第 1 班 (06:00 - 14:00)	2	4	0	2	2	2	0
第 2 班 (10:00 - 16:00)	1	0	1	4	0	2	0
第 3 班 (14:00 - 22:00)	3	7	0	4	0	2	0

3.6　航空货物装载优化

1. 航空集装器分类

IATA 将航空运输中使用的成组工具称为集装器(即成组器)。集装器分为航空用和非航空用两类,如表 3 - 56 所列,航成器包括与标准同型的集装箱。

表 3-56 航空集装器的分类

<table>
<tr><td rowspan="10">航空集装器</td><td rowspan="6">航空用集装器</td><td rowspan="4">部件组合式</td><td>航空用托盘</td></tr>
<tr><td>航空用货网</td></tr>
<tr><td>固定结构圆顶</td></tr>
<tr><td>非固定结构圆顶</td></tr>
<tr><td rowspan="2">整体结构式</td><td>主货舱用集装箱</td></tr>
<tr><td>下部货舱用集装箱</td></tr>
<tr><td rowspan="4">非航空用集装器</td><td colspan="2">国际航空运输协会尺寸集装箱</td></tr>
<tr><td rowspan="3">国际标准集装箱</td><td>航空运输专用集装箱</td></tr>
<tr><td>陆-空联运集装箱</td></tr>
<tr><td>海-陆-空联运用集装箱</td></tr>
</table>

2. 航空货物组载优化

航空货运飞机的舱容有限，对大件货物或大批量货物的运输有一定限制。目前，国内航空公司的飞机以中小型为主。以波音 757 为例，即使 4 个舱全装货物，也只能装载约 10 t，运力与中型卡车差不多。因此，如何在飞机有限的空间里，尽可能地装入不超过飞机限重的货物，是一个很关键的问题。

如果已知某航班可以装载的集装器数，那么只要决定把哪些货物装入这些集装器中即可，这就是航空货物组装问题，其需要考虑的因素如下。

① 货物是否可以分批。即同一票货物是否可以用多个航班运送。

② 货物运输优先级。优先级顺序一般为用于抢险、救灾、急救的货物＞指定日期或航班和按急件收运的货物＞有时限、贵重和零星小件物品＞国际和国内中转联程货物。其他货物按照收运的先后顺序发送。

③ 货物本身的承重性(易碎性)。即重不压轻，大不压小。

④ 货物不可混装性。某些货物之间必须隔离，不宜与其他货物混装。例如，食品和化工产品；有些危险品按照国家对危险品运输的规定进行隔离或者分装。

⑤ 飞机载运货物的质量和体积限制。对非宽体飞机，每件货物质量一般不超过 80 kg，体积一般不超过 40 cm×60 cm×100 cm。对于宽体飞机，每件货物质量一般不超过 250 kg，体积一般不超过 100 cm×100 cm×140 cm。

由于航空货物组装涉及的因素比较多，为简化建模，进行如下假设：① 货物可以混装和任意摆放；② 所有货物发运优先级一样；③ 属于同一票的货物，体积、质量都一样；④ 飞机平衡在装载集装器时考虑，货物在装进集装器前分拣时已考虑上述因素，组装时基本符合这些假设。

设共有 m 个集装器，W_k 是第 k 个集装器的限重；V_k 是第 k 个集装箱的容积，$k=1,2,\cdots,m$；w_i 是第 i 票货物的单件质量，v_i 是第 i 票货物的单件体积，$(i=1,2,\cdots,n)$；x_{ijk} 是 0-1 型决策变量，第 i 票的第 j 件货物装载在第 k 个集装箱中时，$x_{ijk}=1$，否则为 0，$(j=1,2,\cdots,l_i)$，其中 l_i 是第 i 票货物的件数。

组载优化模型：

$$\max \sum_{k=1}^{m}\sum_{i=1}^{n}\sum_{j=1}^{l_i} w_i x_{ijk} \tag{3.69}$$

$$\max \sum_{k=1}^{m}\sum_{i=1}^{n}\sum_{j=1}^{l_i} v_i x_{ijk} \tag{3.70}$$

$$\text{s.t.} \sum_{i=1}^{n}\sum_{j=1}^{l_i} w_i x_{ijk} \leqslant W_k \quad (k=1,2,\cdots,m) \tag{3.71}$$

$$\sum_{i=1}^{n}\sum_{j=1}^{l_i} v_i x_{ijk} \leqslant V_k \quad (k=1,2,\cdots,m) \tag{3.72}$$

$$x_{ijk}=0 \text{ 或 } 1;i=1,2,\cdots,n;j=1,2,\cdots,l_i;k=1,2,\cdots,m$$

目标函数(3.69)为装载质量最大化,式(3.70)为装载体积最大化。约束条件(3.71)和(3.72)分别是关于集装器的质量和体积限制。该组装优化模型为 0-1 型多目标整数规划,它没有要求收入最大或成本最小,只是追求集装箱的最充分利用。其主要原因是在进行货物组装时,运输的收入已经确定了,要考虑的主要因素是如何尽可能地利用集装器的容积和质量容量,使成本尽可能地小。该模型可利用启发式算法求解,也可以对两个目标函数给出满意的目标值,引入正负偏差变量,将它化成目标规划问题,然后求解。

例 3.25　表 3-57 中的货物要装入表 3-58 所列的两种航空集装器(各一只),由于货物件数比较多,为减小规模,把每一票的每 10 件货物合成大件,如第 1 票货物合成后有 10 大件,第 2 票有 2 大件,等等。试求这批货物的组装方案。

表 3-57　装载货物数据表

票　号	体积/m^3	质量/kg	件　数
1	0.064	20	100
2	0.88	50	20
3	0.12	25	50
4	0.046	10	20
5	0.02	5.8	20
6	0.075	15	20
7	0.1	15	20
8	0.55	14	20
9	0.68	14	20
10	0.082	15	60
总　计	64.34	6626	350

表 3-58　集装箱体积、质量限量表

集装器	体积/m^3	质量限制/kg
A	18	3 800
B	12	3 000
总　计	30	6 800

解　首先根据表 3－57 和表 3－58 所给的数据，代入式(3.69)～式(3.72)，建立集装器组装优化数学模型如下：

$$\max 10\left(\sum_{j=1}^{10}\sum_{k=1}^{2} w_1 x_{1jk} + \sum_{j=1}^{2}\sum_{k=1}^{2} w_2 x_{2jk} + \sum_{j=1}^{5}\sum_{k=1}^{2} w_3 x_{3jk} + \sum_{i=4}^{9}\sum_{j=1}^{2}\sum_{k=1}^{2} w_1 x_{1jk} + \sum_{j=1}^{6}\sum_{k=1}^{2} w_{10} x_{10jk}\right)$$

$$\max 10\left(\sum_{j=1}^{10}\sum_{k=1}^{2} v_1 x_{1jk} + \sum_{j=1}^{2}\sum_{k=1}^{2} v_2 x_{2jk} + \sum_{j=1}^{5}\sum_{k=1}^{2} v_3 x_{3jk} + \sum_{i=4}^{9}\sum_{j=1}^{2}\sum_{k=1}^{2} v_1 x_{1jk} + \sum_{j=1}^{6}\sum_{k=1}^{2} v_{10} x_{10jk}\right)$$

$$\text{s. t.}\begin{cases} 10\left(\sum_{j=1}^{10} w_1 x_{1j1} + \sum_{j=2}^{2} w_2 x_{2j1} + \sum_{j=1}^{5} w_3 x_{3j1} + \sum_{i=4}^{9}\sum_{j=1}^{2} w_i x_{ij1} \sum_{j=6}^{9} w_{10} x_{10j1}\right) \leqslant 3\,800 \\ 10\left(\sum_{j=1}^{10} w_1 x_{1j2} + \sum_{j=2}^{2} w_2 x_{2j2} + \sum_{j=1}^{5} w_3 x_{3j2} + \sum_{i=4}^{9}\sum_{j=1}^{2} w_i x_{ij2} \sum_{j=6}^{9} w_{10} x_{10j2}\right) \leqslant 3\,000 \\ 10\left(\sum_{j=1}^{10} v_1 x_{1j1} + \sum_{j=2}^{2} v_2 x_{2j1} + \sum_{j=1}^{5} v_3 x_{3j1} + \sum_{i=4}^{9}\sum_{j=1}^{2} v_i x_{ij1} \sum_{j=6}^{9} v_{10} x_{10j1}\right) \leqslant 18 \\ 10\left(\sum_{j=1}^{10} v_1 x_{1j2} + \sum_{j=2}^{2} v_2 x_{2j2} + \sum_{j=1}^{5} v_3 x_{3j2} + \sum_{i=4}^{9}\sum_{j=1}^{2} v_i x_{ij2} \sum_{j=6}^{9} v_{10} x_{10j2}\right) \leqslant 12 \\ x_{ijk} = 0,1, i = 1,2,\cdots,10; j = 1,2,\cdots,l_i; k = 1,2 \end{cases}$$

求解该数学模型，在允许货物分批的情况下，得出货物分装的结果和集装器的利用率，如表 3－59 所列。

表 3－59　集装器的装载分配结果和利用情况

集装器	票号										装载体积	体积利用率	装载质量	质量利用率
	1	2	3	4	5	6	7	8	9	10				
A	40	0	50	10	20	20	20	0	0	60	17.84	99%	3 766	99%
B	50	10	0	0	20	20	20	0	0	60	12	100%	1 500	50%
未装	10	10	0	10	0	0	0	20	20	0	—	—	—	—

该例的两个集装箱的容积首先被用完，集装箱 B 的质量利用率只有 50%，表明其中装载的货物比较轻，还有 5 票货物共 70 大件未装完。

习　题

3.1　试述 LP 模型的要素、组成部分及特征。判断下述模型是否为 LP 模型并简述理由。(式中 x，y 为变量；θ 为参数；a，b，c，d，e 为常数。)

(1) $\max z = 2x_1 - x_2 - 3x_3$

$$\text{s. t.}\begin{cases} x_1 + x_2 + x_3 = 1 \\ 3x_1 - x_2 + 5x_3 \leqslant 8 \\ 2x_1 - 4x_2 + 3x_3 \geqslant 5 \\ x_1 \geqslant 0, x_2 \leqslant 0 \end{cases}$$

(2) $\min z = \prod_{k=1}^{n} kx_k$

$$\text{s.t.}\begin{cases}\sum_{k=1}^{n} a_{ik}x_k \geqslant b_i & (i=1,2,\cdots,m)\\ x_k \geqslant 0 & (k=1,2,\cdots,m)\end{cases}$$

(3) $\min z=\sum_{i=1}^{n} a_i x_i+\sum_{j=1}^{n} b_j y_j$

$$\text{s.t.}\begin{cases}x_i \leqslant c_i & (i=1,2,\cdots,m)\\ y_j \leqslant d_j & (j=1,2,\cdots,n)\\ x_i+y_i \geqslant e_{ij}\end{cases}$$

(4) $\max z=\sum_{j=1}^{n} c_j x_j$

$$\text{s.t.}\begin{cases}\sum_{j=1}^{n} a_{ij}x_j \leqslant b_i+d_i\theta & (i=1,2,\cdots,m)\\ x_j \geqslant 0 & (j=1,2,\cdots n)\end{cases}$$

3.2　试建立下列问题的数学模型：

(1) 设备配购问题

某农场要购买一批拖拉机以完成每年 3 季的工作量：春种 330 hm^2，夏管 130 hm^2，秋收 470 hm^2。可供选择的拖拉机型号、单台投资额及工作能力如表 3－60 所列。

表 3－60

拖拉机型号	单台投资/元	单台工作能力/hm^2		
		春　种	夏　管	秋　收
东方红	5 000	30	17	41
丰　收	4 500	29	14	43
跃　进	4 400	32	16	42
胜　利	5 200	31	18	44

问完成上述每年工作量且使总投资最小需要配购的种类和台数？

(2) 物资调运问题

甲乙两煤矿供给 A，B，C 3 个城市的用煤。各矿产量和各市需求如表 3－61 所列：

表 3－61　矿产量和各市需求表

煤　矿	日产量/t	城　市	日需求量/t
甲	200	A	100
		B	150
乙	250	C	200

各矿与各市之间的运输价格如表 3－62 所列：

表 3-62 煤矿、城市之间运输价格表

运价/(元/t)

煤 矿	城 市		
	A	B	C
甲	90	70	100
乙	80	65	80

问应如何调运,才能既满足城市用煤需求,又使运输的总费用最少?

(3) 食谱问题

某疗养院营养师要为某类病人拟订本周菜单。可供选择的蔬菜及其费用和所含营养成分的数量,以及这类病人每周所需各种养分的最低数量如表 3-63 所列:

表 3-63 蔬菜费用及所含营养成分表

蔬 菜	养 分					每份的费用/元
	每份所含养分数量/mg					
	铁	磷	维生素 A	维生素 C	烟 酸	
青 豆	0.45	10	415	8	0.3	0.15
胡萝卜	0.45	28	9 065	3	0.35	0.15
花 菜	1.05	50	2 550	53	0.6	0.24
卷心菜	0.4	25	75	27	0.15	0.06
甜 菜	0.5	22	15	5	0.25	0.18
土 豆	0.5	75	235	8	0.8	0.10
每周养分最低需求量	6.0	325	17 500	245	5.0	

另外,为了口味的需求,规定一周内所用的卷心菜不多于 2 份,其他蔬菜不多于 4 份。若病人每周需 14 份蔬菜,问选用每种蔬菜各多少份?

(4) 下料问题

某钢筋车间要用一批长度为 10 m 的钢筋下料制作长度为 3 m 的钢筋 90 根和长度为 4 m 的钢筋 60 根,问怎样下料最省?

3.3 用图解法求解下列 LP 问题:

(1) $\min z = 6x_1 + 4x_2$

$$\text{s.t.}\begin{cases}2x_1 + x_2 \geqslant 1\\3x_1 + 4x_2 \geqslant 1.5\\x_1 \geqslant 0, x_2 \geqslant 0\end{cases}$$

(2) $\max z = 2.5x_1 + x_2$

$$\text{s.t.}\begin{cases}3x_1 + 5x_2 \leqslant 15\\5x_1 + 2x_2 \leqslant 10\\x_1 \geqslant 0, x_2 \geqslant 0\end{cases}$$

(3) $\max z = 2x_1 + 2x_2$

$$\text{s.t.}\begin{cases}x_1 - x_2 \geqslant -1\\-0.5x_1 + x_2 \leqslant 2\\x_1 \geqslant 0, x_2 \geqslant 0\end{cases}$$

(4) $\max z = x_1 + x_2$

$$\text{s.t.}\begin{cases}x_1 - x_2 \geqslant 0\\3x_1 - x_2 \leqslant -3\\x_1 \geqslant 0, x_2 \geqslant 0\end{cases}$$

(5) $\min z = 2x_1 - 10x_2$

$$\text{s.t.}\begin{cases} x_1 - x_2 \geqslant 0 \\ x_1 - 5x_2 \geqslant -5 \\ x_1 \geqslant 0, x_2 \geqslant 0 \end{cases}$$

3.4　把下列 LP 问题化成标准形。

(1) $\min z = 2x_1 + 3x_2 + 5x_3$

$$\text{s.t.}\begin{cases} x_1 - x_2 - x_3 \geqslant -5 \\ -6x_1 + 7x_2 - 9x_3 = 15 \\ 19x_1 + 7x_2 + 5x_3 \leqslant 13 \\ x_1 \geqslant 0, x_2 \leqslant 0 \end{cases}$$

(2) $\min z = 3x_1 + 4x_2 + 2x_3 + x_4$

$$\text{s.t.}\begin{cases} 3x_1 + x_2 + x_3 \leqslant 7 \\ 4x_1 + x_2 + 6x_3 \geqslant 6 \\ -x_1 - x_2 + x_3 + x_4 = -4 \\ x_1 \geqslant 1, x_2 \geqslant 0 \end{cases}$$

3.5　分别用图解法和单纯形法求解下述 LP 问题，并指出单纯形法迭代中每一基本可行解跟图解法可行域中哪一极点相互对应。

(1) $\max z = 10x_1 + 5x_2$

$$\text{s.t.}\begin{cases} 3x_1 + 4x_2 \leqslant 9 \\ 5x_1 + 2x_2 \leqslant 8 \\ x_1 \geqslant 0, x_2 \geqslant 0 \end{cases}$$

(2) $\max z = 2x_1 + x_2$

$$\text{s.t.}\begin{cases} 5x_2 \leqslant 15 \\ 6x_1 + 2x_2 \leqslant 24 \\ x_1 + x_2 \leqslant 5 \\ x_1 \geqslant 0, x_2 \geqslant 0 \end{cases}$$

3.6　用单纯形法求解下述 LP 问题：

(1) $\max z = 2x_1 + 2x_2$

$$\text{s.t.}\begin{cases} x_1 - x_2 \geqslant -1 \\ -0.5x_1 + x_2 \leqslant 2 \\ x_1 \geqslant 0, x_2 \geqslant 0 \end{cases}$$

(2) $\max z = 10x_1 + 5x_2$

$$\text{s.t.}\begin{cases} -x_1 + x_2 \geqslant 1 \\ x_1 - x_2 \geqslant 2 \\ x_1 \geqslant 0, x_2 \geqslant 0 \end{cases}$$

(3) $\min w = 2x_1 + 3x_2 + x_3$

$$\text{s.t.}\begin{cases} x_1 + 4x_2 + 2x_3 \geqslant 8 \\ 3x_1 + 2x_2 \geqslant 6 \\ x_1, x_2, x_3 \geqslant 0 \end{cases}$$

(4) $\min z = 3x_1 - 4x_2 + x_3 - 2x_4$

$$\text{s.t.}\begin{cases} 2x_1 + x_2 + 2x_3 + x_4 = 10 \\ x_3 + 2x_4 \leqslant 10 \\ x_1 - x_2 + x_4 \geqslant -5 \\ 5 \leqslant 2x_1 + 3x_2 + x_3 + x_4 \leqslant 20 \\ x_1, x_2, x_3 \geqslant 0 \end{cases}$$

3.7　分别举出符合下述情况的 LP 问题之例：① 多重最优解；② 最优解为退化的基本可行解；③ 最优解无界；④ 无可行解。

3.8　线性规划问题 $\max z=\boldsymbol{CX}, \boldsymbol{AX}=\boldsymbol{b}, \boldsymbol{X}\geqslant 0$，如 $\boldsymbol{X}^*$ 是该问题的最优解，又 $\lambda>0$ 为某一常数，分别讨论下列情况时最优解的变化。

① 目标函数变为 $\max z=\lambda\boldsymbol{CX}$

② 目标函数变为 $\max z=(\boldsymbol{C}+\lambda)\boldsymbol{X}$

③ 目标函数变为 $\max z=\dfrac{\boldsymbol{C}}{\lambda}\boldsymbol{X}$，约束条件变为 $\boldsymbol{AX}=\lambda\boldsymbol{b}$

3.9　表 3-64 为用单纯形法计算时某一步的表格。已知该线性规划的目标函数为 $\max z=5x_1+3x_2$，约束形式为≤，x_3，x_4 为松弛变量，表 3-64 中解代入目标函数后得 $z=10$

表 3-64　习题 3.9 单纯形法计算表

$\boldsymbol{X}_{\mathrm{B}}$	$\boldsymbol{B}^{-1}\boldsymbol{b}$	x_1	x_2	x_3	x_4
x_3	2	a	0	1	1/5
x_1	c	b	e	0	1
c_j-z_j		d	−1	f	g

① 求 a—g 的值；

② 表中给出的解是否为最优解。

3.10　试用改进单纯形法求解下述 LP 问题：

$$\max w=10x_1+7x_2+4x_3+3x_4+x_5$$

$$\text{s.t.}\begin{cases}2x_1+6x_2+x_3\leqslant 7\\2x_1+3x_2+4x_3+x_4+x_5\leqslant 8\\x_1+2x_2+3x_3+x_5\leqslant 5\\x_j\geqslant 0\quad(j=1,2,3,4,5)\end{cases}$$

3.11　已知线性规划问题：

$$\max z=c_1x_1+c_2x_2+c_3x_3$$

$$\text{s.t.}\begin{cases}\begin{bmatrix}a_{11}\\a_{21}\end{bmatrix}x_1+\begin{bmatrix}a_{12}\\a_{22}\end{bmatrix}x_2+\begin{bmatrix}a_{13}\\a_{23}\end{bmatrix}x_3+\begin{bmatrix}1\\0\end{bmatrix}x_4+\begin{bmatrix}0\\1\end{bmatrix}x_5=\begin{bmatrix}b_1\\b_2\end{bmatrix}\\x_j\geqslant 0\quad(j=1,2,3,4,5)\end{cases}$$

用单纯形法求解得最终单纯形表如表 3-65 所列：

表 3-65　习题 3.11 单纯形法最终表

$\boldsymbol{X}_{\mathrm{B}}$	$\boldsymbol{C}_{\mathrm{B}}$	x_1	x_2	x_3	x_4	x_5
x_3	3/2	1	0	1	1/2	−1/2
x_2	2	1/2	1	0	−1	2
c_j-z_j		−3	0	0	0	−4

(1) 求 $a_{11},a_{12},a_{13},a_{21},a_{22},a_{23}$ 和 b_1,b_2；

(2) 求 c_1,c_2,c_3。

3.12　已知表 3-66 为求解某线性规划问题的最终单纯形表，表中 x_4,x_5 为松弛变量，问题的约束条件为≤形式。

表 3-66　某单纯形最终表

$\boldsymbol{X}_B$	C_B	x_1	x_2	x_3	x_4	x_5
x_3	5/2	0	1/2	1	1/2	0
x_1	5/2	1	−1/2	0	−1/6	1/3
c_j-z_j		0	−4	0	−4	−2

① 写出原线性规划问题

② 直接由表写出对偶问题的最优解。

3.13　已知线性规划问题：

$$\max z = x_1 + 2x_2 + 3x_3 + 4x_4$$

$$\text{s.t.}\begin{cases} x_1 + 2x_2 + 2x_3 + 3x_4 \leqslant 20 \\ 2x_1 + x_2 + 3x_3 + 2x_4 \leqslant 20 \\ x_1,x_2,x_3,x_4 \geqslant 0 \end{cases}$$

其对偶问题最优解为 $y_1=1.2,y_2=0.2$ 试根据对偶理论求出原问题的最优解。

3.14　下述线性规划问题

$$\max z = 8x_1 + 4x_2 + 6x_3 + 3x_4 + 9x_5$$

$$\text{s.t.}\begin{cases} x_1 + 2x_2 + 3x_3 + 3x_4 + 3x_5 \leqslant 180 & (\text{资源 } 1) \\ x_1 + 2x_2 + 3x_3 + 3x_4 + 3x_5 \leqslant 270 & (\text{资源 } 2) \\ x_1 + 3x_2 + 2x_3 + x_4 + 3x_5 \leqslant 180 & (\text{资源 } 3) \\ x_j \geqslant 0 & (j=1,2,3,4,5) \end{cases}$$

已知最优解中的基变量为 $x_3\quad x_1\quad x_5$ 且已知

$$\begin{pmatrix} 3 & 1 & 3 \\ 2 & 4 & 1 \\ 2 & 1 & 3 \end{pmatrix}^{-1} = \frac{1}{27}\begin{pmatrix} 11 & -3 & 1 \\ -6 & 9 & -3 \\ 2 & -3 & 10 \end{pmatrix}$$

要求根据上述信息确定 3 种资源各自的影子价格。

3.15　用对偶单纯形法求下列线性规划问题

(1) $\min z = 2x_1 + 3x_2 + 4x_3$

$$\begin{cases} x_1 + 2x_2 + x_3 \geqslant 3 \\ 2x_1 - x_2 + 3x_3 \geqslant 4 \\ x_{1-3} \geqslant 0 \end{cases}$$

(2) $\min z = 4x_1 + 12x_2 + 18x_3$

$$\begin{cases} x_1 + 3x_3 \geqslant 3 \\ 2x_2 + 2x_3 \geqslant 5 \\ x_{1-3} \geqslant 0 \end{cases}$$

3.16　某厂生厂甲、乙、丙 3 种产品，已知有关数据如表 3-67 所列，试回答下面的问题：

表 3-67　习题 3.16 产品单件资源消耗、利润及资源限量表

资　源	产　品			
	甲	乙	丙	原料拥有量
A	6	3	5	45
B	3	4	5	30
单件利润	4	1	5	

① 建立线性规划模型,求使得该厂获利最大的生产计划?

② 若产品乙、丙的单件利润不变,则甲产品的利润在什么范围变动时,上述最优解是不变的;

③ 若有一种新产品丁,其原料消耗定额,A 为 3 单位,B 为 2 单位,单件利润为 2.5 单位。问该种产品是否值得安排生产,并求新的最优计划?

④ 若原材料 A 市场紧缺,除拥有量外一时无法购进,而原料 B 如数量不足可以去市场购买,单价为 0.5,问该厂是否购买?购买多少为宜?

⑤ 由于某种原因,该厂决定暂停甲产品的生产,试重新确定新的生产计划。

3.17　某厂生产Ⅰ、Ⅱ、Ⅲ3 种产品,分别经过 A、B、C 3 种设备加工,已知生产单位各种产品所需要的设备台时,设备的现有加工能力以及每件产品的预期的利润如表 3-68 所列:

表 3-68　习题 3.17 生产台时、利润及设备能力表

资　源	产　品			
	Ⅰ	Ⅱ	Ⅲ	设备能力/(台·时)
A	1	1	1	00
B	10	4	5	600
C	2	2	6	300
$c_j - z_j$	10	6	4	

① 求获利最大的产品计划。

② 产品Ⅲ每件的利润增加到多大时才值得安排生产?如果产品Ⅲ的每件利润增加到 50/6 元,求最优计划的变化。

③ 产品Ⅰ的利润在多大范围变化时,原最优计划保持不变?

④ 设备 A 的能力若为 $100+10\theta$,确定保持最优基不变的 θ 的变化范围。

⑤ 如有一种新产品,加工一件设备 A、B、C 的台时为 1 小时、4 小时、3 小时,预期每件的利润为 8 元,是否值得安排生产?

⑥ 如合同规定该厂至少生产 10 件产品Ⅲ,试确定最优的变化。

3.18　某公司有 3 个工厂生产某种商品并运往 4 个调拨站。工厂 1、2、3 每月分别生产 12、17、11 批商品,而每一调拨站每月均需接受 10 批商品。各厂至调拨站的运输距离(公里)如表 3-69 所列。已知每批商品的运费是 100 元加上每千米 0.50 元。问应如何调运能使总运费最少?

① 试构成该问题的表式运输模型;

② 试建立该问题的 LP 式运输模型;

③ 试用最小元素法和最大差额法分别确定初始方案;

表 3-69　习题 3.18 各厂至调拨站运输距离表

工　厂	调拨站			
	1	2	3	4
1	800	1 300	400	700
2	1 100	1 400	600	1 000
3	600	1 200	800	900

④ 试用位势法和闭回路法分别检验③中的一个方案；

⑤ 分别从④中方案开始，求出最优方案。

3.19　甲，乙两煤矿日产煤量依次是 200 吨、250 吨，供应 A、B、C 3 个城市。3 个城市日需求量依次是 100 吨、150 吨、200 吨。各矿与各市间的运价(元/吨)如表 3-70 所列。应如何调运才能既满足各市用煤需求又使运输的总费用最少?

表 3-70　习题 3.19 煤矿与城市间运价表

煤　矿	城　市		
	A	B	C
甲	90	70	100
乙	80	65	80

① 试用最小元素法与最大差额法分别确定初始方案；

② 试用位势法与闭回路法分别检验①中的一个方案；

③ 分别从②中方案开始，求出最优方案。

3.20　已知某运输问题的产销平衡表，单位运价表及给出的一个调运方案分别见表 3-71 和 3-72。判断所给出的调运方案是否为最优？若是，说明理由，若否，也说明理由。

表 3-71　产销平衡表及某一调运方案

销地产地	B_1	B_2	B_3	B_4	B_5	B_6	产　量
A_1		40			10		50
A_2	5	10	20		5		40
A_3	25			24		11	60
A_4				16	15		31
销　量	30	50	20	40	30	11	

表 3-72　单位运价表

销地产地	B_1	B_2	B_3	B_4	B_5	B_6
A_1	2	1	3	3	2	5
A_2	3	2	2	4	3	4
A_3	3	5	4	2	4	1
A_4	4	2	2	1	2	2

第 4 章 交通运输系统整数规划问题

整数规划(Integer Programming,IP)是近 40 多年来发展起来的一个分支,是数学规划论的重要组成部分。整数规划是要求部分或全部决策变量取整数值的线性或非线性规划问题,适用于求解一大类根据实际情况要求决策变量取整数值的实际问题,例如完成某项任务需要的人员数、设备台(套)数等。

4.1 整数规划的数学模型及解的特点

4.1.1 整数规划数学模型的一般形式

在一个规划问题中,如果要求一部分或全部决策变量必须取整数,则该规划问题称为整数规划。整数线性规划问题的数学模型一般形式为

$$\max(\text{或 } \min) z = \sum_{j=1}^{n} c_j x_j$$

$$\text{s.t.}\begin{cases} \sum_{j=1}^{n} a_{ij} x_j \leqslant (\text{或} =, \geqslant) b_i \quad (i=1,2,\cdots,m) \\ x_j \geqslant 0 \quad (j=1,2,\cdots,n) \\ x_j\ (j=1,2,\cdots,n)\ \text{部分或全部取整} \end{cases}$$

整数线性规划可以分为下列几种类型:

① 纯整数线性规划(Pure Integer Linear Programming):整数规划问题中,若要求全部变量都取整数时的线性规划问题,也称为全整数线性规划。

② 混合整数线性规划(Mixed Integer Linear Programming):整数规划问题中,若只要求一部分变量取整数时的规划问题。

③ 0-1 型整数线性规划(Zero-One Integer Linear Programming):整数规划问题中,若要求全部或部分变量只取 0 或 1 值时的规划问题。

为了讨论整数规划问题的性质和求解方法,一般把去掉取整条件,由余下的目标函数和约束条件构成的规划问题称为原来整数规划问题的松弛问题(Slack Problem)。

4.1.2 整数规划的典型实例及模型建立

例 4.1 设备生产计划问题。

某设备可以生产两种产品,需要 3 种资源,已知各产品的利润、各资源的限量和各产品的资源消耗系数如表 4-1 所列,如何安排生产计划,使得获利最多?

表4-1 产品的利润、资源的限量产品资源消耗系数

项 目	产品A	产品B	资源限量
劳动力	8	4	360
设 备	3	5	200
原材料	2	10	300
利润/元/台$^{-1}$	60	80	

解 建模分析步骤如下：

① 确定决策变量：设生产A产品x_1台，B产品x_2台。

② 确定目标函数：$\max z=60x_1+80x_2$。

③ 确定约束条件：

人力约束：$8x_1+4x_2\leqslant 360$

设备约束：$3x_1+5x_2\leqslant 200$

原材料约束：$2x_1+10x_2\leqslant 300$

非负性整数约束：$x_1\geqslant 0, x_2\geqslant 0$且取整数

例4.2 人员安排问题。

一个零售企业的部门经理需要根据实际情况安排职员的工作时间。根据统计和调查，每天需要在班上工作的职员数目见表4-2。

表4-2 日工作职员数量表

工作日	星期一	星期二	星期三	星期四	星期五	星期六	星期日
要求人数	20	13	10	12	16	18	20

每个职员要求5天一次轮班，即连续工作5天，然后连续休息2天；正常工作日每人每天工资为60元，星期六、星期日每人每天工资分别为85元和95元。

在满足如上要求的前提下，如何安排每天开始轮班的人数才能使企业每周支出的总工资最少，试建立该问题的数学模型。

解 设星期一到星期日开始轮班的人数分别为x_1、x_2、x_3、x_4、x_5、x_6、x_7，根据分析计算，对应每人每周的工资分别为：300元/人、325元/人、360元/人、360元/人、360元/人、360元/人、335元/人。要求每周支出工资总额最小，且满足每天的职员数目要求，即

$$\min z=300x_1+325x_2+360(x_3+x_4+x_5+x_6)+335x_7$$

$$\begin{cases} x_1+x_4+x_5+x_6+x_7\geqslant 20 \\ x_1+x_2+x_5+x_6+x_7\geqslant 13 \\ x_1+x_2+x_3+x_6+x_7\geqslant 10 \\ x_1+x_2+x_3+x_4+x_7\geqslant 12 \\ x_1+x_2+x_3+x_4+x_5\geqslant 16 \\ x_2+x_3+x_4+x_5+x_6\geqslant 18 \\ x_3+x_4+x_5+x_6+x_7\geqslant 20 \\ x_j\ (j=1,2,\cdots,7)\text{为非负整数} \end{cases}$$

例 4.3　设备购置问题。

某航空公司为了扩大经营规模须购置一批航空维修设备，投资的资金总额为 N 元，购买的设备种类为 n 种，分别为 $A_1, A_2, \cdots, A_n$，其中设备 A_i 单价为 $p_i(i=1,2,\cdots,n)$，现有 m 个不同的分公司 $B_1, B_2, \cdots, B_m$ 需要安装这些设备，其中 B_j 公司最多可需要 b_j 台 $(j=1,2,\cdots,m)$。预计将一台设备 A_i 装置于 B_j 公司可以盈利 c_{ij} 元，则该航空公司应如何购买安装这些设备，使得获得的整体利润最大。

解　分别设 y_i 为购买设备 A_i 的台数，x_{ij} 为将设备 A_i 装置于 B_j 公司的台数，z 为预计总利润(元)。根据题意得数学规划模型为

$$\max z = \sum_{i=1}^{n}\sum_{j=1}^{m} c_{ij}x_{ij}$$

$$\text{s. t.}\begin{cases}\sum\limits_{j=1}^{m} x_{ij} - y_i \leqslant 0 & (i=1,2,\cdots,n)\\ \sum\limits_{i=1}^{n} x_{ij} \leqslant b_j & (j=1,2,\cdots,m)\\ \sum\limits_{i=1}^{n} p_i y_i \leqslant N & \\ x_{ij} \geqslant 0, y_i \geqslant 0 & (x_{ij}, y_i \text{ 均为整数})\end{cases}$$

例 4.4　机场选址问题

为了在 n 个城市间实现航线连接要修建机场，不同城市间的客流量为 b_j 人/天 $(j=1,2,\cdots,n)$，现拟在 m 个城市中进行选择修建机场，来满足客流量的需求，备选的每个城市最多只能修建一个机场。若选择 i 城市修建机场，将来的运输能力为 a_i 人/天，固定费用为 d_i 元/天 $(i=1,2,\cdots,m)$，已知 i 城市至 j 城市运输成本为 c_{ij} 元/人。如何选择机场的位置，能使总的运输成本最低？

解　设 $y_i = \begin{cases}1, \text{若在 } i \text{ 城市修建机场}\\ 0, \text{否则}\end{cases}$，$x_{ij}$ 表示从 i 城市到 j 城市的运量(人/天)，z 表示预计总费用(元/天)。根据题意，该问题的数学模型为

$$\min z = \sum_{i=1}^{m}\sum_{j=1}^{n} c_{ij}x_{ij} + \sum_{i=1}^{m} d_i y_i$$

$$\text{s. t.}\begin{cases}\sum\limits_{j=1}^{n} x_{ij} \leqslant a_i y_i & (i=1,2,\cdots,m)\\ \sum\limits_{i=1}^{m} x_{ij} = b_j & (j=1,2,\cdots,n)\\ x_{ij} \geqslant 0, y_i = 0 \text{ 或 } 1 & \end{cases}$$

由于 x_{ij} 可视为连续变量，故 y_i 只能取 0 或 1，此问题为混合 0－1 规划问题。

4.1.3　解的特点

整数线性规划问题及其对应的松弛问题的解之间既有联系又有区别，归纳如下：

① 整数线性规划问题可行解的集合是其对应松弛问题可行解集合的一个子集，由离散的点组成，且任意两个可行解的凸组合不一定仍是可行解。

② 整数线性规划问题的最优目标值不会优于对应松弛问题的最优目标值。

③ 对整数线性规划的松弛问题最优解简单取整不一定能得到对应整数规划问题的最优解，甚至不一定是问题的可行解。

4.2　分支定界法

在求解纯整数规划时，若可行域是有界的，容易想到的方法就是穷举变量的所有可行的整数组合，然后比较它们的目标函数值以确定最优解，即究举法。对于小型问题，变量数很少，可行的整数解组合数也很小，故采用穷举法是可行的，也是有效的。然而对于大型的问题，可行解的个数很多时，穷举法就行不通了。所以，一般有效的方法是仅检查可行的整数组合的一部分，就能定出最优的整数解。分支定界解法(Branch and Bound Method)就是其中的一个。

分支定界法既可以求解纯整数规划问题，又可以求解混合整数规划问题。该方法的基本思想是：先求解整数规划对应的线性规划问题，得到对应最优解；如果其最优解不符合整数条件，则以该解为出发点，将原问题分解为两个分支问题，每个分支问题通过增加新的不同约束来缩小可行域，得到新的线性规划问题，再求解，这样不断分支，也就是不断增加新约束，支问题的可行域越来越小，分支到一定程度，各分支问题的最优解将满足整数性要求。由于整数线性规划问题的最优目标值不会优于对应松弛问题的最优目标值，对最优目标函数值较小的分支继续分支得不到更好的整数最优解，因此在分支过程中，可按每一分支问题的上界大小进行“剪支”，即删掉某些分支问题，保留可能得到比上界更好的最优解的分支继续求解，最终得到原问题的整数最优解。

分支：先求出整数规划问题的线性规划解，若该解不满足整数性约束，则以该解为出发点，将原问题分解为两个支问题，此即“分支”。分支的目的是使得满足整数要求的最优解的出现成为可能。

定界：在分支到一定程度后，各支问题的线性规划问题解将满足整数性约束；因为整数规划问题的可行域不会超过其松弛问题的可行域，所以整数规划问题的最优值也不会优于松弛问题的最优值。如 max 型的松弛问题的最优值就是该整数规划问题的最优值上界。定界的目的是提高求解或搜索效率，节省计算工作量。

算法步骤如下：

步骤 1：定义整数规划问题为(I)，它的松弛问题为(L)，以(I)的目标函数值 z_b 作为初始界；对最大问题(I)，z_b 为上界；对最小问题(I)，z_b 为下界。求解(L)。

步骤 2:若问题(L)无可行解,则问题(I)也无可行解;如问题(L)的最优解符合问题(I)的整数要求,则得到最优解。如问题(L)存在最优解,但不符合整数要求,进入步骤 3。

步骤 3:对问题(L),任选一个不符合整数要求的变量进行分支。在问题(L)任选一个非整数解 β_j,对 β_j 取整,记为$[\beta_j]$;然后对问题(L)分别增加约束条件:(1) $x_j \leqslant [\beta_j]$;(2) $x_j \geqslant [\beta_j]+1$,形成了两个分支问题,再分别对两个分支问题进行求解。

步骤 4:如果存在某几个最优解,满足整数要求,则以它们中最优的目标函数值和界 z_b 做比较,如果更优,则以其取代原来的界 z_b,并称相应的后续问题为问题 C;否则 z_b 不变,转入步骤 5。

步骤 5:不属于 C 的后续问题中,若存在最优解,且其目标函数值比界 z_b 更优的后续问题为待检查的后续问题。

根据以上步骤可画出流程图如图 4-1 所示。

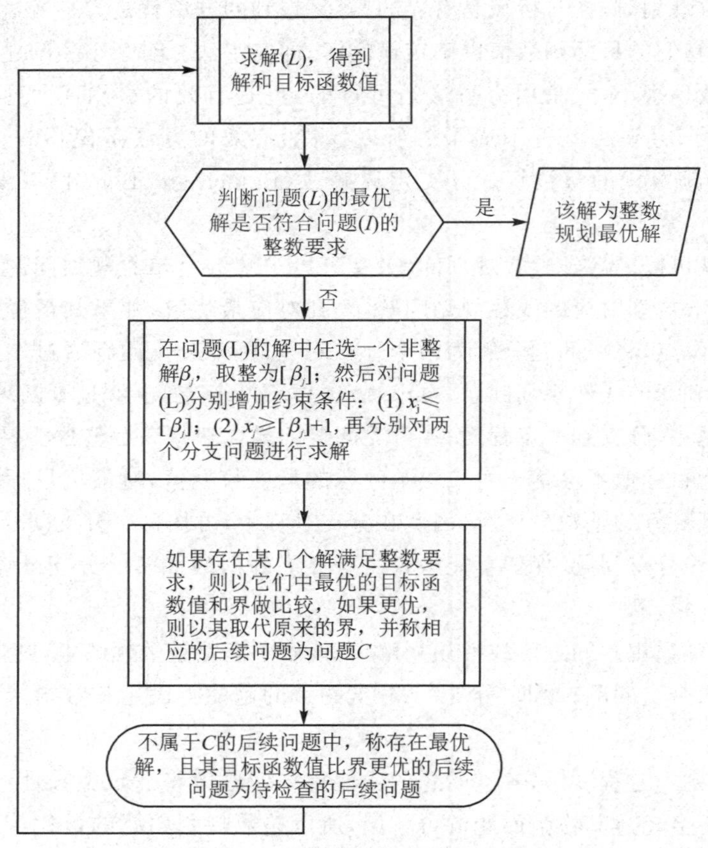

图 4-1 分支定界法流程图

例 4.5 已知某公司有两种设备,为使公司收益最大化,依据约束条件得到的整数规划模型为

$$\max z = 6x_1 + 5x_2$$

$$\text{s.t.}\begin{cases}2x_1+x_2\leqslant 9\\5x_1+7x_2\leqslant 35 \quad (x_1,x_2\text{ 为整数})\\x_1\geqslant 0,x_2\geqslant 0\end{cases}$$

试用分支定界法求解该整数规划问题。

解　先求解其松弛问题(L),得到其最优解为

$$x_1=3\frac{1}{9},\quad x_2=2\frac{7}{9},\quad z=32\frac{5}{9}$$

由于此解非整数解,所以要对该问题进行分支求解。任选一个非整数解,$x_2=2\frac{7}{9}$,得到新约束 $x_2\leqslant 2,x_2\geqslant 3$。将原问题分解为两个分支:一支是将原问题增加 $x_2\leqslant 2$ 的约束,另一支将原问题增加 $x_2\geqslant 3$ 的约束。可行域如图 4-2 所示。

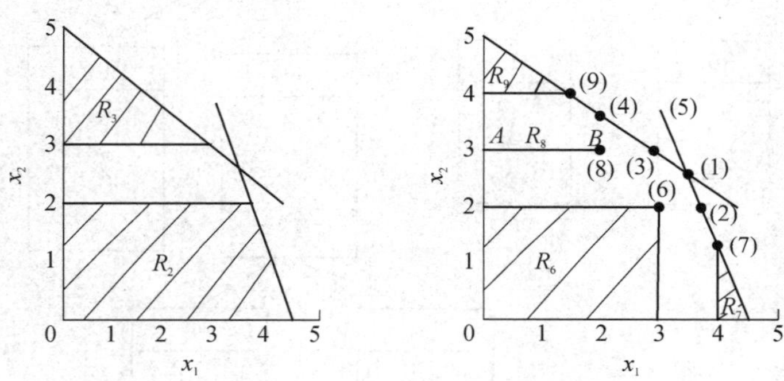

图 4-2　分支定界图解法

分别求解这两个分支得到结果为

$$\text{第一个分支}:x_1=3\frac{1}{2},x_2=2;z=31$$

$$\text{第二个分支}:x_1=2\frac{4}{5},x_2=3;z=31\frac{4}{5}$$

由于解不完全是整数值,因此,继续进行分支。由于第二个分支解目标函数值比较优可以先分解,对 $x_1=2\frac{4}{5}$分解给第二个分支增加新的约束 $x_1\leqslant 2,x_1\geqslant 3$,得到第三个分支和第四个分支,求解第三个分支和第四个分支,得知第四个分支无可行解;第三个分支解为 $x_1=2,x_2=3\frac{4}{7};z=29\frac{6}{7}$,由于目标函数值比界小,因此不再进行分解。返回对第一分支进行分解,求解,得到整数解,但是最优目标函数值为 29 小于第三个分支最优解,进行需要对第三个分支继续进行分解。分解过程见图 4-3。

第三分支分解后得到两个分支的最优解为 27,所以原问题的最优解为第一分支的解,即 $x_1^*=4,x_2^*=1;z^*=29$。

分支定界法是求解整数规划的较好方法,一方面实用价值大,另一方面求解效率较高,同时能借助线性规划的求解方法,在实际问题中有着广泛的应用。

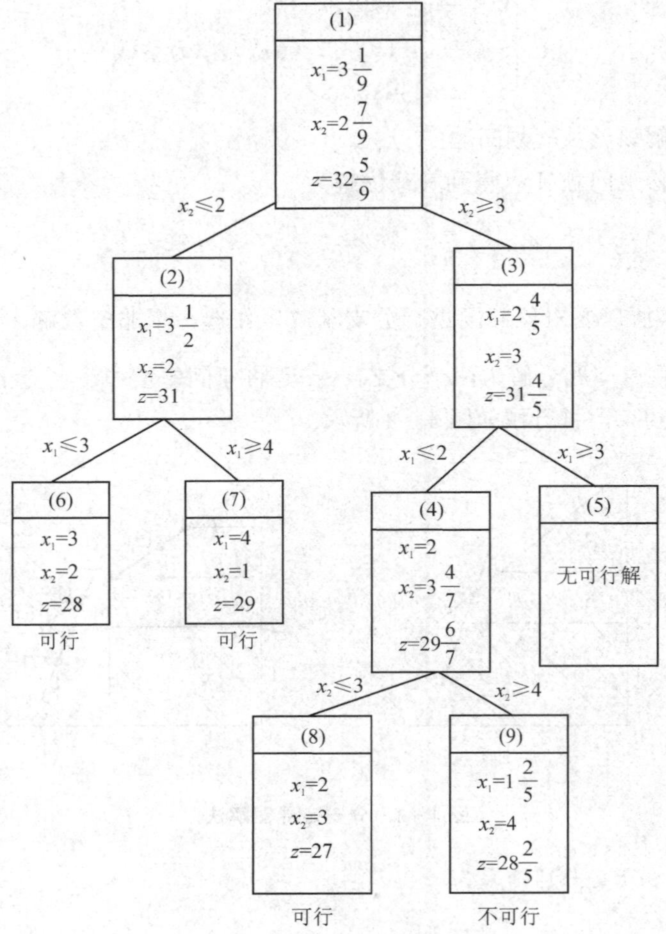

图 4-3 分支定界过程

4.3 0-1 型规划及其隐枚举法

在实际的决策问题中，常常遇到“要么是，要么不是”这样具有两种可能状态的决策变量，可用整数 0 和 1 对应两种状态，称为 0-1 型决策变量。对应的整数规划，即 0-1 型整数规划是一类特殊的纯整数规划，其特殊性体现在决策变量只能取 0 或 1，决策变量组合是由 0 或 1 组成的向量组。对于该类问题可用隐枚举法来进行求解。

4.3.1 0-1 变量及其应用

若决策变量只有两种状态，就可用整数 0 或 1 来加以描述，变量值只能取值 0 或 1，称其为 0-1 变量。

0-1 变量作为逻辑变量，常被用来表示系统是否处于某个特定状态，或者决策时是否取某个特定方案。例如

$$x=\begin{cases}1, & \text{当放行航班 MF8125}\\0, & \text{当不放行航班 MF8125}\end{cases}$$

当问题有多项决策要素，而每项要素皆有两种选择时，每个决策要素均可分别用 0－1 变量加以描述，则问题的决策要素可用一组 0－1 变量来表示。例如在航空公司的枢纽机场选择过程中，每个机场是否作为枢纽机场，可用如下 0－1 变量描述：

$$x_j=\begin{cases}1, & \text{当机场 } A_j \text{ 选为枢纽机场}\\0, & \text{当机场 } A_j \text{ 不作为枢纽机场}\end{cases}\quad (j=1,2,\cdots,n)$$

那么对于该航空公司来说，n 个机场中是否选定枢纽机场就可用一个 0－1 型的变量组合向量 $x=(x_1 \quad x_2 \quad \cdots \quad x_n)^T$ 来加以描述，其中对应每个机场的决策变量 x_j 都是 0－1 变量，向量中每个元素要么是 1，要么是 0。

在实际应用中，有时会遇到变量可以取多个整数值的问题，这时利用 0－1 变量是二进制变量（Binary Variable）的性质，可以用一组 0－1 变量来表示和代替该变量。例如变量 x 可取 0 与 9 之间的任意整数时，可令：

$$x=2^0x_0+2^1x_1+2^2x_2+2^3x_3\leqslant 9$$

其中，引入变量 x_0、x_1、x_2、x_3 均为 0－1 变量。

0－1 变量不仅广泛应用于科学技术问题，而且在经济管理、军事指挥问题中也有十分重要的应用。

4.3.2　隐枚举法的基本原理与步骤

0－1 型整数规划是一种特殊的整数规划，若含有 n 个决策变量，就可以产生 2^n 个可能的变量组合。当 n 较大时，采用穷举法解题几乎是不可能的，已有的求解 0－1 型整数规划的方法一般都属于隐枚举法。

求解 0－1 规划的隐枚举法不需要用单纯形法求解线性规划问题。该算法的基本思想是从所有变量等于 0 出发，依次指定一些变量为 1，直至得到一个可行解，它就是迄今为止最好的可行解；根据问题目标函数及该可行解的目标函数值可以产生一个过滤条件（Filtering Constraint）；此后，依次检查某些变量组合，如果其目标函数值优于当前过滤条件中的目标值，则进一步需要根据约束条件检查其可行性，如可行则进行过滤条件的替换；如果该变量组合函数值劣于当前过滤条件中的目标值，则不需要进行可行性验证，这样可以节省很多计算工作量；如此通过对迄今为止最好的可行解不断加以改进，最终获得最优解。隐枚举法与穷举法有着根本的区别，它不需要将所有可行的变量组合一一枚举并加以验证比较。实际上，在得到最优解时，很多可行的变量组合并没有被枚举或验证，只是通过分析、判断，排除了它们是最优解的可能性，也就是说，它们被隐含枚举了，故此法叫隐枚举法。

例 4.6　求解 0－1 整数规划。

$$\max z=3x_1-2x_2+5x_3$$

$$\text{s.t.}\begin{cases}x_1+2x_2-x_3\leqslant 2 & \text{(a)}\\x_1+4x_2+x_3\leqslant 4 & \text{(b)}\\x_1+x_2\leqslant 3 & \text{(c)}\\4x_2+x_3\leqslant 6 & \text{(d)}\\x_1,x_2,x_3=0 \text{ 或 } 1\end{cases}$$

解 该问题具有 3 个变量，4 个约束条件，分别用(a)(b)(c)(d)来表示。利用隐枚举法求解该 0－1 整数规划问题，求解过程可以见表 4－3。

表 4－3 隐枚举法求解过程

(x_1,x_2,x_3)	z 值	约束条件				过滤条件
		a	b	c	d	
(0,0,0)	0	√	√	√	√	$z\geqslant 0$
(0,0,1)	5	√	√	√	√	$z\geqslant 5$
(0,1,0)	−2					
(0,1,1)	3					
(1,0,0)	3					
(1,0,1)	8	√	√	√	√	$z\geqslant 8$
(1,1,0)	1					
(1,1,1)	6					

所以，只需要进行 20 次运算得到最优解$(x_1,x_2,x_3)^{\mathrm{T}}=(1,0,1)^{\mathrm{T}}$，$\max z=8$。

例 4.7 求解 0－1 整数规划

$$\min z=3x_1+7x_2-x_3+x_4$$

$$\text{s. t.}\begin{cases}2x_1-x_2+x_3-x_4\geqslant 1\\ x_1-x_2+6x_3+4x_4\geqslant 8\\ 5x_1+3x_2+x_4\geqslant 5\\ x_1,x_2,x_3,x_4=0\text{ 或 }1\end{cases}$$

按照目标函数中各变量系数的大小顺序重新排列各变量，以使最优解有可能较早出现。对于最大化问题，可按由小到大的顺序排列；对于最小化问题，则相反。

本例可写成下列形式：

$$\min z=7x_2+3x_1+x_4-x_3$$

$$\text{s. t.}\begin{cases}-x_2+2x_1-x_4+x_3\geqslant 1\\ -x_2+x_1+4x_4+6x_3\geqslant 8\\ 3x_2+5x_1+x_4\geqslant 5\\ x_2,x_1,x_4,x_3=0\text{ 或 }1\end{cases}$$

采用上法解此例，只需 30 次运算。一般问题的规模越大，这样做的好处就越明显。

此例的最优解$(x_2,x_1,x_4,x_3)^{\mathrm{T}}=(0,0,1,1)^{\mathrm{T}}$，得到 $\min z=3$。

4.4 指派问题及其匈牙利解法

实际中经常会遇到各种各样的指派问题(Assignment Problem)，如指派某些人完成某些任务，指派某些班学生到某些教室上课，指派某些工程队承担某些项目，指派某些航班停靠某些机门或机位，等等。对于这些不同的指派问题，可提出广义的“人”和广义的“事”，分别代表不同含义。典型的指派问题可以描述为：有 n 件不同的事，恰好有 n 个人可承担这些事；由于每个人的专长不同，故每人完成不同的事所需的资源(如时间)也不一样，同时要求这些人和事一一对应。问应指派哪个人去完成哪件事，可使完成 n 件事所需的总资源最少。这样一类问题就称为标准的指派问题。

4.4.1 指派问题数学模型及其标准形式

标准的指派问题(以广义的人和事为例)可以表述为：有 n 个人和 n 件事，已知第 i 个人做第 j 件事的费用(或时间)为 $c_{ij}(i,j=1,2,\cdots,n)$，要求确定人和事之间的一一对应的指派方案，使完成这 n 件事的总费用最少。

为了建立标准指派问题的数学模型，引入 n^2 个 0－1 型变量：

$$x_{ij}=\begin{cases}1, & \text{当指派第 } i \text{ 个人做第 } j \text{ 件事}\\ 0, & \text{当不指派第 } i \text{ 个人做第 } j \text{ 件事}\end{cases} \quad (i,j=1,2,\cdots,n)$$

这样，考虑到人和事的一一对应关系，问题的数学模型可写成：

$$\text{Min } z=\sum_{i=1}^{n}\sum_{j=1}^{n}c_{ij}x_{ij}$$

$$\sum_{i=1}^{n}x_{ij}=1 \quad (j=1,2,\cdots,n)$$

$$\sum_{j=1}^{n}x_{ij}=1 \quad (i=1,2,\cdots,n)$$

$$x_{ij}=0,1$$

在该数学规划模型中，第一类约束条件表示一件事(第 j 件事)只能由一个人来做，第二类约束条件表示一个人(第 i 个人)只能承当一件事。问题包含的费用系数和决策变量的个数均为 n^2 个，可用矩阵表示如下：

$$\boldsymbol{C}=\begin{bmatrix}c_{11} & c_{12} & \cdots & c_{1n}\\ c_{21} & c_{22} & \cdots & c_{2n}\\ \vdots & \vdots & \ddots & \vdots\\ c_{n1} & c_{n2} & \cdots & c_{nn}\end{bmatrix}, \quad \boldsymbol{X}=\begin{bmatrix}x_{11} & x_{12} & \cdots & x_{1n}\\ x_{21} & x_{22} & \cdots & x_{2n}\\ \vdots & \vdots & \ddots & \vdots\\ x_{n1} & x_{n2} & \cdots & x_{nn}\end{bmatrix}$$

矩阵 $\boldsymbol{C}$ 一般称为该指派问题的价值系数矩阵(Coefficient matrix)。矩阵 $\boldsymbol{X}$ 称为决策变量矩阵，根据问题的约束条件，该矩阵由 0 和 1 组成；每行只有一个 1，其余都是 0，表示一人只能做一件事；每列只有一个 1，其余都是 0，表示一件事只能由一个人来做；满足这些条件的 $\boldsymbol{X}$ 称为可行解矩阵，使目标函数最小的可行解为问题的最优解，对应一个最优的指派方案。

尽管标准指派问题是 0－1 型的线性整数规划问题，可用一般方法求解，但由于问题本身所具有的特殊性(人和事一一对应)，可用特殊的解法——匈牙利解法来进行求解，这样可以有效地减少计算工作量。

4.4.2 标准指派问题的匈牙利解法

1. 匈牙利解法的基本原理

1955 年，库恩(W. W. Kuhn)利用匈牙利数学家康尼格(D. Kŏnig)的关于方阵中独立零元素的定理，提出了求解标准指派问题的一种算法，习惯上称之为匈牙利解法(Hungarian Method of Assignment)。

该方法的理论基础是两个基本定理，在此，不加证明对两个基本定理叙述如下：

定理 1 设一个指派问题的系数矩阵为$[c_{ij}]_{n\times n}$。若从$[c_{ij}]$的第 i 行所有元素中减去同一个常数 $u_i(i=1,2,\cdots,n)$，再从第 j 列所有元素中减去同一个常数 $v_j(j=1,2,\cdots,n)$，得到一个新的系数矩阵$[b_{ij}]_{n\times n}$，其中每一个元素 $b_{ij}=c_{ij}-u_i-v_j$，则系数矩阵$[b_{ij}]$和$[c_{ij}]$分别对应的指派问题具有相同的最优解。

定理 2(König 定理) 若一个方阵中的一部分元素为 0，一部分元素非 0，则覆盖方阵内所有 0 元素的最少直线数恰好等于那些位于不同行、不同列的 0 元素的最多个数。

这里，方阵中位于不同行、不同列的零元素称为独立 0 元素。一个 n 阶方阵最多有 n 个独立零元素。

2. 匈牙利解法的基本思想

根据定理 1，将指派问题中的价值系数矩阵$[c_{ij}]$的每一行(或每一列)的各个元素都减去一个常数 k(k 可为正，也可为负)，得到矩阵$[b_{ij}]$。那么$[b_{ij}]$为价值系数矩阵的新指派问题的最优解与原指派问题的最优解相同，最优目标值比原来减小 k。

根据上述指派问题的性质，在保持原问题最优解不变的情况下，使原价值系数矩阵$[c_{ij}]$变换为含有很多 0 元素的新系数矩阵。这样，在系数矩阵$[b_{ij}]$中得到不同行不同列的 0 元素，称为独立的 0 元素。若在系数矩阵$[b_{ij}]$中恰好得到 n 个独立的 0 元素，则令解矩阵$[x_{ij}]$中对应这 n 个独立 0 元素的变量取值为 1，其他变量为 0，得到新指派问题的最优解，其目标函数值为最小值 0。根据问题的定理 1，该新指派问题的最优解也是原来问题的最优解，对应一个最优的指派方案。

3. 匈牙利解法的基本步骤

步骤 1 变换价值系数矩阵，使得各行各列都出现 0 元素。方法如下：将系数矩阵中的每行都减去本行的最小元素；得到的新系数矩阵的每列再都减去本列的最小元素；这样，矩阵中每行每列至少有一个 0 元素。

步骤 2 进行试指派，以寻找最优解。方法如下：

① 从第一行开始逐行检查，当遇到只含有一个未标记的 0 元素的一行时，就在该 0 元素上标记圈形符号"○"，表示分配"○"所在行的人担任"○"所在列对应的任务，然后在该 0 元素所在列的其他 0 元素上标记斜线形符号/，以免对该任务进行再分配。重复该操作直到每一行都没有未标记的 0 元素或至少有两个未标记的 0 元素为止。

② 进行列检查，从第一列开始逐列检查，遇到只含一个未标记的 0 元素的一列时，就在该 0 元素上标记"○"，并在该 0 元素所在的行的其他 0 元素上标记"/"。重复上述检查，直到每一列都没有未标记的 0 元素或至少有两个未标记的 0 元素为止。

③ 重复进行方法①、②，直到遇到以下情况：

情况 1：每一行均标记有"○"，令"○"的个数为 m，则有 $m=n$。

情况 2：存在未标记的 0 元素，但它们所在的行和列中，未标记的 0 元素均至少有 2 个。

情况 3：不存在未标记的 0 元素，但"○"的个数 $m<n$。

④ 如果情况 1 出现，则得到一套完整的最优指派方案，停止计算。如果情况 2 出现，可标记"○"到任一个 0 元素上，再将同行、同列的其他零元素标记"/"，然后返回方法①。如果情况 3 出现，则转到步骤 3。

步骤 3　作最少的直线覆盖当前所有 0 元素

① 对所有不含"○"的行打"√"号。

② 对已打"√"号的行中含 0 元素的列打"√"号。

③ 对已打"√"号的列中含"○"的行打"√"号。

④ 重复上述②、③，直到不能再打"√"号为止。

⑤ 对未打"√"号的每一行画一横线，而对已打"√"号的每一列画一纵线，即得到覆盖当前所有 0 元素的最少直线，得到新的矩阵。

步骤 4　对新矩阵的进行变换，增加其 0 元素。从未被任何直线覆盖的各元素中找出最小元素，将打"√"号行的各元素都减去这个最小元素，而打"√"号列的各元素都加上这个最小元素，以保证原来的 0 元素仍是 0。去掉矩阵中的标记"○""/""√"等及所画直线，返回步骤 2 对矩阵进行行和列的检查。依据检查标记情况，进行重新检验，直到矩阵中有 n 个独立的 0 元素，得到最优解。

例 4.8　某航空运输企业为完成某项任务需要对人员进行指派，人员设为甲、乙、丙、丁、戊共 5 人，任务分为 A、B、C、D、E 5 项，某人完成某项任务所用的成本见表 4-4，要求一人一事，且一事一人，试确定使成本最小的指派方案。

表 4-4　例 4.8 任务分配效率表

人员	任务				
	A	B	C	D	E
甲	12	7	9	7	9
乙	8	9	6	6	6
丙	7	12	12	14	9
丁	10	14	6	6	10
戊	4	10	7	10	9

解　① 变换价值系数矩阵，使得各行、各列都出现 0 元素。方法如下：将系数矩阵中的每行都减去本行的最小元素；得到的新系数矩阵的每列都减去本列的最小元素。

$$[c_{ij}]=\begin{bmatrix}12&7&9&7&9\\8&9&6&6&6\\7&12&12&14&9\\10&14&6&6&10\\4&10&7&10&9\end{bmatrix}\rightarrow\begin{bmatrix}5&0&2&0&2\\2&3&0&0&0\\0&5&5&7&2\\4&8&0&0&4\\0&6&3&6&5\end{bmatrix}$$

② 进行试指派，以寻找最优解。经过反复的行检查和列检查后，按照步骤 2 得到矩阵为①

$$\begin{bmatrix}5&\textcircled{0}&2&\not{0}&2\\2&3&\not{0}&\not{0}&\textcircled{0}\\\textcircled{0}&5&5&7&2\\4&8&\textcircled{0}&\not{0}&4\\\not{0}&6&3&6&5\end{bmatrix}\qquad ①$$

其中矩阵①中，$m=4$，而 $n=5$，因此未得到完全分配方案，求解过程按照步骤 3 得到矩阵②

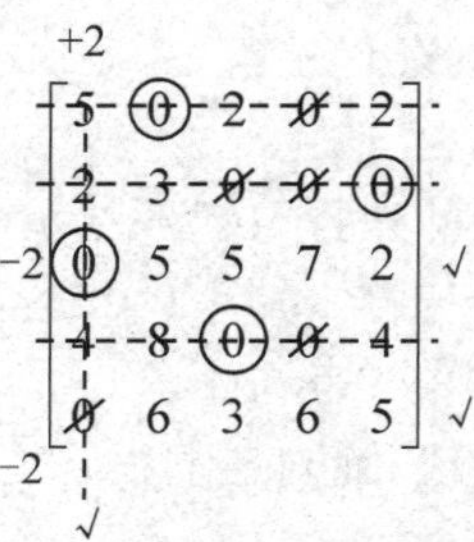

②

对矩阵②进行变换以增加其 0 元素，未被任何直线覆盖过的各元素中的最小元素是 2，将第 3、5 行的各元素分别减去 2，将第 1 列的各元素都加上 2，由此得到矩阵③，它比矩阵②多了一个 0 元素。

$$\begin{bmatrix} 7 & 0 & 2 & 0 & 2 \\ 4 & 3 & 0 & 0 & 0 \\ 0 & 3 & 3 & 5 & 0 \\ 6 & 8 & 0 & 0 & 4 \\ 0 & 4 & 1 & 4 & 3 \end{bmatrix} \quad ③$$

返回步骤 2 对矩阵③进行行检验和列检验，得到矩阵④

$$\begin{bmatrix} 7 & \textcircled{0} & 2 & \not{0} & 2 \\ 4 & 3 & 0 & 0 & \not{0} \\ \not{0} & 3 & 3 & 5 & \textcircled{0} \\ 6 & 8 & 0 & 0 & 4 \\ \textcircled{0} & 4 & 1 & 4 & 3 \end{bmatrix} \quad ④$$

由矩阵④可以看出是情况 2 出现了，按照情况 2 如果给 b_{23} 进行标记，重新检验得到矩阵⑤

$$\begin{bmatrix} 7 & \textcircled{0} & 2 & \not{0} & 2 \\ 4 & 3 & \textcircled{0} & \not{0} & \not{0} \\ \not{0} & 3 & 3 & 5 & \textcircled{0} \\ 6 & 8 & \not{0} & \textcircled{0} & 4 \\ \textcircled{0} & 4 & 1 & 4 & 3 \end{bmatrix} \quad ⑤$$

矩阵⑤有 n 个独立的 0 元素，即得到了最优解，其矩阵为⑥

$$\begin{bmatrix} 0 & 1 & 0 & 0 & 0 \\ 0 & 0 & 1 & 0 & 0 \\ 0 & 0 & 0 & 0 & 1 \\ 0 & 0 & 0 & 1 & 0 \\ 1 & 0 & 0 & 0 & 0 \end{bmatrix} \quad ⑥$$

由此得到最优指派方案：甲—B，乙—C，丙—E，丁—D，戊—A。

如果情况 2 出现了，按照情况 2 如果给 b_{24} 进行标记，重新检验得到解得矩阵⑦

$$\begin{bmatrix} 0 & 1 & 0 & 0 & 0 \\ 0 & 0 & 0 & 1 & 0 \\ 0 & 0 & 0 & 0 & 1 \\ 0 & 0 & 1 & 0 & 0 \\ 1 & 0 & 0 & 0 & 0 \end{bmatrix} \quad ⑦$$

由此得到最优指派方案：甲—B，乙—D，丙—E，丁—C，戊—A。

上述两组最优指派方案相应的最小总时间都是 32。

4.4.3　一般的指派问题

在实际的生产管理过程中，会遇到很多指派问题，其中很多问题是非标准形式的，如最大化问题，人数和工作项数不相等，或一人可做多件事，等等。此时，不能直接用匈牙利解法来对这些非标准形式的指派问题进行求解，需要将这些非标准形式的指派问题转化为标准形式，然后利用匈牙利解法进行求解。

1. 最大化指派问题

对于最大化的指派问题，通过一定的方法转化为求解最小化的指派问题。采用的方法是将最大化问题的系数矩阵 $\boldsymbol{C}=(c_{ij})_{n\times n}$ 中的最大元素 m 取出。令系数矩阵 $\boldsymbol{B}=(b_{ij})_{n\times n}=(m-c_{ij})_{n\times n}$，则以 $\boldsymbol{B}$ 为系数矩阵的最小化指派问题和以 $\boldsymbol{C}$ 为系数矩阵的原最大化指派问题具有相同的最优解，但问题转化为极小化指派问题了。

2. 人数和事数不等的指派问题

① 人少事多——添加虚拟“人”，一般情况下，设该虚拟人做每件事的费用为零，求解结果中虚拟人做的事相当于没有人来做；特别地，若某件事必须要完成，对应的费用系数可设为 M，此时，其含义表示如果该事没人来做，将会带来非常大的代价。

② 人多事少——添加虚拟“事”，一般情况下，设每人做该虚拟事的费用为零，求解结果中做虚拟事的人相当于没有事做；特别地，如要求某人必须有事做，对应的费用系数为 M，表示如果该人没事做，相当于不满足要求，付出的代价将会很大。

3. 一个人可同时做几件事的指派问题

如果某个人的工作能力比较强，要求同时胜任多项工作，就可以将该人用几个相同的人来代替(替代人数与要求做事的件数相等)，替代后的几个人在做同一件事情时，对应的费用系数都是相同的。

4. 几个人同时做一件事的指派问题

如果某一件事同时需要多个人来完成，将该事用几个相同的事来替代(替代事的数目与要求做该事的人数相等)，替代后的几件事对应的费用系数都是相同的。

5. 某事一定不能由某人做的指派问题

如果某件事不能由特定的人来完成，对将其对应的费用系数设为 M，表示若不满足要求，则付出的代价将是非常大的。

例 4.9　分配甲、乙、丙、丁 4 个人去完成 A、B、C、D、E 共 5 项任务，每人完成各项任务时间如下表 4-5 所列(以天为单位)。

由于任务数多于人数，已知乙、丙可兼顾完成其中的 1～2 项任务，其余两人(甲、丁)每人必须完成一项。试确定花费时间为最少的指派方案。

表 4-5 例 4.9 任务分配效率表

完成人	任务				
	A	*B*	*C*	*D*	*E*
甲	25	29	31	42	37
乙	39	38	26	20	33
丙	34	27	28	40	32
丁	24	42	36	23	28

解 由于乙、丙可兼顾完成其中的 1～2 项任务，故将乙用乙 1、乙 2 两人代替，丙用丙 1、丙 2 两人代替；这样指派问题化为共 6 人 5 件事，为此添加一件虚拟的事 F；由于其余两人(甲、丁)每人必须完成一项，即必须有事要做，故他们不能做虚拟的事，对应的系数设为 M。经过如此处理后，原来的指派问题系数矩阵化为：

$$
\begin{array}{c}
\\
甲\\
乙\ 1\\
乙\ 2\\
丙\ 1\\
丙\ 2\\
丁
\end{array}
\begin{array}{c}
\begin{array}{cccccc} A & B & C & D & E & F \end{array}\\
\begin{bmatrix}
25 & 29 & 31 & 42 & 37 & M\\
39 & 38 & 26 & 20 & 33 & 0\\
39 & 38 & 26 & 20 & 33 & 0\\
34 & 27 & 28 & 40 & 32 & 0\\
34 & 27 & 28 & 40 & 32 & 0\\
24 & 42 & 36 & 23 & 28 & M
\end{bmatrix}
\end{array}
$$

利用匈牙利解法，首先每行减去自身最小元素，再每列减去自己最小元素，最后直接得到 6 个独立零元素。最后的指派方案为

$$甲——A,\quad 乙——C、D,\quad 丙——B,\quad 丁——E$$

因此指派花费最少时间为 126 天。

4.5 枢纽机场的确定问题

对于航空公司而言，枢纽机场的确定问题可以用 0-1 整数规划问题来加以分析解决。具体而言，就是集覆盖和集划分的问题。枢纽机场的确定相当于集覆盖问题，主要是将一个集合的每一个元素指派给另一个集合的某个元素或与另一个集合的某个元素配对，比如机组与航班配对、飞机分配到航线上。集覆盖问题的目标就是寻求配对成本的最小化。

4.5.1 枢纽机场确定案例分析

例如某航空公司要建立一个枢纽式航线网络的机场，该机场要把其方圆 1 000 英里以内的城市衔接起来，这个航空公司要开辟到下列城市的航班：亚特兰大、波士顿、芝加哥、丹麦、休斯顿、洛杉矶、新奥尔良、纽约、匹兹堡、盐湖城、旧金山和西雅图。该航空公司想要知道覆盖以上所有城市最少需要建立几个航空枢纽，条件是每个城市到最近一个航空枢纽的距离不能超过 1 000 英里。表 4-6 列出了这些城市间的距离。

表 4-6　各城市间距离表

	AT	BO	CH	DE	HO	LA	NO	NY	PI	SL	SF	SE
AT	0	1 037	674	1 398	789	2 182	479	841	687	1 878	2 496	2 618
BO	1 037	0	1 005	1 949	1 804	2 979	1 507	222	574	2 343	3 095	2 976
CH	674	1 005	0	1 008	1 067	2 054	912	802	452	1 390	2 142	2 013
DE	1 398	1 949	1 008	0	1 019	1 059	1 273	1 771	1 411	504	1 235	1 307
HO	789	1 804	1 067	1 019	0	1 538	356	1 608	1 313	1 438	1 912	2 274
LA	2 182	2 979	2 054	1 059	1 538	0	1 883	2 786	2 426	715	379	1 131
NO	479	1 507	912	1 273	356	1 883	0	1 311	1 070	1 738	2 249	2 574
NY	841	222	802	1 771	1 608	2 786	1 311	0	368	2 182	2 934	2 815
PI	687	574	452	1 411	1 313	2 426	1 070	368	0	1 826	2 578	2 465
SL	1 878	2 343	1 390	504	1 438	715	1 738	2 182	1 826	0	752	836
SF	2 496	3 095	2 142	1 235	1 912	379	2 249	2 934	2 578	752	0	808
SE	2 618	2 976	2 013	1 307	2 274	1 131	2 574	2 815	2 465	836	808	0

修改上表，以便确认每个枢纽可以覆盖哪些个城市，将上表中小于 1 000 英里的距离以 1 代替，否则为 0，修改后得到显示每个枢纽覆盖各城市情况的 0-1 型矩阵如表 4-7 所列。

表 4-7　枢纽覆盖城市情况表

	AT	BO	CH	DE	HO	LA	NO	NY	PI	SL	SF	SE
AT	1	0	1	0	1	0	1	1	1	0	0	0
BO	0	1	0	0	0	0	0	1	1	0	0	0
CH	1	0	1	0	0	0	1	1	1	0	0	0
DE	0	0	0	1	0	0	0	0	0	1	0	0
HO	1	0	0	0	1	0	1	0	0	0	0	0
LA	0	0	0	0	0	1	0	0	0	1	1	0
NO	1	0	1	0	1	0	1	0	0	0	0	0
NY	1	1	1	0	0	0	0	1	1	0	0	0
PI	1	1	1	0	0	0	0	1	1	0	0	0
SL	0	0	0	1	0	1	0	0	1	1	1	1
SF	0	0	0	0	0	1	0	0	0	1	1	1
SE	0	0	0	0	0	0	0	0	0	1	1	1

为了列出方程式，定义下面的 0-1 型决策变量

$$x_j=\begin{cases}1, & \text{如果城市 } j\,(1,2,\cdots,12)\text{ 被选为枢纽}\\0, & \text{否则}\end{cases}$$

目标函数是航空枢纽数量最少，因此目标函数为

$$\text{minimize } x_1+x_2+\cdots+x_{12}$$

每一个城市都有一个航空枢纽覆盖，比如城市 1、3、5、7、8 和 9 覆盖亚特兰大(下标为 1)见表 4-6，因此亚特兰大的约束条件是

$$x_1 + x_3 + x_5 + x_7 + x_8 + x_9 \geqslant 1 \text{（亚特兰大）}$$

需要指出的是，因为每一个城市可以有一个以上的航空枢纽覆盖，所以用大于等于来表示。同理对波士顿（下标为 2）有：

$$x_2 + x_8 + x_9 \geqslant 1 \text{（波士顿）}$$

对其他 10 个城市可写出相似的约束条件。

用相应的商业优化软件求解这个 0－1 型整数规划问题可以得到如下的答案：

① 亚特兰大：覆盖芝加哥、休斯顿、新奥尔良、纽约和匹兹堡；

② 匹兹堡：覆盖亚特兰大、芝加哥、波士顿和纽约；

③ 盐湖城：覆盖丹佛、洛杉矶、旧金山和西雅图。

可以看到，因为上面的约束条件都是大于等于 1，因此有些城市被两个以上的航空枢纽覆盖，例如芝加哥可以由亚特兰大和匹兹堡覆盖。

进一步地，如果我们要求每个城市只能由一个航空枢纽覆盖，那么上面模型中所有的不等式都应改为等式。这种一个集里的每个元素只能被覆盖一次的特殊情况叫集划分。

如果加上这个约束条件将上述问题重新求解，即把所有的大于等于号改成等号（每个城市只能由一个航空枢纽覆盖），则可得知该航空公司最少需要 3 个航空枢纽：

① 波士顿：覆盖纽约和匹兹堡；

② 新奥尔良：覆盖亚特兰大、芝加哥和休斯顿；

③ 盐湖城：覆盖丹佛、洛杉矶、旧金山和西雅图。

顾名思义，集划分就是使两个集合各自独立，不包含相同的部分或元素，从而使同一个元素不会出现在两个集合当中。

4.5.2 枢纽机场确定一般数学模型

一般地，类似求解枢纽机场确定问题的集覆盖通用数学模型可以描述如下：

（1）集　合

$$M = \text{集合 1 的元素}, \quad N = \text{集合 2 的元素}$$

（2）下标变量

$$i = \text{集合 1 的下标变量}, \quad j = \text{集合 2 的下标变量}$$

（3）参　数

$$c_j = \text{选择元素 } j \text{ 的成本}, \quad a_{i,j} = \begin{cases} 1, & \text{如果元素 } j \text{ 覆盖元素 } i \\ 0, & \text{否则} \end{cases}$$

（4）决策变量

$$x_{i,j} = \begin{cases} 1, & \text{如果元素 } j \text{ 被选中} \\ 0, & \text{否则} \end{cases}$$

在这些参数、变量假设下，集覆盖问题的 0－1 型整数规划模型如下：

（1）目标函数

$$\min \sum_{j \in N} c_j x_j$$

(2) 约束条件

$$\sum_{j \in N} a_{i,j} x_j \geqslant 1 \quad (\text{所有 } i \in M)$$

在这个模型中，目标函数是为了寻求总覆盖成本最小，约束集保证集合 1 的每个元素至少被集合 2 的一个元素覆盖。

当要求集合 1 的每个元素只能被集合 2 的一个元素覆盖时，与上述问题的集覆盖数学模型类似，唯一的区别是约束条件要改成等号，即：

$$\sum_{j \in N} a_{i,j} x_j = 1 \quad (\text{所有 } i \in M)$$

集覆盖和集划分模型都是用矩阵表示的，在集覆盖和集划分矩阵 $\boldsymbol{a}_{i,j}$ 中的行是一个元素的集合(下标变量 i)，列是另一个元素的集合(下标变量 j)，如下图所示。矩阵里的 1 表示集合 1 中的元素被集合 2 的一个元素所覆盖，0 表示不覆盖。

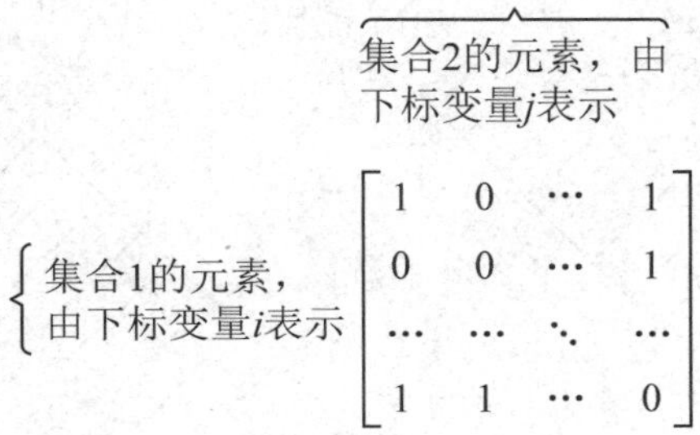

集合2的元素，由下标变量j表示

集合1的元素，由下标变量i表示

$$\begin{bmatrix} 1 & 0 & \cdots & 1 \\ 0 & 0 & \cdots & 1 \\ \cdots & \cdots & \ddots & \cdots \\ 1 & 1 & \cdots & 0 \end{bmatrix}$$

4.6 登机口的指派问题

枢纽-轮辐式航空网络的兴起使得枢纽机场的旅客、行李中转量大幅提高，如何分配进港航班的登机口也成为了航空公司日常经营管理的一项重要工作。尽管此项工作的成本只占航空公司整体运营成本的一小部分，但它对保证航班的正点率以及提高旅客的满意度有着重要的意义。

影响进港航班登机口分配的因素很多，如飞机大小、旅客中转步行距离、行李转运、停机坪拥挤程度、飞机调配以及地面服务需求等。

登机口分配通常会在 3 个层面进行。在第 1 个层面，地面管制人员会根据航班时刻表检查是否有足够的登机口来接受航班；在第 2 个层面，航空公司调度人员会在航班飞行的前一天制定航班计划；在第 3 个层面，由于航班延误、恶劣天气、机械故障等造成航班不正常时，或者由于机务维护需要时，航空公司会根据情况随时更改每日的航班计划。

登机口分配问题也属于运筹学的研究范畴，航空公司一般会从旅客的角度来分析这个问题，即如何使旅客的步行距离减少到最短。因此我们可以将登机口分配问题定义如下：在已知登机口和航班数量、各登机口之间的距离、中转旅客人数等信息的前提下，将航班合理分配至相应登机口，使中转旅客的步行距离减少到最短。

研究人员曾经采用了各种数学方法来解决登机口分配问题。本节主要介绍利用整数线性规划模型来研究解决登机口分配问题的方法。

4.6.1 登机口指派案例分析

图 4－4 为某机场 C 候机楼的平面图，这个候机楼共有 19 个登机口（$C1 \sim C19$），现在已经停靠了 12 架飞机在做出港准备，在 15 分钟内还会有另外 7 个航班进港需要停靠在 C 候机楼其余的登机口。假定这些航班分别为 $F1$、$F2$、$F3$、$F4$、$F5$、$F6$ 和 $F7$，每个航班上均有需要衔接其他航班的乘客。假定这些航班可以停靠 7 个登机口的任意一个。

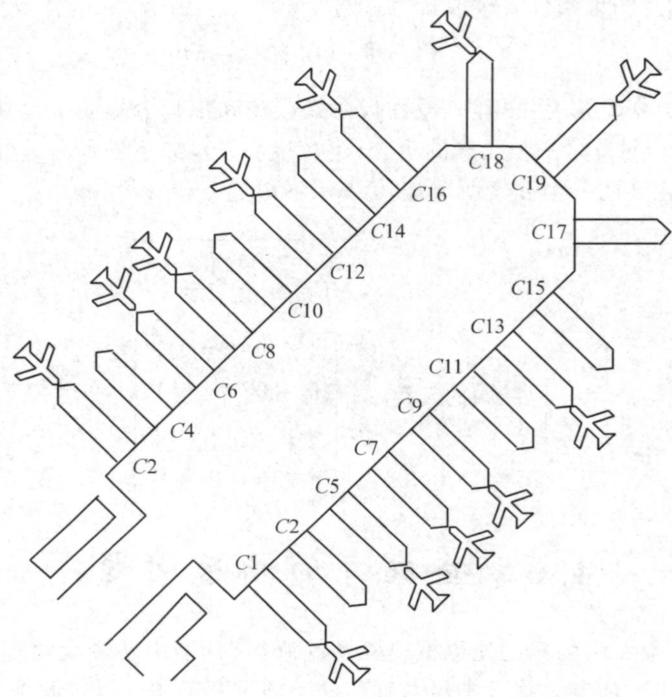

图 4－4　登机口占位图

表 4－8 为进港航班上中转旅客的流量及流向，例如航班 F1 中有 5 位旅客需要走到登机口 1 衔接其下一段航班。为了简化计算过程，此案例中我们假设所有出港航班的登机口已经分配完毕。

表 4－8　旅客流量、流向表

		衔接航班出港登机口																		
		1	2	3	4	5	6	7	8	9	10	11	12	13	14	15	16	17	18	19
进港航班	$F1$	5	5	10	8	15	8	2	10	8	20	5	4	0	9	3	4	1	2	1
	$F2$	5	2	1	4	19	9	4	2	3	2	27	3	8	4	0	2	1	7	2
	$F3$	10	0	4	9	13	4	4	4	3	5	5	8	4	9	11	7	9	4	4
	$F4$	4	8	5	4	10	4	1	0	0	2	4	19	1	2	4	5	5	8	2
	$F5$	4	11	9	9	6	3	1	4	4	2	1	0	3	5	1	2	2	3	4
	$F6$	1	2	42	5	2	7	6	2	4	7	2	3	6	4	10	2	1	0	0
	$F7$	3	3	2	5	9	13	11	2	2	3	7	22	4	0	1	1	2	2	9

表 4－9 为各个登机口之间的距离。注意此表只列出了空闲登机口与其他登机口之间的距离。

表 4－9　登机口间距离矩阵

		出港航班登机口																		
		1	2	3	4	5	6	7	8	9	10	11	12	13	14	15	16	17	18	19
进港航班登机口	3	10	40	—	30	10	40	20	50	30	60	40	70	50	80	60	90	70	90	80
	4	40	10	30	—	40	10	50	20	60	30	70	40	80	50	90	60	90	70	80
	10	70	40	60	30	50	20	40	10	30	—	40	10	50	40	60	30	70	40	50
	11	50	80	40	70	30	60	20	50	10	40	—	30	10	40	20	50	30	50	40
	14	90	60	80	50	70	40	60	30	50	20	40	10	30	—	40	10	50	20	30
	15	70	100	60	90	50	80	40	70	30	60	20	50	10	40	—	30	10	30	20
	17	80	100	70	90	60	80	50	70	40	60	30	50	20	40	10	30	—	20	10

根据相关表格可以更加合理为进港航班分配登机口，以使旅客的步行距离缩短到最小。

依据表 4－8 和表 4－9，可以得到航班 i 停靠在登机口 j 时旅客的总步行距离为

$$\text{旅客步行距离} = \sum \text{旅客人数} \times \text{距离}$$

例如，如果航班 F1 被分配到登机口 3，这时此航班全体中转旅客的总步行距离则为

$$\begin{aligned}\text{总步行距离} &= 5 \times 10 + 5 \times 40 + 10 \times 0 + 8 \times 30 + 15 \times 10 + 8 \times 40 + 2 \times 20 + \\ &\quad 10 \times 50 + 8 \times 30 + 20 \times 60 + 5 \times 40 + 4 \times 70 + 0 \times 50 + 9 \times 80 + \\ &\quad 3 \times 60 + 4 \times 90 + 1 \times 70 + 2 \times 90 + 1 \times 80 = 5\ 010\ \text{m}\end{aligned}$$

如果航班 $F1$ 分配到登机口 3，此航班上有 5 位旅客需要步行 10 m 到登机口 1，有 5 位乘客必须步行 40 m 到登机口 2，此外还要 10 名旅客由于其衔接航班恰好也在登机口 3 而无须步行。重复上述计算，我们可以得出每个航班被分配到各个登机口时旅客的步行总距离，见表 4－10。

表 4－10　旅客步行距离表

总步行距离		衔接航班出港登机口						
		3	4	10	11	14	15	17
进港航班	$F1$	5 010	4 390	3 820	4 870	5 060	6 650	7 090
	$F2$	4 240	5 290	4 190	3 020	4 650	4 400	4 970
	$F3$	5 610	5 950	4 930	4 270	4 910	4 950	5 320
	$F4$	4 500	3 990	3 280	3 580	3 460	4 320	4 460
	$F5$	2 950	2 720	3 060	3 490	3 620	4 330	4 530
	$F6$	3 060	4 310	4 740	3 900	5 760	5 300	6 020
	$F7$	4 680	4 380	3 290	3 620	3 970	4 960	5 220

首先定义下列 0－1 型决策变量：

$$x_{i,j} = \begin{cases} 1, & \text{如果航班 } i \text{ 被分配到登机口 } j \\ 0, & \text{否则} \end{cases}$$

因此目标函数为

$$\text{Minimize } 5\ 010x_{F1,3} + 4\ 390x_{F1,4} + \cdots + 5\ 220x_{F7,17}$$

作为一个约束条件，假定所有的进港航班均需要分配一个登机口，现在尚有 7 个空余登机口(3、4、10、11、14、15 和 17)可以使用，因此航班 F1 的约束条件为

$$x_{F1,3}+x_{F1,4}+x_{F1,10}+x_{F1,11}+x_{F1,14}+x_{F1,15}+x_{F1,17}=1$$

上述约束可以保证航班 F1 被分配到 7 个可用登机口中的任意一个，其他 6 个航班也需要定义类似的约束条件。

仅有上述一个约束条件是不够的，如果此时求解该整数线性规划模型，我们会发现有时一个登机口会分配给两个或多个航班，显然这是不行的。因此必须增加一个约束条件以保证每个登机口每次只分配给一个航班。以登机口 3 为例：

$$x_{F1,3}+x_{F2,3}+x_{F3,3}+x_{F4,3}+x_{F5,3}+x_{F6,3}+x_{F7,3}=1$$

我们要为其他 6 个登机口增加同样的约束条件。上述 0－1 型整数线性规划模型共有 49 个 0－1 型决策变量和 14 个约束条件。

利用现有商业优化软件进行求解，可以得到最佳登机口分配方案见表 4－11，此方案所有中转乘客所需的步行距离是 26 000 码。

表 4－11　登机口分配方案

航　班	登机口	航　班	登机口
$F1$	10	$F5$	4
$F2$	11	$F6$	3
$F3$	15	$F7$	14
$F4$	17		

下图 4－5 为这 7 个航班最后的登机口分配方案。

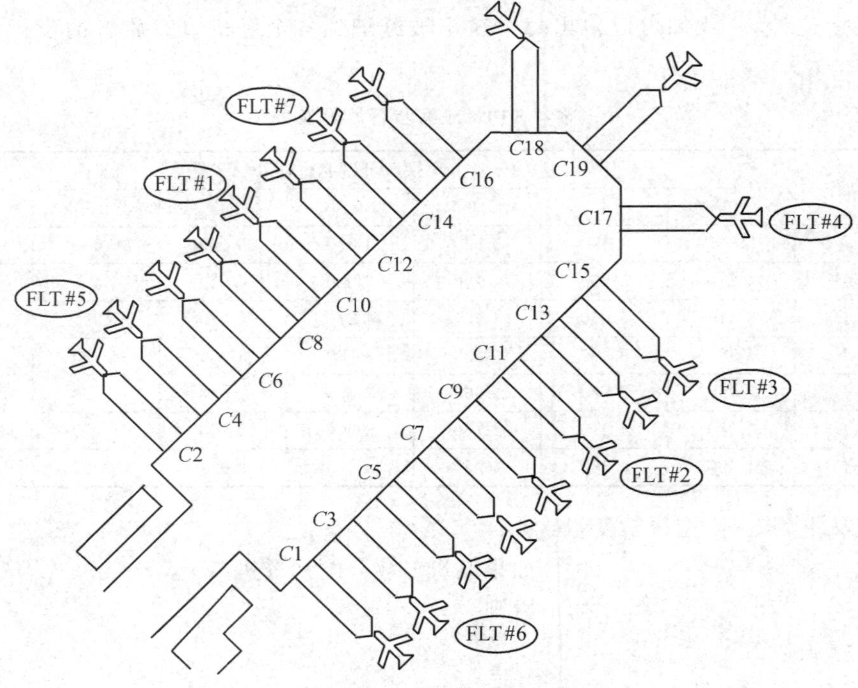

图 4－5　登机口占位图

现实运营活动中的情况比上述案例要复杂的多，个别登机口对所停放的飞机类型有限制要求，此时我们需要继续增加约束条件。例如假设登机口 10 和 14 不能停靠航班 $F1$ 的飞机，在解题模型中就需要增加下列约束条件，防止登机口 10 和 14 分配给航班 $F1$ 使用。

$$x_{F1,10}=0$$

$$x_{F1,14}=0$$

将上述模型重新修改并重新求解运算后，可以得出一个修改后的登机口分配方案见表 4-12，此时旅客转机的总步行距离为 26 700 码。

表 4-12　修改后登机口分配方案表

航　班	$F1$	$F2$	$F3$	$F4$	$F5$	$F6$	$F7$
登机口	4	11	15	14	17	3	10

4.6.2　登机口分配的一般数学模型

登机口分配方案的一般优化模型如下：

· 目标函数

$$\text{Minimize} \sum_{i\in F}\sum_{j\in G} c_{i,j}\cdot x_{i,j}$$

· 约束条件

$$\sum_{j\in G} x_{i,j}=1 \quad (\text{全部 } i) \tag{4-a}$$

$$\sum_{i\in F} x_{i,j}=1 \quad (\text{全部 } j) \tag{4-b}$$

$$x_{i,j}\in\{0,1\} \quad (\text{全部 } i \text{ 和 } j)$$

约束条件表示每个航班只分配有一个登机口，而且每个登机口只能分配给一个航班。

· 其中下标变量：

i = 进港航班下标变量；

j,k = 登机口下标变量；

· 集合：

F = 进港航班集合；

G = 进港航班可用登机口集合；

K = 出港航班登机口集合；

· 参数：

$P_{i,k}$ = 乘坐进港航班 i，且衔接航班出港登机口为 k 的乘客人数；

$d_{k,j}$ = 从出港登机口 k 到进港登机口 j 的距离单位(如码、米、英尺等)；

$c_{i,j}$ = 进港航班为 i，且停靠在登机口 j，全体中转旅客的总步行距离。此数值为上述二组参数的乘积，即

$$c_{i,j}=\sum_{k\in K} p_{i,k}\cdot d_{k,j} \quad (\text{全部 } i \text{ 和 } j)$$

在特殊情况下，如果可用登机口比进港航班多，则约束条件(4-b)改为

$$\sum_{i\in F} x_{i,j}\leqslant 1 \quad (\text{全部 } j)$$

在上述不等式中，如果取值为 1 表示这个登机口可以被分配给进港航班使用，如果取值为零则表示这个登机口不能被分配使用。

如果情况正好相反，即进港航班多于可用登机口，可以将约束条件(4 - a)改为类似的不等式。然而这种情况在现实中是不可能发生的，因为每个进港航班都必须分配有一个登机口。在一些繁忙的机场，如果暂时没有足够的登机口，飞机会被引导到一个特定的区域，或直接在滑行道上等待，直到空余登机口出现。

4.7　单元受限地面等待问题

自航空运输商业化以后，空中交通管理中的拥塞(congestion)就一直是一个富有挑战性的问题，特别是在空中交通飞速发展的今天，国内外空中交通拥挤现象日趋严重并且造成了巨额损失，从而使得对流量管理问题的研究变得十分迫切。众所周知，地面等待(地面延迟(gate-holding))策略是一种缩减阻塞的行之有效的方法。所谓地面等待策略，就是当预测到拥挤将发生时，尽量将航班在目的地的空中等待转化为在起始地的地面等待的方法。相对于空中等待，地面等待有安全、节约的优点，而且可以避免出现在目的机场上空的由于多架航班同时盘旋而产生的“不可控制”的现象。地面等待最基本的问题就是决定哪架航班应该延迟而且应该延迟多长时间，而通过整数规划模型就可以解决这类问题，求出满足要求的最优解，重新安排航班的起降以达到安全与节约的目的。

4.7.1　单元受限地面等待问题建模

在某个空中交通网络中，假设只有一个受限空域(如某个机场终端区或跑道)，在时间段$[0,T]$内的不同时段，由于容量所限，现考虑对到达该空域的航班实施地面等待策略。该单元容量受限的地面等待策略问题如图 4 - 6 所示。

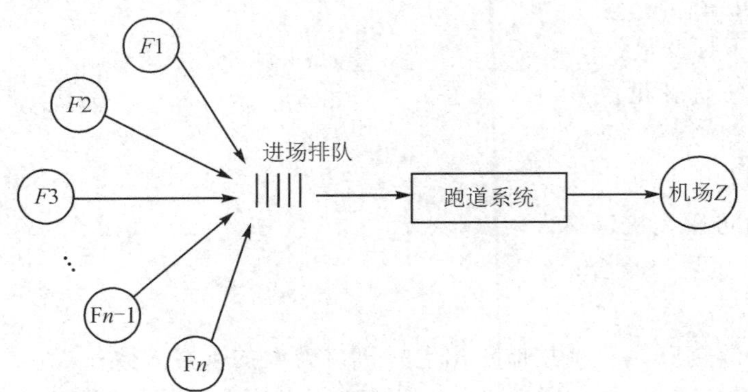

图 4 - 6　单元容量受限的地面等待策略问题示意图

在建立地面等待策略问题数学规划之前，先做如下几个假设：

① 在时间间隔$[0,T]$内，假设目的机场 Z 的飞机降落出现拥挤；机场所在终端区空域是整个空中交通网络(包括起飞机场、航路、管制扇区等等)的唯一受限单元。

② 假定有 n 个航班 $F_i(i=1,2,\cdots,n)$在时间段$[0,T]$内要从起飞机场起飞后到达该指定机场空域，第 i 个航班 F_i 预定到达目的机场 Z 的时段为第 m_i 个时段，由于实施地面等待而实

际到达该空域边界的时段为第 j 个时段($j \geqslant m_i$)。

③ 已知飞机 F_i($i=1,2,\cdots,n$)正常飞行的起飞与降落时间,假定整个航程的飞行时间是确定的,且延误产生的原因只是由于目的机场 Z 的容量受限。

④ 将时间段$[0,T]$分割成 p 个时段(slots):$T_1,T_2,\cdots,T_p$,给定该机场空域在各时段的容量分别为:$K_1,K_2,\cdots,K_p$;事实上,K_j($j=1,2,\cdots,p$)是机场 Z 在时间段 T_j 内最大着陆飞机数。

于是地面等待策略就是对于航班 F_i($i=1,2,\cdots,n$),确定最优的地面等待时间,使整个延误成本(地面延误+空中延误)达到最小。如果航班排队等待降落的时间可以精确预测,那么完全可以以此延误时间作为地面等待时间,从而使整个延误成本最小。但事实并非完全如此,因为在$[0,T]$内机场 Z 的容量是不确定的或动态变化的,我们无法预测航班正常起飞情况下将遭受的等待延时,这样,便是通过求得航班的地面等待时间,以获得地面延误和空中延误之间的最优平衡。

通过之前的假设条件,每个航班从起飞到指定机场空域边界的飞行时间是确定的,再假定机场容量 K_j($j=1,2,\cdots,p$)是确定的;对于航班 F_i 来说,在起飞机场地面等待的时段数与到达目的机场空域 Z 的延误时段数将是相等的,均为

$$\delta_{ij}=j-m_i$$

一般情况下,不同航班因为地面等待而付出的代价与延误时段数的长短是直接相关的,假设航班 F_i 延迟 δ_{ij} 时段已知的附加费用函数为

$$c_{ij}=c_{ij}(\delta_{ij})=\begin{cases}Cg_i(\delta_{ij}) & (\delta_{ij}\geqslant 0)\\ M & (\delta_{ij}<0)\end{cases}$$

其中 M 为一个非常大的正数,表示航班只能在其预定到达时段之后的某个时段内到达指定空域的边界,不然将付出极大的代价。同时,该附加费用函数也可以表示航班 F_i 的重要程度,该值越大,表明地面等待的费用就越大,其重要程度就越高,如国际航班、大型客机或专机等都应该具有较大的单位等待时段的费用数值。

为了描述每个航班应该在哪个时段到达机场空域,设定决策变量为

$$x_{ij}=\begin{cases}1, & \text{航班 } F_i \text{ 在第 } j \text{ 时段内到达}(j\geqslant m_i,i=1,2,\cdots,n)\\ 0, & \text{航班 } F_i \text{ 不在第 } j \text{ 时段内到达}(j\geqslant m_i,j=m_i,m_i+1,\cdots,p,p+1)\end{cases}$$

其中 $j=p+1$ 是为了数学模型的完整描述而虚加的时段 T_{p+1},其容量 K_{p+1} 规定为很大的值,用以接纳在时间段$[0,T]$内不能到达机场空域边界的所有航班,即表示在前 p 个时段内不能到达的航班总是可以在第 $p+1$ 个时段内到达机场空域边界。

对于地面等待策略而言,主要考虑的目标是所有航班的总等待费用为最小,从而问题目标函数为

$$\min z=\sum_{i=1}^{N}\sum_{j=m_i}^{p+1}c_{ij}x_{ij}=\sum_{i=1}^{N}\sum_{j=m_i}^{p+1}c_{ij}(\delta_{ij})x_{ij}$$

考虑到每个航班只能到达机场空域一次、每个时段的容量限制以及每个航班 F_i 所允许的最大等待时段数 w_i 的限制条件,有如下约束条件:

$$\sum_{j=m_i}^{p+1} x_{ij} = 1 \quad (i=1,2,\cdots,n)$$

$$\sum_{i=1}^{n} x_{ij} \leqslant K_j \quad (j=m_i,m_i+1,\cdots,p,p+1)$$

$$0 \leqslant \delta_{ij} \leqslant w_i \quad (i=1,2,\cdots,n;j=m_i,m_i+1,\cdots,p,p+1)$$

决策变量、目标函数以及约束条件构成了单元容量受限的静态地面等待策略问题的 0－1 整数规划数学模型，可用穷举法、分支定界法或隐枚举法来求解该模型以得到问题的最优解，但当航班数较多而且时间段划分得较细时，求解工作量将非常大。

4.7.2 单元受限地面等待策略实例

选取首都国际机场 2009 年某日 8:00～11:00 这一段时间的到场航班时刻数据进行分析，如表 4－13 所列，在这个由航班时刻表中提取出的航班数据中，具体的预计到达时间不可直接在模型计算中使用，需要首先将其转换为对应的时段数(每个时段 15 分钟)，并假设每个航班最多延误时段为 3 个时段。

表 4－13　到场航班时刻数据

序　号	航班号	机　型	人　数	起飞机场	机场系数	目的机场	到达时间	到达时段
1	CA1105	733	130	呼和浩特	3	首都国际机场	8:05	1
2	HU7176	738	160	呼和浩特	3	首都国际机场	8:25	2
3	CA1101	733	130	呼和浩特	3	首都国际机场	8:30	2
4	UA4406	733	130	呼和浩特	3	首都国际机场	8:30	2
5	SC1151	738	160	济南	3	首都国际机场	8:50	4
6	MU5195	320	180	青岛	2	首都国际机场	8:55	4
7	SC4855	738	160	烟台	1	首都国际机场	8:55	4
8	MU5291	738	160	太原	3	首都国际机场	9:10	5
9	CZ6101	321	185	沈阳	3	首都国际机场	9:15	5
10	CZ6125	321	185	大连	3	首都国际机场	9:20	6
⋮	⋮	⋮	⋮	⋮	⋮	⋮	⋮	⋮
60	MU5701	767	285	昆明	3	首都国际机场	10:45	11
61	MU5173	319	140	南昌	3	首都国际机场	10:45	11
62	CZ3101	777	350	广州	3	首都国际机场	10:50	12
63	MF8115	737	150	福州	3	首都国际机场	10:50	12
64	MU5696	737	150	洛阳	1	首都国际机场	10:50	12
65	HU7616	738	160	东营	1	首都国际机场	10:50	12
66	CA1822	738	160	福州	3	首都国际机场	10:55	12
67	CA4161	733	130	贵阳	3	首都国际机场	10:55	12
68	CA1115	jet	180	呼和浩特	3	首都国际机场	10:55	12
69	CA1715	319	140	杭州	3	首都国际机场	10:55	12

续表 4-13

序　号	航班号	机　型	人　数	起飞机场	机场系数	目的机场	到达时间	到达时段
70	UA4436	738	160	呼和浩特	3	首都国际机场	10:55	12
71	GS7586	d38	32	延安	1	首都国际机场	10:55	12
72	CN7184	738	160	大连	2	首都国际机场	11:00	12
73	HU7184	738	160	大连	2	首都国际机场	11:00	12

对首都机场而言，8:00～9:15 这 5 个时段为离场高峰时段，进场的机场容量较小而离场的机场容量较大，9:15～11:00 这后 7 个时段为首都机场进场高峰时段，离场的机场容量较小，而进场容量较大。故我们可因此假设首都机场 8:00～11:00 各时段的进场容量，如表 4-14 所列，其中第 13 个时段为假想时段，其容量为值 73。

表 4-14　进场容量表

时　段	1	2	3	4	5	6	7	8	9	10	11	12	13
容　量	3	3	3	3	3	8	10	8	10	8	10	10	73

由于机场的地面等待策略可以把可能产生的空中交通等待转化为起飞前航班在起飞机场的地面等待，故其等待成本的计算需考虑机型差异（不同机型乘坐人数不同、单位时间耗费成本不同）、起飞机场重要性差异（枢纽机场由于航班较密集，等待对机场交通流可能产生的影响也越大；支线机场由于航班较稀少，故地面等待对于机场交通产生的影响也相对较小）；而不需考虑航班航程远近及空中耗油情况等因素。为了方便计算，取机型对应可乘坐人数 P 及起飞机场重要系数 A 两个值为各航班机场地面等待系数的关键因素，并将单位时段等待费用系数 C，统一按照 $C=\mathrm{INT}[(A*50+P/3)/2]$ 公式进行计算，可得到各航班单位时段等待费用系数，如表 4-15 所列。

表 4-15　航班单位时段等待费用

序列号	预达时段	等待成本	序列号	预达时段	等待成本	序列号	预达时段	等待成本
1	1	180	14	6	131	27	7	147
2	2	186	15	6	193	28	7	89
3	2	180	16	6	188	29	7	87
4	2	180	17	6	182	30	8	202
5	4	186	18	6	91	31	8	196
6	4	142	19	7	197	32	8	187
7	4	87	20	7	192	33	8	94
8	5	187	21	7	192	34	8	80
9	5	193	22	7	182	35	8	77
10	6	192	23	7	196	36	8	203
11	6	131	24	7	188	37	8	196
12	6	92	25	7	198	38	8	79
13	6	131	26	7	196	39	9	237

续表 4－15

序列号	预达时段	等待成本	序列号	预达时段	等待成本	序列号	预达时段	等待成本
40	9	237	52	10	199	64	12	87
41	9	200	53	10	197	65	12	86
42	9	190	54	10	197	66	12	198
43	9	188	55	10	196	67	12	196
44	9	202	56	10	196	68	12	190
45	9	82	57	10	196	69	12	190
46	9	196	58	10	196	70	12	186
47	9	196	59	11	187	71	12	64
48	9	192	60	11	229	72	12	137
49	9	87	61	11	191	73	12	137
50	9	67	62	12	239			
51	10	221	63	12	196			

基于所建立的单元受限地面等待策略问题的数学模型，并利用以上相关数据和相关的线性规划优化求解商业软件，得到问题中每个航班的地面等待时段数及总等待费用，如表 4－16 所列（表中仅列出了需要地面等待的航班，其他航班不需进行地面等待）。

表 4－16　地面等待优化结果及等待费用

序列号	预计到达时段	优化结果	需地面等待时段数	等待成本	地面等待费用
10	6	7	1	192	192
19	7	9	2	197	394
29	7	9	2	87	174
33	8	10	2	94	188
41	9	11	2	200	400
44	9	11	2	202	404
49	9	11	2	87	174
50	9	11	2	67	134
58	10	11	1	196	196
64	12	13	1	87	87
65	12	13	1	86	86
			总等待费用		2 429

通过问题数学模型的求解，得到了这组最优的航班数据，总延误时段数控制在 18 时段，延误 11 个航班，并将总延误费用优化到了最小值 2 429。

4.8　机队配置问题

4.8.1　问题的描述

如果航空公司有 K 种不同的机型和 J 个营运基地，各种机型的飞机架数已经确定，这时需要确定在各基地机场投放的飞机类型及其数量。这个问题是本节需要解决的问题，即机队配置问题。

首先要注意的是，一般情况下，在不同的基地机场，由于航空公司服务市场的特点（如航线的长短、需求的大小和旅客类型等）不同、公司维修能力以及航材备件等方面的限制，航空公司在不同的基地机场对投放的机型有限制。在数学模型中将采用示性算子或设置惩罚成本来解决机型限制问题。另外，如果某机型在一个基地机场投放的飞机过少，将由于不成规模而造成维修和地面服务成本增加，飞机备件存放和管理困难，因此对某机型的飞机在一个基地设定一个最少投放架数。

根据航空公司市场计划，已知各基地（或分公司）的机队承担的总运输量、各基地机场对机型的限制、不同机型飞机的架数以及不同机型飞机在不同基地的营运成本，可以确定一个使营运总成本最小的机队配置计划。

4.8.2　数学模型的建立

将 K 种不同的机型编号为 $i=1,2,\cdots,K$；J 个基地编号为 $j=1,2,\cdots,J$。机型 i 拥有飞机 N_i 架；一架机型 i 的飞机投放在基地 j 的年营运费用是 c_{ij}，最大业载是 z_{ij}，平均轮挡速度为 v_{ij}，日利用率为 T_{ij}，公司年总运输周转量为 D，基地 j 的运输周转量分担比例是 η_j。为了表达某机型是否能投放某基地，取 $\delta_{ij}=0,1$，其中等于 1 表示机型 i 可以投放基地 j，等于 0 表示不可以投放。决策变量 x_{ij} 表示机型 i 在基地 j 的投放架数，机型 i 在任意一个基地的投放架数不得少于 n_i 架。

$$\min z=\sum_{i=1}^{K}\sum_{j=1}^{J}c_{ij}x_{ij}$$

$$\text{s.t.}\begin{cases}365\sum\limits_{i=1}^{K}l_{ij}z_{ij}v_{ij}T_{ij}x_{ij}\geqslant\eta_jD,\ j=1,2,\cdots,J\\ \sum\limits_{j=1}^{J}x_{ij}\leqslant N_i,\quad i=1,2,\cdots,K\\ n_i-x_{ij}\leqslant(1-\delta_{ij}y_{ij})M\\ x_{ij}\leqslant\delta_{ij}y_{ij}M\end{cases}\tag{4-1}$$

$$x_{ij}\geqslant 0,\text{整数};y_{ij}=0,1;i=1,2,\cdots,K;j=1,2,\cdots,J$$

在模型(4－59)中，第 1 组约束条件表示对于每一个基地，公司投放的运力必须不小于预期的运输要求；第 2 组约束条件表示对于每一种机型，投放到各基地的飞机架数之和不大于该机型的飞机总架数；第 3 个不等式和第 4 个不等式是一组约束条件，其中 M 是正的无穷大数。这组约束条件表示机型 i 如果不能投放在基地 j 则投放架数 $x_{ij}=0$；如果能投放，投放到该基地的架数要么等于 0，要么不少于规定的 n_i 架。关于这组约束条件的意义可以这样分析，由

于 $\delta_{ij}=0$ 或 1,其中等于 1 表示机型 i 可以投放基地 j,等于 0 表示不可以投放。y_{ij} 是 0 - 1 型变量,约束条件为

$$\begin{cases} n_i - x_{ij} \leqslant (1-\delta_{ij}y_{ij})M \\ x_{ij} \leqslant \delta_{ij}y_{ij}M \end{cases}$$

当 $\delta_{ij}=0$ 时,有

$$\begin{cases} n_{ij} - x_{ij} \leqslant M \\ x_{ij} \leqslant 0 \end{cases}$$

式中,第二式和非负条件一起保证此时 $x_{ij}=0$,而第一式则恒成立。可见,此时的解是 $x_{ij}=0$。

当 $\delta_{ij}=1$ 时,有

$$\begin{cases} n_{ij} - x_{ij} \leqslant (1-y_{ij})M \\ x_{ij} \leqslant y_{ij}M \end{cases}$$

如果 $y_{ij}=0$,则

$$\begin{cases} n_{ij} - x_{ij} \leqslant M \\ x_{ij} \leqslant 0 \end{cases}$$

此时的解是 $x_{ij}=0$。

如果 $y_{ij}=1$,则约束条件(4 - 60)为

$$\begin{cases} n_{ij} - x_{ij} \leqslant 0 \\ x_{ij} \leqslant M \end{cases}$$

式中,第一式有解 $x_{ij} \geqslant n_i$,第二式则恒满足。可见,式(4—60)保证了机型 i 投放到基地 j 的架数要么等于零,要么不少于规定的 n_i 架。

对于机型限制问题,还可以通过设置惩罚"成本"来解决。假如机型 i 不允许投放在基地机场 j,可取 c_{ij} 为一个足够大(如比总成本大一个数量级)的惩罚数,则由于目标函数要求最小,必然强迫相应的 $x_{ij}=0$。例如,机型 i 并不是完全不能投放在基地机场 j,只是运行的效益较差,或受其他因素影响不是很合适,此时可以给 c_{ij} 设置一个相对较大的数,模型的最优解只会在不得已时才会让 $x_{ij}\neq 0$。这样处理后机队配置优化模型为

$$\begin{aligned} \min z &= \sum_{i=1}^{K}\sum_{j=1}^{J} c_{ij}x_{ij} \\ \text{s.t.}\ 365\sum_{i=1}^{K} l_{ij}z_{ij}v_{ij}T_{ij}x_{ij} &\geqslant \eta_j D \quad (j=1,2,\cdots,J) \\ \sum_{j=1}^{J} x_{ij} &\leqslant N_i \quad (i=1,2,\cdots,K) \\ x_{ij} &\geqslant n_i y_{ij} \quad (i=1,2,\cdots,K;j=1,2,\cdots,J) \end{aligned} \tag{4-2}$$

式中,$y_{ij}=0,1;x_{ij}\geqslant 0$,整数;$i=1,2,\cdots,K;j=1,2,\cdots,J$

例 4.10 某航空公司 2010 年将拥有 100 座的飞机 2 架、150 座的飞机 8 架和 200 座的飞机 8 架,公司需要将这些飞机配置到 3 个基地。预计到 2010 年,该公司的年运输总量将达到 3.45 亿 t·km。已知 3 个基地的运输量分担比例分别是 $\eta_1=0.24,\eta_2=0.31,\eta_3=0.45$,3 种机型在 3 个基地的最大业载、平均航速、期望载运率和平均日利用率参见表 4 - 18,营运成本参数参见表 4 - 19。公司规定 100 座的飞机不在第 3 基地投放,200 座的飞机不在第 1 基地投放,各机型如果在某基地投放则至少投放 2 架飞机。

表 4-17　各种机型的有关参数

参数指标	机型	基地		
		1	2	3
最大业载/t	1	10.5	10.5	9.5
	2	15.5	15.2	15.5
	3	22.0	23.0	24.0
平均航速/(km·h^{-1})	1	570	566	600
	2	637	633	635
	3	665	664	670
期望载运率	1	0.65	0.63	0.55
	2	0.62	0.60	0.60
	3	0.50	0.59	0.61
平均日利用率/h	1	7.4	7.0	5.0
	2	7.1	7.3	7.2
	3	5.0	7.0	7.3

表 4-18　飞机投放在不同基地的年营运成本

机型	基地		
	1	2	3
1	6.06	6.10	1 000
2	8.29	8.31	8.25
3	1 000	10.74	11.50

解　根据题意有 $\delta_{13}=\delta_{31}=0$，其他示性算子都等于 1，将表 4-17 和表 4-18 的数据以及题目中给定的参数带入数学模型(4-1)，可得

$$\min z = 6.06x_{11} + 6.10x_{12} + 8.29x_{21} + 8.31x_{22} + 8.25x_{23} + 10.74x_{32} + 11.5x_{33}$$

$$\text{s.t. } 1\,050.75x_{12} + 1\,586.4x_{21} \geqslant 8\,280$$

$$956.61x_{12} + 1\,538.2x_{22} + 2\,302.18x_{32} \geqslant 10\,695$$

$$1\,551.96x_{23} + 2\,613.55x_{33} \geqslant 15\,525$$

$$x_{11} + x_{12} \leqslant 2$$

$$x_{21} + x_{22} + x_{23} \leqslant 8$$

$$x_{32} + x_{33} \leqslant 8$$

$$x_{11} \leqslant y_{11}M,\quad 2 - x_{11} \leqslant (1 - y_{11})M$$

$$x_{12} \leqslant y_{12}M,\quad 2 - x_{12} \leqslant (1 - y_{12})M$$

$$x_{21} \leqslant y_{21}M,\quad 2 - x_{21} \leqslant (1 - y_{21})M$$

$$x_{22} \leqslant y_{22}M,\quad 2 - x_{22} \leqslant (1 - y_{22})M$$

$$x_{23} \leqslant y_{23}M,\quad 2 - x_{23} \leqslant (1 - y_{23})M$$

$$x_{32} \leqslant y_{32}M,\quad 2 - x_{32} \leqslant (1 - y_{32})M$$

$$x_{33} \leqslant y_{33}M,\quad 2 - x_{33} \leqslant (1 - y_{33})M$$

$$x_{13} \leqslant 0, \quad x_{31} \leqslant 0$$

$$x_{ij} \geqslant 0,\text{整数}; y_{ij} = 0,1; i = 1,2,3; j = 1,2,3$$

求得最优解如下：

$$x_{11} = 2, \quad x_{12} = 0, \quad x_{13} = 0$$

$$x_{21} = 4, \quad x_{22} = 4, \quad x_{23} = 0$$

$$x_{31} = 0, \quad x_{32} = 2, \quad x_{33} = 6$$

最优解方案为在基地 1 投放 100 座的飞机 2 架和 150 座的飞机 4 架，在基地 2 投放 150 座的飞机 4 架和 200 座的飞机 2 架，在基地 3 投放 200 座的飞机 6 架。这样的机队分配方案使得公司的总营运成本最小，最小总营运费用为 169 千万元。

4.9 机型指派问题

4.9.1 机型指派问题描述

机型指派问题(Fleet Assignment Problem，FAP)也称为机型分配问题。航空公司根据不同机型具有的不同座位数、运行成本、潜在收益等，将不同的飞机类型指派给设计好的定期航班。飞机座位是航空公司的产品属性，如果航班离港前座位没有销售出去，座位就会虚耗掉，造成资源的浪费，而且还会造成油耗等成本的提高。所以，理想的决策就是将"合适的座位数"以"合适的价格"提供给合适的旅客，这两者中，"合适的座位数"由机型指派确定，而"合适的价格"则由收益管理决定。

首先，机型指派问题的基本约束条件包含：一般约束条件和特殊约束条件。一般约束条件主要指航班覆盖约束、飞机流平衡约束、飞机数约束；特殊约束条件主要包括航线、机场约束、飞机利用率约束，经停、中转航班约束等。

① 航班覆盖约束。

要求为每个航班指派一种且仅一种机型。但也有研究文献要求覆盖尽可能多的航班，使收益最大。没有被覆盖的航班意味着被取消，这在国内很少见。因为在计划阶段不会考虑取消航班，只有在天气、机械故障等不得已条件下，才考虑取消航班。

② 飞机流平衡约束。

即在时空网络的每个机场节点，对于每一种机型，地面原有飞机数＋到达飞机数＝出发飞机数＋留下飞机数，在机型指派周期开始与结束时，各航站具有相同的机型飞机数分布。

③ 飞机数约束。

指各种机型使用的飞机架数不得超过可提供的飞机架数。

④ 航线、机场约束。

不同机型的飞机有不同的属性，如飞行高度、速度、最大航程等，不同的航线、机场对机型有一定的限制，例如远距离航线或国际航线，要求较大的机型，高原机场等气候条件复杂的机场对机型有特殊要求，等等。

⑤ 飞机利用率约束。

飞机是一种极其昂贵的资源，必须保证飞机具有较高的利用率，这也是降低航空公司运营成本、提高经济效益的有效措施之一。

⑥ 经停、中转航班约束。

在国内中转航班并不多，主要是一次经停航班，即一个航班由两个航段组成，例如广州—南京—北京，在南京经停，两个航段使用同一个航班号；经停约束就是指对一个航班号的两个航段指派同一种机型。

这些都是机型指派通常考虑的约束条件。另外，一些航线、机场对同一种机型中的不同飞机也有特殊要求，该约束在飞机排班时再考虑。

定期航班计划包括以一日为周期和以一个星期为周期两种。以一日为周期的航班计划中各航班每日重复(周末可能适当减少)，以一个星期为周期的航班计划是每隔一周航班重复执行。如果以一个星期为周期的航班计划中多数航班每天重复的话，那么也可以在以日为周期的航班机型指派结果的基础上，再进行例外处理。由于不同的航班周期，机型指派模型不同，本节将分别讨论这两种情况下的机型指派问题。

4.9.2　日航班机型指派模型

1. 目标函数

在第 2 章中，已经介绍过航空运输规划常用的基本时空网络。因为时空网络方便在航段之间建立连接，而且航段数量远小于航段之间的可能连接，能大大减少决策变量数量，因此选择时空网络构建机型指派模型是合适的。

以日为周期的航班计划机型指派问题简称为日航班机型指派问题，一般可以设计两种目标函数：运行成本最小或使用飞机数最少。但也可以要求利润最大。

(1) 运行成本目标函数

航班运行成本包括飞机飞行成本和旅客溢出成本。飞行成本以座公里成本计算，与机型和航线有关，设已知机型 j 的座公里成本 C_j，将它乘以航线 i 的长度 L_i 和机型座位数 s_j 即可得机型 j 执飞航线 i 的飞行成本 $c_{ij}^{opr}=L_i s_j C_j$。

机型 j 执飞航线 i 的旅客溢出成本等于航线平均票价 p 乘以旅客溢出量 SPILL_{ij}，也即 $c_{ij}^{spill}=p_i\mathrm{SPILL}_j$，其中航线平均票价是已知的，旅客溢出量计算方法在 8.5.4 节中作了详细介绍，请参阅式(8.21)。

设决策变量

$$x_{i,j}=\begin{cases}1 & (\text{如果航班 } i \text{ 指派给机型 } j)\\ 0 & (\text{航班 } i \text{ 不指派给机型 } j)\end{cases}$$

那么成本最小的目标函数可以表示为

$$\min z=\sum_{i\in F}\sum_{i\in K}c_{ij}x_{ij}$$

式中，F 是航班集合，K 是机型集合. c_{ij} 是将机型 j 指派给航班 i 的运行成本

$$c_{ij}=c_{ij}^{opr}+c_{ij}^{spill}$$

(2) 使用飞机数目标函数

机型指派问题还需要设另一组变量 $G_{(ak),j}$，表示在机场 a 的第 k 个时间节点处，地面停有机型 j 的飞机架数。它是非负整型变量，ak 表示机场 a 的第 k 个时空节点，如果规定各机场在午夜以后都不能有航班(所谓的红眼航班)，并设机场 a 每天最后一个节点为 $k(a)$，那么使

用飞机总数最少的目标函数为

$$\min z = \sum_{a\in A}\sum_{j\in K} G_{(ak(a)),j}$$

式中,A 是机场集合。要注意,使用该目标函数时,可能加剧其后飞机路线问题的不可行性。

(3) 运行利润目标函数

这里航班运行利润等于航班期望收益减去航班飞行成本 c_{ij}^{opr},机型 j 的飞机执飞航班 i 的期望收益 $p_i(s_j - SPILL_{ij}) = p_i s_j - p_i SPILL_{ij} = p_i s_j - c_{ij}^{spill}$,因此目标函数是

$$\max z = \sum_{i\in F}\sum_{j\in K}(p_i s_j - c_{ij}^{spill})x_{ij} - \sum_{i\in F}\sum_{j\in K} c_{ij}^{opr} x_{ij} = \sum_{i\in F}\sum_{j\in K} p_i s_j x_{ij} - \sum_{i\in F}\sum_{j\in K}(c_{ij}^{opr} + c_{ij}^{spill})x_{ij}$$

可见要求运行利润最大将得到与运行成本最小相同的结果。

2. 约束条件

日航班机型指派问题通常含有以下约束条件。

(1) 航班覆盖约束

$$\sum_{j\in K} x_{ij} = 1 \quad (i \in F)$$

表示每一个航班都必须指派一种机型执飞。

(2) 飞机流平衡约束

$$G_{(ak),j} + \sum_{i\in F} a_{i,(ak)} x_{ij} = G_{(ak),j} \quad ((ak) \in M, a \in A, j \in K)$$

式中,M 是时空节点集合,$a_{i,(ak)} \in \{0,-1,1\}$,当航班 i 在时间 k 到达机场 a 时(也即在航班时空网络中,航班弧 i 箭头指向节点(ak)时)等于 1,在时间 k 从机场 a 出发时(也即航班弧 i 箭尾背离节点(ak)时)等于 −1,否则等于 0,k^+ 表示机场 a 的为节点的下一个节点。上述约束条件表示在同一个机场 a 的某节点 k,若地面原有飞机数加上到达飞机数,减去出发飞机数,等于该机场下一个时间节点的地面飞机数。

(3) 飞机数约束

$$\sum_{a\in A} G_{(ak(a)),j} \leqslant N_j \quad (j \in K)$$

式中,N_j 是航空公司拥有的机型 j 的飞机架数。该约束条件要求到午夜宵禁后,地面某机型飞机总数不能超过航空公司拥有的飞机数。

如果要考虑已经起飞,但还未来得及降落的飞机,则上述约束条件应当改为

$$\sum_{a\in A} G_{(ak(a)),j} + \sum_{i\in F} x_{ij} \leqslant N_j \quad (j \in K)$$

式中,$F(k)$表示在时间节点 $k(a)$时,还没有降落的航班集合。

(4) 经停航班约束

如果要求某些航班是经停的(Through),应当加入如下约束:

$$x_{ij} - x_{lj} = 0 \quad ((i,l) \in F^l)$$

式中,F 表示经停航班集合,其中元素是一对航段(i,l),并规定航段 l 是航段 i 的后续航段。上述约束条件表示对于同一个经停航班的前后两个航段,应当指派同一个机型的飞机。

3. 机型指派优化模型

综合上述目标函数和约束条件，如果使用运行成本最小的目标函数，可以获得日航班机型指派问题的优化模型如下：

$$\min z=\sum_{j\in K}\sum_{i\in F}c_{ij}x_{ij}$$

$$\text{s.t.}\begin{cases}\sum\limits_{i\in F}x_{ij}=1 \quad (i\in F)\\ G_{(ak),j}+\sum\limits_{i\in F}a_{i,(ak)}x_{ij}=G_{(ak^+),j} \quad ((ak)\in M,a\in A,j\in K)\\ \sum\limits_{a\in A}G_{k(a),j}+\sum\limits_{i\in F(k)}x_{ij}\leqslant N_j \quad (j\in K)\\ x_{ij}-x_{lj}=0 \quad ((i,l)\in F^l)\\ x_{ij}=0,1;G_{(ak),j}\in z^+,i\in F,j\in K,(ak)\in M,a\in A\end{cases} \tag{8.52}$$

这是日航班机型指派的基本模型，其中 z^+ 表示非负整数集合。本模型只考虑了旅客溢出的影响，没有考虑旅客行程之间的旅客溢出和转移影响。

习 题

4.1 某科学实验卫星拟从下列仪器装置中选若干件组装。有关数据资料见表 4-19

表 4-19 习题 4.1 仪器装置体积及质量表

仪器装置代号	体 积	质 量	实验中的价值
$A1$	$v1$	$w1$	$c1$
$A2$	$v2$	$w2$	$c2$
$A3$	$v3$	$w3$	$c3$
$A4$	$v4$	$w4$	$c4$
$A5$	$v5$	$w5$	$c5$
$A6$	$v6$	$w6$	$c6$

要求：① 装入卫星的仪器装置总体积不超过 V，总质量不超过 W；

② $A1$ 与 $A3$ 中最多安装一件；

③ $A2$ 与 $A4$ 中至少安装一件；

④ $A5$ 同 $A6$ 或者都安装，或者都不安装。

总的目的是装上取的仪器装置使该科学卫星发挥最大的实验价值。试建立这个问题的数学模型。

4.2 某钻井队要从以下 10 个可供选择的井位中确定 5 个钻井探油，使总的钻探费用最小。若 10 个井位的代号为 $s_1,s_2,\cdots s_{10}$，相应的钻探费用为 $c_1,c_2,\cdots,c_{10}$，并且井位选择上要满足下列限制条件：

① 或选择 s_1 和 s_7，或选择钻探 s_8；

② 选择了 s_3 或 s_4 就不能选择 s_5，或反过来也一样；

③ 在 s_5,s_6,s_7,s_8，中最多只能选两个；试建立这个问题的整数规划模型。

4.3　用分支定界法求解下列整数规划问题

(a) $\max z = 4x_1 + 6x_2 + 2x_3$

$$\begin{cases} 4x_1 - 4x_2 \leqslant 5 \\ -x_1 + 6x_2 \leqslant 5 \\ -x_1 + x_2 + x_3 \leqslant 5 \\ x_1, x_2, x_3, \geqslant 0 \text{ 且为整数} \end{cases}$$

(b) $\min z = 4x_1 + 5x_2$

$$\begin{cases} 3x_1 + 2x_2 \geqslant 7 \\ x_1 + 4x_2 \geqslant 5 \\ 3x_1 + x_2 \geqslant 2 \\ x_1, x_2 \geqslant 0 \text{ 且为整数} \end{cases}$$

(c) $\max z = 7x_1 + 9x_2$

$$\begin{cases} -x_1 + 3x_2 \leqslant 6 \\ 7x_1 + x_2 \leqslant 35 \\ x_1, x_2, \geqslant 0 \text{ 且为整数} \end{cases}$$

(d) $\max z = 11x_1 + 4x_2$

$$\begin{cases} -x_1 + 2x_2 \leqslant 14 \\ 5x_1 + 2x_2 \leqslant 16 \\ 2x_1 - x_2 \leqslant 4 \\ x_1, x_2, \geqslant 0 \text{ 且为整数} \end{cases}$$

4.4　分配甲、乙、丙、丁 4 个人去完成 5 项任务。每人完成各项任务时间如表 4-20 所列。由于任务数多于人数，故规定其中有一个人可兼完成两项任务，其余 3 人每人完成一项。试确定总花费时间为最少的指派方案。

表 4-20　习题 4.4 任务分配效率表

人	任　务				
	A	*B*	*C*	*D*	*E*
甲	25	29	31	42	37
乙	39	38	26	20	33
丙	34	27	28	40	32
丁	24	42	36	23	45

4.5　从甲、乙、丙、丁、戊 5 人中挑选 4 人去完成 4 项工作。已知每人完成各项工作的时间如表 4-21 所列。规定每项工作只能由一个人去单独完成，每个人最多承担一项任务。又假定对甲必须保证分配一项任务，丁因某种原因决定不同意承担第 4 项任务。在满足上述条件下，如何分配工作，使完成 4 项工作总的花费时间为最少。

表 4-21　习题 4.5 任务分配效率表

工　作	人				
	甲	乙	丙	丁	戊
1	10	2	3	15	9
2	5	10	15	2	4
3	15	5	14	7	15
4	20	15	13	6	8

4.6　某航空公司经营 *A*，*B*，*C* 这 3 个城市之间的航线，这些航线每天班机起飞与到达时间如表 4-22 所列。

表 4－22　习题 4.6 航班起飞到达时刻表

航班号	起飞城市	起飞时间	到达城市	到达时间
101	A	9:00	B	12:00
102	A	10:00	B	13:00
103	A	15:00	B	18:00
104	A	20:00	C	24:00
105	A	22:00	C	2:00
106	B	4:00	A	7:00
107	B	11:00	A	14:00
108	B	15:00	A	18:00
109	C	7:00	A	11:00
110	C	15:00	A	19:00
111	B	13:00	C	18:00
112	B	18:00	C	23:00
113	C	15:00	B	20:00
114	C	7:00	B	12:00

设飞机在机场停留的损失费用大致与停留时间的平方成正比，又每架飞机从降落到下班起飞至少需要 2 小时准备时间，试决定一个使停留费用损失为最小的飞行方案。

4.7　运筹学中著名的旅行商贩（货郎担）问题可以叙述如下：某旅行商贩从某一城市出发，到其他几个城市去推销商品，规定每个城市均须到达而且只到达一次，然后回到原出发城市。已知城市 i 和城市 j 之间的距离为 d_{ij}，问该商贩应选择一条什么样的路线顺序旅行，使总的旅程为最短。试对此问题建立整数规划模型。

4.8　设有 m 个某种物资的生产点，其中第 i 个点（$i=1,2,\cdots,m$）的产量为 a_i。该物资销往 n 个需求点，其中第 j 个需求点所需量为 b_j（$j=1,2,\cdots,n$）。已知：$\sum\limits_i a_i \geqslant \sum\limits_j b_j$，又知从各生产点往需求点发运时，均需经过 p 个中间编组站之一转运，若启用第 k 个中间编组站，不管转运量多少，均发生固定费用 f，而第 k 个中间编组站转运最大容量限制为 q_k（$k=1,2,\cdots,p$）。用 c_{ik} 和 c_{kj} 分别表示从 i 到 k 和从 k 到 j 的单位物资的运输费用，试确定一个使总费用为最小的该种物资的调运方案。

4.9　用匈牙利法求解下述指派问题，已知效率矩阵分别如下：

(a) $\begin{bmatrix} 7 & 9 & 10 & 12 \\ 13 & 12 & 16 & 17 \\ 15 & 16 & 14 & 15 \\ 11 & 12 & 15 & 16 \end{bmatrix}$　　(b) $\begin{bmatrix} 3 & 8 & 2 & 10 & 3 \\ 8 & 7 & 2 & 9 & 7 \\ 6 & 4 & 2 & 7 & 5 \\ 8 & 4 & 2 & 3 & 5 \\ 9 & 10 & 6 & 9 & 10 \end{bmatrix}$

第 5 章　空中交通进、离场排队优化问题

动态规划是解决多阶段决策过程最优化问题的一种方法。该方法是由美国数学家贝尔曼(R Bellman)等人在 20 世纪 50 年代初提出的。他们针对多阶段决策问题的特点，提出了解决这类问题的最优化原理，并成功地解决了生产管理、工程技术等方面的许多实际问题，从而建立了运筹学的一个新分支，即动态规划。1957 年，R Bellman 发表了动态规划方面的第一本专著《动态规划》。

动态规划是现代企业管理中的一种重要决策方法，可用于解决最优路径问题、资源分配问题、生产计划与库存、投资、装载、排序等问题及生产过程的最优控制等。由于它有独特的解题思路，因此，在处理某些优化问题时，比线性规划或非线性规划方法更有效。

动态规划问题分类：① 离散确定型；② 离散随机型；③ 连续确定型；④ 连续随机型。其中离散确定型是最基本的，本章主要利用这种类型的问题，介绍动态规划的基本思想、原理和方法，然后通过几个典型的动态规划模型来介绍它的应用。

5.1　引　例

例 5.1　最短路径问题

图 5-1 表示从起点 A 到终点 E 之间各点的距离。求 A 到 E 的最短路径。

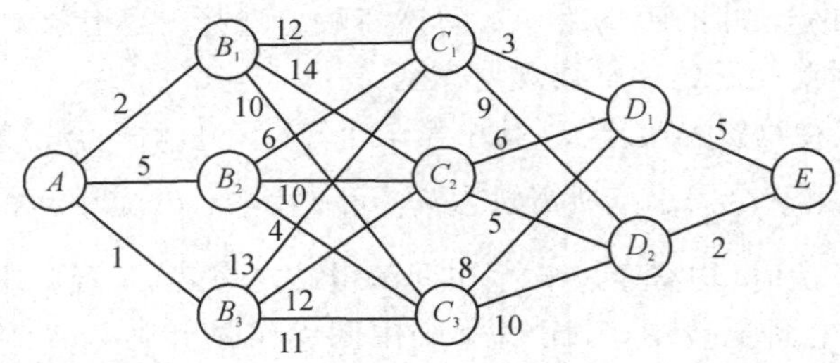

图 5-1　最短路径问题

如果用穷举法，则从 A 到 E 一共有 $3\times3\times2=18$ 条不同的路径，逐个计算每条路径的长度，总共需要进行 $4\times18=72$ 次加法计算；对 18 条路径的长度做两两比较，找出其中最短的一条，总共要进行 $18-1=17$ 次比较。如果从 A 到 C 的站点有 k 个，则总共有 $3^{k-1}\times2$ 条路径，用穷举法求最短路径总共要进行 $(k+1)3^{k-1}\times2$ 次加法，$3^{k-1}\times2-1$ 次比较。当 k 的值增加时，需要进行的加法和比较的次数将迅速增加。例如当 $k=10$ 时，加法次数为 433 026 次，比较次数为 39 365 次。

求从 A 到 E 的最短路径问题，可以转化为 3 个性质完全相同但规模较小的子问题，即分别从 B_1、B_2、B_3 到 E 的最短路径问题。

记从 $B_i\,(i=1,2,3)$ 到 E 的最短路径为 $S(B_i)$，从 A 到 E 的最短距离 $S(A)$ 可以表示为

$$S(A)=\min\begin{Bmatrix}AB_1+S(B_1)\\AB_2+S(B_2)\\AB_3+S(B_3)\end{Bmatrix}=\min\begin{Bmatrix}2+S(B_1)\\5+S(B_2)\\1+S(B_3)\end{Bmatrix}$$

同样,计算 $S(B_1)$又可以转化为性质完全相同,但规模更小的问题,即分别求 $C1,C2,C3$ 到 E 的最短路径问题$S(C_i)$ $(i=1,2,3)$,而求 $S(C_i)$又可以转化为求 $S(D_1)$和 $S(D_2)$这两个子问题。从图 5.1 可以看出,在这个问题中 $S(D_1)$和 $S(D_2)$是已知的:

$$S(D_1)=5,\quad S(D_2)=2$$

因此,可以从这两个值开始,逆向递归计算 $S(A)$的值。计算过程如下:

$$S(C_1)=\min\begin{Bmatrix}C_1D_1+S(D_1)\\C_1D_2+S(D_2)\end{Bmatrix}=\min\begin{Bmatrix}3+S(D_1)\\9+S(D_2)\end{Bmatrix}=\min\begin{Bmatrix}3+5\\9+2\end{Bmatrix}=8\quad(C_1\rightarrow D_1)$$

$$S(C_2)=\min\begin{Bmatrix}C_2D_1+S(D_1)\\C_2D_2+S(D_2)\end{Bmatrix}=\min\begin{Bmatrix}6+S(D_1)\\5+S(D_2)\end{Bmatrix}=\min\begin{Bmatrix}6+5\\5+2\end{Bmatrix}=7\quad(C_2\rightarrow D_2)$$

$$S(C_3)=\min\begin{Bmatrix}C_3D_1+S(D_1)\\C_3D_2+S(D_2)\end{Bmatrix}=\min\begin{Bmatrix}8+S(D_1)\\10+S(D_2)\end{Bmatrix}=\min\begin{Bmatrix}8+5\\10+2\end{Bmatrix}=12\quad(C_3\rightarrow D_2)$$

即:

$S(C_1)=8$ 且如果到达 C_1,则下一站应到达 D_1;

$S(C_2)=7$ 且如果到达 C_2,则下一站应到达 D_2;

$S(C_3)=12$ 且如果到达 C_3,则下一站应到达 D_2;

由此,可以计算 $S(B_i)$:

$$S(B_1)=\min\begin{Bmatrix}B_1C_1+S(C_1)\\B_1C_2+S(C_2)\\B_1C_3+S(C_3)\end{Bmatrix}=\min\begin{Bmatrix}12+S(C_1)\\14+S(C_2)\\10+S(C_3)\end{Bmatrix}=\min\begin{Bmatrix}12+8\\14+7\\10+12\end{Bmatrix}=20\quad(B_1\rightarrow C_1)$$

$$S(B_2)=\min\begin{Bmatrix}B_2C_1+S(C_1)\\B_2C_2+S(C_2)\\B_2C_3+S(C_3)\end{Bmatrix}=\min\begin{Bmatrix}6+S(C_1)\\10+S(C_2)\\4+S(C_3)\end{Bmatrix}=\min\begin{Bmatrix}6+8\\10+7\\4+12\end{Bmatrix}=14\quad(B_2\rightarrow C_1)$$

$$S(B_3)=\min\begin{Bmatrix}B_3C_1+S(C_1)\\B_3C_2+S(C_2)\\B_3C_3+S(C_3)\end{Bmatrix}=\min\begin{Bmatrix}13+S(C_1)\\12+S(C_2)\\11+S(C_3)\end{Bmatrix}=\min\begin{Bmatrix}13+8\\12+7\\11+12\end{Bmatrix}=19\quad(B_3\rightarrow C_2)$$

即

$S(B_1)=20$ 且如果到达 B_1,则下一站应到达 C_1;

$S(B_2)=14$ 且如果到达 B_2,则下一站应到达 C_1;

$S(B_3)=19$ 且如果到达 B_3,则下一站应到达 C_2;

由此,可以计算 $S(A)$:

$$S(A)=\min\begin{Bmatrix}AB_1+S(B_1)\\AB_2+S(B_2)\\AB_3+S(B_3)\end{Bmatrix}=\min\begin{Bmatrix}2+S(B_1)\\5+S(B_2)\\1+S(B_3)\end{Bmatrix}=\min\begin{Bmatrix}2+20\\5+14\\1+19\end{Bmatrix}=19\quad(A\rightarrow B_2)$$

最后得从 A 到 E 的最短路径为 $A\rightarrow B_2\rightarrow C_1\rightarrow D_1\rightarrow E$。

以上计算过程及结果可用图 5-2 表示,从图中可知,以上方法不仅得到了从 A 到 D 的最短路径，同时也得到了从图中任一点到 E 的最短路径。

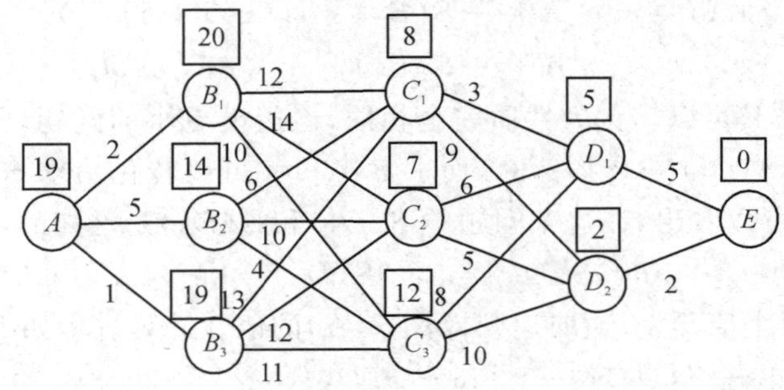

图 5-2　最短路径问题分段穷举法

以上过程仅用了 18 次加法和 11 次比较，因此其计算效率远高于穷举法。

5.2　动态规划的基本概念与基本思想

5.2.1　动态规划的基本概念

使用动态规划方法解决多阶段决策问题，首先要将实际问题写成动态规划模型，此时要用到以下概念：(1) 阶段；(2) 状态；(3) 决策和策略；(4) 状态转移；(5) 指标函数。

下面结合例题说明。

例 5.2　如图 5-3 所示，给定一个线路网络图，要从 A 地向 F 地铺设一条输油管道，各点间连线上的数字表示距离，问应选择什么路线，可使总距离最短？

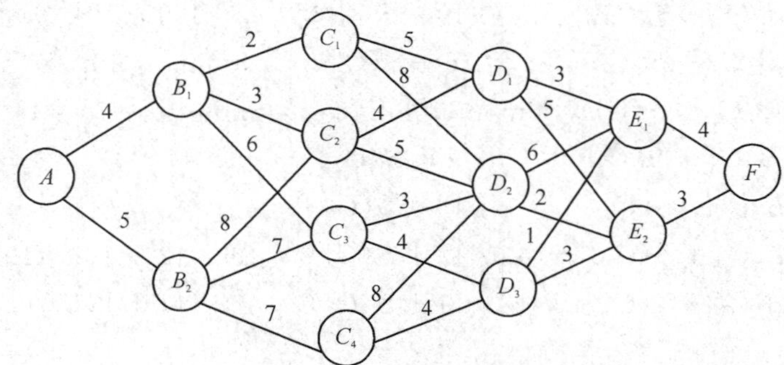

图 5-3　最短路径问题路距图

(1) 阶　段

将所给问题的过程，按时间或空间特征分解成若干相互联系的阶段，以便按次序去求每阶段的解，常用字母 k 表示阶段变量。例 5.2 中，从 A 到 F 可以分成从 A 到 B(B 有 2 种选择 B_1、B_2)，从 B 到 C(C 有 4 种选择 C_1、C_2、C_3、C_4)，从 C 到 D(D 有 3 种选择 D_1、D_2、D_3)，从 D 到 E(E 有 2 种选择 E_1、E_2)，再从 E 到 F 5 个阶段。$k=1,2,3,4,5$。

(2) 状　态

各阶段开始时的客观条件叫作状态。在描述各阶段状态的变量时，常用 s_k 表示第 k 阶段的状态变量。状态变量 s_k 的取值集合称为状态集合，用 s_k 表示。

动态规划中的状态应具有以下性质：在某阶段状态给定后，该阶段以后过程的发展不受这段以前各段状态的影响。也就是说，当前的状态是前续阶段的一个完整总结，过程的前续阶段只能通过当前状态去影响它未来的发展，这称为无后效性。如果所选定的变量不具备无后效性，就不能作为状态变量来构造动态规划模型。

在例 5.2 中，第 1 阶段状态为 A，第 2 阶段则有 2 个状态：B_1，B_2。状态变量 s_1 的集合 $S_1=\{A\}$，后面各段的状态集合分别是

$$S_2=\{B_1,B_2\}$$

$$S_3=\{C_1,C_2,C_3,C_4\}$$

$$S_4=\{D_1,D_2,D_3\}$$

$$S_4=\{E_1,E_2\}$$

当某段的初始状态已选定某个点时，从这个点以后的铺管路线只与该点有关，不受以前的铺管路线影响，所以满足状态的无后效性。

(3) 决策和策略

当各段的状态选定以后，就可以做出不同的决策（或选择），从而确定下一阶段的状态，这种决定称为决策。表示决策的变量，称为决策变量，常用 $U_k(S_k)$ 表示第 k 阶段状态为 S_k 时的决策变量。在实际问题中，决策变量的取值往往限制在一定范围内，我们称此范围为允许决策集合，常用 $D_k(S_k)$ 表示第 k 阶段从状态 S_k 出发的允许决策集合，显然有 $U_k(S_k)\in D_k(S_k)$。

在例 5.2 中，从第 2 阶段的状态 B_1 出发，可选择下一段的 C_1，C_2，C_3，即其允许决策集合为

$$D_2(B_1)=\{C_1,C_2,C_3\}$$

若我们决定选择 C_3，则状态 B_1 的决策可表示为

$$u_2(B_1)=C_3$$

各段决策确定后，整个问题的决策序列就构成一个策略，用 $P_{1,n}\{U_1(S_1),U_2(S_2),\cdots,U_n(S_n)\}$ 表示。对每个实际问题，可供选择的策略有一定范围，称为允许策略集合，记作 $P_{1,n}$，使整个问题达到最优效果的策略就是最优策略。

(4) 状态转移方程

动态规划中本阶段的状态往往是上一阶段状态和上一阶段的决策结果。如果给定了第 k 段的状态 S_k，本阶段决策为 $U_k(S_k)$，则第 $k+1$ 段的状态 S_{k+1} 也就完全确定，它们的关系可用式(5.1)表示

$$S_{k+1}=T_k(S_k,U_k) \tag{5.1}$$

由于它表示了由 k 段到 $k+1$ 段的状态转移规律，所以称为状态转移方程。

例 5.2 中，状态转移方程为 $S_{k+1}=U_k(S_k)$

(5) 指标函数

用于衡量所选定策略优劣的数量指标称为指标函数。它分为阶段指标函数和过程指标函数 2 种。阶段指标函数是指第 k 段，从状态 S_k 出发，采取决策 U_k 时的效益，用 $d(S_k,U_k)$ 表示。而一个 n 段决策过程，从 1 到 n 叫作问题的原过程，对于任意一个给定的 $k(1\leqslant k\leqslant n)$，从

第 k 段到第 n 段的过程称为原过程的一个后部子过程。$V_{1,n}(S_1,P_{1,n})$表示初始状态为 S_1 采用策略 $P_{k,n}$ 时原过程的指标函数值，而 $V_{k,n}(S_k,P_{k,n})$表示在第 k 段，状态为 S_k 采用策略 $P_{k,n}$ 时，后部子过程的指标函数值。最优指标函数记为 $f_k(S_k)$，它表示从第 k 段状态 S_k 采用最优策略 $P_{k,n}^*$ 到过程终止时的最佳效益值。$f_k(S_k)$与 $V_{k,n}(S_k,P_{k,n})$间的关系为

$$f_k(S_k)=V_{k,n}(S_k,P_{k,n})=\text{opt}\,V_{k,n}(S_k,P_{k,n}) \tag{5.2}$$

式(5.2)中 opt 全称为 optimum，表示最优化，根据具体问题分别表示为 max 或 min。

当 $k=1$ 时，$f_1(S_1)$就是从初始状态 S_1 到全过程结束的整体最优函数。

在例 5.2 中，指标函数是距离。如第 2 阶段，状态为 B_1 时，$d(B_1,C_2)$表示由 B_1 出发采用决策到下一段 C_2 点的两点间距离；$V_{2,5}(B_1)$表示从 B_1 到 F 的距离；而 $f_2(B_1)$则表示从 B_1 到 F 的最短距离。本问题的总目标是求 $f_1(A)$，即从起点 A 到终点 F 的最短距离。

5.2.2 动态规划的基本思想与基本原理

下面结合例 5.2 最短路线问题介绍动态规划的基本思想。

想要求出最短路线，可用穷举法，即求出所有从 A 至 F 的可能铺设的路长并加以比较。从 A 到 F 共有 24 条不同路径，要求出最短路线需要做 66 次加法和 23 次比较运算，通过刚才例子，可以看出究举法的计算量较大。当问题的段数很多、各段的状态也很多时，穷举法的计算量会大大增加，甚至使得求优成为不可能。下面介绍动态规划方法，注意本方法是从过程的最后一段开始，用逆序递推方法求解，逐步求出各段各点到终点 F 的最短路线，最后求得 A 点到 F 点的最短路线。

第 1 步，从 $k=5$ 开始，状态变量 s_5 可取两种状态 E_1,E_2，它们到 F 点的路长分别为 4、3，即 $f_5(E_1)=4,f_5(E_2)=3$。

第 2 步，$k=4$，状态变量 s_4 可取 3 个值 D_1,D_2,D_3，这是经过一个中途点到达终点 F 的距离比较，从 D_1 到 F 有 2 条路线，须加以比较，取其中最短的，即

$$f_4(D_1)=\min\begin{Bmatrix}d(D_1,E_1)+f_5(E_1)\\d(D_1,E_2)+f_5(E_2)\end{Bmatrix}=\min\begin{Bmatrix}3+4\\5+3\end{Bmatrix}=7$$

这说明由 D_1 到终点 F 最短距离为 7，其路径为 $D_1\to E_1\to F$。相应决策为 $u_4*(D_1)=E_1$。

$$f_4(D_2)=\min\begin{Bmatrix}d(D_2,E_1)+f_5(E_1)\\d(D_2,E_2)+f_5(E_2)\end{Bmatrix}=\min\begin{Bmatrix}6+4\\2+3\end{Bmatrix}=5$$

即 D_2 到终点最短距离为 5，其路径为 $D_2\to E_2\to F$。相应决策为 $u_4*(D_2)=E_2$。

$$f_4(D_3)=\min\begin{Bmatrix}d(D_3,E_1)+f_5(E_1)\\d(D_3,E_2)+f_5(E_2)\end{Bmatrix}=\min\begin{Bmatrix}1+4\\3+3\end{Bmatrix}=5$$

即 D_3 到终点最短距离为 5，其路径为 $D_3\to E_1\to F$。相应决策为 $u_4*(D_3)=E_1$。

类似地，可算得

$k=3$ 时，有 $f_3(C_1)=12,u_3*(C_1)=D_1,f_3(C_2)=10,u_3*(C_2)=D_2$，

$f_3(C_3)=8,u_3*(C_3)=D_2,f_3(C_4)=9,u_3*(C_4)=D_3$；

$k=2$ 时，有 $f_2(B_1)=13,u_2*(B_1)=C_2,f_2(B_2)=15,u_2*(B_2)=C_3$；

$k=1$ 时，只有一个状态点 A，则

$$f_1(A)=\min\begin{Bmatrix}d(A,B_1)+f_2(B_1)\\d(A,B_2)+f_2(B_2)\end{Bmatrix}=\min\begin{Bmatrix}4+13\\5+15\end{Bmatrix}=17$$

即从 A 到 F 的最短距离为 17。本段决策为 $u_1*(A)=B_1$。

再按计算顺序反推可得最优决策序列 $\{u_k\}$，即 $u_1*(A)=B_1, u_2*(B_1)=C_2, u_3*(C_2)=D_2, u_4*(D_2)=E_2, u_5*(E_2)=F$。所以最优路线为 $A\rightarrow B_1\rightarrow D_2\rightarrow E_2\rightarrow F$。

从例 5.2 的计算过程中可以看出，在求解的各个阶段都利用了第 k 段和第 $k+1$ 段的如下关系：

$$\begin{cases} f_k(s_k)=\min\limits_{u_k}\{d_k(s_k,u_k)+f_{k+1}(s_{k+1})\} \quad (k=5,4,3,2,1) & (5.3a) \\ f_6(s_6)=0 & (5.3b) \end{cases}$$

这种递推关系称为动态规划的基本方程，式(5.3b)成为边界条件。

上述最短路线的计算过程也可用图 5-4 直观地表示出来，图中每个节点上方括号内的数，表示该点到终点 F 的最短距离。连结各点到 F 点的线表示最短路径。这种在图上直接计算的方法叫标号法。动态规划法较之穷举法的优点：首先，这种方法只进行了 22 次加法运算和 12 次比较运算，比穷举法计算量小。而且随着问题段数的增加和复杂程度的提高，相对的计算量将减少。其次，动态规划的计算结果不仅得到了从 A 到 F 的最短路线，还得到了中间段任一点到 F 的最短路线。这对许多实际问题来讲，是很有意义的。

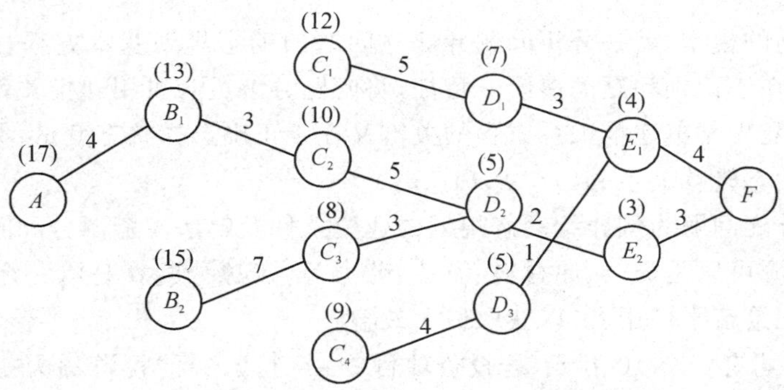

图 5-4　最短路径问题分段穷举逆序法

现将动态规划方法的基本思想总结如下：

① 将多阶段决策过程划分阶段，恰当地选取状态变量、决策变量及定义最优指标函数，从而把问题化成一族同类型的子问题，然后逐个求解。

② 求解时从边界条件开始，按照逆(或顺)过程行进方向，逐段递推寻优。在对每一个子问题求解时，都要使用它前面已求出的子问题的最优结果，最后一个子问题的最优解，就是整个问题的最优解。

③ 动态规划方法是既把当前一段与未来各段分开，又把当前效益和未来效益结合起来考虑的一种最优化方法。因此每段的最优决策选取是从全局考虑的，与该段的最优选择一般是不同的。

动态规划的基本方程是递推逐段求解的根据，一般的动态规划基本方程可以表示为

$$\begin{cases} f_k(s_k)=\operatorname*{opt}\limits_{u_k\in D_k(s_k)}\{v_k(s_k,u_k)+f_{k+1}(s_{k+1})\} \quad (k=n,n-1,\cdots,1) & (5.4a) \\ f_{n+1}(s_{n+1})=0 & (5.4b) \end{cases}$$

式中，opt 可根据题意取 min 或 max，$v_k(s_k,u_k)$为状态 s_k，决策为 u_k 时对应的第 k 阶段的指

标函数值。

动态规划方法是基于贝尔曼(R Bellman)等人提出的最优化原理,它可表述为“一个过程的最优策略具有这样的性质,即无论初始状态和初始决策如何,对于先前决策所形成的状态而言,其以后的所有决策应构成最优策略”。

例 5.2 正是根据这一原理求解的。从图 5-4 可以看出,无论从哪一段的某状态出发到终点 F 的最短路线,都只与此状态有关,而与这点以前的状态、路线无关,即不受从 A 点是如何到达这点的决策影响。

利用这个原理,可以把多阶段决策问题求解过程表示成一个连续的递推过程,由后向前逐步计算。在求解时,前面的各状态与决策对后面的子过程来说只相当于初始条件,并不影响后面子过程的最优决策。

5.3 动态规划模型的建立与求解

5.3.1 动态规划模型的建立

建立动态规划的模型,就是分析问题并建立问题的动态规划基本方程。成功地应用动态规划方法的关键,在于识别问题的多阶段特征,将问题分解成为可用递推关系式联系起来的若干子问题,而正确建立基本递推关系方程的关键又在于正确选择状态变量,保证各阶段的状态变量具有递推的状态转移关系 $s_{k+1}=T_k(s_k,u_k)$。

下面以资源分配问题为例介绍动态规划的建模条件及解法。资源分配问题是动态规划的典型应用之一,资源可以是资金、原材料、设备、劳力等,资源分配就是将一定数量的一种或几种资源恰当地分配给若干使用者,以获取最大效益。

例 5.3 某公司有资金 10 万元,若投资项目 $i(i=1,2,3)$ 的投资额为 x_i 时,其收益分别为 $g_1(x_1)=4x_1$,$g_2(x_2)=9x_2$,$g_3(x_3)=2x_3^2$,问应如何分配投资数额才能使总收益最大?

这是一个与时间无明显关系的静态最优化问题,可列出其静态模型:求 x_1,x_2,x_3,使

$$\max z=4x_1+9x_2+2x_3^2 \text{ 且满足约束 } \begin{cases} x_1+x_2+x_3=10 \\ x_i \geqslant 0 \quad (i=1,2,3) \end{cases}$$

为了应用动态规划方法求解,可以人为地赋予它“时段”的概念,在将投资项目排序时,首先考虑对项目 1 投资,然后考虑对项目 2 投资,即把问题划分为 3 个阶段,每个阶段只决定对一个项目应投资的金额。这样就把问题转化为一个 3 段决策过程。下面的关键问题是如何正确选择状态变量,使各后部子过程之间具有递推关系。

通常可以把决策变量 u_k 定为原静态问题中的变量 x_k,即设 $u_k=x_k(k=1,2,3)$。状态变量和决策变量有密切关系,状态变量一般为累计量或随递推过程变化的量。这里可以把每阶段可供使用的资金定为状态变量 S_k,初始状态 $S_1=10$。u_1 为可分配用于第一种项目的最大资金,则当第一阶段($k=1$)时,有 $\begin{cases} S_1=10 \\ u_1=x_1 \end{cases}$。第 2 阶段($k=2$)时,状态变量 S_2 为余下可投资于其余 2 个项目的资金,即 $\begin{cases} S_2=S_1-u_1 \\ u_2=x_2 \end{cases}$。一般地,第 k 段时,$\begin{cases} S_k=S_{k-1}-u_{k-1} \\ u_k=x_k \end{cases}$。于是有

- 阶段 k：本例中取 1,2,3。
- 状态变量 S_k：第 k 段可以投资于第 k 项到第 3 个项目的资金。
- 决策变量 x_k：决定给第 k 个项目投资的资金。
- 状态转移方程 $S_{k+1}=S_k-x_k$
- 指标函数：$V_{k,3}=\sum_{i=k}^{3} g_i(x_i)$
- 最优指标函数 $f_k(S_k)$：当可投资金为 S_k 时，投资第 k 至 3 项所得的最大收益。
- 基本方程：$\begin{cases} f_k(S_k)=\max\limits_{0\leqslant x_k\leqslant S_k}\{g_k(x_k)+f_{k+1}(S_{k+1})\} & (k=3,2,1) \\ f_4(S_4)=0 \end{cases}$

用动态规划方法逐段求解，便可得到各项目最佳投资金额，$f_1(10)$就是所求的最大收益。一般地，建立动态规划模型的要点为

(1) 分析题意，识别问题的多阶段特性，按时间或空间的先后顺序适当地划分为满足递推关系的若干阶段，对非时序的静态问题要人为地赋予"时段"概念。

(2) 正确地选择状态变量，使其具备两个必要特征：

① 可知性即过程演变的各阶段状态变量的取值，能直接或间接地确定；

② 能够确切地描述过程的演变且满足无后效性。即由第 k 阶段的状态 S_k 出发的后部子过程，可以看作是一个以 S_k 为初始状态的独立过程。这一点并不是每个问题都能轻易满足的，例如，著名的"货郎担问题"，有 N 个城镇，要求一个售货员从某城出发，到各城镇去售货，每个城镇去且仅去一次，最后回到原来的出发城镇，求最短路线。这个问题不能像前面处理最短路问题一样，把城镇位置作为状态变量，而须把含该城镇在内及以前走过的全部城镇的集合定义为状态，才能实现无后效性。

(3) 根据状态变量与决策变量的含义，正确写出状态转移方程 $S_{k+1}=T_k(S_k,u_k)$或转移规则。

(4) 根据题意明确指标函数 $V_{k,n}$，最优指标函数 $f_k(S_k)$以及 k 阶段指标 $v_k(S_k,u_k)$的含义，并正确列出最优指标函数的递推关系及边界条件(即基本方程)。

上面指出的是建立动态规划模型的一般步骤，实际建模需要经验与技巧，关键是灵活地运用最优化原理。

5.3.2　逆序解法与顺序解法

动态规划的求解有 2 种基本方法：逆序解法(后向动态规划方法)、顺序解法(前向动态规划方法)。

例 5.2 所使用的解法，由于寻优的方向与多阶段决策过程的实际行进方向相反，从最后一段开始计算逐段前推，求得全过程的最优策略，称为逆序解法。与之相反，顺序解法的寻优方向与过程的行进方向相同，计算时从第一段开始逐段向后递推，计算后一阶段要用到前一阶段的求优结果，最后一段计算的结果就是全过程的最优结果。

我们再次用例 5.2 来说明顺序解法。由于此问题的始点 A 与终点 F 都是固定的，计算由 A 点到 F 点的最短路线与由 F 点到 A 点的最短路线没有什么不同，所以若设 $f_k(S_{k+1})$表示从起点 A 到第 k 阶段状态 S_{k+1} 的最短距离，我们就可以由前向后逐步求出起点 A 到各阶段

起点的最短距离,最后求出 A 点到 F 点的最短距离及路径。计算步骤如下：

$k=0$ 时,$f_0(s_1)=f_0(A)=0$,这是边界条件。

$k=1$ 时,按 $f_1(s_2)$ 的定义有：$\begin{cases}f_1(B_1)=4\\u_1(B_1)=A\end{cases}$　$\begin{cases}f_1(B_2)=5\\u_1(B_2)=A\end{cases}$

$k=2$ 时,$\begin{cases}f_2(C_1)=d(B_1,C_1)+f_1(B_1)=2+4=6\\u_2(C_1)=B_1\end{cases}$

$$\begin{cases}f_2(C_2)=\min\begin{Bmatrix}d(B_1,C_2)+f_1(B_1)\\d(B_2,C_2)+f_1(B_2)\end{Bmatrix}=\min\begin{Bmatrix}3+4\\8+5\end{Bmatrix}=7\\u_2(C_2)=B_1\end{cases}$$

$$\begin{cases}f_2(C_3)=\min\begin{Bmatrix}d(B_1,C_3)+f_1(B_1)\\d(B_2,C_3)+f_1(B_2)\end{Bmatrix}=\min\begin{Bmatrix}6+4\\7+5\end{Bmatrix}=10\\u_2(C_3)=B_1\end{cases}$$

$$\begin{cases}f_2(C_4)=d(B_2,C_4)+f_1(B_2)=7+5=12\\u_2(C_4)=B_2\end{cases}$$

类似地,可算得

$f_3(D_1)=11$　$u_3*(D_1)=C_1$ 或 C_2　$f_3(D_2)=12$　$u_3*(D_2)=C_2$

$f_3(D_3)=14$　$u_3*(D_3)=C_3$　$f_4(E_1)=14$　$u_4*(E_1)=D_1$

$f_4(E_2)=14$　$u_4*(E_2)=D_2$　$f_5(F)=17$　$u_5*(F)=E_2$

按定义知 $f_5(F)=17$ 为所求最短路长,而路径则为 $A\to B_1\to D_2\to E_2\to F$,与前节逆序解法结论相同。全部计算情况如图 5-5 所示。图中每节点上方括号内的数表示该点到 A 点的最短距离,粗黑线表示该点到 A 点的路径。

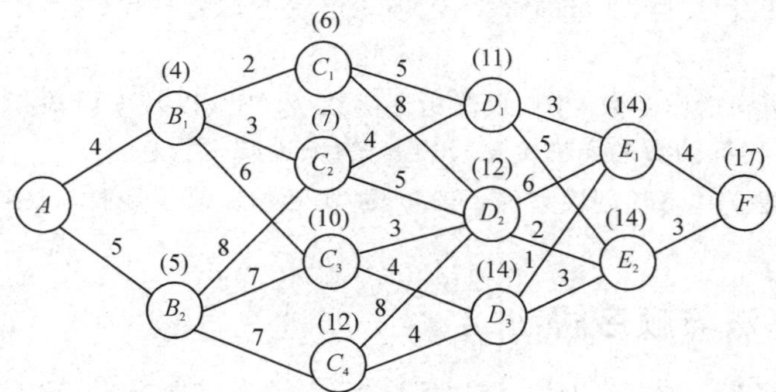

图 5-5　最短路径问题分段穷举顺序法

类似于逆序解法,可以把上述解法写成如下的递推方程：

$$\begin{cases}f_k(s_{k+1})=\min\{v_k(s_{k+1},u_k)+f_{k-1}(s_k)\}\quad(k=1,2,3,4,5) & (5.5\text{a})\\f_0(s_1)=0 & (5.5\text{b})\end{cases}$$

这里
$$S_k=T_k(S_{k+1},U_k)$$

顺序解法与逆序解法本质上并无区别,一般地说,当初始状态给定时可用逆序解法,当终止状态给定时可用顺序解法。若问题给定了一个初始状态与一个终止状态,则 2 种方法均可使用,如例 4。但若初始状态虽已给定,终点状态有多个,需比较到达不同终点状态的各个路径及最优指标函数值,以选取总效益最佳的终点状态时,使用顺序解法比较简便。总之,针对问题的不同特点,灵活地选用这 2 种方法之一,可以使求解过程简化。

使用上述两种方法求解时,除了求解的行进方向不同外,在建模时要注意以下区别:

(1) 状态转移方式不同

如图 5-6 所示,逆序解法中第 k 段的输入状态为 S_k,决策为 U_k,由此确定输出为 S_{k+1} 即第 $k+1$ 段的状态,所以状态转移方程为

$$S_{k+1}=T_k(S_k,U_k) \tag{5.6}$$

式(5.6)称为状态 S_k 到 S_{k+1} 的顺序转移方程。

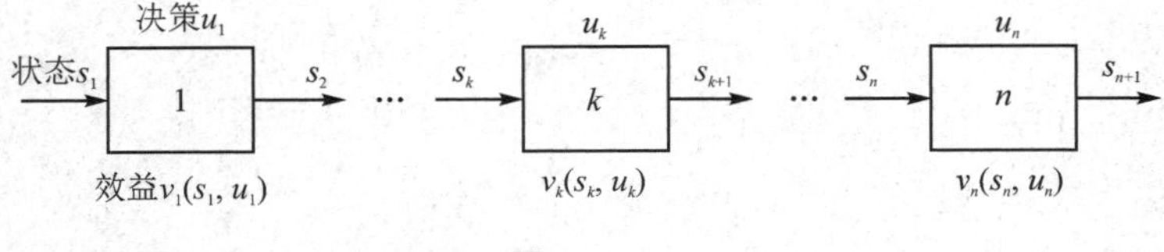

图 5-6

而顺序解法中第 k 段的输入状态为 S_{k+1},决策 U_k,输出为 S_k,如图 5-7 所示,所以状态转移方程为

$$S_k=T_k(S_{k+1},U_k) \tag{5.7}$$

式(5.7)称为由状态 S_{k+1} 到 S_k 的逆序状态转移的方程。

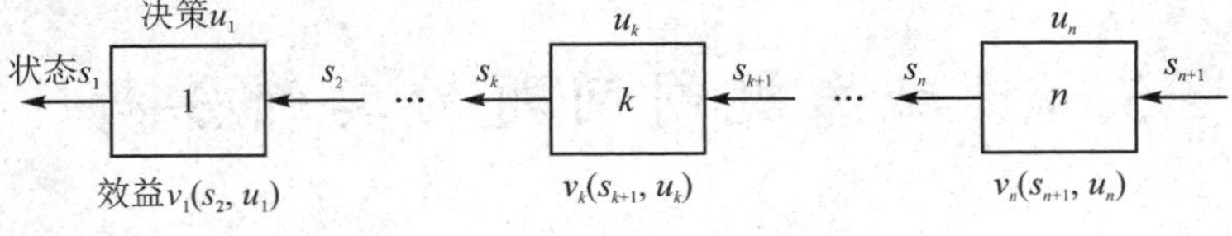

图 5-7

同样道理,逆序解法中的阶段指标 $V_k=(S_k,U_k)$ 在顺序解法中应表示为 $V_k=(S_{k+1},U_k)$。

(2) 指标函数的定义不同

逆序解法中,我们定义最优指标函数 $f_k(S_k)$ 表示第 k 段从状态 S_k 出发,到终点后部子过程最优效益值,$f_1(S_1)$ 是整体最优函数值。

顺序解法中,应定义最优指标函数 $f_k(S_{k+1})$ 表示第 k 段时从起点到状态 S_{k+1} 的前部子过程最优效益值。$f_n(S_{n+1})$ 是整体最优函数值。

(3) 基本方程形式不同

① 当指标函数为阶段指标和形式,逆序解法中,

$$V_{k,n}=\sum_{j=k}^{n} v_j(s_j,u_j)$$

则基本方程为

$$\begin{cases} f_k(s_k)=\underset{u_k\in D_k}{\text{opt}}\{v_k(s_k,u_k)+f_{k+1}(s_{k+1})\} \quad (k=n,n-1,\cdots,1) & (5.8\text{a}) \\ f_{n+1}(s_{n+1})=0 & (5.8\text{b}) \end{cases}$$

顺序解法中 $V_{1,k}=\sum_{j=1}^{k}v_j(s_{j+1},u_j)$，基本方程为

$$\begin{cases} f_k(s_{k+1})=\underset{u_k\in D_k}{\text{opt}}\{v_k(s_{k+1},u_k)+f_{k-1}(s_k)\} \quad (k=1,2,\cdots,n-1,n) & (5.9a)\\ f_0(s_1)=0 & (5.9b)\end{cases}$$

② 当指标函数为阶段指标积形式，逆序解法中，

$$V_{k,n}=\prod_{j=k}^{n}v_j(s_j,u_j)$$

则基本方程为

$$\begin{cases} f_k(s_k)=\underset{u_k\in D_k}{\text{opt}}\{v_k(s_k,u_k)\cdot f_{k+1}(s_{k+1})\} \quad (k=n,n-1,\cdots,1) & (5.10a)\\ f_{n+1}(s_{n+1})=1 & (5.10b)\end{cases}$$

顺序解法中，$V_{1,k}=\prod_{j=1}^{k}v_j(s_{j+1},u_j)$

基本方程为

$$\begin{cases} f_k(s_{k+1})=\underset{u_k\in D_k}{\text{opt}}\{v_k(s_{k+1},u_k)\cdot f_{k-1}(s_{k+1})\} \quad (k=1,2,\cdots,n-1,n) & (5.11a)\\ f_0(s_1)=1 & (5.11b)\end{cases}$$

应指出的是，这里有关顺序解法的表达式，是在原状态变量符号不变条件下得出的，若将状态变量记法改为 $S_1,S_2,\cdots,S_n$，则最优指标函数也可表示为 $f_k(S_k)$，即符号同于逆序解法，但含义不同。

5.4 动态规划问题的实例分析

5.4.1 最短路径问题实例分析

设城市的道路结构如图 5-8 所示。两个路口之间标的数字表示通过这一段道路所需的费用(单位:元)，该城市有一项奇怪的交通规则：车辆经过每个路口时，向左或向右转弯一次，要收取“转弯费”3 元。现有一辆汽车从 A 点出发到 P 点，求包括转弯费用在内，费用最小的行驶路线。

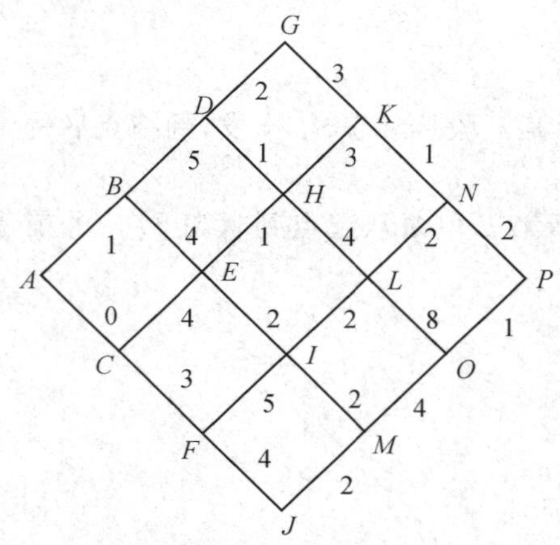

图 5-8 道路结构图

与本章前面介绍的最短路线问题不同，由于考虑转弯费用，从任一路口出发到达终点的最优路线不仅取决于当前的位置，而且与如何到达当前位置有关。如果仍旧用当前所在位置作为状态变量，用行进的方向作为决策变量，这样，从某一状态出发的最优决策，不仅与当前状态有关，还与这一状态以前的决策有关。这样就不满足动态规划“状态的无后效性”的要求。

为了满足动态规划的这一要求，必须重新构造状态变量。现将这个问题的动态规划模型构造如下：

阶段 k：设起点 A 为第 1 阶段，到达 B 或 C 为第 2 阶段，如此等。到达终点 P 为第 7 阶段。

状态变量：(x_k, r_k)，$(k=1,2,\cdots,6)$，其中 x_k 为第 k 阶段所在位置，r_k 为从 x_k 出发行进的方向：

$$r_k=\begin{cases}u(\text{up}), & \text{上行}\\ d(\text{down}), & \text{下行}\end{cases}$$

终点 P 的状态变量为$(P,\varnothing)$，$\varnothing$表示行进方向为空集。由图可见，点 G,J,K,M,N,O,P 只有 1 个状态，其余的点都有 2 个状态。

由于状态变量包括所在位置和行进方向 2 个因素，决策变量也就已经包含在状态变量之中了。

最优指标：$f_k(x_k, r_k)$表示从 x_k 出发，按 r_k 方向前进一步，最终到达 P 的最小费用(包括转弯费用)。

阶段指标：

$U_k(S_k)$——从 x_k 出发上行一步的路程费用(不包括转弯费用)；

$d_k(x_k)$——从 x_k 出发下行一步的路程费用(不包括转弯费用)。

递推方程：

$$\begin{aligned}f_k(x_k,u)&=\min\begin{Bmatrix}u_k(x_k)+f_{k+1}(x_{k+1},u)\\ u_k(x_k)+f_{k+1}(x_{k+1},d)+3\end{Bmatrix}\\ &=u_k(x_k)+\min\begin{Bmatrix}f_{k+1}(x_{k+1},u)\\ f_{k+1}(x_{k+1},d)+3\end{Bmatrix}\end{aligned}$$

$$\begin{aligned}f_k(x_k,d)&=\min\begin{Bmatrix}d_k(x_k)+f_{k+1}(x_{k+1},u)+3\\ d_k(x_k)+f_{k+1}(x_{k+1},d)\end{Bmatrix}\\ &=d_k(x_k)+\min\begin{Bmatrix}f_{k+1}(x_{k+1},u)+3\\ f_{k+1}(x_{k+1},d)\end{Bmatrix}\end{aligned}$$

终端条件：$f_7(P,\varnothing)=0$

$k=7$

对应于 P 只有一个状态 $x_7=(P,\varnothing)$，相应的最优指标为

$$f_7(x_7)=f(P,\varnothing)=0$$

$k=6$

对应于 N 只有一个状态 $x_6=(N,d)$，相应的最优指标为

$$f_6(N,d)=d_6(N,d)+f_7(P,\varnothing)=2+0=2,$$

最优路线上的下一状态为 $x_7^*=(P,\varnothing)$。

对应于点 O 只有一个状态 $x_6=(O,u)$，相应的最优指标为

$$f_6(O,u)=u_6(O,u)+f_7(P,\varnothing)=1+0=1,\quad x_7^*=(P,\varnothing)$$

$k=5$

对应于 K 只有一个状态 $x_5(K,d)$，相应的最优指标为

$$f_5(K,d)=d_5(K,d)+f_6(N,d)=1+2=3,\quad x_6^*=(N,d)$$

对应于 L 有两个状态 $x_5=(L,u)$，$x_5=(L,d)$，相应的最优指标分别为

$$f_5(L,u)=u_5(L,u)+f_6(N,d)+3=2+2+3=7,\quad x_6^*=(N,d)$$

$$f_5(L,d)=d_5(L,d)+f_6(O,u)+3=8+1+3=12,\quad x_6^*=(O,u)$$

对应于 M 只有一个状态 $x_5=(M,u)$，相应的最优指标为

$$f_5(M,u)=u_5(M,u)+f_6(O,u)=4+1=5,\quad x_6^*=(O,u)$$

$k=4$

对应于 G 只有一个状态 $x_4(G,d)$，相应的最优指标为

$$f_4(G,d)=d_4(G,d)+f_5(K,d)=3+3=6,\quad x_5^*=(K,d)$$

对应于 H 有两个状态 $x_4(H,u)$ 和 $x_4(H,d)$，相应的最优指标分别为

$$f_4(H,u)=u_4(H,u)+f_5(K,d)+3=3+3+3=9,\quad x_5^*=(K,d)$$

$$f_4(H,d)=d_4(H,d)+\min\begin{Bmatrix}f_5(L,u)+3\\f_5(L,d)\end{Bmatrix}$$

$$=4+\min\begin{Bmatrix}7+3\\12\end{Bmatrix}=4+10=14,\quad x_5^*=(L,u)$$

对应于 I 有 2 个状态 $x_4(I,u)$ 和 $x_4(I,d)$，相应的最优指标分别为

$$f_4(I,u)=d_4(I,u)+\min\begin{Bmatrix}f_5(L,u)\\f_5(L,d)+3\end{Bmatrix}$$

$$=2+\min\begin{Bmatrix}7\\12+3\end{Bmatrix}=2+7=9,\quad x_5^*=(L,u)$$

$$f_4(I,d)=d_4(I,d)+f_5(M,u)+3=2+5+3=10,\quad x_5^*=(M,u)$$

对应于 J 只有一个状态 $x_4(J,u)$，相应的最优指标为

$$f_4(J,u)=u_4(J,u)+f_5(M,u)=2+5=7,\quad x_5^*=(M,u)$$

$k=3$

对应于 D 有两个状态 $x_3(D,u)$ 和 $x_3(D,d)$，相应的最优指标为

$$f_3(D,u)=u_3(D,u)+f_4(G,d)+3=2+6+3=11,\quad x_5^*=(G,d)$$

$$f_3(D,d)=d_3(D,d)+\min\begin{Bmatrix}f_4(H,u)+3\\f_4(H,d)\end{Bmatrix}$$

$$=1+\min\begin{Bmatrix}9+3\\14\end{Bmatrix}=1+12=13,\quad x_4^*=(H,u)$$

对于 E 有两个状态 $x_3(E,u)$ 和 $x_3(E,d)$，相应的最优指标为

$$f_3(E,u)=u_3(E,u)+\min\begin{Bmatrix}f_4(H,u)\\f_4(H,d)+3\end{Bmatrix}$$

$$=1+\min\begin{Bmatrix}9\\14+3\end{Bmatrix}=1+9=10,\quad x_4^*=(H,u)$$

$$f_3(E,d)=d_3(E,d)+\min\begin{Bmatrix}f_4(I,u)+3\\f_4(I,d)\end{Bmatrix}$$

$$=2+\min\begin{Bmatrix}9+3\\10\end{Bmatrix}=2+10=12,\quad x_4^*=(I,d)$$

对于 F 有两个状态 $x_3=(F,u)$ 和 $x_3=(F,d)$，相应的最优指标为

$$f_3(F,u)=u_3(F,u)+\min\begin{Bmatrix}f_4(I,u)\\f_4(I,d)+3\end{Bmatrix}$$

$$=5+\min\begin{Bmatrix}9\\10+3\end{Bmatrix}=5+9=14,\quad x_4^*=(I,u)$$

$$f_3(F,d)=d_3(F,d)+f_4(J,u)+3=4+7+3=14,\quad x_4*=(J,u)$$

$k=2$

对于 B 有 2 个状态 $x_2(B,u)$ 和 $x_2(B,d)$，相应的最优指标为

$$f_2(B,u)=u_2(B,u)+\min\begin{Bmatrix}f_3(D,u)\\f_3(D,d)+3\end{Bmatrix}$$

$$=5+\min\begin{Bmatrix}11\\13+3\end{Bmatrix}=5+11=16,\quad x_3^*=(D,u)$$

$$f_2(B,d)=d_2(B,d)+\min\begin{Bmatrix}f_3(E,u)+3\\f_3(E,d)\end{Bmatrix}$$

$$=4+\min\begin{Bmatrix}10+3\\12\end{Bmatrix}=4+12=16,\quad x_3^*=(E,d)$$

对于 C 有两个状态 $x_2=(C,u)$ 和 $x_2=(C,d)$，相应的最优指标为

$$f_2(C,u)=u_2(C,u)+\min\begin{Bmatrix}f_3(E,u)\\f_3(E,d)+3\end{Bmatrix}$$

$$=4+\min\begin{Bmatrix}10\\12+3\end{Bmatrix}=4+10=14,\quad x_3^*=(E,u)$$

$$f_2(C,d)=d_2(C,d)+\min\begin{Bmatrix}f_3(F,u)+3\\f_3(F,d)\end{Bmatrix}$$

$$=3+\min\begin{Bmatrix}14+3\\14\end{Bmatrix}=3+14=17,\quad x_3^*=(F,d)$$

$k=1$

对于 A 有两个状态 $x_1(A,u)x_1(A,d)$，相应的最优指标为

$$f_1(A,u)=u_1(A,u)+\min\begin{Bmatrix}f_2(B,u)\\f_2(B,d)+3\end{Bmatrix}$$

$$=1+\min\begin{Bmatrix}16\\16+3\end{Bmatrix}=1+16=17,\quad x_2^*=(B,u)$$

$$f_1(A,d)=d_1(A,d)+\min\begin{Bmatrix}f_2(C,u)+3\\f_2(C,d)\end{Bmatrix}$$

$$=0+\min\begin{Bmatrix}14+3\\17\end{Bmatrix}=0+17=17,\quad x_2^*=(C,u)\text{ 或 }x_2^*=(C,d)$$

由于 $f_1(A,d)=17$，因此从 A 出发有两条最优路线。第一条从 A 出发上行，通过对最优指标相应的下一状态的回朔，得到相应的最优路线：

$$(A,u)\to(B,u)\to(D,u)\to(G,d)\to(K,d)\to(N,d)\to(P,\varnothing)$$

路程费用为14，转弯费用为3，总费用为17。

第二条从 A 出发下行的最优路线，由于从 A 出发下行一步到达 C 后，有两个后续最优状态 (C,u) 和 (C,d)，因此，从 A 出发下行的最优路线有两条，它们是

$$(A,d)\to(C,u)\to(E,u)\to(H,u)\to(K,d)\to(N,d)\to(P,\varnothing)$$

路程费用为11，转弯费用为6，总费用为17。

即

$$(A,d)\to(C,d)\to(F,d)\to(J,u)\to(M,u)\to(O,u)\to(P,\varnothing)。$$

5.4.2　终端区着陆次序的动态规划排序算法

空中交通流量管理主要由地面等待、终端区排序和改航策略3部分组成。通过这3部分的协同决策共同管理和控制空中交通流量。地面等待依据决策时间不同分为静态和动态类型、依据机场容量分为确定型和随机型、依据驱动模式不同分为时间驱动和事件驱动。终端区排序的算法主要有先到先服务（FCFS）算法、约束位置交换（CPS）算法、时间提前（Time-Advance）算法、延误交换算法、动态尾流间隔算法和滑动排序窗算法。改航策略采用动态网络流中求解最短路方法进行分析。

设某机场是单跑道运行，并只考虑着陆的飞机队列，飞机可以以几条不同的航路，以同样的概率进入机场终端区。进入终端区的飞机在某一时间段内排序，并以此次序移交给塔台管制，依次降落。

如果飞机队列的机型较为集中，相对于队列机型杂乱的飞机队列，则尾流间隔会在一定程度上缩小，管制员的工作量相对也会减轻。带有约束的位置偏移的排序算法（CPS）就是基于此思想。算法的具体内容如下：

规定第一架飞机位置不变，对余下的飞机位置排列树按动态规划算法进行寻优，找到一条使两架飞机所需时间间隔之和最小的路径。其中，一架飞机只能与其前一架或后一架飞机交换位置，即只能在初始位置附近移动。

例 5.3　在规定的某一时间段内，假设有6架航空器，原顺序为 $A\to B\to C\to D\to E\to F$，经过不同机型尾流间隔的计算，得出以下图形。

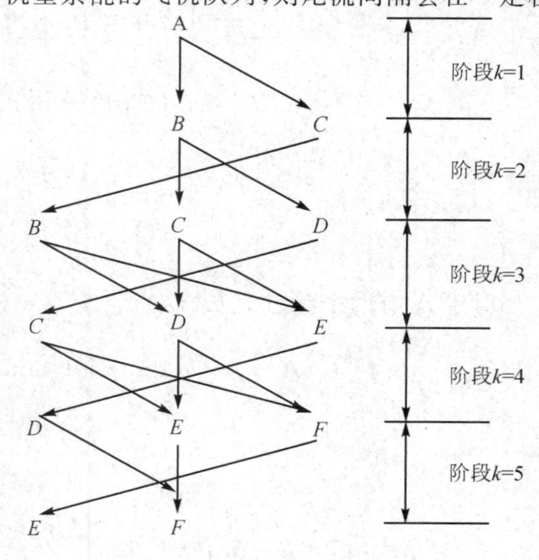

图 5-9　飞机队列排序

根据空管部门的相应规定，可知每种机型的尾流间隔，作为最短路的路距，然后用

动态规划最短路的计算方法即可求得以飞机尾流间隔为路距的耗时最少的飞机序列。

5.4.3　单架飞机更新计划问题

飞机置换是指航空公司处理旧飞机和购买或租赁新飞机的活动，是指航空公司根据机队规模和结构规划，制订的规划期内飞机置换计划，目标是满足机队规模和结构规划的要求，使总净收益最大或总营运成本最小。

飞机置换有 2 种活动：处理（转卖掉）旧飞机和购进（租赁）新飞机。购进的新飞机总架数应当包括总量增加的飞机和因老龄飞机退役而需要补充的飞机。

让老龄飞机退役有以下几方面的原因。

① 因为随着飞机的陈旧，油耗和维修成本逐年增加，同时，老客机对旅客的吸引力下降，影响旅客需求，这些将引起航线收益率的下降。为保持竞争地位，航空公司会将此类已经达到经济寿命的旧飞机转卖掉。

② 如果飞机已到技术寿命或受到意外损毁，不再符合持续适航的要求，就必须处理掉。

首先根据机队规模和结构优化的要求，以及预测的运输需求量，计算出规划期内公司每年所需的各机型飞机架数，然后根据机队中各飞机的役龄、相应的维修费和折旧费，及产生的预期收益，建立数学模型，以使总营运成本最小或净收益最大。飞机更换一般分为单架飞机、单机型飞机以及多机型混合机队飞机 3 种情况，本节讨论单机更新计划和单机型飞机更新两种情况。

1. 单架飞机的更新计划模型

一般来说，新飞机的平均年运输量较大，经济收入高，故障也少，而且维修费用较低，燃油费用相对也低；而随着飞机使用年限的增加，其年运输量减少，收入减少，维修费增高。但是购买一架新飞机的价格昂贵。飞机设备的折旧费随着使用年限增加而降低。从经济意义上看，单架飞机应该使用多少年后更新才最合算，我们可以通过动态规划模型的建立和求解得到优化方案。

设某型飞机的规划使用期为 n 年，t 为飞机使用的役龄，$r_k(t)$指役龄为 t 的飞机在规划期间的第 k 年所获得的效益；$u_k(t)$为是役龄为 t 的飞机在规划期的第 k 年的运行费用；$p_k(t)$为役龄为 t 的飞机在规划期的第 k 年的残值，p_k 为新飞机的购置费用，$c_k(t)$在规划期的第 k 年卖掉一架役龄为 t 的飞机，买进一架新飞机的更新净费用，它等于 $c_k(t)=p_0-p_k(t)$。

单架飞机的更换逆序的动态规划的模型如下：

① 阶段 k 对于单架飞机更新问题，规划期为 k 年，我们将其分为 k 个队段，第 k 年为阶段 k，即 $k=1,2,\cdots n$。

② 状态变量 S_k 为第 k 年初，飞机已使用过的年数，即役龄为 t。

③ 决策变量 x_k 是第 k 年初飞机的更换决策，可以令 $x_k=R$（或 0）表示更新（Replacement），或 $x_k=K$（或 1）表示保留（Keep）。

④ 状态转移方程 如果在第 k 年初飞机处于状态 $S_k=t$，则当采用决策 K 时，第 $k+1$ 的状态为 $S_{k+1}=S_k+1$，即现有飞机的役龄增加了一年；如果采用决策 R，则 $S_k=0$，即新飞机的役龄为 0 年，而 $S_{k+1}=1$。因此飞机置换问题的状态转移方程为

$$\begin{cases} S_{k+1}=S_k+1 & (x_k=K) \\ S_{k+1}=1 & (x_k=R) \end{cases}$$

⑤ 阶段最优指标

现在求第 k 年的生产净效益。第 k 年的收入取决于该年初飞机的状态和采取的决策。第 k 年的净收益用 $v(S_k, x_k)$ 表示，当决策为保留旧飞机(K)时，阶段净收益 $v(S_k, x_k)=r_k(S_k)-u_k(S_k)$；当决策是更新飞机($R$)时，$v(S_k, x_k)=r_k(0)-u_k(0)-c_k(S_k)$，其中 $r_k(0)$，$u_k(0)$ 分别为役龄为 0 的飞机运行收益和运行成本。因此各阶段的净收益指标函数为

$$v(S_k, x_k)=\begin{cases} r_k(S_k)-u_k(S_k) & (x_k=K) \\ r_k(0)-u_k(0)-c_k(S_k) & (x_k=R) \end{cases}$$

⑥ 最优指标函数

设最优值函数 $f_k(t)$ 为第 K 阶段对役龄为 t 的飞机执行最优化策略时，从第 K 阶段到第 n 阶段的总净收益，则采用逆序求解法时，最优值函数的递推方程如下：

$$f_k(S_k)=\max\{v(S_k, r_k)+f_{k+1}(S_{k+1})\} \quad (k=n, n-1, \cdots 1)$$

$$f_{n+1}(S_{n+1})=0(\text{边界条件})$$

根据状态转移方程式(5.46)，上述递推方程的第 1 式可写为

$$f_k(S_k)=\max\begin{cases} r_k(S_k)-u_k(S_k)+f_{k+1}(S_k+1) & (x_k=K) \\ r_k(0)-u_k(0)-c_k(S_k)+f_{k+1}(1) & (x_k=R) \end{cases}$$

下面通过实例分析来说明应用上述动态规划方法求解单架飞机更换问题的过程。

例 5.7 某航空公司的一架 150 座级的飞机到 2007 年已使用了 8 年。该飞机机龄 8～12 年各年的使用情况以及各役龄情况下飞机的收入、运营、更新及购买费用见表 5.1 和表 5.2。试确定 2007～2011 年这 5 年使总收益最大的最优更新策略。

表 5.1 旧飞机规划期各年的年收入与费用

项　目	机龄/年				
	8	9	10	11	12
期望收入/千万元	16	16	14	14	14
运营费用/千万元	10	10	11	11	11
更新费用/千万元	16	16	17	19	20

表 5.2 规划期内新购飞机不同役龄的年收入和费用

购机年/年	机龄/a	收入/千万元	运营费用/千万元	更新费用/千万元
2007	0	20	8	1.5
	1	20	7.5	2.7
	2	19	8	4.0
	3	19	8.5	5.3
	4	18.5	9	6.6
2008	0	20	8.5	1.6
	1	20	9	2.5
	2	19	9	3.8
	3	19	9.5	5.0

续表 5.2

购机年/年	机龄/a	收入/千万元	运营费用/千万元	更新费用/千万元
2009	0	20.5	9.1	1.6
	1	21	9.5	2.7
	2	20	10	4.1
	0	21	9.5	1.8
	1	21	10	3.1
2010	0	21	9.5	2.0

解　首先，根据题意建立动态规划模型。

将 2007～2011 年依次编号为 $k=1,2,3,4,5$，于是 $n=5$。不更换时，5 年中旧飞机的役龄是 $t=8,9,10,11,12$。

当 $k=5$ 时

$$f_5(S_5)=\max\begin{cases} r_5(S_5)-u_5(S_5)+f_6(S_6) & (\text{当 } x_6=K) \\ r_5(0)-u_5(0)-c_k(S_5)+f_6(1) & (\text{当 } x_5=R) \end{cases}$$

变量 S_5 可取值 $S_5=1,2,3,4,12$，因此

$$f_5(1)=\max\begin{cases} r_5(1)-r_5(1)+f_6(2) & (\text{当 } x_5=K) \\ r_5(0)-r_5(0)-c_5(1)+f_6(1) & (\text{当 } x_5=R) \end{cases}$$

$$=\max\begin{Bmatrix} 21-10+0 \\ 21-9.5-3.1+0 \end{Bmatrix}=11 \quad (x_5=K)$$

$$f_5(2)=\max\begin{Bmatrix} 20-10+0 \\ 21-9.5-4.1+0 \end{Bmatrix}=10 \quad (x_5=K)$$

$$f_5(3)=\max\begin{Bmatrix} 19-9.5+0 \\ 21-9.5-5.0+0 \end{Bmatrix}=9.5 \quad (x_k=K)$$

$$f_5(4)=\max\begin{Bmatrix} 18.5-9+0 \\ 21-9.5-6.6+0 \end{Bmatrix}=9.5 \quad (x_k=K)$$

$$f_5(12)=\max\begin{Bmatrix} 14-11+0 \\ 21-9.5-20+0 \end{Bmatrix}=3 \quad (x_5=K)$$

当 $k=4$ 时

$$f_4(S_4)=\max\begin{Bmatrix} r_4(S_4)-u_4(S_4)+f_5(S_5) & (\text{当 } x_4=K) \\ r_4(0)-u_4(0)-c_4(S_4)+f_5(1) & (\text{当 } x_4=R) \end{Bmatrix}$$

变量 $S_k=1,2,3,11$，所以

$$f_4(1)=\max\begin{Bmatrix} 21-9.5+10 \\ 21-9.5-2.7+11 \end{Bmatrix}=21.5 \quad (x_4=K)$$

$$f_4(2)=\max\begin{Bmatrix} 19-9+9.5 \\ 21-9.5-3.8+11 \end{Bmatrix}=19.5 \quad (x_4=K)$$

$$f_4(3)=\max\begin{Bmatrix} 19-8.5+9.5 \\ 21-9.5-5.3+11 \end{Bmatrix}=20 \quad (x_4=K)$$

$$f_4(11)=\max\begin{cases}14-11+3\\21-9.5-19+11\end{cases}=6\quad(x_4=K)$$

当 $k=2$ 时

$$f_2(S_2)=\max\begin{cases}r_2(S_2)-u_2(S_2)+f_3(S_3) & (\text{当 } x_2=k)\\r_2(0)-u_2(0)-c_2(S_2)+f_3(1) & (\text{当 } x_2=R)\end{cases}$$

此时,S_2 可以取值 1,9,所以

$$f_2(1)=\max\begin{cases}20-7.5+31\\20-8.5-2.7+30.5\end{cases}=43.5\quad(x_2=K)$$

$$f_2(9)=\max\begin{cases}16-10+15.9\\20-8.5-16+30.5\end{cases}=26\quad(x_2=R)$$

当 $k=1$ 时

$$f_1(S_1)=\max\begin{cases}r_1(S_1)-u_1(S_1)+f_2(S_2) & (\text{当 } x_1=k)\\r_1(0)-u_1(0)-c_1(S_1)+f_2(1) & (\text{当 } x_1=R)\end{cases}$$

此时,$S_1=8$

$$f_1(8)=\max\begin{cases}16-10+26\\20-8-16+43.5\end{cases}=39.5\quad(x_1=R)$$

上述结果表明,5 年的最优更新决策为第 1 年更新使用了 8 年的飞机,其余均保持不更新,继续使用第 1 年年初的新机。最终净收益是 39.5 千万元。

2. 单机型机队置换计划

上述单架飞机更新问题不考虑机队的增长,即机队规模的动态变化问题。机队更新还要符合机队规模决策的结果,以满足动态增长的需要。在此,我们首先考虑单机型机队置换问题。

这类问题一般是小型航空公司的机型比较单一,以节约运行成本和维护成本。这类航空公司根据机队的规模和结构的优化决策,以及规划期中每年运输需求预测结果,计算出这一规划期中各年度需求的飞机架数,根据现有飞机的役龄以及相应的营运成本、购买新飞机的费用以及产生的期望收益,可以用动态规划的思想确定飞机更换计划,目标是使总利润最大。

假设规划周期为 n 年。其中第 k 年初需要飞机数为 $g_k(k=1,2,\cdots,n)$,假如由于公司的资金和市场的限制,第 k 年引进飞机数量不能超过 $b_k(k=1,2,\cdots,n)$架,第 k 年每架飞机用于购买飞机时所产生的手续费、人工费、差旅费、培训费等引用费为 p_k,一架机龄为 t 的飞机的每年营运成本为 h_{kt},其年期望收益为 r_{kt},出卖回收额为 $c_{kt}(k=1,2,\cdots,n)$。这里所谓引进费用 p_k 不包括飞机售价,飞机的售价通过折旧计入营运费中。已知规划期初机队规模为 N_0 架,假设期初飞机机龄都相同,皆为 t_0。另外,还假设每年都在年初决策是引进新飞机还是出售旧飞机,并规定飞机的经济寿命为 m 年(机龄小于 m 的飞机不能转卖),飞机的技术寿命为 M 年。

其动态规划模型如下：

航空公司的目标是总利润最大，仍然采用动态规划方法解决这一问题。

设规划期的第 k 年为阶段 k，即 $k=(1,2,\cdots,n)$；

状态变量 S_k 为第 k 年初，公司拥有的飞机架数，S_{kt} 是第 k 年初机龄为 t 的飞机架数，可见有

$$S_k=\sum_{t=0}^{M}S_{kt}$$

式中，M 是最大的机龄(技术寿命)。

决策变量 x_k 为第 k 年初公司引进的飞机数，所以有 $S_{k0}=x_k$，u_k 为第 4 年初公司转卖的飞机总数，u_{kt} 是第 k 年初公司转卖机龄为 Z 的飞机架数，由于机龄小于 m 的飞机不能转卖，因此有

$$u_k=\sum_{t=0}^{M}u_{kt}=\sum_{t=m}^{M}u_{kt}$$

如果采用逆序解法，状态转移方程

$$S_{k+1}=S_k-u_k,S_{k+1,t+1}=S_{kt}-u_{kt}\quad(k=1,2,\cdots,n-1)$$

由于目标是总的净收益最大，因此第 k 阶段指标函数为该阶段飞机营运的期望收益与转卖旧飞机的回收额之和，减去营运成本与新飞机引进费用之和，即

$$u_k(S_k,x_k,u_k)=v_k(S_k,x_k,u_k)=\sum_{t=0}^{M}(r_{kt}-h_{kt})(S_{kt}-u_{kt})+\sum_{t=0}^{M}c_{kt}u_{kt}-p_kx_k$$

$$=\sum_{t=1}^{M}(r_{kt}-h_{kt})S_{kt}+(r_{k0}-h_{k0}-p_k)x_k+\sum_{t=m}^{M}(c_{kt}+h_{kt}-r_{kt})u_{kt}$$

各年飞机拥有数的可能状态为

$$S_K-u_k=g_k\quad(k=1,2,\cdots,n)$$

$$S_0=S_{0t_0}=N_0$$

各年该类飞机的可转卖架数为 $0\leqslant u_{kt}\leqslant S_{kt}$。

公司每阶段引进的飞机架数应当满足：

$$x_k=\max\{0,g_k-\sum_{t=1}^{M}S_{kt}+\sum_{t=m}^{M}u_{kt}\leqslant b_k$$

式中，$k=1,2,\cdots,n$。

最优值函数 $f_k(S_k)$ 为第 k 阶段公司拥有飞机数为 S_k 时，从第 k 阶段到最后阶段净收益之和的最大值，即

$$\begin{cases}f_k(S_k)=\max\limits_{\substack{x_k=\max\{0,g_k-\sum\limits_{t\geqslant 1}(S_{kt}-u_{kt})\}\leqslant b_k\\0\leqslant u_{kt}\leqslant S_{kt}}}\{v_k(S_k,x_k,u_k)+f_{k+1}(S_{K+1})\}\quad(K=1,2,\cdots,n)\\f_{n+1}(S_{n+1})=0\end{cases}$$

5.5　动态规划在管理中的其他应用

除了前面讲到的最短路径、资源分配地面等待问题外，动态规划在经济管理中还有许多应用。本节通过其中一些典型例子来说明这方面的应用。

5.5.1 背包问题

背包问题的一般提法是一位旅行者携带背包去登山，已知他所能承受的背包质量限度为 a kg，现有 n 种物品可供他选择装入背包，第 i 种物品的单件质量为 a_i kg，其价值(可以是表明本物品对登山的重要性的数量指标)是携带数量 x_i 的函数 $c_i(x_i)(i=1,2,\cdots,n)$，问旅行者应如何选择携带各种物品的件数，以使总价值最大？

背包问题等同于车、船、人造卫星等工具的最优装载等，有广泛的实用意义。

设 x_i 为第 i 种物品装入的件数，则背包问题可归结为如下形式的整数规划模型：

$$\begin{cases} \max z = \sum_{i=1}^{n} c_i(x_i) & (5.14\text{a}) \\ \sum_{i=1}^{n} a_i x_i \leqslant a & (5.14\text{b}) \\ x_i \geqslant 0 \text{ 且为整数}(i=1,2,\cdots,n) & (5.14\text{c}) \end{cases}$$

下面用动态规划顺序解法的式(5.9)建模求解。

阶段 k：将可装入物品按 $1,2,\cdots,n$ 排序，每段装一种物品，共划分为 n 个阶段，即 $k=1,2,\cdots,n$。

状态变量 s_{k+1}：在第 k 段开始时，背包中允许装入前 k 种物品的总质量。

决策变量 x_k：装入第 k 种物品的件数。

状态转移方程：

$$s_k = s_{k+1} - a_k x_k$$

允许决策集合为：

$$D_k(s_{k+1}) = \left\{ x_k \,|\, 0 \leqslant x_k \leqslant \left[\frac{s_{k+1}}{a_k}\right] \quad (x_k \text{ 为整数}) \right\}$$

其中 $\left[\frac{s_{k+1}}{a_k}\right]$ 表示不超过 $\frac{s_{k+1}}{a_k}$ 的最大整数。

最优指标函数 $f_k(s_{k+1})$ 表示在背包中允许装入物品的总质量不超过 s_{k+1} kg，采用最优策略只装前 k 种物品时的最大使用价值。

可得到动态规划的顺序递推方程为

$$\begin{cases} f_k(s_{k+1}) = \max\ \{c_k(x_k) + f_{k-1}(s_{k+1} - a_k x_k)\} \quad (k=1,2,\cdots,n) \\ f_0(s_1) = 0 \end{cases}$$

用前向动态规划方法逐步计算出 $f_1(s_2), f_2(s_3), \cdots, f_n(s_{n+1})$ 及相应的决策函数 $x_1(s_2)$，$x_2(s_3), \cdots, x_n(s_{n+1})$，最后得到的 $f_n(a)$ 即为所求的最大价值，相应的最优策略则由反推计算得出。

当 x_i 仅表示装入(取 1)和不装(取 0)第 i 种物品时，本模型就是 0-1 背包问题。

例 5.4　设有 n 种物品，每一种物品数量无限。第 i 种物品每件质量为 w_i 公斤，每件价值 c_i 元。现有一只可装载质量为 W 公斤的背包，求各种物品应各取多少件放入背包，使背包中物品的价值最高。

这个问题可以用整数规划模型来描述。设第 i 种物品取 x_i 件($i=1,2,\cdots,n$，x_i 为非负整数)，背包中物品的价值为 z，则得出表 5-3 所列结果。

表 5-3　物品单位重量及单位价值表

max	$z=$	c_1x_1	$+c_2x_2$	$+\cdots$	$+c_nx_n$	
s. t.		w_1x_1	$+w_2x_2$	$+\cdots$	$+w_nx_n$	$\leqslant W$
		x_1,	$x_2,\cdots$,	x_n	为非负整数	

阶段 k：第 k 次装载第 k 种物品($k=1,2,\cdots,n$)

状态变量 s_k：第 k 次装载时背包还可以装载的质量；

决策变量 x_k：第 k 次装载第 k 种物品的件数；

决策允许集合：

$$D_k(s_k)=\left\{x_k \mid 0\leqslant x_k\leqslant \frac{s_k}{w_k}, x_k \text{ 为整数}\right\}$$

状态转移方程：

$$s_{k+1}=s_k-w_kx_k$$

阶段指标：

$$v_k=c_kx_k$$

递推方程：

$$f_k(s_k)=\max\{c_kx_k+f_{k+1}(s_{k+1})\}=\max\{c_kx_k+f_{k-1}(s_k-w_kx_k)\}$$

边界条件：

$$f_{n+1}(s_{n+1})=0$$

5.5.2　机器负荷分配问题

最短路径问题和背包问题的状态变量和决策变量都只能取离散的整数值。当状态变量和决策变量的取值范围很大，或者这些变量是连续的，此时用列举的方法比较困难或者根本不可能。这就需要用连续变量的处理方法。

例 5.5　某种机器可以在高、低 2 种负荷下生产。高负荷生产条件下机器完好率为 0.7，即如果年初有 u 台完好机器投入生产，则年末完好的机器数量为 $0.7u$ 台。系数 0.7 称为完好率。年初投入高负荷运行的 u 台机器的年产量为 $8u$ 吨。系数 8 称为单台产量。低负荷运行时，机器完好率为 0.9，单台产量为 5 t。设开始时有 1 000 台完好机器，要制订 5 年计划，每年年初将完好的机器一部分分配到高负荷生产，剩下的机器分配到低负荷生产，使 5 年的总产量为最高。

构造动态规划模型如下：

阶段 k：运行年份($k=1,2,3,4,5,6$)，其中 $k=1$ 表示第一年初，$k=2$ 表示第二年初…依次类推；$k=6$ 表示第 5 年末(即第 6 年初)；

状态变量 s_k：第 k 年初完好的机器数($k=1,2,3,4,5,6$)，其中 s_6 表示第 5 年末(即第 6 年初)的完好机器数；

决策变量 x_k：第 k 年投入高负荷运行的机器数；

状态转移方程：$s_{k+1}=0.7x_k+0.9(s_k-x_k)$；

决策允许集合：$D_k(s_k)=\{x_k \mid 0\leqslant x_k\leqslant s_k\}$；

阶段指标：$v_k(s_k, x_k) = 8x_k + 5(s_k - x_k)$；

终端条件：$f_6(x_6) = 0$；

递推方程：

$$\begin{aligned} f_k(s_k) &= \max_{x_k \in D_k(s_k)} \{v_k(s_k, x_k) + f_{k+1}(s_k + 1)\} \\ &= \max_{0 \leqslant x_k \leqslant s_k} \{8x_k + 5(s_k - x_k) + f_{k+1}[0.7x_k + 0.9(s_k - x_k)]\} \end{aligned}$$

根据题意，本题的决策允许集合应该是一个整数集合，但由于决策允许集合中可取的决策数量很大，一一列举计算量很大，不妨认为状态变量和决策变量都是连续的，得到最优解后，再作取整处理。

这个例子可以推广到一般情况。设高负荷生产时机器的完好率为 k_1，单台产量为 p_1；低负荷完好率为 k_2，单台产量为 p_2。若有 t 满足

$$\sum_{i=0}^{n-(t+1)} k_1^i \leqslant \frac{p_1 - p_2}{p_1(k_2 - k_1)} \leqslant \sum_{i=0}^{n-t} k_1^i$$

则从 $1 \sim t-1$ 年，年初将全部完好机器投入低负荷运行，从 $t \sim n$ 年，年初将全部完好机器投入高负荷运行，这样的决策将使总产量达到最大。

5.5.3　生产库存问题

例 5.6　一个工厂生产某种产品，1～7 月份生产成本和产品需求量的变化情况如表 5-4 所列。

表 5-4　生产成本和产品需求量

月　份(k)	1	2	3	4	5	6	7
生产成本(c_k)	11	18	13	17	20	10	15
需求量(r_k)	0	8	5	3	2	7	4

为了调节生产和需求，工厂设有一个产品仓库，库容量 $H=9$。已知期初库存量为 2，要求期末(7 月低)库存量为 0。每个月生产的产品在月末入库，月初根据当月需求发货。求 7 个月的生产量，能满足各月的需求，并使生产成本最低。

阶段 k：月份，$k = 1, 2, \cdots, 7, 8$；

状态变量 s_k：第 k 个月初(发货以前)的库存量；

决策变量 x_k：第 k 个月的生产量；

状态转移方程：$s_{k+1} = s_k - r_k + x_k$；

决策允许集合：

$$D_k(s_k) = \{x_k \mid x_k \geqslant 0, r_{k+1} \leqslant s_{k+1} \leqslant H\} = \{x_k \mid x_k \geqslant 0, r_{k+1} \leqslant s_k - r_k + x_k \leqslant H\};$$

阶段指标：$v_k(s_k, x_k) = c_k x_k$；

终端条件：$f_8(s_8) = 0,\quad s_8 = 0$；

递推方程：

$$f_k(s_k) = \min_{x_k \in D_k(s_k)} \{v_k(s_k, x_k) + f_{k+1}(s_{k+1})\} = \min_{x_k \in D_k(s_k)} \{c_k x_k + f_{k+1}(s_k - r_k + x_k)\}$$

总结上述模型并通过计算，可得此类生产存贮问题的基本方程为

$$\begin{cases} f_k(s_k) = \min\limits_{u_k}[C(u_k) + E(s_k) + f_{k+1}(s_k + u_k - g_k)], \quad (k = n, n-1, \cdots, 2, 1) & (5.15\text{a}) \\ f_{n+1}(s_{n+1}) = 0 & (5.15\text{b}) \end{cases}$$

若最大库存量为 q，每月最大生产能力为 p，则状态集合为

$$0 \leqslant s_k \leqslant [\min q, \sum_{j=k}^{n} g_j, \sum_{j=1}^{k-1}(p - g_j)]$$

允许决策集合为 $\max(0, g_k - s_k) \leqslant u_k \leqslant \min(p, \sum_{j=k}^{n} g_j - s_k, g_k + q - s_k)$

5.5.4　设备更新问题

企业中经常会遇到一台设备应该使用多少年更新最合算的问题。一般来说，一台设备在比较新时，年运转量比较大，经济收入高，故障少，维修费用少。但随着使用年限的增加，由于年运转量减少因而收入减少，由于故障变多因而维修费用增加。如果更新设备的话，可提高年净收入，但是当年要支出一笔数额较大的购买费。设备更新问题的一般提法：在已知一台设备的效益函数 $r(t)$，维修费用函数 $u(t)$ 及更新费用 $c(t)$ 条件下，要求在 n 年内的每年年初做出决策，是继续使用旧设备还是更换一台新的，使 n 年总效益最大。

设 $r_k(t)$：在第 k 年设备已使用过 t 年（或称役龄为 t 年），再使用 1 年时的效益。

$u_k(t)$：在第 k 年设备役龄为 t 年，再使用一年的维修费用。

$c_k(t)$：在第 k 年卖掉一台役龄为 t 年的设备，买进一台新设备的更新净费用。

a 为折扣因子（$0 \leqslant a \leqslant 1$），表示一年以后的单位收入价值相当于现年的 a 单位。

下面建立动态规划模型。

阶段 $k(k=1,2,\cdots,n)$ 表示计划使用该设备的年限数。

状态变量 s_k：第 k 年初，设备已使用过的年数，即役龄。

决策变量 x_k：是第 k 年初更新（replacement），还是保留使用（keep）旧设备，分别用 R 与 K 表示。

状态转移方程为

$$s_{k+1} = \begin{cases} s_k + 1 & (\text{当 } x_k = K \text{ 时}) \\ 1 & (\text{当 } x_k = R \text{ 时}) \end{cases}$$

阶段指标为

$$v_j(s_k, x_k) = \begin{cases} r_k(s_k) - u_k(s_k) & (\text{当 } x_k = K \text{ 时}) \\ r_k(0) - u_k(0) - c_k(s_k) & (\text{当 } x_k = R \text{ 时}) \end{cases}$$

指标函数为

$$V_{k,n} = \sum_{j=k}^{n} v(s_k, x_k) \quad (k = 1, 2, \cdots, n)$$

最优指标函数 $f_k(s_k)$ 表示第 k 年初，使用一台已用了 s_k 年的设备，到第 n 年末的最大收益，由此可得如下的逆序动态规划方程：

$$\begin{cases} f_k(s_k) = \max\limits_{x_{k=K\text{或}R}}\{v_j(s_k, x_k) + a f_{k+1}(s_{k+1})\} \quad (k = n, n-1, \cdots, 2, 1) & (5.16\text{a}) \\ f_{k+1}(s_{k+1}) = 0 & (5.16\text{b}) \end{cases}$$

实际上，$f_k(s_k)=\max\begin{cases}r_k(s_k)-u_k(s_k)+af_{k+1}(s_k+1) & (\text{当 } x_k=K \text{ 时})\\ r_k(0)-u_k(0)-c_k(s_k)+af_{k+1}(1) & (\text{当 } x_k=R \text{ 时})\end{cases}$

例 5.7 一台设备的价格为 P，运行寿命为 n 年，每年的维修费用是设备役龄的函数，记为 $C(t)$，新设备的役龄为 $t=0$。旧设备出售的价格是设备役龄的函数，记为 $S(t)$。在 n 年末，役龄为 t 的设备残值为 $R(t)$。现有一台役龄为 T 的设备，在使用过程中，使用者每年都面临"继续使用"或"更新"的策略，

阶段 k：运行年份；

状态变量 s_k：设备的役龄 t；

决策变量 x_k：

$$x_k=\begin{cases}R & (\text{Replace 更新})\\ K & (\text{Keep 继续使用})\end{cases}$$

状态转移方程：

$$s_{k+1}=\begin{cases}1 & (\text{当 } x_k=R \text{ 时})\\ s_k+1 & (\text{当 } x_k=K \text{ 时})\end{cases}$$

阶段指标：

$$\begin{aligned}v_k&=\begin{cases}P+C(0)-S(s_k) & (\text{当 } x_k=R \text{ 时})\\ C(s_k) & (\text{当 } x_k=K \text{ 时})\end{cases}\\ &=\begin{cases}P+C(0)-S(t) & (\text{当 } x_k=R \text{ 时})\\ C(t) & (\text{当 } x_k=K \text{ 时})\end{cases}\end{aligned}$$

递推方程：

$$\begin{aligned}f_k(s_k)&=\min\begin{cases}P+C(0)-S(s_k)+f_{k+1}(s_{k+1}) & (\text{当 } x_k=R \text{ 时})\\ C(s_k)+f_{k+1}(s_{k+1}) & (\text{当 } x_k=K \text{ 时})\end{cases}\\ &=\min\begin{cases}P+C(0)-S(t)+f_{k+1}(1) & (\text{当 } x_k=R \text{ 时})\\ C(t)+f_{k+1}(t+1) & (\text{当 } x_k=K \text{ 时})\end{cases}\end{aligned}$$

终端条件：$f_n(t)=R(t)$。

5.5.5 货郎担问题

设有 n 个城市，其中每两个城市之间都有道路相连，城市 i 和城市 j 之间的距离为 C_{ij}。从某城市出发周游所有城市，经过每个城市一次且仅一次，最后回到出发地，求总行程最短的周游路线。对于一般的情况可以假设两城市之间往返距离不相等。在此例中，为了简化问题，设往返距离相等，即 $C_{ij}=C_{ji}$。

这就是所谓的货郎担问题(Traveling Salesman Problem，TSP)。这个问题与最短路径问题不同，最短路径问题以当前所在的位置作为状态变量，而在货郎担问题中，状态变量除了要指明当前所在位置外，还要指明已经经过哪几个城市。

由于货郎担问题经过的路线是一条经过所有城市的闭合回路，因此可从任何一点出发，现在不妨设从城市 1 出发。

问题的动态规划模型构造如下：

阶段 k：已经历过的城市个数，包括当前所在的城市。$k=1,2,\cdots,n,n+1$。$k=1$ 表示出

发时位于起点，$k=n+1$ 表示结束时回到终点。

状态变量：

$$x_k=(i,S_k),$$

其中，i 表示当前所在的城市；S_k 表示尚未访问过的城市的集合。很明显

$$S_1=\{2,3,\cdots,n\},\cdots,S_n=S_{n+1}=\varnothing。$$

其中$\varnothing$表示空集。并且有

$$x_n=(i,\phi)(i=2,3,\cdots,n),\quad x_{n+1}=(1,\varnothing)$$

决策变量：$d_k=(i,j)$，其中 i 为当前所在的城市，j 为下一站将要到达的城市。

状态转移方程：若当前的状态为 $x_k=(i,S_k)$，采取的决策为 $d_k=(i,j)$。

则下一步到达的状态为 $x_{k+1}=T(x_k,d_k)=(j,S_k\backslash\{j\})$。

阶段指标：$v_k(x_k,d_k)=C_{ij}$

最优指标函数：$f_k(x_k)=f_k(i,S_k)$表示从城市 i 出发，经过 S_k 中每个城市一次且仅一次，最后返回城市 1 的最短距离。

终端条件：$f_{n+1}(x_{n+1})=f_{n+1}(1,\phi)=0$。

习　题

5.1　如图 5-10，求 A 到 E 的最短路线。

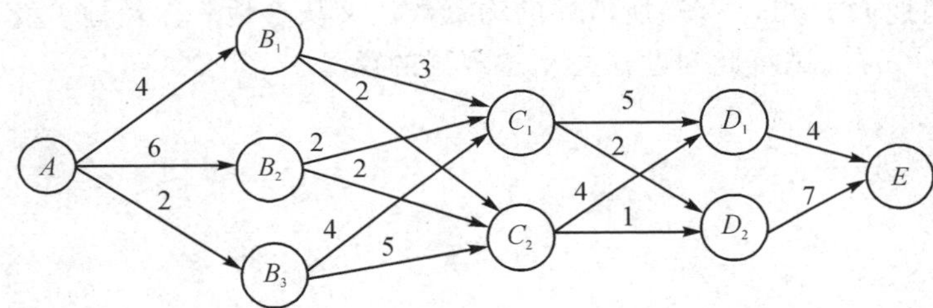

图 5-10　习题 5.1 路线路距图

5.2　求投资分配问题的最优策略，其中 $a=50$(投资总额)，投资函数如表 5-5 所列，求总收益最大的分配方案。

表 5-5　习题 5.2 投资收益情况表

利润 gi(x)	投资 x					
	0	10	20	30	40	50
g1(x)	0	21	40	52	80	85
g2(x)	0	15	50	50	73	100
g3(x)	0	25	65	65	68	70

5.3　求多阶段生产安排问题的最优策略，其中收益函数为：$g1(x)=8x$，$g2(x)=5x$ 相应的回收率为 $a1=0.7$，$a2=0.9$，阶段数 $n=5$。

5.4　某个城市上半年各个月份对某种商品的需求量、单位产品的采购费用和存贮费用的情况如下表 5-6 所列：

表 5-6　习题 5.4 商品需求量、采购费用、存贮费用表

月　份	1	2	3	4	5	6
需求量(万件)	4	6	6	4	8	2
采购单价(元)	8	6	8	11	12	13
存贮单价(元)	1	1	1	1	2	2

假设:① 各个月的采购量在月末才能入库,而各个月份的需求量在月初交货;② 存贮费按月初库存量计算;③ 仓库最大库存量 9 万件;④ 期初库存量,即 1 月份的库存量为 4 万件,期末库存量为 2 万件。

试确定该公司 6 个月的采购量,要求在保证满足需要的前提下使总费用(采购与存贮)最小。

5.5　判断下列说法是否正确

① 在动态规划模型中,问题的阶段数等于问题中的子问题的数目。

② 动态规划中,定义状态时应保证在各个阶段中所做决策的相互独立性。

③ 动态规划的最优性原理保证了从某一状态开始的未来决策独立于先前已做出的决策。

④ 假如一个线性规划问题含有 5 个变量和 3 个约束,则用动态规划方法求解时将划分为 3 个阶段,每个阶段的状态将由一个 5 维的向量组成。

5.6　考虑一个有 m 个产地和 n 个销地的运输问题。设 ai 为产地 $i(i=1,\cdots,m)$ 可发运的物资数,bj 为销地 $j(j=1,\cdots,n)$ 所需要的物资数。又从产地 i 往销地 j 发运 xij 单位物资所需的费用为 $hij(xij)$,试将此问题建立动态规划的模型。

第6章　空中交通系统网络分析

空中交通系统可以用相互连通的网络图来描述和分析，其中点表示具体的事物，如机场、航路点等，线表示这些事物之间的联系，如航路、航线等。在此基础上，利用图论和网络分析等相关理论，对空中交通系统进行各类定性定量的分析。

图论的起源可以追溯到1736年，瑞士数学家欧拉(Euler)发表论文《依据几何位置的解题方法》，有效地解决了哥尼斯堡七桥问题。1857年，英国数学家哈密尔顿(Hamilton)发明了一种环球旅行游戏，并分析了回路的实现问题。前者要在图中找一条经过每条边一次且仅一次，最后回到出发点的路，称为"欧拉回路问题"；后者要在图中找一条经过每个点一次且仅一次，最后回到出发点的路，称为"哈密尔顿回路问题"。

如果将点、线组成的图中每条边赋予不同性质的"权重"系数，就形成了对应的网络，可对其进行最短路、最大流等分析。1962年由中国数学家管梅谷提出的"中国邮路问题"属于带权重的欧拉回路问题，而著名的旅行商问题是一种带权重的哈密尔顿回路问题。

自从欧拉提出图的概念以后的200多年时间里，图论的研究和应用进展缓慢。直到1936年匈牙利数学家考尼格(Konig)出版学术著作《有限图与无限图的理论》，使图论成为一个十分重要的学科分支。20世纪中期，随着电子计算机的发展和离散数学问题具有越来越重要的地位，图论得以迅速发展，成为运筹学中十分活跃的重要分支，在空中交通运输系统的分析和优化中也得到了广泛应用。

本章将介绍图与树的基本概念，以及图与网络中最重要的几个应用模型——最短路模型、最大流模型、最小费用流模型及其在空中交通系统中的应用。

6.1　图与网络基础

构成图与网络有2个基本元素：点、边(或弧)。在解决实际问题时，点、边(或弧)都代表一定的含义。其中，点表示实际的事物、对象，并且每个事件由很多事物组成，形成点集；边(或弧)表示事物或对象之间的特定关系，形成边集。实际上，描述事物对象及其联系的示意图就可以称为图。本节主要对图的基本概念进行讲解。

6.1.1　无向图

1. 无向图

图中点与点之间的连线没有方向性，这样的边和点组成的图叫作无向图，记为$G=(V,E)$，其中V构成了图G的点集合，E构成了图G的边集合。连接点的边可以依据点的名称进行命名，如连接v_i、v_j两点的边记为(v_i,v_j)或(v_j,v_i)。

图6-1即为无向图，图中$V=\{v_1,v_2,v_3,v_4,v_5\}$，$E=\{e_1,e_2,e_3,e_4,e_5,e_6,e_7,e_8,e_9,e_{10}\}$，$e_1=(v_4,v_5)=(v_5,v_4)$。

2. 简单图

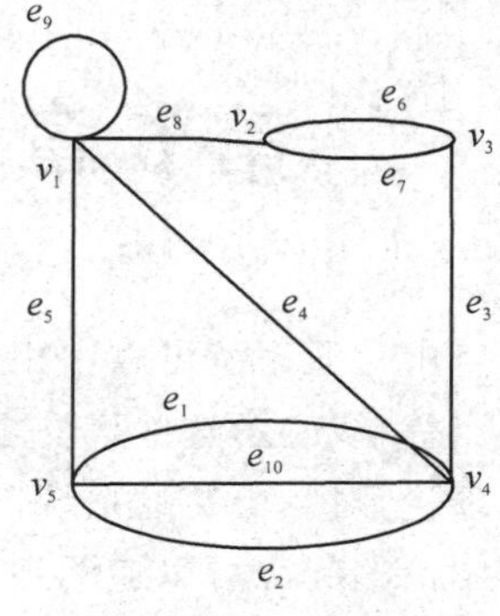

图 6-1　简单图

(1) 环

环是指两个端点重合的边,图 6-1 中的 e_9 就是个环。

(2) 多重边

多重边是指两个端点之间的连线多于或等于两条的图形。图 6-1 中,v_2 与 v_3 之间就是两重边,v_4 与 v_5 之间就是三重边。

(3) 简单图

没有环也没有多重边的图称为简单图。

在本书后续章节中如无特殊说明,我们说的图均指简单图。

3. 连通图

(1) 链

在图 G 中,由顶点和边交替构成的序列叫 G 的一条链。在 G 的链中,允许有顶点的重复和边的重复。在图 6-1 中,($v_4,e_3,v_3,e_6,v_2,e_8,v_1,e_5,v_5,e_1,v_4,e_3,v_3$)就是一条链。

(2) 简单链

在一条链中所有的边都互不相同,这条链就叫作简单链。其主要特征就是顶点可以重复,但是边不能重复。在图 6-1 中,($v_4,e_3,v_3,e_6,v_2,e_8,v_1,e_5,v_5,e_1,v_4,e_4,v_1$)就是一条简单链。

(3) 初等链和圈

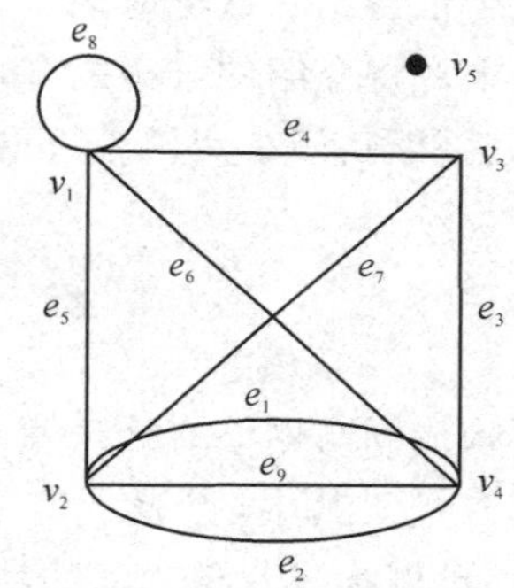

图 6-2　含孤立点的不连通图

初等链是指在一条链中所有的顶点互不相同。其主要特征就是链中的顶点不能重复,边当然也不重复。在一般情况下,我们寻求的都是初等链,因此初等链在解决实际问题是比较有意义的。在图 6-2 中,($v_4,e_3,v_3,e_7,v_2,e_5,v_1$)就是一条初等链。

圈是指一条链的起点和终点相同;圈中既无重复点也无重复边时,形成的是初等圈。在图 6-2 中,(v_3,v_2,v_4,v_3)就是一个初等圈。

(4) 连通图

在图 G 中,若任意两点之间至少存在一条链,就称该图为连通图,否则称为不连通图。图 6-1 属于连通图,图 6-2 属于不连通图,因为点 v_5 是孤立点。

4. 顶点的次、奇点、偶点、孤立点

(1) 次

与点 v 相关联边的数目叫作点 v 的次,记为 $d(v)$。在图 6-1 中,v_3 的次为 3,表示为 $d(v_3)=3$,$d(v_5)=4$;当某点有一个环时,则该点的次为 2,如图 6-1 中,$d(v_1)=5$。

(2) 奇点、偶点和孤立点

次为奇数的点称为奇点，次为偶数的点称为偶点，次为零的点称为孤立点。在图 6-1 中，v_3 为奇点、v_5 为偶点，图中没有孤立点，而图 6-2 中的 v_5 是孤立点。

6.1.2　有向图

1. 有向图

有向图是指点和点之间的连线是有方向性的(用箭头表示方向)，这种连线叫作弧(有时也称为边)。由点和弧构成的图叫有向图，记作 $D=(V,A)$，其中 V 图 D 的点集合，A 是 D 的弧集合。若 D 中的一条弧 $a=(v_i,v_j)$，则称 v_i 为 a 的始点，v_j 为 a 的终点，弧 a 是从 v_i 指向 v_j 的。

图 6-3 即为有向图，其中 $V=\{v_1,v_2,v_3,v_4,v_5\}$，$E=\{a_1,a_2,a_3,a_4,a_5,a_6,a_7,a_8,a_9\}$，$a_5=(v_1,v_5)\neq(v_5,v_1)$。

图 6-3　有向图

2. 简单有向图

(1) 环

两个端点重合的弧叫环，如图 6-3 中的 a_9。

(2) 多重弧

两个端点之间的同向弧数大于等于 2 时，叫作多重弧。在图 6-3 中，v_3 与 v_2 间的 a_6 和 a_7 是二重弧；但 v_4 与 v_5 间的 a_1 和 a_2 不是二重弧。

(3) 简单有向图

没有环也没有多重弧的有向图叫简单有向图。

3. 路与有向路

有向图 $D=(V,A)$，$P=\{v_1,a_1,v_2,a_2,\cdots v_{k-1},a_{k-1},v_k\}$ 是一个由顶点和弧组成的交替序列。

(1) 路

若 $a_i=(v_i,v_{i+1})$ 或 (v_{i+1},v_i)，$(i=1,2,\cdots k-1)$，则称 P 是一条连接 v_1 与 v_k 的路，如图 6-4 所示。

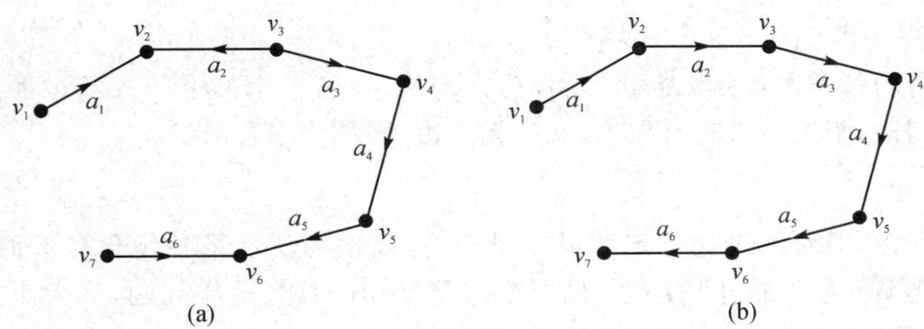

图 6-4

(2) 前向弧和后向弧

有一条连接顶点 v_1 与 v_k 的路，我们给这条路假定一个方向，例如从 v_1 到 v_k，则路上的弧就可以分为两类：一类是方向与路的假定方向相同的弧，叫作前向弧；另一类是方向与路的假定方向相反的弧，叫作后向弧。在图 6-4(a)中，若假定路的方向是由 v_1 到 v_7，则其中 a_2、a_6 是后向弧，其他均为前向弧。

(3) 有向路与回路

若 $a_i=(v_i,v_{i+1})$，$(i=1,2,\cdots k-1)$，则称 P 是一条连接 v_1 与 v_k 的有向路，如图 6-4(b)所示。当 $v_1=v_k$ 时，称 P 是 D 的一条回路。

(4) 连通图

一个有向图中任意两点之间至少有一条路相连，就称该图为连通图。任何一个连通图都可以分为若干个连通的子图，每个子图称为原图的一个分图。

4. 顶点的出次和入次、奇点、偶点

(1) 出次和入次

在有向图中，以 v_i 为始点的边数称为 v_i 的出次，用 $d^+(v_i)$ 表示；以 v_i 为终点的边数称为 v_i 的入次，用 $d^-(v_i)$ 表示。v_i 点的出次与入次之和就是该点的次，一个图所有点的出次之和等于所有点的入次之和。

(2) 奇点和偶点

次为 1 的点称为悬挂点，连接悬挂点的边称为悬挂边。次为零的点称为孤立点，次为奇数的点称为奇点，次为偶数的点称为偶点。

6.1.3 网　络

(1) 网　络

一个图以及定义在其边集上的实函数 $\omega(v_i,v_j)$ 称为一个网络，网络一般是连通图。

(2) 权　重

记 $\omega_{ij}=\omega(v_i,v_j)$，称为边 (v_i,v_j) 的权重。网络中的权重，可以是多种多样的，在路径问题的网络中，“权重”可以是路径的长度；在航空运输网络中，“权重”可以是最大运输能力，也可以是单位运输费用。在网络中，每条弧或边可以只有一个“权重”，也可以有多个“权重”。

(3) 无向网络、有向网络以及混合网络

若一个网络的每条边都是无向边，则称为无向网络；若一个网络的每条边都是有向边，则称为有向网络；若一个网络既有有向边，又有无向边，则称为混合网络。

(4) 网络分析

所谓网络分析，即对网络进行定性或定量分析，以便为实现某种优化目标而寻求最优方案。这方面的典型问题有最小树问题、最短路问题、中心问题、重心问题、最大流问题、最小费用最大流问题、最短回路问题等。

6.1.4　基本性质

1. 欧拉道路与欧拉回路、欧拉图

(1) 欧拉道路与欧拉回路

连通图中,若存在一条路,经过每边(或弧)一次且仅一次,则称这条路为欧拉道路。若存在一条回路,经过每边(或弧)一次且仅一次,则称这条回路为欧拉回路。

(2) 欧拉图

具有欧拉回路的图称为欧拉图。

2. 基本性质

① 任何图中,顶点的次数总和等于边(或弧)数的 2 倍。

② 任何图中,次为奇数的顶点必为偶数个。

③ 无向连通图是欧拉图,当且仅当图中无奇点。

④ 有向连通图是欧拉图,当且仅当图中每个顶点的出次等于入次。

6.1.5　图与网络模型实例

例 6.1　哥尼斯堡七桥问题。

哥尼斯堡城有一个普雷格尔河系,由新河、旧河及其交汇而成的大河组成,它把该城分为了一岛三岸共 4 块陆地,陆地之间有 7 座桥连通,如图 6-5(a)所示。当时城内居民在散步时热衷于这样的问题:从某陆地出发,能否走遍 7 座桥且每座桥只能通过一次,而最终回到原出发地。

欧拉早在 1736 年就解决了这一问题。他用 4 个点表示 4 块陆地,用相应两点间的边表示桥,从而建立了该问题的图模型,见图 6-5(b)。于是问题可以归纳如下:在这个连通图中,能否找出一条回路,经过每条边一次且仅一次。欧拉证明了这类回路存在的充要条件是:图中无奇点。图 6-5(b)中四个点均为奇点,故原问题无解。

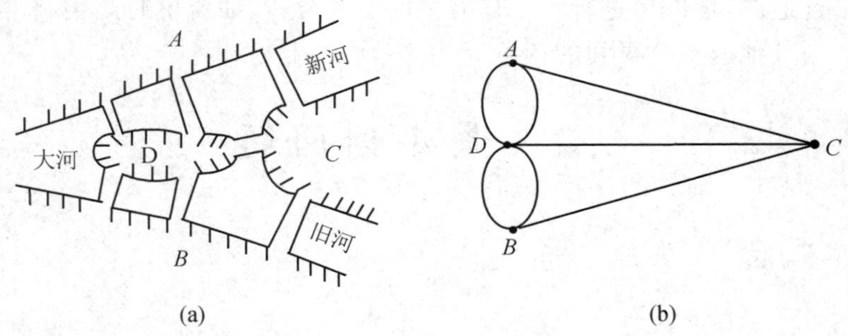

图 6-5　哥尼斯堡七桥问题

例 6.2　节目排序问题。

一场文艺演出共有 8 个节目,全体演员中有 10 人需参加 2 个以上的节目,如表 6-1 所列。若节目主办者希望首尾 2 个节目为 A 和 H,或为 H 和 A,还希望每个演员不连续参加 2 个节目的演出,则应如何安排节目。

表 6-1　节目排序问题

节　目	演　员									
	1	2	3	4	5	6	7	8	9	10
A	√		√		√	√	√		√	
B	√		√	√						
C		√			√					√
D					√			√		
E		√					√			
F		√						√		
G				√		√			√	
H	√		√		√			√		√

解　把节目作为研究对象，用点表示。如果两个节目无同一名演员参加，说明二者可以紧排在一起，则给相应的两点间连接一条边，得到图 6-6。于是问题可以归结为从图 6-6 中找到一条从 A 到 H，或从 H 到 A 且通过所有节点的路。这样的路有 4 条：$AFBCGDEH$、$HEDGCBFA$、$AFGCBDEH$、$HEDBCGFA$，故文艺演出的节目表可按上面任一顺序加以安排。

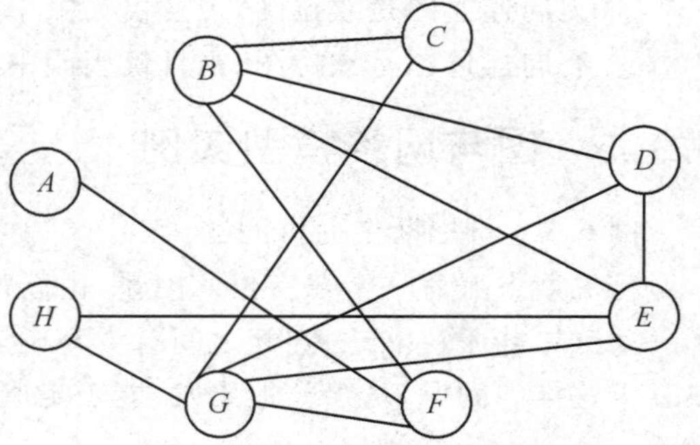

图 6-6　节目排序问题图的表示

例 6.3　航空公司航线网络问题

航空公司以某一城市机场作为其运营基地，开通往返其他城市的航班服务。以城市为顶点，经营的航线为边，构成一个该航空公司的航线网络图。对应每条边的权重系数可以是城市对航线间的距离，或是每条航线上的飞行时间，或是每周航班班期数等。这样就构成了该航空公司的航线网络连通图，依次可进行一系列有关问题的分析，如航班时刻编制、机型分配、飞机调配、机组排班、与其他航空公司间的竞争等。

6.2　最小树问题

6.2.1　基本概念

(1) 树

无圈的连通简单图称为树。树中次为 1 的点称为树叶，次大于 1 的点称为分枝点。

(2) 图的生成子图

对于一个图，保留顶点，去掉图中的一些边所获得的图称为原图的生成子图。

(3) 生成树

如果图的生成子图是一个树，则称这个生成子图为原图的一个生成树。

(4) 最小生成树(最小树)

在一个网络图中找出一个生成树,使得这个生成树的所有边的权重之和最小。

6.2.2 基本性质

1. 树的基本性质

性质 1　图 $T=(V,E)$ 具有 n 个顶点、m 条边,则下列关于树的说法是等价的:

① T 是一个树。

② T 无圈,且 $m=n-1$。

③ T 连通,且 $m=n-1$。

④ T 无圈,但每加一新边即得唯一的一个圈。

⑤ T 连通,但每舍去一边就不连通。

⑥ T 中任意两个顶点间有唯一的一条链相连。

2. 最小树性质

性质 2　若把一个网络的点集分成不相交的两个非空集合 S 和 S',则连接 S 和 S' 的最小边必包含于最小树内。

6.2.3 最小树的求法

根据上述性质 2,可以给出求最小树的两种方法,即破圈法和避圈法。

1. 破圈法基本步骤

求解最小树时可以采用破圈法,其主要步骤如下:

① 任意找到一个圈;

② 去掉该圈中的一条最大边;

③ 重复①、②步骤,直到没有圈为止,则得到最小树。

2. 避圈法基本步骤

求解最小树的另一种方法是避圈法,其主要步骤如下:

① 任意选择一点 v_i,令 $S=\{v_i\}$,$\bar{S}=V\setminus\{v_i\}$;

② 从连接 S 与 $\bar{S}$ 的边中选取最小边,不妨设为 (v_i,v_j),则它必包含于最小树内;

③ 令 $S\cup\{v_j\}\Rightarrow S$,$\bar{S}\setminus\{v_j\}\Rightarrow\bar{S}$;

④ 若 $\bar{S}=\varnothing$,则停止,得到最小树;否则返回②继续循环。

例 6.4　某机场运输区的交通道路图如图 6-7 所示,边上数字代表道路的长度,某部车辆要到各个点进行巡视检查,问该辆车如何行驶可使得走过的路程最短。

解　由题意可知这是一个最小树问题。令 $S=\{A\}$,$\bar{S}=\{B、C、D、E、F、G\}$。由于连接 S 与 $\bar{S}$ 的边共有 3 条,其中最短边为 (A,B),故用线把点 A 和点 B 进行连接;令 $S=\{A、B\}$,$\bar{S}=\{C、D、E、F、G\}$。重复上述步骤,直到 7 个点全都连通为止。具体求解过程如图 6-8 所示,其中图 6-8(f)即给出本例的最小树 T^*,$\omega(T^*)=13$。

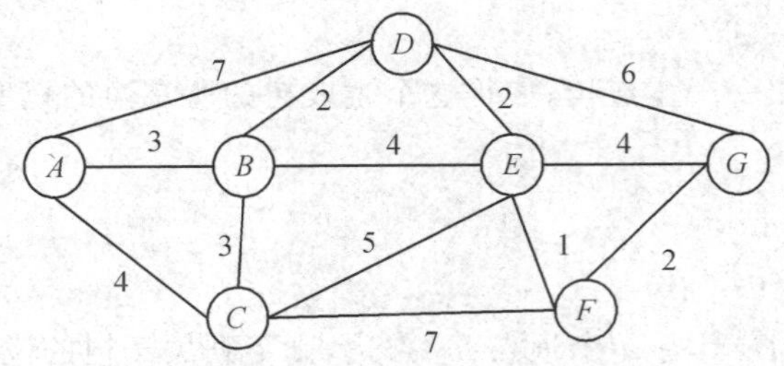

图 6-7　交通道路图的表示

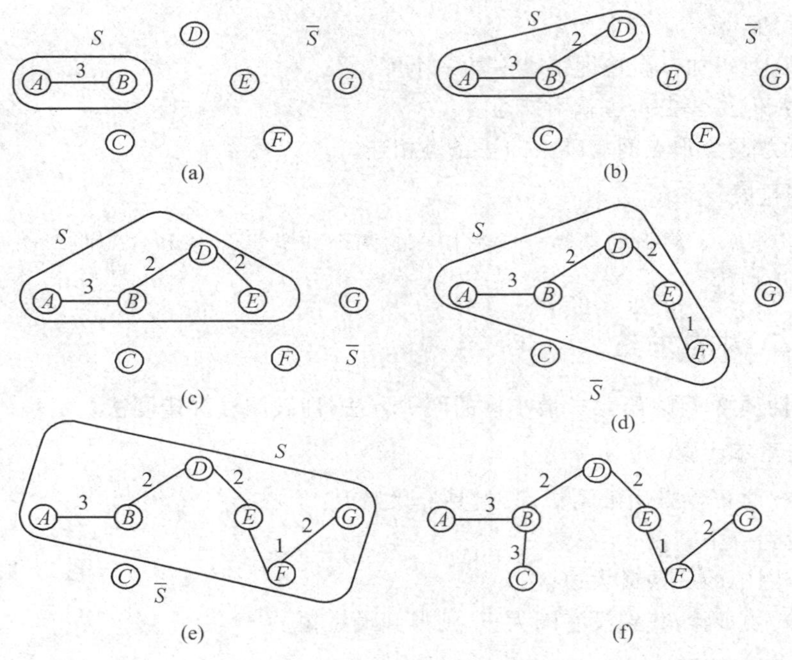

图 6-8

6.3　最短路问题

最短路问题在网络分析和应用中具有重要的地位。最短路问题可以归纳为在一个网络中，给定一个初始点 v_s 和一个结束点 v_t，求 v_s 到 v_t 的一条路，使得路的长度最短(路的各边权重之和最小)。最短路在实际问题中比较常见，比如机场交通网络的布置，不同机场间航线网络的设定，机场飞机滑行路径的优化都可以转化为最短路问题进行求解。最短路求解的主要方法是狄克斯特拉(Dijkstra)算法和逐次逼近算法，本节主要对这两种方法进行介绍。

6.3.1　狄克斯特拉(Dijkstra)算法——双标号算法

1. 算法基本思路

该算法适用于每条弧的权重均为非负的网络，能够求出网络的任一点 v_s 到其他各点的最短路。本算法的基本思想为若序列$\{v_s, v_1, \cdots, v_{n-1}, v_n\}$是从 v_s 到 v_n 的最短路，则序列$\{v_s, v_1, \cdots, v_{n-1}\}$必为从 v_s 到 v_{n-1} 的最短路。

在应用过程中，对每个顶点 v_j 都赋予一个标号，分为固定标号 $P(v_j)$和临时标号 $T(v_j)$两种。$P(v_j)$的标号值表示从始点 v_s 到 v_j 的最短路长；$T(v_j)$表示当前从始点 v_s 到 v_j 的最短路长上界。如果一个点的标号是 P，说明这个点的标号将固定不变；如果一个点的标号是 T，则该点的标号视情况而定。

2. 算法基本步骤

步骤①：令 $S=\{v_s\}$为固定标号点集，$\bar{S}=V\setminus\{v_s\}$为临时标号点集，再令

$$P(v_s)=0(v_s \in S);\quad T(v_j)=\infty(v_j \in \bar{S})$$

步骤②：检查点 $v_i \in S$，对其一切满足终点 $v_j \in \bar{S}$ 的关联边(v_i, v_j)，计算并令

$$\min\{T(v_j), P(v_i)+w_{ij}\} \Rightarrow T(v_j)$$

步骤③：从一切 $v_j \in \bar{S}$ 中选取并令 $\min\{T(v_j)\}=T(v_r) \Rightarrow P(v_r)$。选择相应的弧$(v_i, v_r)$，再令

$$S \cup \{v_r\} \Rightarrow S, \bar{S}\setminus\{v_r\} \Rightarrow \bar{S}$$

步骤④：若 $\bar{S}=\varnothing$，则停止，$P(v_j)$即 v_s 到 v_j 的最短路长；否则令 $v_r \Rightarrow v_i$，返回步骤②。

特别地，$P(v_t)$即为 v_s 到 v_t 的最短路长，而已选出的弧即给出 v_s 到各点的最短路。

注意：若只要求 v_s 到某一点 v_t 的最短路，而没有要求 v_s 到其他各点的最短路，则上述步骤④更改为：若 $v_r=v_t$ 则结束。

例 6.5　网络如图 6-9 所示，请用狄克斯特拉(Dijkstra)算法求点 v_1 到 v_6 的最短路。

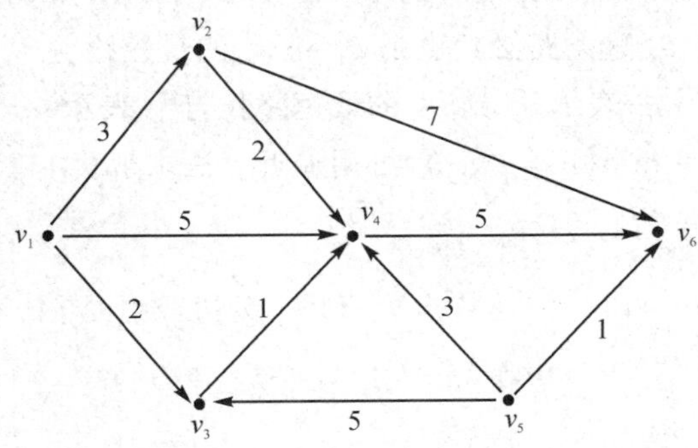

图 6-9　最短路网络图

解　① 给点 v_1 标 $P(v_1)=0$，其余各点均为 T 标号，标号值 $T(v_j)=\infty$。

② $S=\{v_1\}$，$\bar{S}=\{v_2, v_3, v_4, v_5, v_6\}$，检查与 v_1 有关联边的终点 v_2、v_3、v_4，修改标号值：

$$T(v_2)=P(v_1)+w_{12}=3, T(v_3)=P(v_1)+w_{13}=2, T(v_4)=P(v_1)+w_{14}=5$$

所有 T 标号值中选最小者 $T(v_3)=2$，给点 v_3 以 P 标号，标号值 $P(v_3)=2$。

③ $S=\{v_1, v_3\}$，$\bar{S}=\{v_2, v_4, v_5, v_6\}$，检查与 v_3 有关联边的终点 v_4，修改标号值：

$$T(v_4)=P(v_3)+w_{34}=3$$

所有 T 标号值中选最小者 $T(v_2)=T(v_4)=3$，任选其一 v_2 给以 P 标号，标号值 $P(v_2)=3$。

④ $S=\{v_1,v_2,v_3\}$，$\bar{S}=\{v_4,v_5,v_6\}$，检查与 v_2 有关联边的终点 v_4、v_6，修改标号值：

$$T(v_4)=P(v_2)+w_{24}=5, T(v_6)=P(v_2)+w_{26}=10$$

所有 T 标号值中选最小者 $T(v_4)=3$，给点 v_4 以 P 标号，标号值 $P(v_4)=3$。

⑤ $S=\{v_1,v_2,v_3,v_4\}$，$\bar{S}=\{v_5,v_6\}$，检查与 v_4 有关联边的终点 v_6，修改标号值：

$$T(v_6)=P(v_4)+w_{46}=8$$

所有 T 标号值中选最小者 $T(v_6)=8$，给点 v_6 以 P 标号，标号值 $P(v_6)=8$。

⑥ $S=\{v_1,v_2,v_3,v_4,v_6\}$，$\bar{S}=\{v_5\}$，此时还有一个顶点 v_5 未标号，但由于 v_6 到 v_5 没有弧，故由 v_1 到 v_5 没有有向路。

因此，由 v_1 到 v_6 的最短距离是 8，通过反向追踪得到最短路径：$v_1 \to v_3 \to v_4 \to v_6$。

对于无向图，也可以用狄克斯特拉(Dijkstra)算法求两点之间的最短路问题。此时，无向图中的任意一条边 (v_i,v_j) 均可用方向相反的两条弧 (v_i,v_j) 和 (v_j,v_i) 来代替，把原来的无向图变为有向图后，即可用 Dijkstra 算法求解。

如果网络中权重存在负值，可用逐次逼近算法来求解。

6.3.2　逐次逼近算法

1. 算法基本思路

该算法可以适应于网络中存在负权边的网络，能够求出网络的指定一点 v_1 到其他各点的最短路。本算法主要思路是：从 v_1 到 v_j 的最短路总沿着该路从 v_1 先到某一点 v_i，然后再沿边 (v_i,v_j) 到达 v_j，则 v_1 到 v_i 这条路必然也是 v_1 到 v_j 的最短路。

在具体应用过程中，令 P_{1j} 表示 v_1 到 v_j 的最短路长，P_{1i} 表示 v_1 到 v_i 的最短路长，根据上述基本思想，则必有 $P_{1j}=\min\limits_i\{P_{1i}+w_{ij}\}$，可用逼近算法求解。

2. 算法基本步骤

步骤①：令 $P_{1j}^{(1)}=w_{1j}(j=1,2,\cdots,n)$，当 v_1 到 v_j 无边或弧时 $w_{1j}=\infty$。

步骤②：利用迭代公式 $P_{1j}^{(k)}=\min\limits_i\{P_{1i}^{(k-1)}+w_{ij}\}$，$(k=2,3,\cdots,n)$ 进行迭代，得到第 k 次迭代向量 $\{P_{1j}^{(k)}\}=[P_{11}^{(k)} \quad P_{12}^{(k)} \quad \cdots \quad P_{1n}^{(k)}]^{\mathrm{T}}$。

步骤③：当迭代进行到第 t 步，若出现 $P_{1j}^{(t)}=P_{1j}^{(t-1)}(j=1,2,\cdots,n)$，则迭代停止，$P_{1j}^{(t)}$ 即为 v_1 到 $v_j(j=1,2,\cdots,n)$ 的最短路长。

例 6.6　求图 6-10 中 v_1 点到其他各点的最短路。

解　利用逐次逼近法得到数据表 6-2(空白处为∞)，其中 $\begin{cases}P_{1j}^{(1)}=w_{1j}\\P_{1j}^{(k)}=\min\limits_i[P_{1i}^{(k-1)}+w_{ij}]\end{cases}$。迭代进行到第 6 步时，发现 $P_{1j}^{(5)}=P_{1j}^{(6)}(j=1,2,\cdots,8)$，停止。

表中最后一列数字分别表示 v_1 到各点的最短路长。

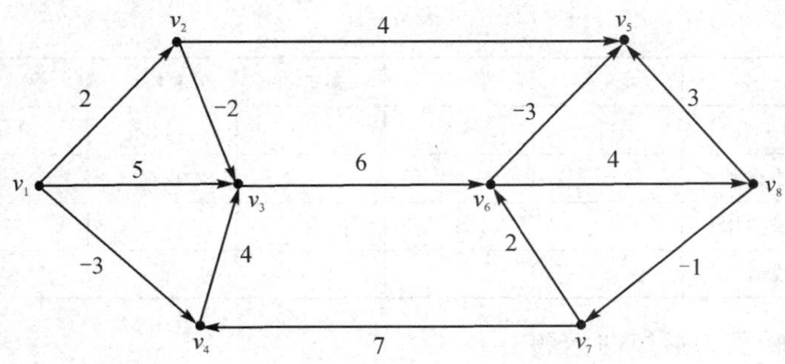

图 6 - 10　最短路网络图

表 6 - 2　最短路网络图

i	j													
	v_1	v_2	v_3	v_4	v_5	v_6	v_7	v_8	$P_{1j}^{(1)}$	$P_{1j}^{(2)}$	$P_{1j}^{(3)}$	$P_{1j}^{(4)}$	$P_{1j}^{(5)}$	$P_{1j}^{(6)}$
v_1	0	2	5	−3					0	0	0	0	0	0
v_2		0	−2		4				2	2	2	2	2	2
v_3			0			6			5	0	0	0	0	0
v_4			4	0					−3	−3	−3	−3	−3	−3
v_5					0					6	6	3	3	3
v_6					−3	0		4		11	6	6	6	6
v_7				7		2	0					14	9	9
v_8					3		−1	0			15	10	10	10

如果需要知道 v_1 到各点的最短路径,可以采用“反向逆推”的办法。如 v_1 到 v_8 的最短路长为 $P_{18}=10$,从 v_8 点逆着弧的方向逆推,按照 $P_{18}=\min\{P_{1i}+w_{i8}\}$,寻找满足该等式的点得到 v_6;再考查 v_6,按照相同方法逆推得到 v_3;依此类推得到 v_1 到 v_8 点的最短路径为:$v_1 \to v_2 \to v_3 \to v_6 \to v_8$。

由于递推迭代公式中 $P_{1j}^{(k)}$ 的实际意义为从 v_1 到 v_j 点、至多含有 $k-1$ 个中间点的最短路长,所以在含有 n 个点的网络中,如果不含有总权小于零的回路,求从 v_1 到任一点的最短路,用上述算法最多经过 $n-1$ 次迭代必定收敛。显然如果网络中含有总权小于零的回路,迭代不会收敛。

例 6.7　设备更新问题

某机场使用一种类型的设备,每年年初都要决定是否进行新旧替换:如果使用旧的则需要付维修费用,如果采用新的设备则需要付购买费用。请依据下表情况制定一个机场使用该类型设备的 5 年计划,使得机场付出的总成本最少。

下表主要包括该类型设备各年的购买费用,及不同机器使用年限的残值和维修费用。

表 6-3

	第 1 年	第 2 年	第 3 年	第 4 年	第 5 年
购买费	11	12	13	14	14
机器役龄	0—1	1—2	2—3	3—4	4—5
维修费用	5	6	8	11	18
残值	4	3	2	1	0

解　将该问题转化为最短路问题。

用 v_i 表示第 i 年购置新的设备，增设一个点 v_6，表示第 5 年年底。

边(v_i, v_j)表示第 i 年初购置的设备一直使用到第 j 年年初(即第 $j-1$ 年底)。

边(v_i, v_j)上的数字表示第 i 年初购进设备，一直使用到第 j 年初所需要支付的购买、维修费用。如(v_1, v_4)边上的 28 是第 1 年初购买费 11 加上 3 年的维修费 5、6、8 减去 3 年役龄机器的残值 2；(v_2, v_4)边上的 20 是第 2 年初购买费 12 加上 2 年的维修费 5、6 减去 2 年役龄机器的残值 3，建好的网络如图 6-11 所示。

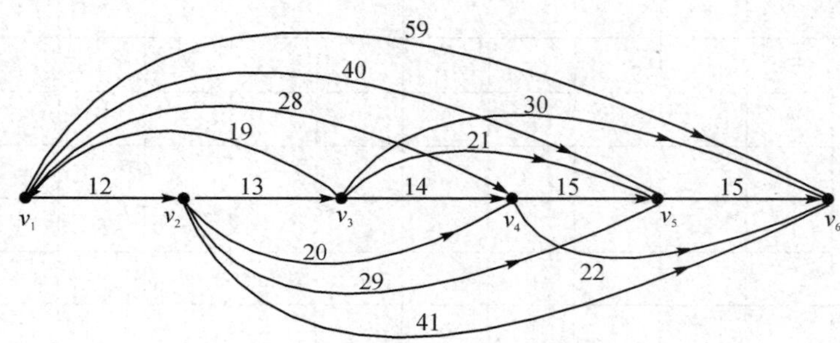

图 6-11　设备更新问题最短路图

这样设备更新问题可以转化为求从 v_1 到 v_6 的最短路问题。通过计算得到：$v_1 \rightarrow v_3 \rightarrow v_6$ 为最短路，最短路长为 49，即在第 1 年、第 3 年初各购买一台新设备为最优决策，使得该机场的更新总费用最小为 49。

例 6.8　飞行时间最短

如图 6-12 所示的航空运输网络，节点代表城市，弧代表相应的航班，弧旁的数字为两城市之间的飞行时间(分钟)，要求寻找从节点 1(起点)到节点 10(终点)间飞行时间最短的最佳路线。

解　该航空运输网络每条弧的权重均为正数，可用双标号算法或逐次逼近法求得节点城市 1 到 10 之间的最短路径为①→④→⑥→⑩，最短路长为 56＋45＋97＝198 min。

此外，上述问题也可通过建立线性规划模型进行求解，模型为

$$\text{令 } x_{ij}=\begin{cases}1 & (\text{当}(i,j)\text{属于最短路}) \\ 0 & (\text{当}(i,j)\text{不属于最短路})\end{cases}$$

$$\min z=70x_{12}+63x_{13}+56x_{14}+\cdots+69x_{910}$$

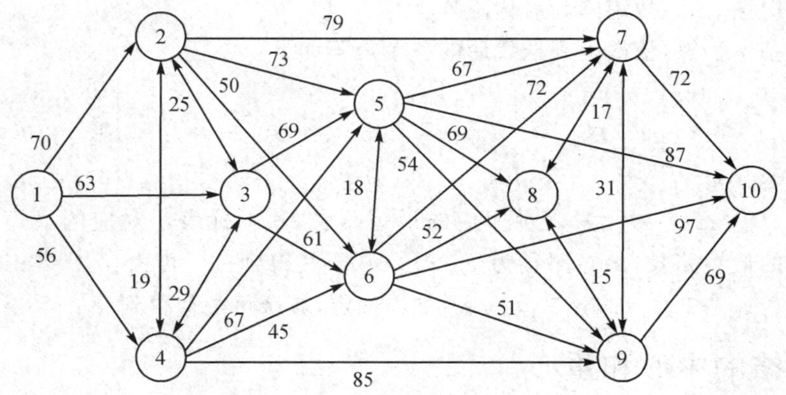

图 6-12　航空运输网络及飞行时间

$$
\text{s.t.}\begin{cases}
x_{12}+x_{13}+x_{14}=1\\
x_{12}+x_{32}+x_{42}-x_{23}-x_{24}-x_{25}-x_{26}-x_{27}=0\\
x_{13}+x_{23}+x_{43}-x_{32}-x_{34}-x_{35}-x_{36}=0\\
\cdots\cdots\\
x_{510}+x_{610}+x_{710}+x_{910}=1
\end{cases}
$$

6.3.3 弗洛伊德(Floyd)算法

1. 算法基本思路

本算法由 Floyd 于 1962 年提出,用于求解网络中任意两点间的最短路。通过定义网络的权矩阵,用矩阵迭代的方式求解最短路。

令网络的权矩阵为 $\boldsymbol{D}=(d_{ij})_{n\times n}$,$w_{ij}$ 为 v_i 到 v_j 的权重,其中 $d_{ij}=\begin{cases}w_{ij} & (当(v_i,v_j)\in E)\\ \infty & (其他)\end{cases}$。

2. 算法基本步骤

步骤 1:输入权矩阵 $\boldsymbol{D}^{(0)}=\boldsymbol{D}$。

步骤 2:计算 $\boldsymbol{D}^{(k)}=(d_{ij}^{(k)})_{n\times n}(k=1,2,3,\cdots n)$,其中 $d_{ij}^{(k)}=\min[d_{ij}^{(k-1)},d_{ik}^{(k-1)}+d_{kj}^{(k-1)}]$,表示从 v_i 到 v_j 最多经中间点 $v_1,v_2\cdots v_k$ 的最短路长。

步骤 3:$\boldsymbol{D}^{(n)}=(d_{ij}^{(n)})_{n\times n}$ 中元素 $d_{ij}^{(n)}$ 就是 v_i 到 v_j 的最短路长。

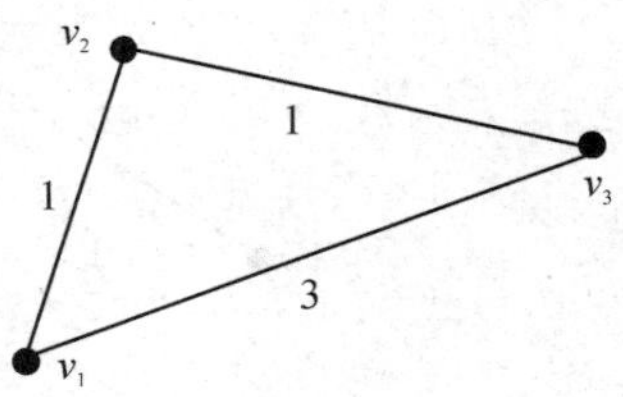

图 6-13

例 6.9　如图 6-13 包含 3 个顶点、3 条边的无向网络,求任意 2 点间的最短路。

解　将该无向图化为有向图,写出其网络权矩阵:

$$
\boldsymbol{D}=\begin{matrix} & v_1 & v_2 & v_3\\ v_1 & 0 & 1 & 3\\ v_2 & 1 & 0 & 1\\ v_3 & 3 & 1 & 0\end{matrix}
$$

由于是无向图，该系数矩阵为对称矩阵。

按照算法基本步骤，依次得到迭代后的各个矩阵如下：

$$\boldsymbol{D}^{(0)}=\begin{bmatrix}0&1&3\\1&0&1\\3&1&0\end{bmatrix},\quad \boldsymbol{D}^{(1)}=\begin{bmatrix}0&1_{12}&3_{13}\\1_{21}&0&1_{23}\\3_{31}&1_{32}&0\end{bmatrix},\quad \boldsymbol{D}^{(2)}=\boldsymbol{D}^{(3)}=\begin{bmatrix}0&1_{12}&2_{123}\\1_{21}&0&1_{23}\\2_{321}&1_{32}&0\end{bmatrix}$$

矩阵 $\boldsymbol{D}^{(1)}$、$\boldsymbol{D}^{(2)}$、$D^{(3)}$ 中元素表示相应的最短路长，其下标表示对应的最短路径。如 2_{123} 表示 v_1 到 v_3 的最短路长，最短路径为 $v_1-v_2-v_3$，其得到过程可由：$d_{13}^{(2)}=\min\{d_{13}^{(1)},d_{12}^{(1)}+d_{23}^{(1)}\}=\min\{3_{13},1_{12}+1_{23}\}=\min\{3_{13},2_{123}\}=2_{123}$ 确定，其余可类似得到。

6.3.4 网络的中心和重心

1. 网 络的中心

假设 $\boldsymbol{D}=(d_{ij})_{n\times n}$ 为网络中各点间的最短路长矩阵。令 $d(v_i)=\max\limits_{1\leqslant j\leqslant n}\{d_{ij}\}(i=1,2,\cdots,n)$，若 $\min\limits_{1\leqslant i\leqslant n}\{d(v_i)\}=d(v_k)$，则称点 v_k 为该网络的中心。

2. 网络的重心

假设 $\boldsymbol{D}=(d_{ij})_{n\times n}$ 为网络中各点间的最短路长矩阵。设 g_i 为点 $v_i(i=1,2,\cdots,n)$ 的权重，令 $h(v_j)=\sum\limits_{i=1}^{n}g_i d_{ij}(j=1,2,\cdots,n)$，若 $\min\limits_{1\leqslant j\leqslant n}\{h(v_j)\}=h(v_r)$，则称点 v_r 为该网络的重心。

例 6.10 已知某地区的空中交通网络如图 6-14 所示，其中点代表机场，边表示连接机场间的航线，权重 w_{ij} 表示机场间的航线距离(km)。问基地应建在哪个机场，可使航班从离基地最远的机场返回基地时所走的路程最近。

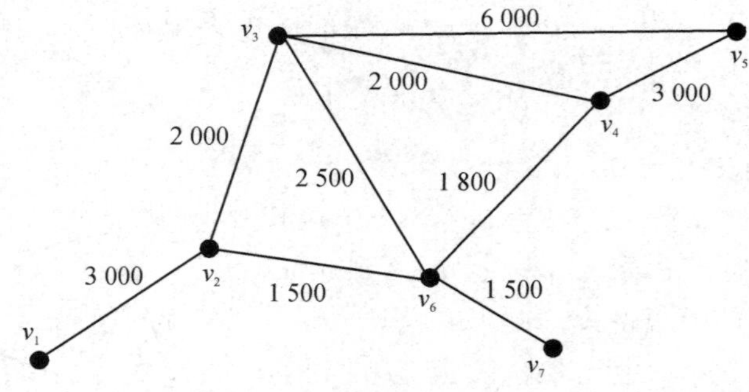

图 6-14 空中交通机场航线网络图

解 这是个选址问题，实际要求出网络的中心。可以化为一系列求最短路问题或用 Floyd 算法求出任意两点间的最短路长 d_{ij}。令 $d(v_i)=\max\limits_{1\leqslant j\leqslant 7}\{d_{ij}\}$，$(i=1,2,\cdots,7)$ 表示若基地设在 v_i，则离基地最远的机场距离为 $d(v_i)$，然后选取其中的最小者即为所求的基地机场，结果如表 6-4 所列。

表 6-4　网络的中心求解

i	j							
	v_1	v_2	v_3	v_4	v_5	v_6	v_7	$d(v_i)=\max\limits_{1\leqslant j\leqslant 7}\{d_{ij}\}$
v_1	0	3 000	5 000	6 300	9 300	4 500	6 000	9 300
v_2	3 000	0	2 000	3 300	6 300	1 500	3 000	6 300
v_3	5 000	2 000	0	2 000	5 000	2 500	4 000	5 000
v_4	6 300	3 300	2 000	0	3 000	1 800	3 300	6 300
v_5	9 300	6 300	5 000	3 000	0	4 800	6 300	9 300
v_6	4 500	1 500	2 500	1 800	4 800	0	1 500	4 800
v_7	6 000	3 000	4 000	3 300	6 300	1 500	0	6 300

由于 $d(v_6)=4\ 800$ 最小，所以基地机场应建在 v_6（网络中心），此时离基地最远的机场 v_5 的距离为 4 800 千米。

6.4　最大流问题

在空中交通流量管理中有很多问题都涉及到最大流问题，包括多起点多终点的运输问题、机组人员的指派问题、以及不同航班之间的衔接问题等。最大流问题可以简单概括为在一定条件下，使得网络系统中某种流的流量达到最大。

6.4.1　基本概念

1. 容量网络

容量网络是指满足以下条件的网络：

① 网络中有一个起点 v_s 和一个终点 v_t；

② 流过网络的流量具有一定的方向性，各个弧的方向是流量通过的方向；

③ 对每一个弧 $(v_i, v_j)\in A$，都赋予一个容量 $c(v_i, v_j)=c_{ij}\geqslant 0$，表示容许通过该弧的最大流量。

2. 流

在一个网络 $N=(V, A)$ 中，设 $x_{ij}=x(v_i, v_j)$ 表示通过弧 $(v_i, v_j)\in A$ 的流量，则集合 $X=\{x_{ij}/(v_i, v_j)\in A\}$ 就称为该网络的一个流。

3. 可行流

可行流是指满足弧的流量限制条件 $0\leqslant x_{ij}\leqslant c_{ij}$，$(v_i, v_j)\in A$ 和中间点平衡条件 $\sum_j x_{ij}-\sum_i x_{ij}=0(i, j\neq s, t)$，即中间点的流入量等于流出量，就称流 $X=\{x_{ij}\}$ 是一个可行流。

很明显，每条边流量等于零，可以构成网络的一个可行流。

4. 网络流量

网络流量是指可行流 X 从 v_s 到 v_t 的流量，即从 v_s 流出的流量或 v_t 接收的流量，记为

$f=f(X)$。

5. 最大流

在一个网络中，流量最大的可行流就是最大流，记为 $X^*=\{x_{ij}^*\}$，其流量记为 $f^*=f(X^*)$。所谓最大流问题，就是求网络流 $X=\{x_{ij}\}$，使满足：

$$\max f$$

$$\text{s.t.}\begin{cases}\sum_j x_{ij}-\sum_i x_{ji}=\begin{cases}f & (i=s)\\ 0 & (i\neq s,t)\\ -f & (i=t)\end{cases}\\ 0\leqslant x_{ij}\leqslant c_{ij},(v_i,v_j)\in A\end{cases}$$

网络最大流问题是一个特殊的线性规划问题，可以通过线性规划的求解方法来求解，但通过网络分析可以简化其求解过程。

6.4.2 基本性质

1. 几个相关概念

(1) 可扩充路(可增广链)

设 $X=\{x_{ij}\}$ 是一组可行流，如果存在一条连接 v_s 到 v_t 的路 μ，μ 上各弧的流量满足：

$$\begin{cases}x_{ij}<c_{ij} & (\text{当}(v_i,v_j)\in\mu^+)\\ x_{ij}>0 & (\text{当}(v_i,v_j)\in\mu^-)\end{cases}$$

则称 μ 为一条关于可行流 X 的可扩充路。

(2) 割　集

在一个网络 $N=(V,A)$ 中，若把点集 V 剖分成不相交的两个非空集合 S 和 $\bar{S}$，使得 $v_s\in S$，$v_t\in\bar{S}$，且 S 中各点不需经由 $\bar{S}$ 中的点而均连通，$\bar{S}$ 中各点也不需经由 S 中的点而均连通，则把始点在 S 中而终点在 $\bar{S}$ 中的一切弧所构成的集合，称为一个分离 v_s 和 v_t 的割集，记为 $(S,\bar{S})$。

(3) 割集容量

把一个割集 $(S,\bar{S})$ 中所有弧的容量之和称为该割集的容量，简称割集容量。记为 $c(S,\bar{S})$，有 $c(S,\bar{S})=\sum_{(v_i,v_j)\in c(S,\bar{S})}c_{ij}$。

(4) 最小割和最小割容量

在一个网络中，割量容量最小的割集称为最小割集，记为 $(S^*,\bar{S}^*)$，其割集容量 $c(S^*,\bar{S}^*)$ 称为最小割容量。

2. 基本性质

性质 1　对于网络的一个可行流 $\{x_{ij}^{(1)}\}$ 来说，如果能找到一条可扩充路 μ，那么可行流 $\{x_{ij}^{(1)}\}$ 就可以改进成一个流量值更大的可行流 $\{x_{ij}^{(2)}\}$。

证明(构造性证明)：可以按照下述办法来构造流量值更大的可行流 $\{x_{ij}^{(2)}\}$。

首先，确定一个增流量 θ。为此，令 $\theta_1=\min\{c_{ij}-x_{ij}^{(1)}\mid(v_i,v_j)$属于 μ 的前向弧集合 $\mu^+\}$，如果 μ 上没有前向弧，则令 $\theta_1=\infty$。又令 $\theta_2=min\{x_{ij}^{(1)}\mid(v_i,v_j)$属于 μ 的后向弧集合 $\mu^-\}$，如果 μ 上没有后向弧，则令 $\theta_2=\infty$。定义沿可扩充路 μ 的增流量：$\theta=\min\{\theta_1,\theta_2\}>0$

其次，再来定义 $\{x_{ij}^{(2)}\}$：

$$x_{ij}^{(2)}=\begin{cases}x_{ij}^{(1)} & (\text{若}(v_i,v_j)\text{不属于}\mu)\\ x_{ij}^{(1)}+\theta & (\text{若}(v_i,v_j)\text{是}\mu\text{的正向弧})\\ x_{ij}^{(1)}-\theta & (\text{若}(v_i,v_j)\text{是}\mu\text{的后向弧})\end{cases}$$

易知，$\{x_{ij}^{(2)}\}$仍是网络的可行流，并且其流量比可行流$\{x_{ij}^{(1)}\}$的流量增加了 θ。证毕。

由于该性质的证明是一个构造性证明，故该方法可用于网络可行流的调整。同时不加证明地给出如下几个性质：

性质 2　（流量-割集容量定理）任一个网络 G 中，从 v_s 到 v_t 的任一可行流的流量小于等于任一割集容量。

性质 3　（最大流-最小割定理）任一个网络 G 中，从 v_s 到 v_t 的最大流的流量等于分离 v_s 和 v_t 的最小割容量。

性质 4　可行流$\{f_{ij}\}$是最大流的充分必要条件是不存在关于$\{f_{ij}\}$的从 v_s 到 v_t 的可扩充路。

性质 5　（整流定理）如果网络中所有弧的容量为整数，则存在值为整数的最大流。

6.4.3　最大流的标号算法

这种标号算法由福特（Ford）和富尔克逊（Fulkerson）于 1956 年提出，故也称为福特—富尔克逊标号法。

1. 算法基本思路

福特-富尔克逊标号法从某一可行流 X（如零流）出发，按一定规则找出一条可扩充路 $\mu(X)$，并按性质 1 调整可扩充路上弧的流量，得到一个网络流量增大 θ 的新可行流 X'。对 X'重复上述方法，直到找不到可扩充路为止，这时根据性质 4 就得到一个最大流，同时还得到一个最小割集。

2. 算法基本步骤

步骤 1：标号过程——寻找网络可扩充路

① 给初始点标号$(0,\infty)$，则 v_s 已标号待检查；

② 取一个已标号待检查的点 v_i，对所有与 v_i 相邻而未标号的点 v_j 依次判断、执行程序如下：

(a) 若 v_i 与 v_j 的弧为(v_i,v_j)，则当该弧上的流量 $x_{ij}<c_{ij}$ 时给 v_j 标号$(+v_i,b(v_j))$，其中 $b(v_j)=\min\{b(v_i),c_{ij}-x_{ij}\}$，表示弧$(v_i,v_j)$上的流量最大可增加量；而当 $x_{ij}=c_{ij}$ 时不给 v_j 标号；

(b) 若 v_i 与 v_j 的弧为(v_j,v_i)，则当该弧上的流量 $x_{ji}>0$ 时给 v_j 标号$(-v_i,b(v_j))$，其中 $b(v_j)=\min\{b(v_i),x_{ji}\}$，表示弧$(v_j,v_i)$上的流量最大可减少量；而当 $x_{ji}=0$ 时不给 v_j 标号；

(c) 当所有与 v_i 相邻而未标号的点 v_j 都执行完上述步骤后,就给点 v_i 打"√",表示对其检查已经完毕;

③ 重复步骤②,可能出现两种结果:

(a) 终点 v_t 得到标号。则从 v_t 回溯到标号点的第一个标号,就能找到一条由标号点和相应的弧连接而成的从 v_s 到 v_t 的可扩充路 $\mu(X)$,转到调整步骤 2;

(b) 所有标号点均已打"√"(检查过),而 v_t 又未得标号。这说明不存在可扩充路,则当前的可行流即为最大流,算出其流量,停止。

步骤 2:调整过程——得到流量值更大的可行流

① 取调整量 $\theta=b(v_t)$(即终点 v_t 的第二个标号),沿可扩充路进行流量调整;令:

$$x_{ij}=x_{ij}+\theta,\text{对一切}(v_i,v_j)\in\mu^+$$

$$x_{ij}=x_{ij}-\theta,\text{对一切}(v_i,v_j)\in\mu^-$$

而可扩充路以外各弧流量 x_{ij} 不变,这时得到流量更大的可行流;

② 删除网络中原有的一切标号,返回到步骤 1,重新标号,反复调整,直到不存在可扩充路为止。

例 6.11　试用标号法求解图 6-15 所示网络的最大流与最小割集。

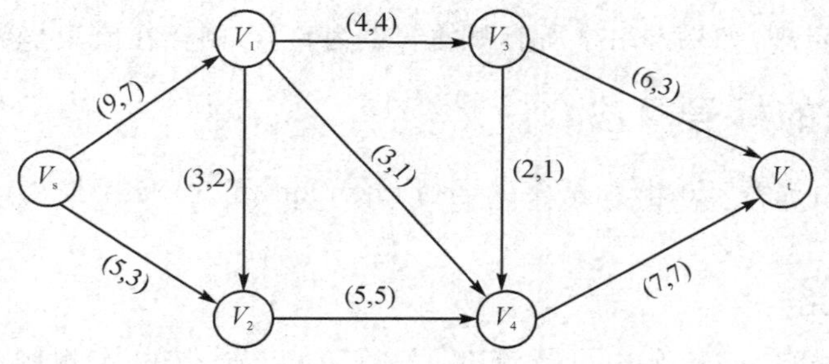

图 6-15　流量网络图

解　① 先给 v_s 标号$(0,\infty)$。现在已标号待检查的点仅有 v_s 一点,对其相邻点 v_1,v_2 依次判断,执行如下操作:

对 v_1,因关联它与 v_s 的弧(v_s,v_1),而 $x_{s1}=7<9=c_{s1}$,故给 v_1 标号$(v_s,b(v_1))$,其中 $b(v_1)=\min\{b(v_s),c_{s1}-x_{s1}\}=\min\{\infty,9-7\}=2$;

对 v_2,因关联它与 v_s 的弧(v_s,v_2),而 $x_{s2}=3<5=c_{s2}$,故给 v_2 标号$(v_s,b(v_2))$,其中 $b(v_2)=\min\{b(v_s),c_{s2}-x_{s2}\}=\min\{\infty,5-3\}=2$。到此对 v_s 检查完毕,给 v_s 打"√"。

② 现在已标号待检查的点有 v_1,v_2。取 v_1 检查,对与其相邻而未标号的点 v_3、v_4 依次判断,执行如下操作:

因有(v_1,v_3),而 $x_{13}=4=c_{13}$,故不给 v_3 标号;因有(v_1,v_4),而 $x_{14}=1<3=c_{14}$,故给 v_4 标号$(v_1,b(v_4))$,其中 $b(v_4)=\min\{b(v_1),c_{14}-x_{14}\}=\min\{2,3-1\}=2$,到此对 v_1 检查完毕,给 v_1 打"√"。

③ 现在已标号待检查的点有 v_2,v_4。取 v_2 检查,因与其相邻的点都已标号,故给 v_2 打"√"。

④ 现在已标号待检查的点只有 v_4。对与其相邻而未标号的点 v_3，v_t 依次判断，执行如下操作：

因有 (v_3, v_4)，而 $x_{34}=1>0$，故给 v_3 标号 $(-v_4, b(v_3))$，其中 $b(v_3)=\min\{b(v_4), x_{34}\}=\min\{2,1\}=1$；

因有 (v_4, v_t)，而 $x_{4t}=7=c_{4t}$，故不给 v_t 标号。到此对 v_4 检查完毕，给 v_4 打"√"。

⑤ 现在已标号待检查的点只有 v_3。对与其相邻而未标号的点 v_t 判断，执行如下操作：

因有 (v_3, v_t)，而 $x_{3t}=3<6=c_{3t}$，故给 v_t 标号 $(v_3, b(v_t))$，其中 $b(v_t)=\min\{b(v_3), c_{3t}-x_{3t}\}=\min\{1, 6-3\}=1$。给 v_3 打"√"。

⑥ 因终点 v_t 得标号，故从 v_t 依次回溯标号点的第一个标号，可得到一条可扩充路，如图 6-16 中的粗箭头所示。

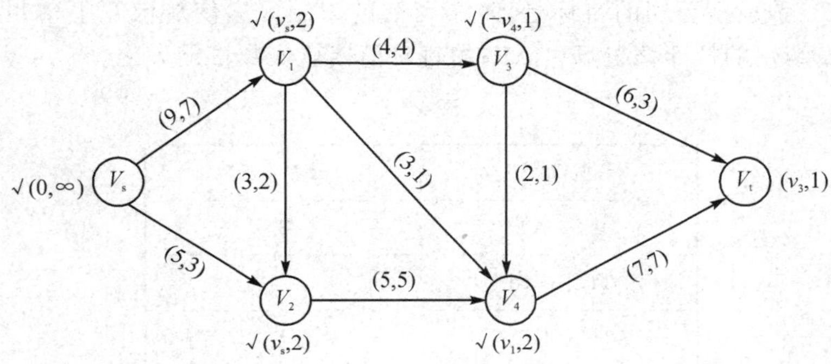

图 6-16　最大流标号算法

⑦ 取调整量 $\theta=b(v_t)=1$，调整可扩充路上各弧的流量：

$$x_{s1}=x_{s1}+\theta=7+1=8$$
$$x_{14}=x_{14}+\theta=1+1=2$$
$$x_{34}=x_{34}-\theta=1-1=0$$
$$x_{3t}=x_{3t}+\theta=3+1=4$$

可扩充路以外各弧的流量不变。这样就得到一个新的可行流，如图 6-17 所示。

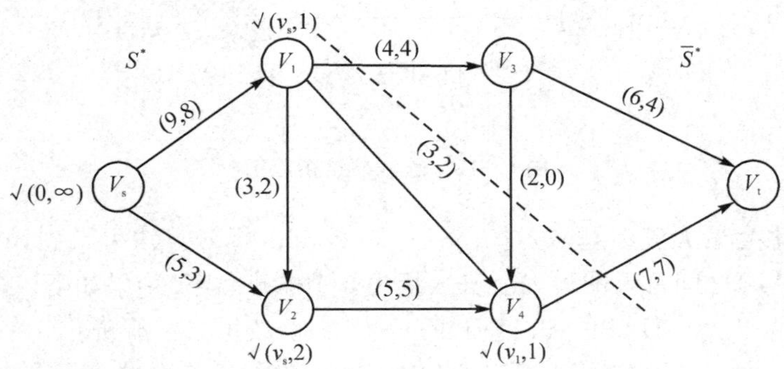

图 6-17　最小流最小割集

在图 6－17 中重复上述标号步骤，依次给 v_s，v_1，v_2，v_4 标号并检查后，由于标号过程停止，故图 6－17 中的可行流即为最大流 X^*。最大流量可按始点 v_s 的净流出量计算：$f(X^*)=8+3=11$，也可按终点 v_t 的净流入量计算：$f(X^*)=4+7=11$。

由于这时的标号点集 $S^*=\{v_s,v_1,v_2,v_4\}$，未标号点集 $\bar{S}^*=\{v_3,v_t\}$，故从 S^* 所含的点出发而跟虚线相交的弧构成最小割集 $(S^*,\bar{S}^*)=\{(v_1,v_3),(v_4,v_t)\}$，最小割容量为 11，与最大流量 $f(X^*)=11$ 相等。

例 6.12　某航空公司需确定从佛罗里达州的代顿滩机场(DAB)到印第安纳州的拉菲德机场(LAF)之间每日的衔接航班数量。衔接航班必须在乔治亚州的亚特兰大机场(ATL)经停，然后再在伊利诺州的芝加哥机场(ORD)或密西根州的底特律机场(DTW)经停一次。根据该航空公司与这些机场目前的协议，在这些城市对之间，该公司每天可运营的航班数量有限制，详见表 6－5。该航空公司的目标是，基于目前的限制因素使从佛罗里达州的代顿滩机场(DAB)到印第安纳州的拉菲德机场(LAF)的每日衔接航班数量最大化。

表 6－5

城市对	每日最大航班数量
DAB—ATL	3
ATL—ORD	2
ATL—DTW	3
ORD—LAF	1
DTW—LAF	2

解　根据题意，可以画出该航空公司的航线网络如图 6－18 所示，节点表示机场，弧表示城市对航线，弧线旁数字表示每日最多航班数量。

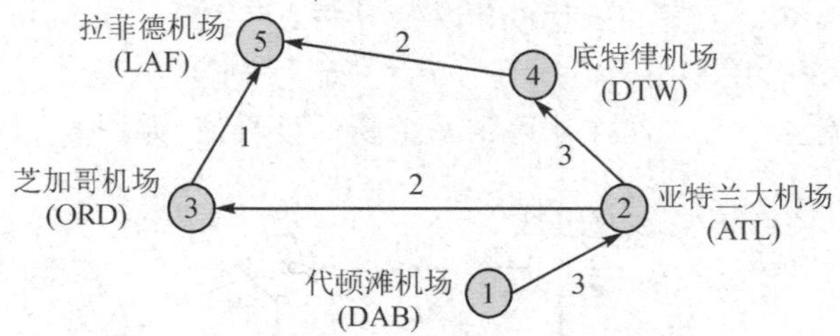

图 6－18　航线网络衔接图

该问题可转化为最大流问题，通过 Ford－Fulkerson 标号算法可得到代顿滩机场(DAB)到拉菲德机场(LAF)之间每天的最大航班数量为 3 个航班，详细结果如下：

DAB—ATL—ORD—LAF 航线上 1 个航班；

DAB—ATL—DTW—LAF 航线上 2 个航班。

此外，上述问题也可通过建立线性规划模型进行求解，令 x_{ij} 为 (v_i,v_j) 的流量，则模型为

$$\max z=f$$

$$
\text{s. t.}\begin{cases}
x_{12}=f \\
x_{12}-x_{23}-x_{24}=0 \\
x_{23}-x_{35}=0 \\
x_{24}-x_{45}=0 \\
x_{35}+x_{45}=1 \\
0\leqslant x_{12}\leqslant 3 \\
0\leqslant x_{23}\leqslant 2 \\
0\leqslant x_{24}\leqslant 3 \\
0\leqslant x_{35}\leqslant 1 \\
0\leqslant x_{45}\leqslant 2
\end{cases}
$$

6.5　最小费用流问题

在求解网络最大流问题时，只考虑了流的数量，没有考虑流的费用。在实际的空中交通管理应用中，更多的是考虑流的最小费用问题。

6.5.1　最小费用流问题的一般提法

已知容量网络 $G=(V,E,C)$，每条边 (v_i,v_j) 除了已给出对应的容量 c_{ij} 外，还给出了每条边单位流量的费用系数 $d_{ij}(\geqslant 0)$，记该网络为 $G=(V,E,C,d)$，求 G 的一个可行流 $f=\{f_{ij}\}$，使得网络流量 $W(f)=v$，且使总费用：

$$d(f)=\sum_{(v_i,v_j)\in E} d_{ij}f_{ij}$$

达到最小，即为最小费用流问题(Minimal Cost Flow Problem)。

特别地，当要求可行流 f 为最大流时，该最小费用流问题即为最小费用最大流问题。

6.5.2　最小费用流问题的线性规划模型

实际上，最小费用流问题是线性规划问题，可用单纯形方法来求解，其线性规划模型可描述为

$$\max d(f)=\sum_{(v_i,v_j)\in E} d_{ij}f_{ij}$$

$$
\text{s. t.}\begin{cases}
\sum_j f_{ij}-\sum_i f_{ji}=\begin{cases} v & (i=s) \\ 0 & (i\neq s,t) \\ -v & (i=t) \end{cases} \\
0\leqslant x_{ij}\leqslant c_{ij} \quad (v_i,v_j)\in E
\end{cases}
$$

当要求网络流量达到最大值 $v=f_{\max}$ 时，即为最小费用最大流问题。实际上，在求解以前并不知道最大流量 $f_{\max}$ 的大小，可用多目标线性规划模型来加以描述，另一目标是使网络流量达到最大。

最小费用流常用的算法有 2 种：① 原始算法；② 对偶算法。下面只介绍第 2 种算法。对偶算法基本思路是：先找到一个流量为 $W(f^{(0)})<v$ 的最小费用流 $f^{(0)}$；然后寻找从 v_s 到 v_t

上的可扩充路μ，用最大流方法将$f^{(0)}$调整为$f^{(1)}$，使$f^{(1)}$的流量增加到$W(f^{(0)})+\theta$，且保证$f^{(1)}$是在$W(f^{(0)})+\theta$流量下的最小费用流；不断重复进行到$W(f)=v$为止。

6.5.3 基本概念

(1) 可扩充路的费用

μ是从v_s到v_t上的可扩充路，在其上发生的费用$d(\mu)=\sum_{\mu^+} d_{ij}-\sum_{\mu^-} d_{ij}$称为可扩充路的费用。

(2) 最小费用可扩充路

μ^*是从v_s到v_t上的所有可扩充路中费用最小的路，称为最小费用可扩充路。

(3) 相对于可行流的长度网络

对网络$G=(V,E,C,d)$，有可行流f，保持原网络各点，每条边用两个方向相反的有向边代替，各边的权重w_{ij}按如下规则：

① 当边$(v_i,v_j)\in E$，令$w_{ij}=\begin{cases} d_{ij} & (当\ f_{ij}<c_{ij}) \\ \infty & (当\ f_{ij}=c_{ij}) \end{cases}$时，其中$\infty$表示这条边已经饱和，不能再增大流量，否则要花费很高的代价，实际无法实现，因此权重为∞的边可从网络中去掉。

② 当边(v_j,v_i)为原来G中(v_i,v_j)的反向边，令$w_{ij}=\begin{cases} -d_{ij} & (当\ f_{ij}>0) \\ \infty & (当\ f_{ij}=0) \end{cases}$时，其中$\infty$表示这条边流量减少为0，不能再减少，权重为$\infty$的边可从网络中去掉。

通过以上调整，得到的网络$L(f)$称为相对于可行流的长度网络。

6.5.4 算法的基本思路和步骤

最小费用流问题的求解方法有多种，它们都是在求最大流的算法基础上作一些改变，使得得到的解是网络上的最大流（或预定值），且总费用最小。这里介绍一种应用较为广泛的“最短路法”，是网络最短路算法和最大流算法的结合。

1. 算法基本思路

把各条弧上单位流量的费用看成某种长度，用求解最短路问题的方法确定一条v_1至v_n的最短路；再将这条最短路作为可扩充路，用求解最大流问题的方法，将其上的流量增至最大值；而这条最短路上的流量增加后，其上各条弧的单位流量的费用进行重新确定。经过多次迭代，最终得到最小费用最大流。在求解带负权的最短路时，可先用二维表格给出有向长度网络图$L(f_{ij}^{(k)})$上的各个$w_{ij}(i=1,2,\cdots,n;j=1,2,\cdots,n)$。

2. 算法基本步骤

① 给定最小费用的初始可行流$\{f_{ij}^0\}=0$，显然此时费用为0，令$k=0$。

② 依据各条弧的初始单位流量的费用d_{ij}，构造初始费用长度网络图$L(f_{ij}^{(0)})$，并以费用为某种长度，求出图$L(f_{ij}^{(0)})$上从v_1至v_n的最短路$P^{(1)}$。如果不存在从v_1至v_n的最短路，则已得到最小费用最大流，停止迭代。否则，转下步。

③ 根据已知的各条弧的容量c_{ij}及可行流$f_{ij}^{(k)}$，把刚求出的最短路$P^{(k+1)}$作为可扩充路，

将其上的流量增至最大值，从而得到一组新的可行流$\{f_{ij}^{(k+1)}\}$。

④ 构造与$\{f_{ij}^{(k+1)}\}$相应的新的费用长度网络图$L(f_{ij}^{(k+1)})$。

在最短路$P^{(k+1)}$上，因为可行流变化导致的单位流量费用需要重新确定。假设在这条最短路上有一条弧(v_i, v_j)，其初始费用为d_{ij}，如弧(v_i, v_j)已经饱和，则费用变为$+\infty$。将此弧去掉，换上一条方向相反的弧(v_j, v_i)，令其费用为$-d_{ij}$；如弧(v_i, v_j)的流量为零，则其状态与给定的全零流的初始状态相同，这样就得到$L(f_{ij}^{(k+1)})$。

需要注意的是，在最短路$P^{(k+1)}$上只有前向弧，但这些前向弧的单位流量费用可能有正有负。

⑤ 求出图$L(f_{ij}^{(k+1)})$上从v_1至v_n的最短路$P^{(k+2)}$。如果不存在从v_1至v_n的最短路，则已得到最小费用最大流，停止迭代；否则，令$k=k+1$，返回步骤③。

下面举一个简单实例来说明方法的应用。

例 6.13　某航空公司要通过如图 6-19 所示的网络将货物分别自节点 1、2 运到节点 5、6 和 7。该公司从起始地到目的地没有直达航班，需要在其枢纽机场——节点 3 或 4 中转。图中节点旁的数字表示供给和需求量(t)，弧线上数字(c_{ij}, d_{ij})为对应航线飞机的容量和每吨货物的运输成本，现需要找出将货物从起始地全部运到目的地且总成本最低的最佳运输方式。

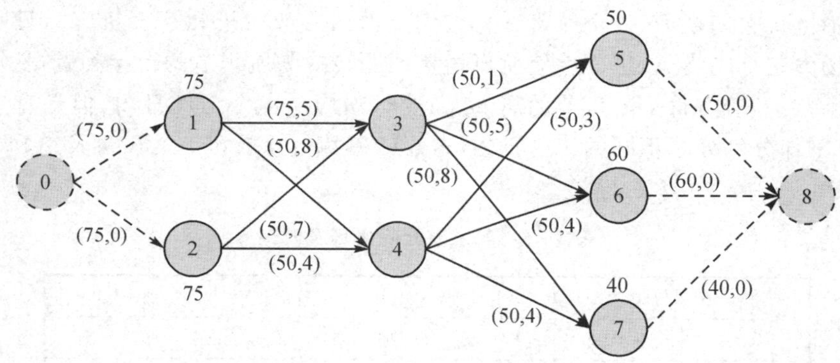

图 6-19　货物运输路径及运量

解　由于该问题是多起点、多终点的问题，首先添加虚的起点 0、终点 8 以及对应的虚弧如图 6-19 所示。对应的虚弧容量分别为起点、终点的供给和需求量(吨)，流入起点的货物为供给量，流出终点的货物为需求量，对应的费用系数是 0，表示实际没有运输费用产生。这样该问题就化为单起点(虚)、单终点(虚)的最小费用最大流问题。

据题意，需要将货物从起始地全部运到目的地，因此要求网络的流量为 150 t，利用线性规划方法或最小费用流方法可解得该问题的具体运输方案为

节点 1-3:75 t；节点 2-4:75 t；节点 3-5:50 t；节点 3-6:25 t；节点 4-6:35 t；节点 4-7:40 t；其余航线节点间运输量均为 0。

此时，总的最低运输成本为 1 150。

6.6　航班衔接问题

航班衔接是指将本航空公司的一个到港航班与另一个离港航班衔接起来，生成若干个“航

班串(Through)”。在此基础上,生产调度人员为每个航班串指派执行的飞机(即飞机指派问题)和空勤机组(即机组指派问题)。因此,编制航班衔接表是航空公司制定日常生产计划的基础,合理安排航班可以更好地进行人员配置、节约资源,并可以在很大程度上提高航空公司的效益。

6.6.1 航班衔接问题模型

1. 基本概念

(1) 单枢纽机场航线网络

是指航空公司的航班围绕一个基地机场安排。基地机场通过点对点的直飞航线与其他城市相连,且该基地机场是所有飞机的维护基地以及飞机和机组人员的主要过夜驻地。目前国内各航空公司均采用该类航线网络。

(2) 航班节(Pair)

仔细分析各航空公司的航班计划可以发现,许多航班之间存在一种“天然”的衔接关系,航班节的构成如表 6-6 中的航班 1 与 2,航班 3、4、5 与 6 等。实际上在航空公司制订日常生产计划的过程中也将它们视为“一个航班”(将它们指派给一架飞机和一套机组),且每个航班节均以枢纽机场为起点和终点,这样就使航班衔接问题转换为航班节的衔接问题,从而使问题的规模大大减小。一般地,每个航班节的离港、到港时刻均在一个工作日内,但是有些航班节的离港、到港时刻却分别处于不同的工作日内,这意味着执行该航班节的飞机及空勤机组需在外站过夜,如表 6-6 中的 3、4、5 与 6。

表 6-6 航班节起降机场及时刻

航班		离港		到港	
序号	航班号	机场	时刻	机场	时刻
1	SZ4301	CTU	12:25	CAN	14:00
2	SZ4302	CAN	14:50	CTU	16:30
3	CZ3195	CAN	18:05	PEK	20:45
4	CZ0355	PEK	23:40	SIN	05:40
5	CZ0356	SIN	00:20	PEK	06:30
6	CZ3196	PEK	08:05	CAN	11:00

(3) 过站时间

飞机在航站完成规定的地面作业任务,如客货装卸、飞机清洁、加水、加油、维护等所需的时间称为过站时间。该时间因机型、机场、航班时刻而异。航班在机场的衔接时间不得短于飞机的最低过站时间 t_{min}。为了能淘汰不良衔接方案并便于对航班衔接方案的调整,对过站时间的上限也加以限制并定义为 t_{max}。

(4) 工作日

自每天的最早出港航班的航前准备工作时刻开始,之后的连续 24 h 为一个工作日。

2. 航班节衔接问题描述

将任意航班节 i 在枢纽机场的到港时刻和离港时刻记为 t_{ai} 和 t_{di}，并以节点 v_{ai} 和 v_{di} 表示，则到港节点集合以及离港节点集合为：

$$V_a=\{v_{ai}\mid i=1,2,\cdots,N\}$$
$$V_d=\{v_{dj}\mid j=1,2,\cdots,N\}$$

其中 N 为航班节数目。

对于任意到港节点 v_{ai} 和离港节点 v_{dj}，如果满足过站时间限制，则意味着航班节 i 与 j 可以构成一个衔接方案，将对应的到港节点 v_{ai} 及离港节点 v_{dj} 以有向衔接弧 e_{ij} 相连，得到衔接弧集合：

$$E_c=\{e_{ij}\mid e_{ij}=(v_{ai},v_{dj}),\quad t_{\min}\leqslant t_{dj}-t_{ai}\leqslant t_{\max},i\neq j\}$$

这样就得到一个描述航班节衔接问题的二部图 $G=(V,E_c)=(V_a,V_d,E_c)$。这里所谓二部图是指顶点集合 $V=V_a\cup V_d$，$V_a\cap V_d=\varnothing$，且 E_c 中每条弧端点分别在集合 V_a 和 V_d 中的图 $G=(V,E_c)$，如图 6-20 所示。

对于二部图 $G=(V,E_c)$，重要的研究问题就是二部图的匹配，即要寻找弧集合 E_c 的子集 M，使得 M 中的任意两条弧都没有公共的端点。如果要求子集 M 中的弧的数目尽可能地多，对应的匹配问题就是二部图的最大匹配问题。显然，该二部图的一个匹配对应了一个航班节衔接方案，且由匹配中的一条(或几条)衔接弧连接起来的航班节就构成了一个航班串。

可以证明，二部图 $G=(V_a,V_d,E_c)$ 的最大匹配对应一个需用飞机数最少的航班衔接方案。这样以飞机需用数最少为目标的航班衔接问题可以用求二部图 $G=(V_a,V_d,E_c)$ 的最大匹配来解决。

3. 二部图匹配问题的求解

二部图的最大匹配问题，可以转化为最大流问题求解。类似于多始点、多终点的最大流问题，在二部图中增加两个虚顶点 v_s、v_t 分别作为始点和终点，并用有向弧(或有向边)把它们与原二部图中的顶点相连。令全部弧对应的容量均为 1，这样每条弧的流量要么是 1，要么是 0。当流量为 1 时，表示航班之间可以衔接。以这种方式可以得到单始点、单终点辅助求解网络 $G'=(v_s,v_d,V_a,V_d,E_c)$，如图 6-21 所示。那么当这个网络的流达到最大流时，就得到以飞机需用数最少为目标的航班衔接问题的最优解。

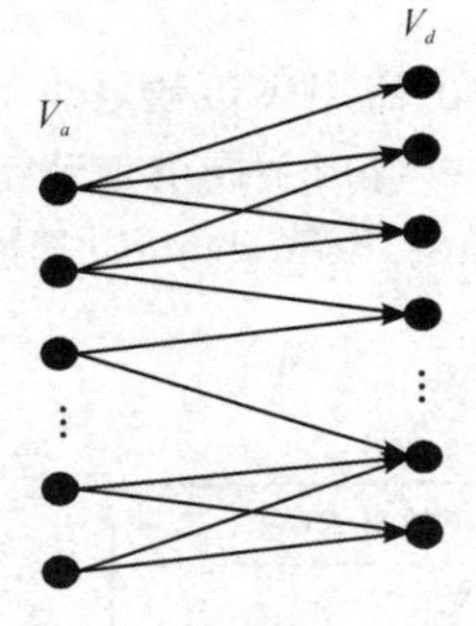

图 6-20　航班节二部图匹配

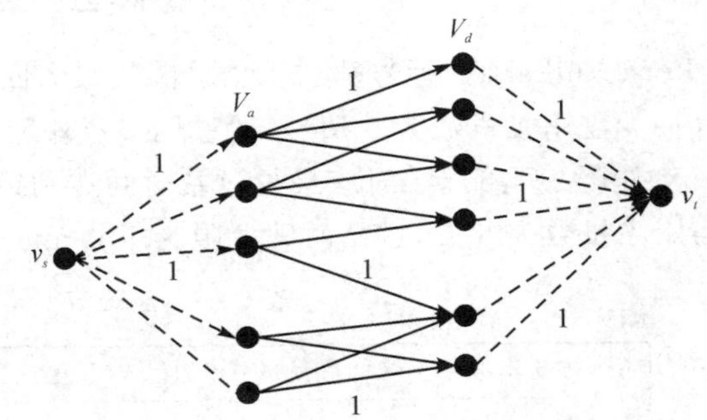

图 6-21　航班节匹配最大流问题

6.6.2 航班衔接问题实例

以表 6-7 中提供的待编排航班节为例,其中共包括 12 个航班节,离到港时刻由 8 位数字组成,依次为月、日、时和分,如 10031340 表示 10 月 3 日 13 时 40 分。

表 6-7

航班节编号	Pair01	Pair02	Pair03	Pair04	Pair05	Pair06
离港时刻	10031700	10031805	10040805	10040900	10040920	10041010
到港时刻	10041250	10041230	10041610	10041355	10041340	10041235
航班节编号	Pair07	Pair08	Pair09	Pair10	Pair11	Pair12
离港时刻	10041310	10041330	10041510	10041605	10041705	10041725
到港时刻	10041625	10051920	10050930	10051445	10050230	10051240

构造网络图如下:以各航班节的到港时刻构造到港节点集合 $V_a=\{v_{ai}\mid i=1,2,\cdots,N\}$,以离港时刻构造离港节点集合 $V_d=\{v_{dj}\mid j=1,2,\cdots,N\}$;根据衔接弧条件构造衔接弧集合 E_c,其中飞机在枢纽机场的过站时间下限取 $t_{\min}=40$ min,过站时间上限依次取 $t_{\max}=240$ min、210 min、180 min 和 150 min,由此得到一个描述航班节衔接问题的二部图,如图 6-22 所示。其中虚线为满足衔接弧条件要求的航班衔接弧,实线表示最大匹配,虚线弧上的数字 1 表示该弧的流量。

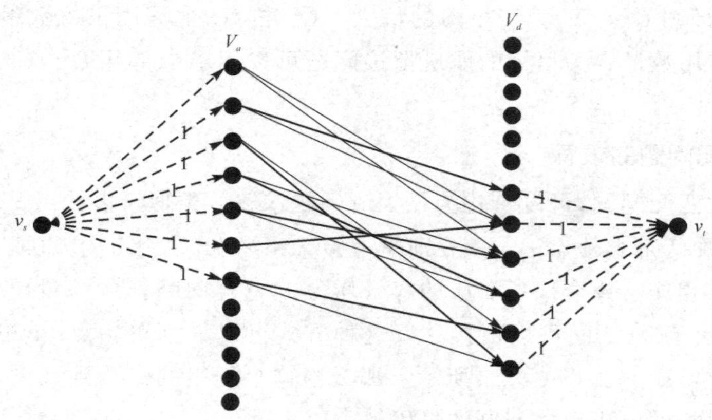

图 6-22

利用 Ford-Fulkerson 标号算法求出该图的最大匹配,从而得出需用飞机数最少的航班节衔接方案(最少需用飞机数为 6 架)。通过调整过站时间上限,可以得出不同的航班节衔接方案。表 6-8 中第 2 列给出了对应最长过站时间达到最短(130 min,Through04)时的航班节衔接方案,需用飞机数为 6 架,过站时间上限为 150 min。

表 6-8　航班节衔接方案

航班串编号	航班节串的组成(优化)	航班节串的组成(人工)
Through 01	Pair 01	Pair 01　Pair 08
Through 02	Pair 02　Pair 07　Pair11	Pair 02　Pair 10

续表 6-8

航班串编号	航班节串的组成(优化)	航班节串的组成(人工)
Through 03	Pair 03　Pair 12	Pair 03　Pair 11
Through 04	Pair 04　Pair 10	Pair 04　Pair 12
Through 05	Pair 05　Pair 09	Pair 05　Pair 09
Through 06	Pair 06　Pair 08	Pair 06　Pair 07

作为对比,表6-8中第3列给出了航空公司调度员在实际编制生产计划时人工排出的航班节串,其最少需用飞机数也为6架,但是航班节串中的最长过站时间为215 min(Through 02,Through 04)。虽然两种航班衔接方案的需用飞机数相同,但是原方案中航班节串Through 06的过站衔接时间只有35 min,未达到最短过站时间40 min的要求,而且表6-8第2列中方案对应的机组值勤时间(航班飞行时间加过站准备时间)较短,有助于降低航空公司的直接运营成本。

当航空公司运营的航班数目增加时,很难用人工的方法来解决航班衔接问题,以得到满足要求的接近最优的航班衔接方案,这时需要借助于一定的模型和计算机计算来得到衔接方案。需要指出的是,在航空公司的日常运营中,航班衔接方案还是一个多目标优化问题,除了使所需飞机数最少外,还需综合考虑飞机的适航限制及维护计划限制、空勤机组的作业时间限制等。

6.7　航线网络优化设计模型

航空公司在设计航线网络时选择的优化目标通常是最小化网络运行成本。在适者生存的竞争环境中,航空公司只有降低运行成本才能立于不败之地。而规划行之有效的航线网络正是降低运行成本的一个重要方面。无论航空公司为航线网络选择何种结构,当航空公司服务的范围不断扩张时,靠手工计算都无法确定最优的航线网络,需要通过数学建模并开发计算机求解程序来辅助做出决策。即使是对于不大复杂的问题,依靠人力也只能给出可行解,难以给出最优解。因此,本节将讨论航线网络的优化建模问题。

6.7.1　城市对航线网络的设计

城市对航线网络一般采用基地运行模式,即每架飞机从基地机场出发向各自的目的地机场飞一个或多个来回程,晚上回到基地机场过夜,执行航后检查,有时还要在夜间进行A检。因此,城市对航线网络的优化设计主要是选择基地机场和通航点(目的地机场)。

为构建城市对航线网络,航空公司需要完成以下事项

① 分别建立基地机场和通航点的评价指标体系。

② 明确候选的基地机场,给出可能的通航点。

③ 收集候选基地机场和各通航点的数据。

④ 对各候选基地机场和各通航点进行综合评估,选择最优的基地机场。

⑤ 对各可能的通航点进行综合评估,并进行排序,根据运力大小依次选择总够多的通航点。

优选出基地机场和各通航点，将基地机场与各通航点之间用航线连接，即得优化的航线网络。

6.7.2 一般航线网络的优化模型

一般航线网络可能包括直飞、经停和中转等多种形式的航线。假设有 n 个城市，对的市场需求做出预测的情况下，要在 n 个城市中确定直飞、经停和中转等多种形式的优化航线网。我们首先建立一个点对点网络，即每个城市都直连的完全网络图，对每对航线的市场需求做出预测，然后对航线网络进行优化设计，即解决两个问题：① 优化选择航线网络的航节；② 优化各点的运输路线。

原本两两相连的城市对网络，经过优化之后会得到如图 6－23 所示的优化航线网络。

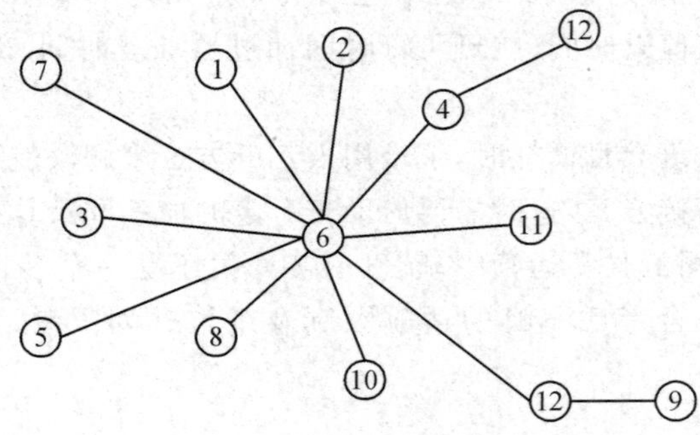

图 6－23　优化重组的航线网络

设某航空公司准备 n 个城市的基础上构建自己的航线网络。全体通航的机场集合记为 N，$\|N\|=n$，对 n 个城市进行编号：$i=1,2,\cdots,n$。n 个城市两两相连构成完全图 $G=(N,A)$，$\{i,j\}$表示航节的同时也表示城市对(i,j)；(i,j)和(j,i)为相应的有向边，同时也分别表示由 i 到 j 和由 j 到 i 的双向城市对。在不会引起混淆的情况下，A 既表示网络 G 的全体无向边也表示全体有向边。C_{ij} 表示经过边(i,j)运送一个单位流的成本，可以有 $C_{ij}=C_{ji}$，也可能有 $C_{ij}\neq C_{ji}$，但有 $C_{ii}=0$。W_{ij} 表示城市 i 到城市 j 之间的客流量，即城市对需求，一般有 $W_{ij}\neq W_{ji}$，但在以直飞航线为主的航线网络中，运行模式总是在基地和其他机场之间飞来回程，所以为简便起见，假设 $W_{ij}=W_{ji}$，并且有 $W_{ii}=0$；F_{kl} 是开辟(或选择)航节$\{k,i\}$的成本。

令变量 $x_{km}^{(i,j)}$ 表示城市对航线网络一般采用基地运行模式，对(i,j)经过航节(k,m)的流量占城市对(i,j)总流量的比例，称为流变量；$y_{km}=\begin{cases}1,\text{开通航节}\{k,m\}\\0,\text{不开通航节}\{k,m\}\end{cases}$，$y_{km}=y_{mk}$，称为航节选择变量。

航线网络的网络流设计模型如下：

$$\min z=\sum_{(i,j)\in A}\sum_{\{k,m\}\in A}W_{ij}(C_{km}x_{km}^{(i,j)}+C_{mk}x_{mk}^{(i,j)})+\sum_{\{k,m\}\in A}F_{km}y_{km} \tag{6-1}$$

$$\text{s.t.}\ \sum_{k\in N}x_{km}^{(i,j)}-\sum_{t\in N}x_{mt}^{(i,j)}=\begin{cases}-1 & (m=i)\\0 & (m\neq i,j,\forall(i,j)\in A)\\1 & (m=j)\end{cases} \tag{6-2}$$

$$\sum_{(i,j)\in A}x_{km}^{(i,j)}\leqslant D_{km}y_{km},\forall\{k,m\}\in A \tag{6-3a}$$

$$\sum_{\{k,m\}\in A} F_{km} y_{km} \leqslant B \tag{6-4}$$

$$x_{km}^{(i,j)} \geqslant 0, y_{km} \in \{0,1\}, (i,j) \in A, \{k,m\} \in A$$

式(6-1)以网络的运输成本和航节开辟成本之和最小为目标函数；约束条件(6-2)是流量平衡方程，保证所有的城市对流都由起点运到终点；式(6-3a)是容量约束条件，它保证只有航节(k,m)开通时才能有流量通过，并且所有城市对经过航节(k,m)的流量之和不超过该航节的容量D_{km}；约束条件(6-4)是投资总额限制，即建设航线网络的总投资不超过限额B；另外$x_{km}^{(i,j)}$是非负变量，y_{km}是 0-1 变量。

容量约束条件(6-3a)的左边对各城市对求和，因此是关于城市对耦合的，是捆绑式约束(bundle constraint)。这个约束条件的存在，使得这个模型的求解十分困难。如果没有容量限制，则式(6-3a)可表达为

$$x_{km}^{(i,j)} \leqslant y_{km}, x_{mk}^{(i,j)} \leqslant y_{km} \tag{6-3b}$$

对只需选择一条最优运输路径。如果对航线的开辟没有资金投入限制，则可删除约束条件(6-4)。此时优化设计模型变为：

$$\min z = \sum_{(i,j)\in A} \sum_{\{k,m\}\in A} W_{ij}(C_{km}x_{km}^{(i,j)} + C_{mk}x_{mk}^{(i,j)}) + \sum_{\{k,m\}\in A} F_{km} y_{km}$$

$$\text{s.t.} \quad \sum_{k\in N} x_{km}^{(i,j)} - \sum_{t\in N} x_{mt}^{(i,j)} = \begin{cases} -1 & (m=i) \\ 0 & (m \neq i,j, \forall (i,j) \in A) \\ 1 & (m=j) \end{cases}$$

$$\sum_{(i,j)\in A} x_{km}^{(i,j)} \leqslant D_{km} y_{km} \quad (\forall \{k,m\} \in A)$$

$$x_{km}^{(i,j)} \geqslant 0, y_{km} \in \{0,1\}, (i,j) \in A, \{k,m\} \in A$$

上述模型分别用最短路算法求解即可。

例 6.12 选择沈阳、北京、青岛、郑州、广州、武汉等 6 个城市，要求这 6 个城市任意两个之间都要通航班，需要构建一个成本最小的航线网络。6 个城市之和运输成本(用距离表示)查附表 3-5 和表 3-6。航节的开辟成本认为是相同的，都取为 20 万元，但不需要考虑航节的容量约束。

解　给 6 个城市进行编号 1-沈阳；2-北京；3-青岛；4-郑州；5-广州；6-武汉，从附表 3-5 和附表 3-6 得到成本和需求矩阵分别为

$$\boldsymbol{C} = \begin{bmatrix} 0 & 730 & 821 & 1\,339 & 2\,672 & 4\,859 \\ 730 & 0 & 646 & 690 & 1967 & 1\,133 \\ 821 & 646 & 0 & 741 & 1\,867 & 1\,117 \\ 1\,339 & 690 & 741 & 0 & 1\,389 & 530 \\ 2\,672 & 1\,967 & 1\,867 & 1\,389 & 0 & 873 \\ 1\,859 & 1\,133 & 1\,117 & 530 & 873 & 0 \end{bmatrix}, \quad \boldsymbol{W} = \begin{bmatrix} 0 & 71 & 13 & 10 & 8 & 4 \\ 71 & 0 & 58 & 29 & 152 & 44 \\ 13 & 58 & 0 & 3 & 12 & 11 \\ 10 & 29 & 3 & 0 & 22 & 4 \\ 8 & 152 & 12 & 22 & 0 & 37 \\ 4 & 44 & 11 & 4 & 37 & 0 \end{bmatrix}$$

如果采用城市对航线网络，这 6 个城市之间都要开辟航线，共有 15 条航线，开辟成全联通航线网络，如图 6-24 所示，这个网络的构建成本是 300 万元，网络运输成本等于 1 257 768 元，总成本等于 4 257 768 元。

如果将上述参数代入模型(6-1)～模型(6-4)，应用 ILOG/CPLEX 求解得到的结果：最优总成本为 2 332 570 元，运输成本为 1 332 570 元。由于需求和成本具有对称性，只列出$(i,$

j),$i<j$ 的结果。

$$x_{12}^{(1,2)}=x_{12}^{(1,3)}=x_{23}^{(1,3)}=x_{12}^{(1,4)}=x_{24}^{(1,4)}=x_{12}^{(1,5)}=x_{24}^{(1,5)}$$
$$=x_{46}^{(1,5)}=x_{65}^{(1,5)}=x_{12}^{(1,6)}=x_{24}^{(1,6)}=x_{46}^{(1,6)}=1$$
$$x_{23}^{(2,3)}=x_{24}^{(2,4)}=x_{24}^{(2,5)}=x_{46}^{(2,5)}=x_{65}^{(2,5)}=x_{24}^{(2,6)}=x_{46}^{(2,6)}=1$$
$$x_{46}^{(4,5)}=x_{65}^{(4,5)}=x_{46}^{(4,6)}=x_{56}^{(5,6)}=1$$
$$x_{32}^{(3,4)}=x_{24}^{(3,4)}=x_{32}^{(3,5)}=x_{24}^{(3,5)}=x_{46}^{(3,5)}=x_{32}^{(3,6)}=x_{24}^{(3,6)}=x_{46}^{(3,6)}=1$$
$$y_{12}=y_{23}=y_{24}=y_{46}=y_{56}=1$$

优化的航线网络如图 6-25 所示。其中北京、郑州和武汉都是中转机场,没有考虑中转运输产生的汇流效应(规模经济效应),单位流费用与运输方式无关,因此中转运输导致某些城市对的运输路线拉长,致总的运输费用增加。实际上由于汇流效应,中转运输将使单位流费用降低,在不计中转时间成本的情况下,总的运输费用应该减少。

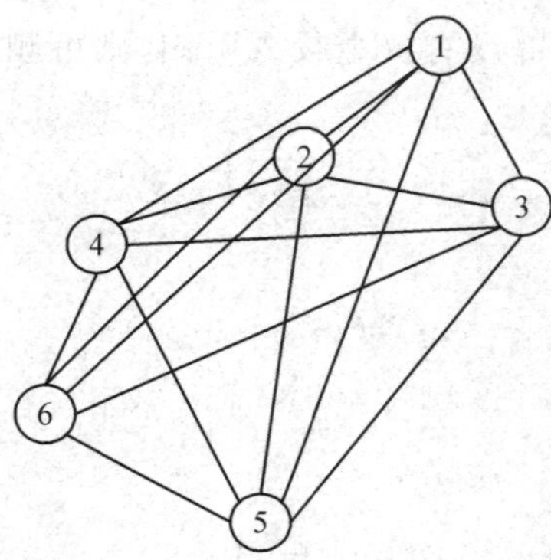

图 6-24　6 个城市对完全网络图

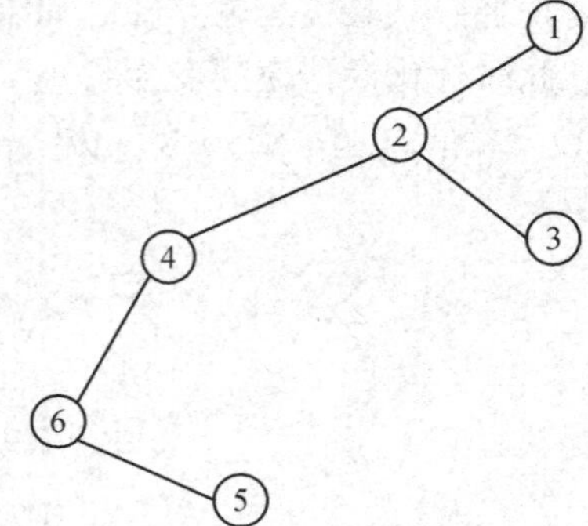

图 6-25　优化的航线网络图

习　题

6.1　判断下列说法是否正确。

① 图论中的图不仅反映了研究对象之间的关系,而且是真实图形的写照,因而对图中点与点的相对位置,点与点之间连线的长短曲直等都要严格注意。

② 在任一图 G 中,当点集 V 确定后,生成树是 G 中边数最少的连通图。

③ 若图中某点 v_i 有若干个相邻点,与其距离最远的相邻点为 v_j,则边(v_i,v_j)必不包含在最小生成树内。

④ 若图中从 v_1 至各点均有唯一的最短路,则连接 v_1 至其他各点的最短路再去掉重复部分后,恰好构成该图的最小生成树。

⑤ 求网络最大流问题可归纳为求解一个线性规划模型。

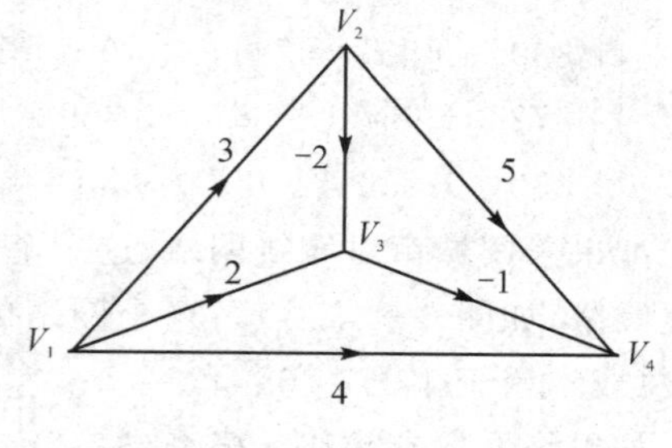

图 6-26

6.2　求图 6-26 中从 V_1 到 V_4 的最短路。

6.3　分别用破圈法和避圈法求图 6-27 的最

小生成树。

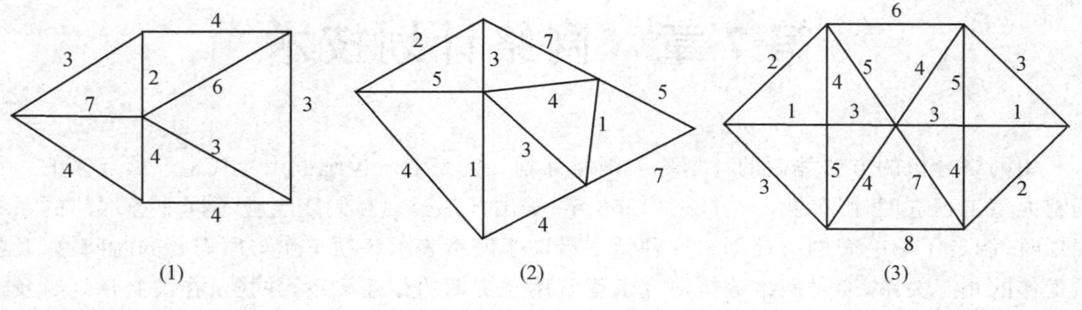

图 6 - 27

6.4　用标号法求图 6 - 28 网络中从 V_s 到 V_t 的最大流，图中数字为容量。

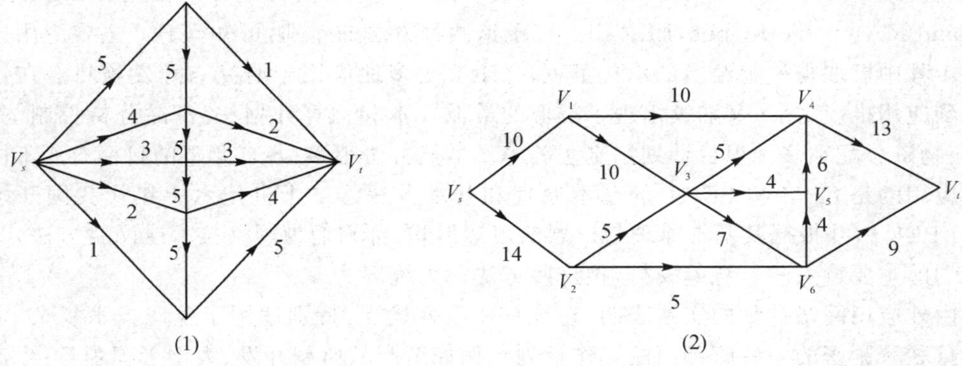

图 6 - 28

6.5　求图 6 - 29 V_1 到各点的最短路。

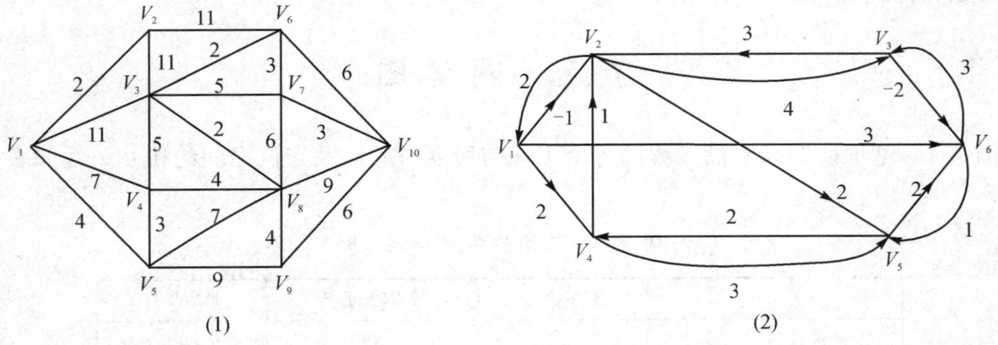

图 6 - 29

第 7 章 网络计划技术

用网络分析的方法编制的计划称为网络计划。它是二十世纪五十年代末发展起来的一种编制大型工程进度计划的有效方法。1956 年，美国杜邦公司在制定企业不同业务部门的系统规划时，制定了第一套网络计划。这种计划借助于网络表示各项工作与所需要的时间，以及各项工作的相互关系，通过网络分析研究工程费用与工期的相互关系，并找出在编制计划时及计划执行过程中的关键路线。这种方法称为关键路线法(Critical Path Method，CPM)。1958 年，美国海军武器部，在制定研制“北极星”导弹计划时，同样地应用了网络分析方法与网络计划。但它注重于对各项工作安排的评价和审查。这种计划称为计划评审方法(Program Evaluation and Review Technique，PERT)。鉴于这两种方法的差别，可知，CPM 主要应用于以往在类似工程中已取得一定经验的承包工程；PERT 更多地应用于研究与开发项目。在这两种方法得到应用推广之后，又陆续出现了类似的最低成本和估算计划法、产品分析控制法、人员分配法、物资分配和多种项目计划制定法等等。虽然方法很多，各自侧重的目标有所不同。但它们都应用的是 CPM 和 PERT 的基本原理和基本方法。二十世纪六十年代我国开始应用 CPM 与 PERT，并根据其基本原理与计划的表达形式，称它们为网络技术或网络方法，又按照网络计划的主要特点——统筹安排，把这些方法称为统筹法。

国内外应用网络计划的实践表明，它具有一系列优点，特别适用于生产技术复杂，工作项目繁多且联系紧密的一些跨部门的工作计划。例如新产品研制开发、大型工程项目、生产技术准备、设备大修等计划。还可以应用在人力、物力、财力等资源的安排，合理组织报表、文件流程等方面。编制网络计划包括绘制网络图，计算时间参数，确定关键路线及网络优化等环节。下面分别讨论这些内容。

7.1 网络图

例 7.1 某项研制新产品工程的各个工序与所需时间以及它们之间的相互关系如表 7-1 所列。

表 7-1 工序关系、代号及工时

工　序	工序代号	所需时间/天	紧后工序
产品设计与工艺设计	a	60	b,c,d,e
外购配套件	b	45	l
下料、锻件	c	10	f
工装制造 1	d	20	g,h
木模、铸件	e	40	h
机械加工 1	f	18	l
工装制造 2	g	30	k

续表 7－1

工　序	工序代号	所需时间/天	紧后工序
机械加工 2	h	15	l
机械加工 3	k	25	l
装配调试	l	35	—

要求编制该项工程的网络计划。

为了编制网络计划，首先需绘制网络图。网络图是由节点（点）、弧及权所构成的有向图。即有向的赋权图。

节点表示一个事项（或事件），它是一个或若干个工序的开始或结束，是相邻工序在时间上的分界点。节点用圆圈和里面的数字表示，数字表示节点的编号，如①，②，…

弧表示一个工序，工序是指为了完成工程项目，在工艺技术和组织管理上相对独立的工作或活动。一项工程由若干个工序组成。工序需要一定的人力、物力等资源和时间。弧用箭线"→"表示。

权表示为完成某个工序所需要的时间或资源等数据。通常标注在箭线下面或其他合适的位置上。

根据表 7－1 的已知条件和数据，绘制的网络如图 7－1 所示。

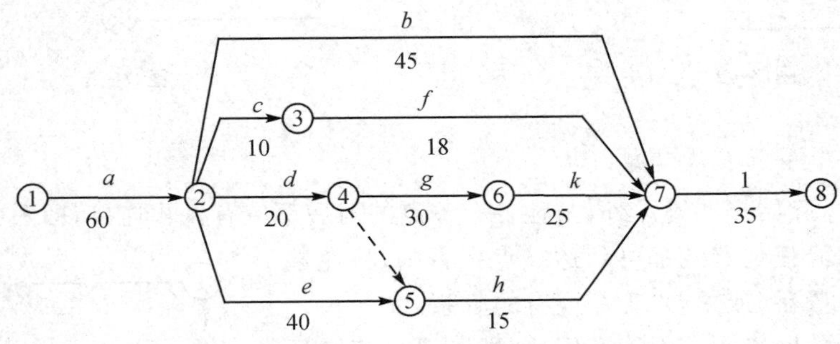

图 7－1　网络计划图

在图 7－1 中，箭线 a、b… l 分别代表 10 个工序。箭线下面的数字表示为完成该个工序所需的时间（天数）。节点①、②…⑧分别表示某一或某些工序的开始和结束。例如，节点②表示 a 工序的结束和 b、c、d、e 等工序的开始，即 a 工序结束后，后 4 个工序才能开始。

在绘制网络图中，用一条弧和两个节点表示一个确定的工序。例如，②→⑦表示一个确定的工序 b。工序开始的节点称为箭尾节点，如 b 工序的②；工序结束的节点称为箭头节点，如 b 工序的⑦。②称为箭尾事项，⑦称为箭头事项。工序的箭尾事项与箭头事项称为该工序的相关事项。在一张网络图上只能有始点和终点两个节点，分别表示工程的开始和结束，其他节点既表示上一个（或若干个）工序的结束，又表示下一个（或若干个）工序的开始。

为正确反映工程中各个工序的相互关系，在绘制网络图时，应遵循以下规则：

(1) 方向、时序与节点编号

网络图是有向图，按照工艺流程的顺序，规定工序从左向右排列。网络图中的各个节点都有一个时间（某一个或若干个工序开始或结束的时间），一般按各个节点的时间顺序编号。为了便于修改编号及调整计划，可以在编号过程中，留出一些编号。始点编号可以从 1 开始，也可以从 0 开始。

(2) 紧前工序与紧后工序

例如，在图 7 - 1 中，只有在 a 工序结束以后，b、c、d、e 工序才能开始。a 工序是 b、c、d、e 等工序的紧前工序，而 b、c、d、e 等工序则是 a 工序的紧后工序。

(3) 虚工序

为了用来表达相邻工序之间的衔接关系，是实际上并不存在而虚设的工序。虚工序不需要人力、物力等资源和时间。只表示某工序必须在另外一个工序结束后才能开始。如图 7 - 1 中，虚工序④---→⑤只表示在 d 工序结束后，h 工序才能开始。

(4) 相邻两个节点之间只能有一条弧

即一个工序用确定的两个相关事项表示，某两个相邻节点只能是一个工序的相关事项。

在计算机上计算各个节点和各个工序的时间参数时，相关事项的两个节点只能表示一道工序，否则将造成逻辑上的混乱。如图 7 - 2 的画法是错误的，图 7 - 3 的画法是正确的。

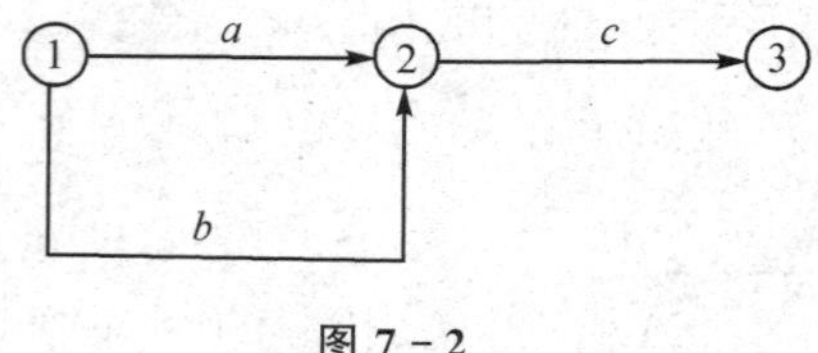

图 7 - 2

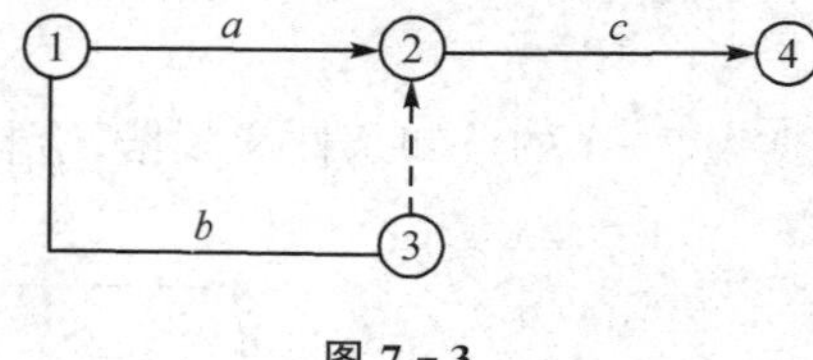

图 7 - 3

(5) 网络图中不能有缺口和回路

在网络图中，除始点和终点外，其他各个节点的前后都应有弧相连接，即图中不能有缺口，使网络图从始点经任何路线都可到达终点。否则，将使某些工序失去与其紧后(或紧前)工序应有的联系。

在本章讨论的网络图中不能有回路，即不可能有循环现象。否则，将使组成回路的工序永远不能结束，那么工程永远不能完工。在如下网络图 7 - 4 中出现的情况，显然是错误的。

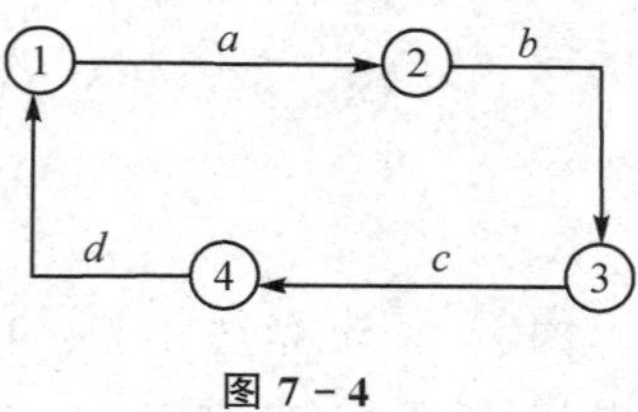

图 7 - 4

(6) 平行作业

为缩短工程的完工时间，在工艺流程和生产组织条件允许的情况下，某些工序可以同时进行，即可采用平行作业的方式。如在图 7 - 1 中，工序 b、c、d、e 4 个工序即可平行作业。

在有几个工序平行作业结束后转入下一道工序的情况下，考虑到便于计算网络时间和确定关键路线，选择在平行作业的几个工序中所需时间最长的一个工序，直接与其紧后工序衔接，而其他工序则通过虚工序与其紧后工序衔接。如在图 7 - 1 中，工序 d、e 平行作业，这两个工序都结束后，它们的紧后工序 h 才可能开始。在工序 d、e 中，工序 e 所需的时间(40 天)比工序 d 所需时间(20 天)长，则工序 e 直接与工序 h 连接，而工序 d 则通过虚工序与工序 h 连接。

(7) 交叉作业

对需要较长时间才能完成的一些工序，在工艺流程与生产组织条件允许的情况下，可以不必等待工序全部结束后再转入其紧后工序，而是分期分批的转入。这种方式称为交叉作业。交叉作业可以缩短工程周期。如在图7-1中，将工装制造分为两批，即工序 d、g，分别与紧后工序 h 、k 连接。

(8) 始点和终点

为表示工程的开始和结束，在网络图中只能有一个始点和一个终点。当工程开始时有几个工序平行作业，或在几个工序结束后完工，用一个始点、一个终点表示。若这些工序不能用一个始点或一个终点表示时，可用虚工序把它们与始点或终点连起来。

(9) 网络图的分解与综合

根据网络图的不同需要，一个工序所包括的工作内容可以多一些，即工序综合程度较高。也可以在一个工序中所包括的工作内容少一些，即工序综合程度较低。一般情况下，工程总指挥部制定的网络计划是工序综合程度较高的网络图(母网络图)而下一级部门，根据综合程度高的网络图的要求，制定本部门的工序综合程度低的网络图(子网络图)。将母网络分解为若干个子网络，称为网络图的分解。而将若干个子网络综合为一个母网络，则称为网络图的综合。若将图7-1视为一个母网络。它可以分解为工序 a，工序 b、c、d、e、f、g、h、k，及工序 l 这3个子网络。工序 a 和工序 l 都可以再分解为综合程度较低的若干个工序。

(10) 网络图的布局

在网络图中，尽可能将关键路线布置在中心位置，并尽量将联系紧密的工作布置在相近的位置。为使网络图清楚和便于在图上填写有关的时间数据与其他数据，弧线尽量用水平线或具有一段水平线的折线。网络图也可以附有时间进度；必要时也可以按完成各工序的工作单位布置网络图。

7.2　网络时间与关键路线

7.2.1　路线与关键路线

在网络图中，从始点开始，按照各个工序的顺序，连续不断地到达终点的一条通路称为路线。如在图7-1中，共有5条路线，5条路线的组成及所需要的时间如表7-2所列。

表7-2　网络工序路线

路　线	路线的组成	各工序所需的时间之和/天
1	①→②→⑦→⑧	60＋45＋35＝140
2	①→②→③→⑦→⑧	60＋10＋18＋35＝123
3	①→②→④→⑥→⑦→⑧	60＋20＋30＋25＋35＝170
4	①→②→④→⑤→⑦→⑧	60＋20＋15＋35＝130
5	①→②→⑤→⑦→⑧	60＋40＋15＋35＝150

在各条路线上,完成各个工序的时间之和是不完全相等的。其中,完成各个工序需要时间最长的路线称为关键路线,或称为主要矛盾线。在图 7-1 中,第 3 条路线就是条关键路线,组成关键路线的工序称为关键工序。如果能够缩短关键工序所需的时间,就可以缩短工程的完工时间。而缩短非关键路线上的各个工序所需要的时间,却不能使工程的完工时间提前。即使在一定范围内适当地拖长非关键路线上各个工序所需要的时间,也不至于影响工程的完工时间。编制网络计划的基本思想就是在一个庞大的网络图中找出关键路线。对各关键工序,优先安排资源,挖掘潜力,采取相应措施,尽量压缩需要的时间。而对非关键路线上的各工序,只要在不影响工程完工时间的条件下,抽出适当的人力、物力等资源,用在关键工序上,以达到缩短工程工期,合理利用资源等目的。在执行计划过程中,可以明确工作重点,对各关键工序加以有效控制和调度。

关键路线是相对的,也是可以变化的。在采取一定的技术组织措施之后,关键路线有可能变为非关键路线。而非关键路线也有可能变为关键路线。

7.2.2 网络时间的计算

为了编制网络计划和找出关键路线,要计算网络图中各个事项及各个工序的有关时间,称这些有关时间为网络时间。

(一) 作业时间

为完成某一工序所需要的时间称为该工序的作业时间,用 T_{ij} 表示。

(二) 事项时间

① 事项最早时间 $T_E(j)$

若事项为某一工序的箭尾事项时,事项最早时间为各工序的最早可能开始时间。若事项为某一或若干工序的箭头事项时,事项最早时间为各工序的最早可能结束时间。通常是按箭头事项计算事项最早时间,用 $T_E(j)$表示,它等于从始点事项起到本事项最长路线的时间长度。计算事项最早时间是从始点事项开始,自左向右逐个事件向前计算。假定始点事项的最早时间等于零,即 $T_E(1)=0$。箭头事项的最早时间等于箭尾事项最早时间加上作业时间。当同时有两个或若干个箭线指向箭头事项时,选择各工序的箭尾事项最早时间与各自工序作业时间之和的最大值。即:

$$T_E(1)=0$$

$$T_E(j)=\max\{T_E(i)+T(i,j)\}\quad (j=2,3,\cdots,n)$$

式中:$T_E(j)$为箭头事项的最早时间;

$T_E(i)$ 为箭尾事项的最早时间;

例如,在网络图 7-1 中各事项的最早时间为

$$T_E(1)=0$$

$$T_E(2)=T_E(1)+T(1,2)=0+60=60$$

$$T_E(3)=T_E(2)+T(2,3)=60+10=70$$

$$T_E(4)=T_E(2)+T(2,4)=60+20=80$$

$$\begin{aligned}T_E(5)&=\max\{T_E(2)+T(2,5),T_E(4)+T(4,5)\}\\&=\max\{60+40,80+0\}=100\end{aligned}$$

$$T_E(6)=T_E(4)+T(4,6)=80+30=110$$

$$T_E(7)=\max\{T_E(2)+T(2,7),T_E(3)+T(3,7),T_E(6)+T(6,7),T_E(5)+T(5,7)\}$$
$$=\max\{60+45,70+18,110+25,100+15\}=135$$
$$T_E(8)=T_E(7)+T(7,8)=135+35=170$$

将上述计算结果计入各事项的方框内，见图 7－5。

② 事项最迟时间 $T_L(i)$

即箭头事项各工序的最迟必须结束时间，或箭尾事项各工序的最迟必须开始时间。

为了尽量缩短工程的完工时间，把终点事项的最早时间，即工程的最早结束时间作为终点事项的最迟时间。事项最迟时间通常按箭尾事项的最迟时间计算，从右向左反顺序进行。箭尾事项的最迟时间等于箭头事项的最迟时间减去该工序的作业时间。当箭尾事项同时引出两个以上箭线时，该箭尾事项的最迟时间必须同时满足这些工序的最迟必须开始时间。所以在这些工序的最迟必须开始时间中选一个最早（时间值最小）的时间，即

$$T_L(n)=T_E(n)\quad(n\text{ 为终点事项})$$
$$T_L(i)=\min\{T_L(j)-T(i,j)\}\quad(i=n-1,\cdots,2,1)$$

式中：$T_L(i)$ 为箭尾事项的最迟时间；$T_L(j)$ 为箭头事项的最迟时间。

按此方法，我们可计算各事项的最迟时间：

$$T_L(8)=T_E(8)=170$$
$$T_L(7)=T_L(8)-T(7,8)=170-35=135$$
$$T_L(6)=T_L(7)-T(6,7)=135-25=110$$
$$T_L(5)=T_L(7)-T(5,7)=135-20$$
$$T_L(4)=\min\{T_L(6)-T(4,6),T_L(5)-T(4,5)\}=\min\{110-30,120-0\}=80$$
$$T_L(3)=T_L(7)-T(3,7)=135-18=117$$
$$T_L(2)=\min\{T_L(7)-T(2,7),T_L(3)-T(2,3),T_L(4)-T(2,4),T_L(5)-T(2,5)\}$$
$$=\min\{135-45,117-10,80-20,120-40\}=60$$
$$T_L(1)=T_L(2)-T(1,2)=60-60=0$$

将各事项的最迟时间记入该事项的三角框内，见图 7－5 所示。

（三）工序的最早开始时间、最早结束时间、最迟结束时间与最迟开始时间

① 工序的最早开始时间 $T_{ES}(i,j)$

任何一个工序都必须在其紧前工序结束后才能开始。紧前工序最早结束时间即为工序最

早可能开始时间，简称为工序最早开始时间，用 $T_{ES}(i,j)$表示。它等于该工序箭尾事项的最早时间，即

$$T_{ES}(i,j)=T_E(i)$$

在图 7－5 中：

$$T_{ES}(1,2)=0$$
$$T_{ES}(2,3)=T_{ES}(2,4)=T_{ES}(2,5)=T_{ES}(2,7)=60$$
$$T_{ES}(3,7)=70$$
$$T_{ES}(4,6)=80$$
$$T_{ES}(5,7)=100$$
$$T_{ES}(6,7)=110$$

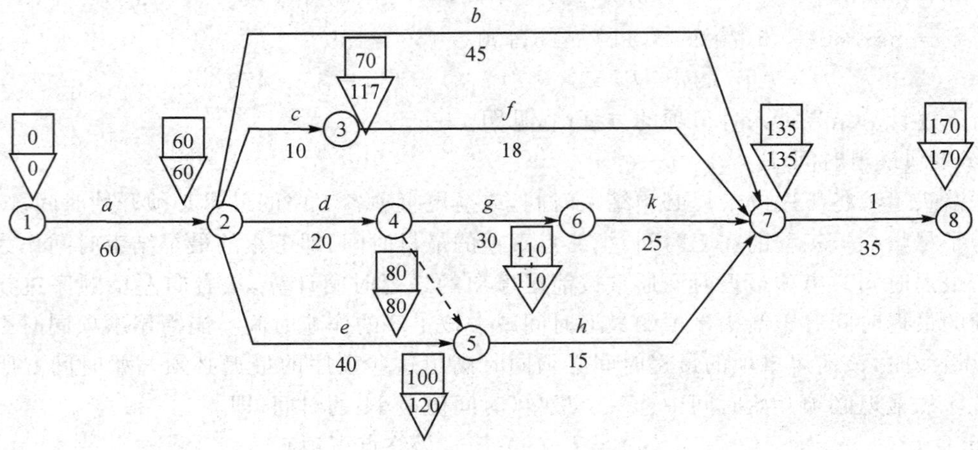

图 7-5　工程网络图事项时间计算

$$T_{ES}(7,8)=135$$

② 工序最早结束时间 $T_{EF}(i,j)$

是工序最早可能结束时间的简称,它等于工序最早开始时间加上该工序的作业时间。即

$$T_{EF}(i,j)=T_{ES}(i,j)+T(i,j)$$

在图 7-5 中,

$$T_{EF}(1,2)=0+60=60$$
$$T_{EF}(2,3)=60+10=70$$
$$T_{EF}(2,4)=60+20=80$$
$$T_{EF}(2,5)=60+40=100$$
$$T_{EF}(2,7)=60+45=105$$
$$T_{EF}(3,7)=70+18=88$$
$$T_{EF}(4,6)=80+30=110$$
$$T_{EF}(5,7)=100+15=115$$
$$T_{EF}(6,7)=110+25=135$$
$$T_{EF}(7,8)=135+35=170$$

③ 工序最迟结束时间 $T_{LF}(i,j)$

在不影响工程最早结束时间的条件下,工序最迟必须结束时间。简称为工序最迟结束时间,用 $T_{LF}(i,j)$表示。它等于工序的箭头事项的最迟时间,即

$$T_{LF}(i,j)=T_L(j)$$

在图 7-5 中,

$$T_{LF}(7,8)=170$$
$$T_{LF}(6,7)=T_{LF}(5,7)=T_{LF}(3,7)=T_{LF}(2,7)=135$$
$$T_{LF}(4,6)=110$$
$$T_{LF}(2,5)=120$$
$$T_{LF}(2,4)=80$$

$$T_{LF}(2,3)=117$$

$$T_{LF}(1,2)=60$$

④ 工序最迟开始时间 $T_{LS}(i,j)$

在不影响工程最早结束时间的条件下，工序最迟必须开始的时间。简称为工序最迟开始时间，用 $T_{LS}(i,j)$表示。它等于工序最迟结束时间减去工序的作业时间，即

$$T_{LS}(i,j)=T_{LF}(i,j)-T(i,j)$$

在图 7-5 中，

$$T_{LS}(1,2)=60-60=0$$

$$T_{LS}(2,3)=117-10=107$$

$$T_{LS}(2,4)=80-20=60$$

$$T_{LS}(2,5)=120-40=80$$

$$T_{LS}(2,7)=135-45=90$$

$$T_{LS}(3,7)=135-18=117$$

$$T_{LS}(4,6)=110-30=80$$

$$T_{LS}(5,7)=135-15=120$$

$$T_{LS}(6,7)=135-25=110$$

$$T_{LS}(7,8)=170-35=135$$

⑤ 工序总时差 $TF(i,j)$

在不影响工程最早结束时间的条件下，工序最早开始(或结束)时间可以推迟的时间，称为该工序的总时差(工序的完工期可以推迟的时间)。即：

工序总时差＝最迟开始－最早开始　[$TF(i,j)=T_{LS}(i,j)-T_{ES}(i,j)$]

工序总时差＝最迟结束－最早结束　[$TF(i,j)=T_{LF}(i,j)-T_{EF}(i,j)$]

工序总时差越大，表明该工序在整个网络中的机动时间越大，可以在一定范围内将该工序的人力、物力资源利用到关键工序上去，以达到缩短工程结束时间的目的。

⑥ 工序单时差 $FF(i,j)$

在不影响紧后工序最早开始时间的条件下，工序最早结束时间可以推迟的时间，称为该工序的单时差。

$$FF(i,j)=T_{ES}(j,k)-T_{EF}(i,j)$$

式中，$T_{ES}(j,k)$为工序 $i\rightarrow j$ 的紧后工序的最早开始时间。工序总时差、单时差及其紧后工序的最早开始时间、最迟开始时间的关系如图 7-6 所示。

总时差为零的工序，开始和结束的时间没有一点机动的余地。由这些工序所组成的路线就是网络中的关键路线。这些工序就是关键工序。用计算工序总时差的方法确定网络中的关键工序和关键路线是确定关键路线最常用的方法。在图 7-7 中，工序 a、d、g、k、l 的总时差为 0，由这些工序组成的路线就是图 7-7 中的关键路线。

通过上述的网络时间参数计算过程可以看出，计算过程具有一定的规律和严格的程序。可以在计算机上进行计算，也可以用表格法与矩阵法计算。

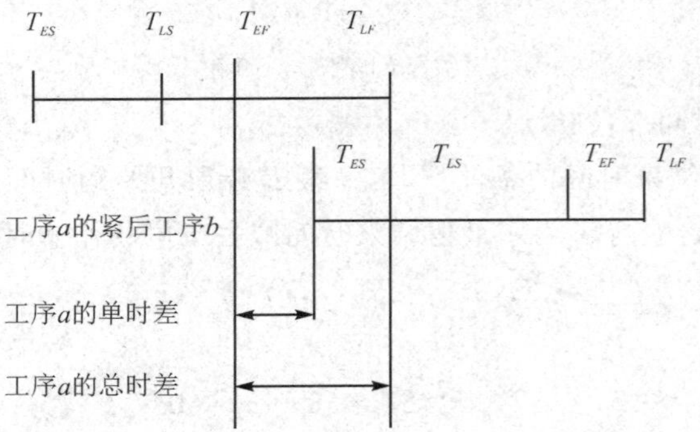

图 7－6　工序总时差和单时差示意图

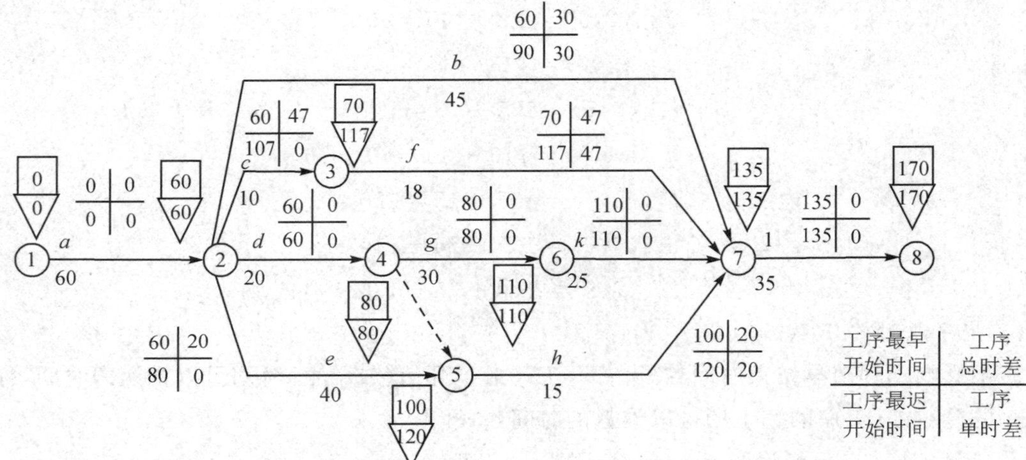

图 7－7　工程网络图事项时间及工序时间计算

7.3　网络优化

绘制网络图、计算网络时间和确定关键路线，得到一个初始的计划方案。但通常还要对初始计划方案进行调整和完善。根据计划的要求，综合地考虑进度、资源利用和降低费用等目标，即进行网络优化，确定最优的计划方案。

(1) 时间优化

根据对计划进度的要求，缩短工程完工时间。

① 采取技术措施，缩短关键工序的作业时间；

② 采取组织措施，充分利用非关键工序的总时差，合理调配技术力量及人、财、物力等资源，缩短关键工序的作业时间。

(2) 时间——资源的优化

在编制网络计划安排工程进度的同时，就要考虑尽量合理地利用现有资源，并缩短工程周期。但是，由于一项工程所包括的工作项目繁多，涉及到的资源利用情况比较复杂，往往不可能在编制网络计划时，一次性就把进度和资源利用都能够做出统筹合理的安排，常常是需要进行几次综合平衡之后，才能得到在时间进度及资源利用等方面都比较合理的计划方案。具体的要求和作法是：

① 优先安排关键工序所需要的资源；

② 利用非关键工序的总时差，错开各工序的开始时间，拉平资源需求的高峰；

③ 在确实受到资源限制，或者在考虑综合经济效益的条件下，也可以适当的推迟工程完工时间。

(3) 时间——费用优化

在编制网络计划过程中，研究如何使工程完工时间短、费用少；或者在保证既定的工程完工时间的条件下，所需要的费用最少；或者在限制费用的条件下，工程完工时间最短；这就是时间——费用优化所要研究和解决的问题。

为完成一项工程，所需要的费用可分为两大类：

① 直接费用

包括直接生产工人的工资及附加费、设备、能源、工具及材料消耗等直接与完成工序有关的费用。为缩短工序的作业时间，需要采取一定的技术组织措施，相应地要增加一部分直接费用。在一定条件下和一定范围内，工序的作业时间越短，直接费用就越多。

② 间接费用

包括管理人员的工资、办公费用等。间接费用，通常按照施工时间的长短分摊，在一定生产规模内，工序的作业时间越短，分摊的间接费用就越少。

在进行时间——费用优化时，需要计算在采取各种技术组织措施之后，工程项目的不同的完工时间所对应的工序总费用和工程项目所需要的总费用。使得工程费最低的工程完工时间称为最低成本日程。编制网络计划，无论是以降低费用为主要目标，还是以尽量缩短工程完工时间为主要目标，都要计算最低成本日程，从而提出时间——费用的优化方案。下面以一实例说明计算最低成本日程的一种直观判断的方法。

已知图 7-5 中各道工序正常情况下的作业时间（已标在各条弧线的下方）和极限时间，以及对应于正常时间、极限时间各工序所需要的直接费用和每缩短一天工期需要增加的直接费用，见表 7-3。

表 7-3

工　序	正常情况下		采取各种措施后		缩短一天工期增加的直接费用/(元·天$^{-1}$)
	正常时间/天	工序的直接费用/元	极限时间/天	工序的直接费用/元	
a	60	10 000	60	10 000	—
b	45	4 500	30	6 300	120
c	10	2 800	5	4 300	300
d	20	7 000	10	11 000	400

续表 7-3

工　序	正常情况下		采取各种措施后		缩短一天工期增加的直接费用/(元·天$^{-1}$)
	正常时间/天	工序的直接费用/元	极限时间/天	工序的直接费用/元	
e	40	10 000	35	12 500	500
f	18	3 600	10	5 440	230
g	30	9 000	20	12 500	350
h	15	3 750	10	5 750	400
k	25	6 250	15	9 150	290
l	35	12 000	60	12 000	—

表中，缩短一天工期增加的直接费用变动率用 g 表示，它是一个平均数。

$$g=\frac{\text{极限时间的工序直接费用}-\text{正常时间的工序直接费用}}{\text{正常时间}-\text{极限时间}}$$

工序 a、l 由于某种原因(人员、场地负荷已饱满，为保证产品质量不宜外协等)，正常时间不能缩短。它们不存在直接费用变动。

又已知工程项目每天的间接费用为 400 元，按图 7-5 及表 7-3 中的已知资料，若按图 7-5 安排，工程工期为 170 天，则工程的直接费用(各工序直接费用之和)为 68 900 元，间接费用为 170 天×400 元/天＝68 000 元，总费用为 136 900 元。

把这个按正常时间进行的方案作为第一方案。如果要缩短第一方案的完工时间，首先要缩短关键路线上直接费用变动率最低的工序的作业时间。例如，在第一方案的关键工序 a、d、g、k、l 中，工序 g、k 的直接费用变动率最低。已知这两个工序的作业时间分别都只能缩短 10 天，则总工期可以缩短到 150 天。这时的各工序的直接费用为第一方案中的直接费用(68 900 元)再加上由于缩短工程周期而增加的直接费用，即

$$68\,900+(290\text{ 元}/\text{天}\times 10\text{ 天}+350\text{ 元}/\text{天}\times 10\text{ 天})=75\,300\text{ 元}$$

间接费用为第一方案的间接费用减去由于缩短工期而节省的间接费用，即

$$(170\text{ 天}\times 400\text{ 元}/\text{天})-(20\text{ 天}\times 400\text{ 元}/\text{天})=68\,000-8\,000=60\,000\text{ 元}$$

总费用为 75 300＋60 000＝135 300。

工期为 150 天。把这个方案作为第二方案。它比第一方案的工期缩短 20 天，总费用节省 1 600 元(＝136 900－135 300)显然第二方案比第一方案经济效果好。

但在第二方案中已有两条关键路线，①→②→④→⑥→⑦→⑧与①→②→⑤→⑦→⑧。如果再缩短工程周期，工序直接费用将大幅度增加，例如，若在第二方案的基础上再缩短工程工期 10 天时，则 d 工序需缩短 10 天，h 工序缩短 5 天(只能缩短 5 天)，e 工序缩短 5 天，则工序的直接费用为

$$75\,300+400\times 10+400\times 5+500\times 5=83\,800\text{ 元}$$

间接费用为 60 000－400×10＝56 000 元。

总费用为 83 800＋56 000＝139 800 元。显然这个方案的总费用比第二、第一 2 个方案的任何一个的总费用都高。第二方案为最优方案，对应的工程周期 150 天即为最低成本日程。

网络优化的思路与方案应贯穿于网络计划的编制、调整与执行的全过程。

7.4 离港控制

飞机延误引起的财务负担几乎都落在了航空公司头上。从增加成本、收入损失方面来说，延误的影响可能非常巨大。因此，离港控制的职能（不要与离港空空中交通管制相混淆）几乎总是在航空公司或其代理机构的掌管之下，该项职能负责临督停机坪上的地面服务活动。在地面服务工作主要由机场管理当局负责的机场，则飞机场管理当局的工作人员全面临督停机坪工作，以确保有效地使用、管理设备。

图7-8所示的关键路线图显示了飞机停机坪转场的复杂性。飞机在停机坪停靠期间，包含在简图所示的各单项服务任务中的许多工作显然需要同步进行。该停机坪的复杂功能反映了其硬件设施的复杂性。

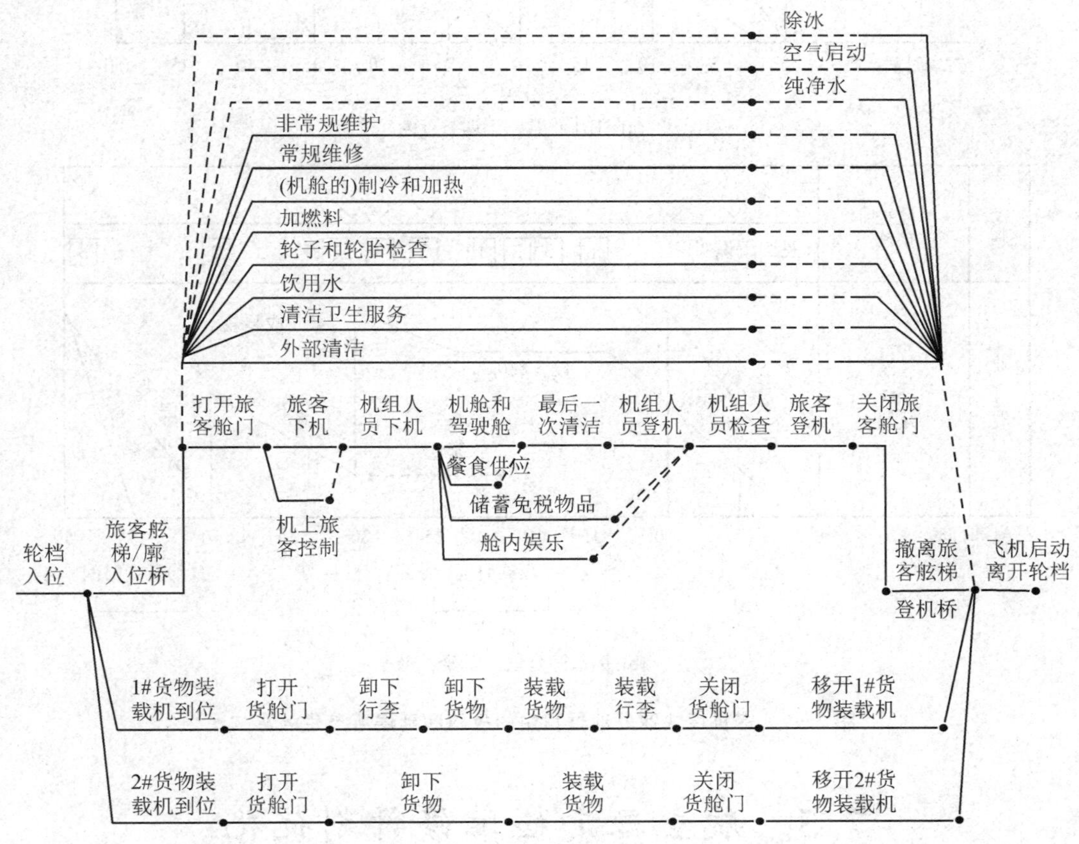

图7-8 为载货客机实施转场地面服务的关键路线图

在进行离港控制的停机坪协调时必须经常在飞机收费载量和准时之间做出折中的选择。图7-9所示为在货物装载设备出现故障的情况下，离港控制干预后产生的影响，如图7-9(a)所示，在预订的45分钟转场时间内，令人满意地完成了任务，如图7-9(b)所示，由于做出了不装载非收益性航空公司备用品的决定，从而使因地面服务设备故障引起的10分钟延误被缩短到最终仅仅5分钟的停机坪延误。

注：图(b)进行调整的第 1 步：确定问题(货物装载机故障)的性质和解决该问题需多长时间。第 2 步：立即采取正确的行动或通知设备的基地，要求设备维修工程师立即到飞机这边来或提取出可以替代的装载机。第 3 步：告知因故障而将受影响的所有部门，并给他们必要的提示(例如：告知、提醒因延误引起的工作调整，告知旅客服务部门延迟旅客登机等)。

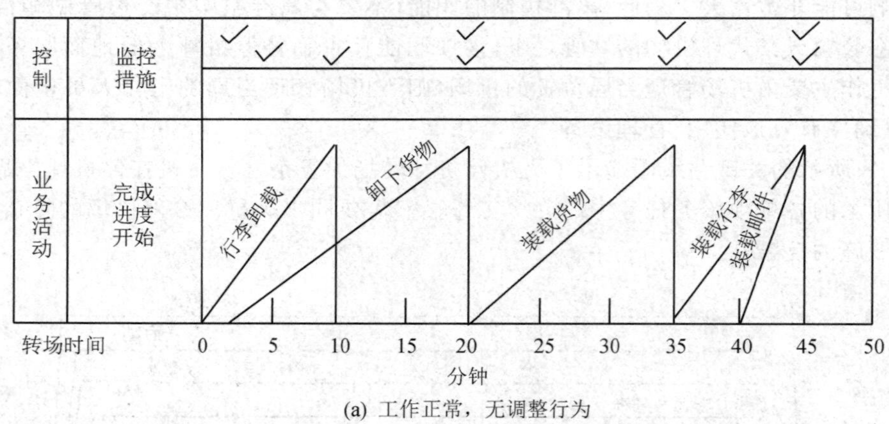

(a) 工作正常，无调整行为

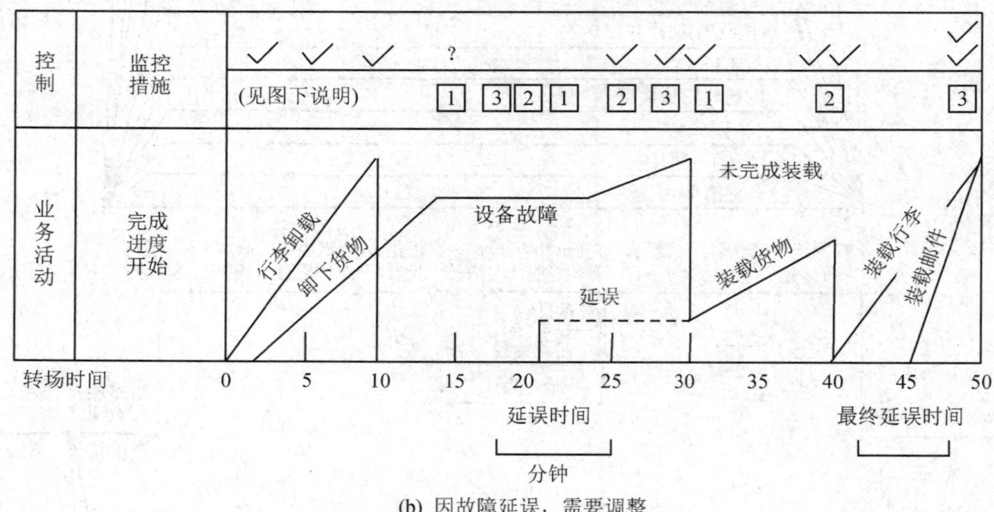

(b) 因故障延误，需要调整

图 7-9　停机坪快速处理过程中的故障和延误所产生的影响

7.5　航空器定检维修计划优化

在使用过程中根据维修大纲，对航空器进行专业的检修、维修，并制订严格的检修计划。通过定检维修，航空器可以保证飞机维修活动有序进行，每架飞机的持续适航，并按规定的时间、数量以及计划的维修成本向运控部门提供安全可靠的飞机，满足航空公司不同季节对机队运力的要求。

飞机定检维修计划的制订需要考虑航空公司航线、航班等各方面的资源。需要考虑航班计划的转换、航站管理、机务人员管理、年度大修计划的规定和飞机管理等。一般来说，要求在航班的高峰季节尽量少安排或不安排停场检修(如 C 检及以上等级的字母检),在航班淡季则可以多安排一些停场检修,以提高飞机的年利用率,降低飞机拥有成本。另外,还要考虑梯次使用飞机,在安排飞机定检周期时,将飞机的停场定检的时间拉开,不集中在某段时间同时进行,以保证提供航空公司具有足够的运力。因此,在维修大纲中确定检修周期时应必须要考虑这一因素;在制订维修计划时,也可作适当调整。注意检修项目的安排只能适当提前,而不能延后。

飞机检修计划的制订流程见图 7-10。

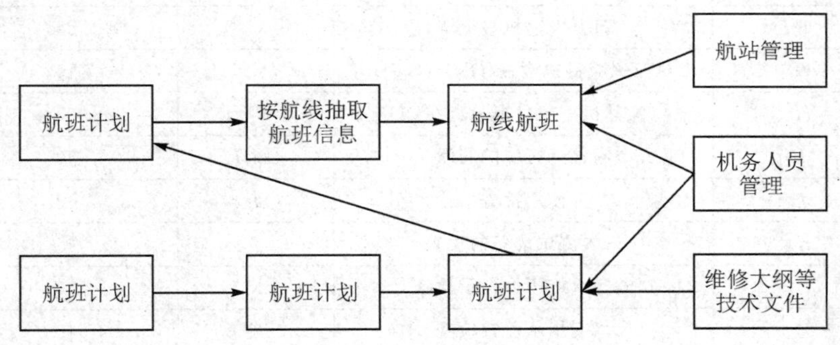

图 7-10　维修计划制定流程图

航空公司制订维修计划,是航空器持续适航的基本要求,是航空器安全运行的基本要求,所以维修计划应当确定每架飞机在计划期内需进行的检修等级和次数,基本确定每次检修的时间,给出每次检修的技术方案,并做出所需工时、材料和经费的预算。

以下介绍机务维修计划的基本内容。

1. 飞机排班计划

飞机排班计划是把承运人机队的每架飞机分配给特定的航班,以完成计划的运输任务。飞机排班计划应包括飞机维修的停场时间,在保证足够的停场时间进行必要维修的前提下,尽可能增加飞机的利用率,以努力提高飞机和相关资源的有效利用。

2. 生产预测和计划

维修生产计划以维修生产预测为基础。维修生产预测是在已知机队的规模和配置、航线结构、计划的飞行小时的条件下,根据经验和历史数据,预测每个维修部门的工作负荷。

在做生产预测时,应具体列出计划期内每架飞机及其主要部件需进行计划维修的次数和种类。做较长周期的计划时,预测可不必太精细,例如按年度预测 C 检的次数。作短期计划时,预测要足够精细,例如对某次定检维修,要列出所有检修作业、各检修作业之间的前后关系,再预估各种检修作业工时,通过网络计划分析方法,计算各项作业的开始和结束时间。有的航空公司采用作业流程分析方法解决。

例 7.2　表 7-4 给出了某飞机某 A 检的作业工时和顺序,试用网络计划方法计算该次定检的工期(完成维修任务所需时间)和各项作业的开始和结束时间。

表 7-4　A 检的作业顺序表

作业编号	作业内容	紧前作业	作业时间/min
A	清洁机库		25
B	准备工具、设备		30
C	飞机入库	A,B	30
D	打开机舱	C	15
E	货舱门	C	20
F	打开发动机整流罩	C	24
G	机舱一般目视检查(GVI)(GVI)	D,E	90
H	发动机一般目视检查 GVI	F	60
I	易接近区域的润滑	G,H	50
J	使用检查	I	40
K	机内测试设备的检查	J	45
L	液压系统压力指示检查	K	55
M	堵塞指示检查检查	K	40

解　根据表 7-4 给出的维修作业顺序关系，得到该次 A 检的网络计划图如图 7-11 所示。通过计算事项节点的最早时间和最迟时间，得到该 A 检的关键工序为 B,C,E,G,I,J,K,L，关键工序构成关键路线。检修工期是 360 min，也就是 6 h，符合一般 A 检的要求。

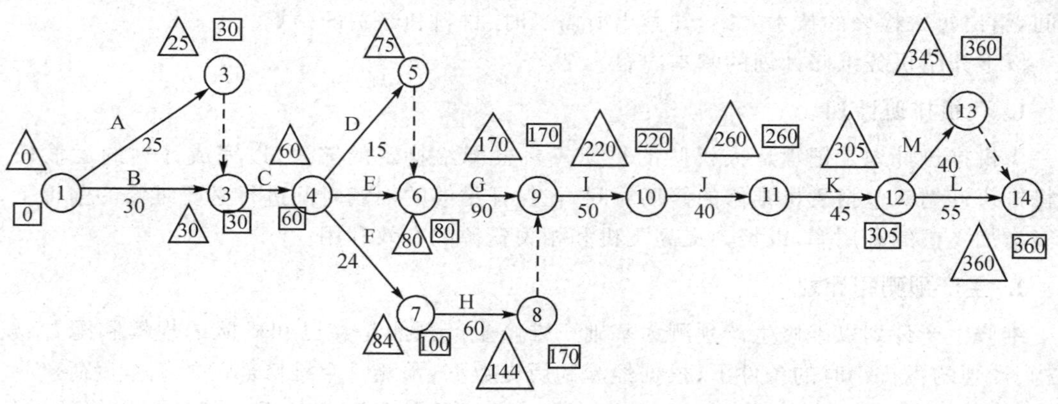

图 7-11　A 检网络计划图

为了不影响工期，关键路线上各作业必须保证按其箭尾事项的最早开始时间开始工作，箭头事项的最早时间结束工作；非关键路线上的作业可以在其箭尾事项的最早时间与最迟时间之间开始，但不得迟于最迟时间开始。

习　题

7.1　判断下列说法是否正确。

① 网络图中任何一个节点都表示前一工序的结束和后一工序的开始。(　　)

② 在网络图中只能有一个始点和一个终点。(　　)

③ 节点最早时间同最迟时间相等的点连接的线路就是关键路线。(　　)

④ 工序的总时差越大，表明该工序在整个网络中的机动时间就越大。(　　)

⑤ 工序的最早开始时间等于该工序箭头事项最早开始时间。(　　)

7.2　指出下列图 7-12 中所示网络图的错误，若能够改正，试予以改正。

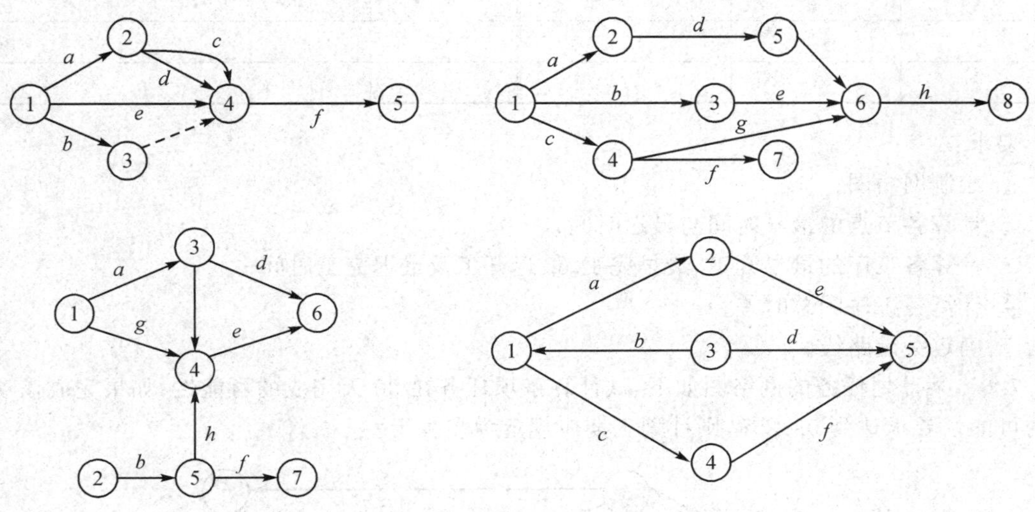

图 7-12

7.3　计算下图各节点的最早时间与最迟时间。

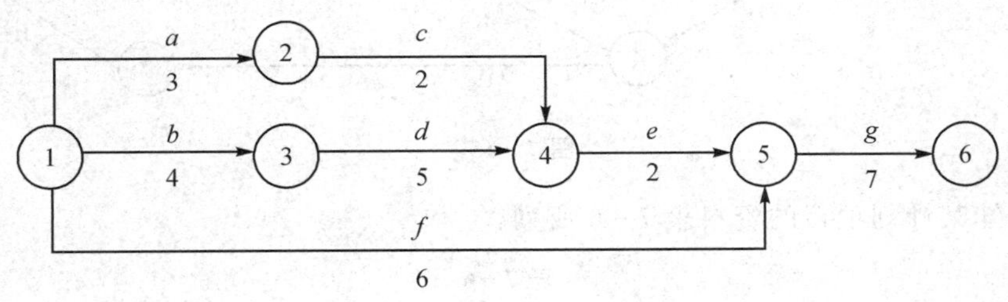

图 7-13

7.4　计算下图各节点的最早时间与最迟时间，各工序的最早开工、最早完工、最迟开工及最迟完工时间。

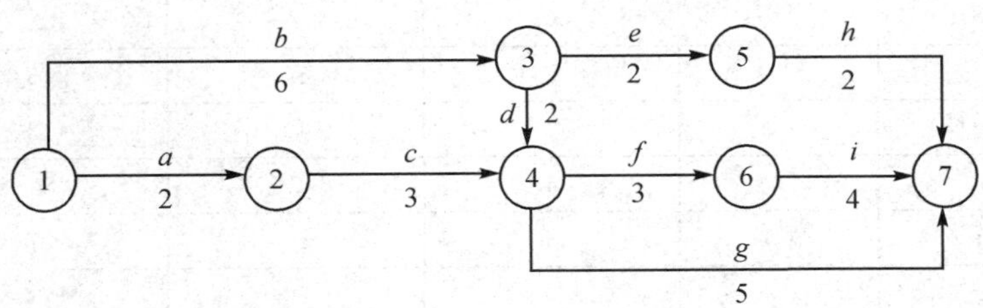

图 7-14

7.5　已知表 7-5 所列资料

表 7－5

工　序	紧前工序	工序时间/天数	工　序	紧前工序	工序时间/天数
a	—	3	f	c	8
b	a	4	g	c	4
c	a	5	h	d,e	2
d	b,c	7	i	h	3
e	b,c	7	j	i,h,g	2

要求：

① 绘制网络图；

② 计算各节点的最早时间与最迟时间；

③ 计算各工序的最早开工、最早完工、最迟开工及最迟完工时间；

④ 计算各工序的总时差；

⑤ 确定关键路线。

7.6　某计划任务的网络图如下，试计算该项任务在 30 天完成的可能性；如果完成该项任务的可能性要求达到 99.2%，则计划工期应规定为多少天？

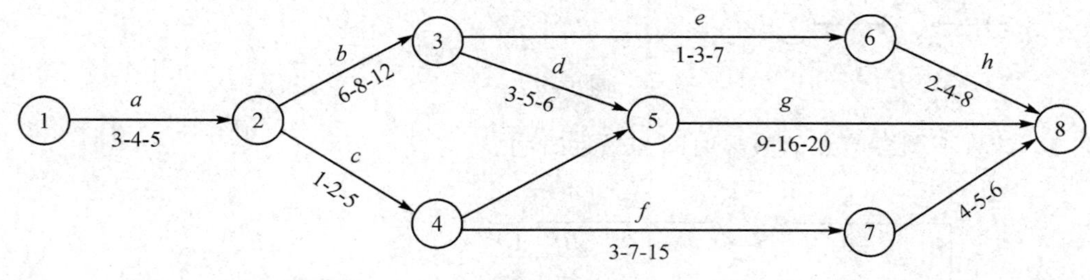

图 7－15

7.7　已知某计划项目的资料表 7－6 所列：

表 7－6

工　序	紧前工序	需要天数		
		最乐观的 a	最可能的 m	最悲观的 b
a	—	7	7	7
b	—	6	7	9
c	—	8	10	15
d	b,c	9	10	12
e	a	6	7	8
f	d,e	15	20	27
g	d,e	18	20	24
h	c	4	5	7
i	g,f	4	5	7
j	i,h	7	10	30

要求：

① 画出网络图；计算完成这一计划项目需要的天数；

② 按平均工序时间计算有关时间，找出关键路线；

③ 该计划项目在 60 天内完成的概率是多少。

7.8　某项工程各工序的工序时间及所需要的人数如表 7－7 所列，现有人数为 10 人，试确定工程完工时间最短的各工序的进度计划。

表 7－7

工序代号	紧前作业	工序时间/天	需要人员数
a	—	4	9
b	—	2	3
c	—	2	6
d	—	2	4
e	b	3	8
f	c	2	7
g	f,d	3	2
h	e,g	4	1

第 8 章　空中交通流量管理的排队模型

在现实生活中，经常会发生为了获得某种服务而排队等待的现象，如顾客到商店去买东西，病人到医院去看病，工人去仓库领料等。当要求服务的对象的数量超过服务机构的容量就会出现排队现象。各种排队现象由于顾客到达人数（即顾客到达率）和服务时间的随机性而不可避免，当然增加服务设施能减少排队现象，但这样势必增加投资且可能出现因供大于求而使设施经常闲置、导致浪费，这通常不是一个最经济的解决问题的办法。作为管理人员来说，研究排队问题，就是要把排队的时间控制到一定的限度内，在服务质量的提高和成本的降低之间取得平衡，找到最适当的解。

排队论就是解决这类问题的一门科学，它也被广泛用于解决电话局的占线问题，车站、码头、机场等交通枢纽的堵塞与疏导，故障机器的停机待修，水库的存贮调节等有形无形的排队现象的问题。本章将介绍排队论的一些基本知识，分析若干常见的排队模型，讨论排队论系统的经济分析与最优化问题，并介绍排队论在空中交通系统中的应用。

空中交通系统中，存在着各种排队系统和子系统，如到达机场的用户（航空器）在使用机场的设施时（跑道、机坪、通信、导航设施等）出现的排队现象，机场地面安检系统的排队现象等，航空公司和空管部门可以通过对各排队系统的数据统计分析特性来对系统进行优化。

8.1　基本概念

在排队论中，为了叙述的方便，我们将要求服务的对象统称为“顾客”，而将提供服务的服务者统称为“服务台”（或“服务员”）。因此顾客与服务台的含义完全是广义的，比如排队等待服务的既可以是人，也可以是物；同样，服务者也不一定是人，也可以是物等（见图 8－1）。

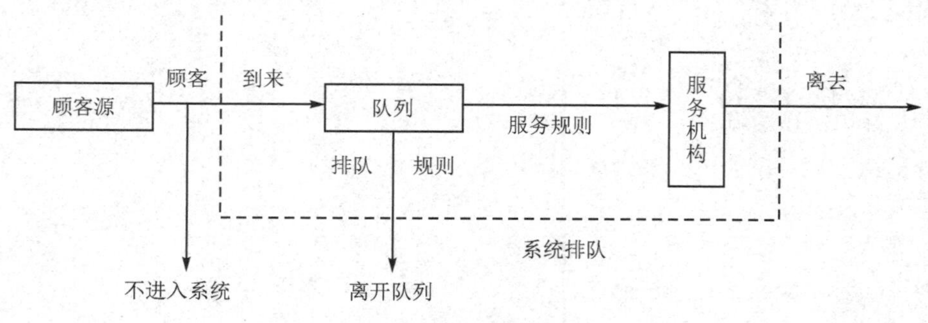

图 8－1　排队模型示意图

8.1.1　排队系统的分类

1. 按顾客到达的类型分类

① 按顾客源顾客的数量，可分为有限顾客源和无限顾客源；

② 按顾客到达的形式，可分为单个到达和成批到达；

③ 按顾客相继到达的时间间隔分布，可分为定长分布和负指数分布；

2. 按排队规则分类

① 等待制：顾客到达后，一直等到服务完毕以后才离去；

② 损失制：到达的顾客有一部分未接受服务就离去；例如：

队列容量有限的系统。设队列容量为 L_0，顾客到达时的队长为 L。若 $L<L_0$，则顾客进入队列等待服务，若 $L=L_0$，则顾客离去。

顾客对等待时间具有不耐烦性的系统。设最长等待时间是 W_0，某个顾客从进入队列后的等待时间为 W。若 $W<W_0$，顾客继续等待；若 $W=W_0$，则顾客脱离队列而离去。

3. 按服务规则分类

① 先到先服务(First Come First Serve，FCFS)；

② 后到先服务(Last Come First Serve，LCFS)；

③ 有优先权的服务(Priority，PR)

④ 随机服务(Service in Random Order，SIRO)

4. 根据服务台的数量及排队方式，排队系统可以分为

(1) 单服务台单队

单服务台排队系统，如图 8-2 所示。

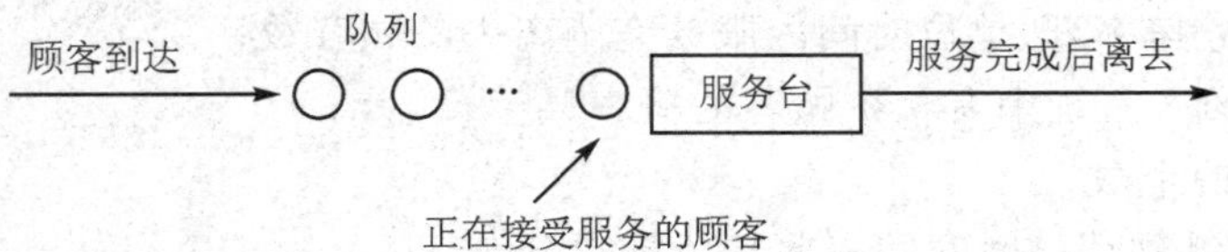

图 8-2　单服务台排队系统

(2) 多服务台单队

s 个服务台，一个队列的排队系统，如图 8-3 所示。

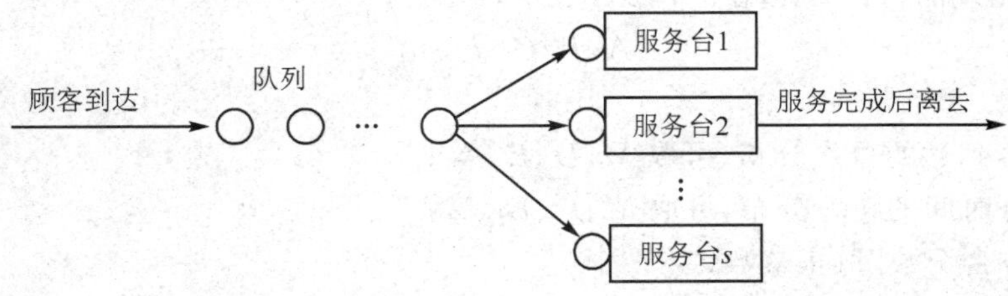

图 8-3　s 个服务台，一个队列的排队系统

(3) 多队多服务台

s 个服务台，s 个队列的排队系统，如图 8-4 所示。

(4) 多服务台串联服务

多个服务台的串联排队系统，如图 8-5 所示。

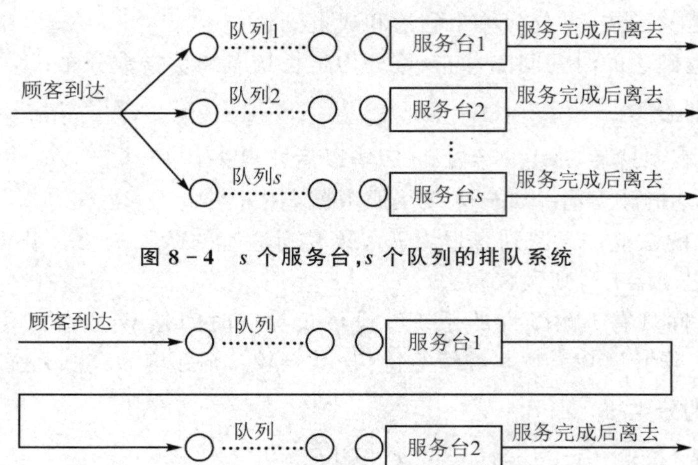

图 8-4　s 个服务台，s 个队列的排队系统

图 8-5　多个服务台的串联排队系统

8.1.2　排队论中常用的记号及各类排队系统的符号

1. 排队论中常用的记号

n——系统中的顾客数；

λ——顾客到达的平均速率，即单位时间内平均到达的顾客数；

μ——平均服务速率，即单位时间内服务完毕离去的顾客数；

$P_n(t)$——时刻 t 系统中有 n 个顾客的概率；

C——服务台的个数；

M——顾客相继到达的时间间隔服从负指数分布；

D——顾客相继到达的时间间隔服从定长分布；

E_k——顾客相继到达的时间间隔服从 k 阶 Erlang 分布。

2. 排队系统的符号表示

一个排队系统的特征可以用 6 个参数表示，形式为

$$[A/B/C/d/e/f]$$

其中

A——顾客到达的概率分布，可取 M、D、E_k 等；

B——服务时间的概率分布，可取 M、D、E_k 等；

C——服务台个数，取正整数；

d——排队系统的最大容量，可取正整数或∞；

e——顾客源的最大容量，可取正整数或∞；

f——排队规则，可取 FCFS、LCFS 等。

例如

$$[M/M/1/\infty/\infty/FCFS]$$

表示顾客到达的时间间隔是负指数分布，服务时间是负指数分布，一个服务台，排队系统和顾客源的容量都是无限，实行先到先服务的一个服务系统。

8.1.3　顾客到达和服务的时间分布

在概率论中，我们已经知道随机变量的泊松分布。设随机变量 X 服从 Poisson 分布，则

$$P[X=n]=\frac{\lambda^n e^{-\lambda}}{n!},\quad (\lambda>0, n=0,1,2,\cdots)$$

如果一个随机变量，概率分布与时间 t 有关，则称这个随机变量为一随机过程，排队系统中顾客到达的个数就是一个随机过程。

8.1.3.1　Poisson 流的定义

定义 8.1　满足以下 4 个条件的输入流称为泊松流（泊松过程）

① 平稳性：在时间区间 $[t, t+\Delta t)$ 内到达 k 个顾客的概率与 t 无关，只与 Δt 有关。记为 $p_k(\Delta t)$。

② 无后效性：不相交的时间区间内到达的顾客数互相独立。

③ 普通性：设在 $[t, t+\Delta t)$ 内到达多于一个顾客的概率为 $q(\Delta t)$，则

$$q(\Delta t)=o(\Delta t)$$

即

$$\lim_{\Delta t\to 0}\frac{q(\Delta t)}{\Delta t}=0$$

④ 有限性：任意有限个区间内到达有限个顾客的概率等于 1。即

$$\sum_{k=0}^{\infty} p_k(\Delta t)=1$$

8.1.3.2　Poisson 流的概率密度函数

记 $p_k(t)$ 为在 $[0,t)$ 区间内到达 k 个顾客的概率，现要求得 $p_k(t)$ 的表达式。分为以下步骤来求。

① 求 $p_0(t)$。

$p_0(t)$ 表示 $[0,t)$ 内没有顾客到达的概率。考虑 $p_0(t+\Delta t)$，即在 $[0, t+\Delta t)$ 内没有顾客到达的概率。

设事件 A 为在 $[0, t+\tau)$ 内没有顾客到达，事件 A_1 为在 $[0,t)$ 内没有顾客到达，事件 A_2 为在 $[t, t+\tau)$ 内没有顾客到达。则事件 A、A_1 和 A_2 的关系为

$$A=A_1\cap A_2$$

因为时间区间 $[0,t)$ 和 $[t, t+\tau)$ 是不相交的，由无后效性假定，A_1 和 A_2 互相独立，因此，事件 A、A_1 和 A_2 发生的概率 $P(A)$、$P(A_1)$ 和 $P(A_2)$ 满足

$$P(A)=P(A_1)P(A_2)\text{，即}$$

$$p_0(t+\tau)=p_0(t)p_0(\tau)$$

两边取对数，得到

$$\ln p_0(t+\tau)=\ln p_0(t)+\ln p_0(\tau)$$

对任何 $t>0$ 以及 $\tau>0$ 都成立。由数学分析中的一个定理："若 $f(x)$ 是单调连续函数，且对任何实数 a，b 都有

$$f(a+b)=f(a)+f(b)$$

则 $f(x)$ 必定是 x 的齐次线性函数"。可以得到

$$\ln p_0(t)=at,\quad (a\ \text{为常数})$$

即
$$p_0(t)=e^{at}$$

由于对任何 $t>0$ 都有

$$0\leqslant p_0(t)\leqslant 1$$

所以 $a<0$,令 $\lambda=-a$,$\lambda>0$,由此得到

$$p_0(t)=e^{-\lambda t}$$

即在$[0,t)$内没有顾客到达的概率服从负指数分布。

② 求 $p_k(t)$。

将区间$[0,t)$分为 n 等份,n 取充分大,使得 $n>k$。每个小区间的长度为 t/n。定义以下事件:

t

0 1 2 3 ··· k k+1 ··· n-1 n

事件 B:$[0,t)$内到达 k 个顾客;

事件 B_1:$[0,t)$内到达 k 个顾客,并且每个小区间内至多到达一个顾客。由于 $n>k$,因此这是可能的。

事件 B_2:$[0,t)$内到达 k 个顾客,并且至少有一个小区间内到达一个以上顾客。

由以上事件的定义可知

$$B=B_1\cup B_2$$

且 B_1、B_2 互不相容,因此

$$p_k(t)=P(B)=P(B_1)+P(B_2)$$

由普通性假设以及事件 B_2 的定义可知:

$$\lim p(B_2)=0$$

令 $\Delta=t/n$,由无后效性可知,各小区间有一个或无顾客到达是相互独立的,因此,在 n 各小区间中有 k 个小区间恰到达一个顾客,其余 $n-k$ 个区间没有顾客到达的概率服从二项分布,即

$$\begin{aligned}p(B_1)&=C_n^k p_1^k(\Delta)p_0^{n-k}(\Delta)\\&=C_n^k[1-p_0(\Delta)-q(\Delta)]^k p_0^{n-k}(\Delta)\\&=C_n^k[1-\mathrm{e}^{-\lambda\Delta}-q(\Delta)]^k\mathrm{e}^{-\lambda(n-k)\Delta}\end{aligned}$$

将 $\mathrm{e}^{-\lambda\Delta}$ 用 Taylor 级数展开,$\mathrm{e}^{-\lambda\Delta}=1-\lambda\Delta+\mathrm{o}(\Delta)$,并注意到 $q(\Delta)=o(\Delta)$,上式成为

$$\begin{aligned}p(B_1)&=C_n^k p_1^k(\Delta)p_0^{n-k}(\Delta)=C_n^k\{1-[1-\lambda\Delta-o(\Delta)]\}^k\mathrm{e}^{-\lambda(n-k)\Delta}\\&=C_n^k\{\lambda\Delta+o(\Delta)\}^k\mathrm{e}^{-\lambda(n-k)\Delta}=C_n^k\lambda^k\Delta^k\left[1+\frac{o(\Delta)}{\lambda\Delta}\right]^k\mathrm{e}^{-\lambda n\Delta}\mathrm{e}^{\lambda k\Delta}\\&=\frac{n(n-1)\cdots(n-k+1)}{k!}\lambda^k\frac{t^k}{n^k}\left[1+\frac{o(\Delta)}{\lambda\Delta}\right]^k\mathrm{e}^{-\lambda t}\mathrm{e}^{\lambda k\Delta}\\&=\frac{(\lambda t)^k}{k!}\mathrm{e}^{-\lambda t}\frac{n(n-1)\cdots(n-k+1)}{n^k}\left[1+\frac{o(\Delta)}{\lambda\Delta}\right]^k\mathrm{e}^{\lambda k\Delta}\end{aligned}$$

当 $n\to\infty$ 时

$$p_k(t)=\lim_{n\to\infty}p(B_2)=\frac{(\lambda t)^k}{k!}\mathrm{e}^{-\lambda t}$$

定理 8.1　对于一个参数为 λ 的 Poisson 流，在 $[0,t)$ 内到达 k 个顾客的概率为

$$p_k(t) = \frac{(\lambda t)^k}{k!} e^{-\lambda t} \quad (k = 0, 1, 2\cdots, \lambda > 0)$$

即服从以 λ 为参数的 Poisson 分布。

8.1.3.3　参数 λ 的实际意义

设 $N(t)$ 表示在 $[0,t)$ 内到达的顾客数的期望值

$$N(t) = \sum_{k=0}^{\infty} k p_k(t) = \sum_{k=1}^{\infty} k \frac{(\lambda t)^k}{k!} e^{-\lambda t}$$

$$= (\lambda t) \sum_{k=1}^{\infty} \frac{(\lambda t)^{k-1}}{(k-1)!} e^{-\lambda t} = (\lambda t) e^{\lambda t} e^{-\lambda t} = \lambda t$$

由此得到

$$\lambda = \frac{N(t)}{t}$$

即 λ 的实际意义为单位时间内到达的顾客数的期望值，或称平均到达速率。

8.1.3.4　负指数分布

由概率论可知，如果随机变量 T 服从负指数分布，则其分布函数为

$$F_T(t) = 1 - e^{-\mu t} \quad (t \geqslant 0, \mu \geqslant 0)$$

密度函数为

$$f_T(t) = \mu e^{-\mu t} \quad (t \geqslant 0, \mu \geqslant 0)$$

T 的期望值为

$$E(T) = \int_0^{\infty} t f_T(t) \mathrm{d}t = \int_0^{\infty} t \mu e^{-\mu t} \mathrm{d}t = \frac{1}{\mu}$$

T 的方差为

$$D(T) = \frac{1}{\mu^2}$$

定理 8.2　设对顾客的服务时间 X 服从参数为 μ 的负指数分布。在对某一个顾客的服务已经进行了一定时间的条件下，这个顾客的剩余的服务时间仍服从以 μ 为参数的负指数分布。

证明：设服务已经进行的时间为 τ，则剩余时间不少于 t 的条件概率为

$$P\{X \geqslant t + \tau \mid X \geqslant \tau\} = \frac{P\{X \geqslant t + \tau, X \geqslant \tau\}}{P\{X \geqslant \tau\}}$$

$$= \frac{P\{X \geqslant t + \tau\}}{P\{X \geqslant \tau\}} = \frac{e^{-\mu(t+\tau)}}{e^{-\mu\tau}} = e^{-\mu t}$$

由此看出，服务剩余时间的分布独立于已经服务过的时间，并且与原来的服务时间的分布相同。

定理 8.3　在排队系统中，如果到达的顾客数服从以 λt 为参数的泊松分布，则顾客相继到达的时间间隔服从以 λ 为参数的负指数分布。

证明：设泊松流中顾客相继到达的时间间隔为随机变量 T，并且在时刻 0 有一个顾客到达，则下一个顾客将在时刻 T 到达。T 的分布函数为

$$F_T(t)=p[T\leqslant t]$$
$$=1-p[T>t]$$

其中 $p[T>t]$表示在$[0,t)$内没有顾客到达的概率，因此

$$p[T>t]=e^{-\lambda t}$$

所以，T 的分布函数为

$$F_T(t)=1-e^{-\lambda t}$$

T 的密度函数为

$$f_T(t)=\lambda e^{-\lambda t}$$

因此，顾客相继到达的时间间隔服从以 λ 为参数的负指数分布。

由定理 8.3 可以看出，“到达的顾客数是一个以 λ 为参数的泊松流”与“顾客相继到达的时间间隔服从以 λ 为参数的负指数分布”两个事实是等价的。

8.1.3.5　k 阶 Erlang 分布

定理 8.4　设 $v_1,v_2,\cdots,v_k$ 是 k 个互相独立的，具有相同参数 μ 的负指数分布随机变量，则随机变量

$$S=v_1+v_2+\cdots+v_k$$

服从 k 阶 Erlang 分布，S 的密度函数为

$$f(t)=\frac{\mu(\mu t)^{k-1}}{(k-1)!}e^{-\mu t}\quad(t>0)$$

8.2　基本排队模型［$M/M/1/\infty/\infty$/FCFS］

如前所述，［$M/M/1/\infty/\infty$/FCFS］模型的特征是输入为泊松流，服务时间服从负指数分布，一个服务台；队列容量无限，顾客源数量无限，服务规则是先到先服务。这是一类最常见的排队问题。

在这一节中，我们将给出这个模型的一些重要运行指标如队列的平均长度，顾客的平均等待时间等。

8.2.1　系统在时刻 t 有 n 个顾客的概率 $Pn(t)$

设在时刻 t 系统中有 n 个顾客，并且在$[t,t+\Delta t)$区间内到达 k 个顾客$(k=0,1,2,\cdots)$的概率为 $pk(\Delta t)$，在$[t,t+\Delta t)$区间离去 k 个顾客的概率为 $qk(\Delta t)$。由上一节的讨论可以知道

$$p_k(\Delta t)=\frac{(\lambda\Delta t)^k}{k!}e^{-\lambda\Delta t}\quad(k=0,1,2,\cdots)$$

$$q_k(\Delta t)=\frac{(\mu\Delta t)^k}{k!}e^{-\mu\Delta t}\quad(k=0,1,2,\cdots)$$

由此得到

$$p_0(\Delta t)=e^{-\lambda\Delta t}=1-\lambda\Delta t+o(\Delta t)$$
$$p_1(\Delta t)=\lambda\Delta t e^{-\lambda\Delta t}=\lambda\Delta t+o(\Delta t)$$
$$p_k(\Delta t)=\frac{(\lambda\Delta t)^k}{k!}e^{-\lambda\Delta t}=o(\Delta t)\quad(k>1)$$

类似地，有

$$q_0(\Delta t)=\mathrm{e}^{-\mu\Delta t}=1-\mu\Delta t+\mathrm{o}(\Delta t)$$

$$q_1(\Delta t)=\mu\Delta t\mathrm{e}^{-\mu\Delta t}=\mu\Delta t+\mathrm{o}(\Delta t)$$

$$q_k(\Delta t)=\frac{(\mu\Delta t)^k}{k!}\mathrm{e}^{-\mu\Delta t}=\mathrm{o}(\Delta t)\quad(k>1)$$

8.2.1.1　在 $t+\Delta t$ 时刻系统中顾客数为 0 的概率 $P_0(t+\Delta t)$

在 $t+\Delta t$ 时刻系统中的顾客数为 0，可以有以下不相交的事件：

① 在时刻 t 系统中有 0 个顾客，在$[0,t+\Delta t)$区间内有 0 个顾客到达；

② 在时刻 t 系统中有 1 个顾客，在$[0,t+\Delta t)$区间内没有顾客到达，同时有 1 个顾客离去；

③ 在时刻 t 系统中有 k 个顾客，在$[0,t+\Delta t)$区间内有 r 个顾客到达，同时有 s 个顾客离去；其中 k,r,s 满足 $k\geqslant 2,r\geqslant 0,s\geqslant 2,k+r-s=0$。

因此，在 $t+\Delta t$ 时刻系统中的顾客数为 0 的概率为

$$\begin{aligned}P_0(t+\Delta t)&=P_0(t)p_0(\Delta t)+P_1(t)p_0(\Delta t)q_1(\Delta t)+P_k(t)p_r(\Delta t)q_s(\Delta t)\\&=P_0(t)[1-\lambda\Delta t+\mathrm{o}(\Delta t)]+P_1(t)[1-\lambda\Delta t+\mathrm{o}(\Delta t)][\mu\Delta t+\mathrm{o}(\Delta t)]+\\&\quad P_k(t)\mathrm{o}(\Delta t)\end{aligned}$$

整理后得到

$$P_0(t+\Delta t)=P_0(t)-\lambda P_0(t)\Delta t+\mu P_1(t)\Delta t+\mathrm{o}(\Delta t)$$

将 $P_0(t)$移到左边，两边同除以 Δt，得到

$$\frac{P_0(t+\Delta t)-P_0(t)}{\Delta t}=\mu P_1(t)-\lambda P_0(t)+\frac{\mathrm{o}(\Delta t)}{\Delta t}$$

当 $\Delta t\to 0$ 时，有

$$\lim_{\Delta t\to 0}\frac{P_0(t+\Delta t)-P_0(t)}{\Delta t}=\mu P_1(t)-\lambda P_0(t)$$

即

$$\frac{\mathrm{d}P_0(t)}{\mathrm{d}t}=\mu P_1(t)-\lambda P_0(t)\tag{8.1}$$

8.2.1.2　在 $t+\Delta t$ 时刻系统中顾客数为 n 的概率 $Pn(t+\Delta t)$

在 $t+\Delta t$ 时刻系统中的顾客数为 n，可以有以下不相交的事件：

① 在时刻 t 系统中有 n 个顾客，在$[0,t+\Delta t)$区间内没有顾客到达，也没有顾客离去；

② 在时刻 t 系统中有 $n-1$ 个顾客，在$[0,t+\Delta t)$区间内有 1 个顾客到达，没有顾客离去；

③ 在时刻 t 系统中有 $n+1$ 个顾客，在$[0,t+\Delta t)$区间内没有顾客到达，有 1 个顾客离去；

④ 在时刻 t 系统中有 $n-k$ 个顾客，在$[0,t+\Delta t)$区间内有 r 个顾客到达，有 s 个顾客离去；其中 k,r,s 满足 $k\geqslant 2,r\geqslant 0,s\geqslant 2,r-s=k$。

⑤ 在时刻 t 系统中有 $n+k$ 个顾客，在$[0,t+\Delta t)$区间内有 r 个顾客到达，有 s 个顾客离去；其中 k,r,s 满足 $k\geqslant 2,r\geqslant 0,s\geqslant 2,k+r=s$。

因此，在 $t+\Delta t$ 时刻系统中的顾客数为 n 的概率为

$$\begin{aligned}P_n(t+\Delta t)&=P_n(t)p_0(\Delta t)q_0(\Delta t)+P_{n-1}(t)p_1(\Delta t)q_0(\Delta t)+P_{n+1}(t)p_0(\Delta t)q_1(\Delta t)+\\&\quad P_{n-k}(t)p_r(\Delta t)q_s(\Delta t)+P_{n+k}(t)p_r(\Delta t)q_s(\Delta t)\\&=P_n(t)[1-\lambda\Delta t+o(\Delta t)][1-\mu\Delta t+o(\Delta t)]+\\&\quad P_{n-1}(t)[\lambda\Delta t+o(\Delta t)][1-\mu\Delta t+o(\Delta t)]+\\&\quad P_{n+1}(t)[1-\lambda\Delta t+o(\Delta t)][\mu\Delta t+o(\Delta t)]+\\&\quad P_{n-k}(t)o(\Delta t)+P_{n+k}(t)o(\Delta t)\end{aligned}$$

整理后得到

$$\begin{aligned}P_n(t+\Delta t)&=P_n(t)[1-\lambda\Delta t-\mu\Delta t]+P_{n-1}[\lambda\Delta t+o(\Delta t)]+\\&\quad P_{n+1}(t)[\mu\Delta t+o(\Delta t)]+P_{n-k}o(\Delta t)+P_{n+k}o(\Delta t)\\&=P_n(t)-\lambda P_n(t)\Delta t-\mu P_n(t)\Delta t+\lambda P_{n-1}(t)\Delta t+\mu P_{n+1}(t)\Delta t+o(\Delta t)\end{aligned}$$

将 $P_n(t)$移到左边，两边同除以 Δt，得到

$$\frac{P_n(t+\Delta t)-P_n(t)}{\Delta t}=-\lambda P_n(t)-\mu P_n(t)+\lambda P_{n-1}(t)+\mu P_{n+1}(t)+\frac{o(\Delta t)}{\Delta t}$$

当 $\Delta t\to 0$ 时，有

$$\lim_{\Delta t\to 0}\frac{P_n(t+\Delta t)-P_n(t)}{\Delta t}=\lambda P_{n-1}(t)+\mu P_{n+1}(t)-(\lambda+\mu)P_n(t)$$

即

$$\frac{\mathrm{d}P_n(t)}{\mathrm{d}t}=\lambda P_{n-1}(t)+\mu P_{n+1}(t)-(\lambda+\mu)P_n(t)\tag{8.2}$$

将(8.1)和(8.2)联立，得到一个差分微分方程组

$$\frac{\mathrm{d}P_0(t)}{\mathrm{d}t}=\mu P_1(t)-\lambda P_0(t)$$

$$\frac{\mathrm{d}P_n(t)}{\mathrm{d}t}=\lambda P_{n-1}(t)+\mu P_{n+1}(t)-(\lambda+\mu)P_n(t)\quad(n=1,2,\cdots)$$

如果能够求解这个由无限个方程组成的差分微分方程组，就可以得到 $P_n(t)$的瞬态解，即系统中有 n 个顾客的概率随时间变化的解析表达式，但这是十分困难的。如果假定当时间足够长，系统有 n 个顾客的概率 $P_n(t)$会趋于某个稳定值，即当 $t\to\infty$时系统趋于概率稳态，这个稳态解是可以求出来的。

8.2.1.3 $Pn(t)$的稳态解 Pn

设当 $t\to\infty$时，$Pn(t)$趋于一个常数，记为 P_n，则

$$\frac{\mathrm{d}P_0(t)}{\mathrm{d}t}\to 0$$

$$\frac{\mathrm{d}P_n(t)}{\mathrm{d}t}\to 0$$

这时(8.1)和(8.2)成为

$$\mu P_1-\lambda P_0=0\tag{8.3}$$

$$\lambda P_{n-1}+\mu P_{n+1}-(\lambda+\mu)P_n=0\quad(n=1,2,\cdots)\tag{8.4}$$

(8.3)和(8.4)可以有以下直观的解释。

以系统中的顾客数 $0,1,2,\cdots,n-1,n,n+1,\cdots$作为系统的状态，系统位于各个状态的概

率分别为 $P_0, P_1, P_2, \cdots, P_{n-1}, P_n, P_{n+1}, \cdots$式(8.3)和式(8.4)表示系统位于某一状态的概率仅与其相邻状态的概率以及从相邻状态转移到该状态的概率有关。

$$P_1 = \frac{\lambda}{\mu} P_0 \tag{8.5}$$

由(8.4)得到

$$P_2 = -\frac{\lambda}{\mu} P_0 + \left(1 + \frac{\lambda}{\mu}\right) P_1 \tag{8.6}$$

由(8.3)和(8.4)可以递推求解状态转移概率 $P_1, P_2, \cdots, P_n, \cdots$。通常用系统状态马式链来表示,见图 8-6。

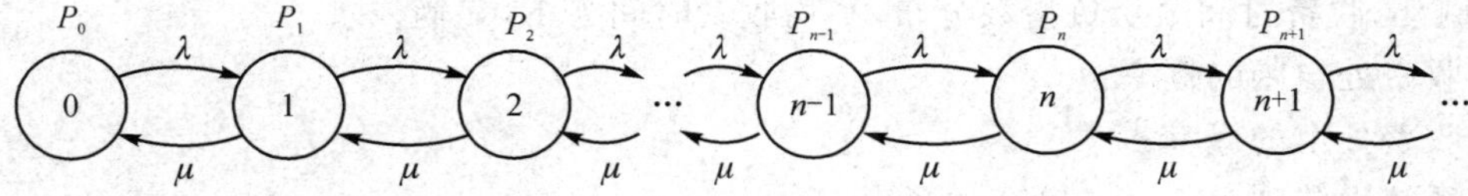

图 8-6　系统状态转移马式链

由(8.3)得到

$$P_1 = \frac{\lambda}{\mu} P_0$$

将(8.5)代入(8.6)

$$P_2 = -\frac{\lambda}{\mu} P_0 + \left(1 + \frac{\lambda}{\mu}\right) \frac{\lambda}{\mu} P_0 = \left(\frac{\lambda}{\mu}\right)^2 P_0$$

用递推方法可以得到

$$P_n = \left(\frac{\lambda}{\mu}\right)^n P_0 \quad (n = 1, 2, \cdots) \tag{8.7}$$

由

$$\sum_{k=0}^{\infty} P_k = 1$$

得到

$$\left[1 + \frac{\lambda}{\mu} + \left(\frac{\lambda}{\mu}\right)^2 + \cdots + \left(\frac{\lambda}{\mu}\right)^n + \cdots\right] P_0 = 1$$

令

$$\frac{\lambda}{\mu} = \rho$$

称 ρ 为服务强度,则

$$P_0 = \frac{1}{1 + \rho + \rho^2 + \cdots + \rho^n + \cdots}$$

当

$$0 \leqslant \rho < 1$$

时,级数收敛,这时有

$$P_0 = \frac{1}{\dfrac{1}{1-\rho}} = 1 - \rho \tag{8.8}$$

代入(8.7),得到

$$P_n=\left(\frac{\lambda}{\mu}\right)^n P_0=\rho^n(1-\rho)\quad(n=1,2,\cdots)\tag{8.9}$$

(8.8)和(8.9)可以统一表示为

$$P_n=\rho^n(1-\rho)\quad(n=0,1,2,\cdots)\tag{8.10}$$

当$\rho\geqslant 1$时,级数发散,不存在稳态解,因此,排队系统处于概率稳态的条件是

$$0\leqslant\rho=\frac{\lambda}{\mu}<1$$

例 8.1　高速公路入口收费处设有一个收费通道,汽车到达服从泊松分布,平均到达速率为 100 辆/h,收费时间服从负指数分布,平均收费时间为 15 s/辆。求

① 收费处空闲的概率;

② 收费处忙的概率;

③ 系统中分别有 1,2,3 辆车的概率。

根据题意,$\lambda=100$ 辆/h,$\frac{1}{\mu}=15\text{ s}=\frac{1}{240}$(h/辆),即 $\mu=240$(辆/h)。

因此

$$\rho=\frac{\lambda}{\mu}=\frac{100}{240}=\frac{5}{12}$$

系统空闲的概率为

$$P_0=1-\rho=1-\frac{5}{12}=\frac{7}{12}=0.583$$

系统忙的概率为

$$1-P_0=1-(1-\rho)=\rho=\frac{5}{12}=0.417$$

系统中有 1 辆车的概率为

$$P_1=\rho(1-\rho)=\frac{5}{12}\times\frac{7}{12}=\frac{35}{144}=0.243$$

系统中有 2 辆车的概率为

$$P_2=\rho^2(1-\rho)=\left(\frac{5}{12}\right)^2\times\frac{7}{12}=\frac{175}{1\ 728}=0.101$$

系统中有 3 辆车的概率为

$$P_3=\rho^3(1-\rho)=\left(\frac{5}{12}\right)^3\times\frac{7}{12}=\frac{875}{20\ 736}=0.042\ 2$$

8.2.2　系统的运行指标

8.2.2.1　系统中的平均顾客数(即系统中顾客数的期望值)L

$$\begin{aligned}L&=\sum_{k=0}^{\infty}kP_k=\sum_{k=0}^{\infty}k\rho^k(1-\rho)=(1-\rho)\sum_{k=0}^{\infty}k\rho^k\\&=(1-\rho)\,\frac{\rho}{(1-\rho)^2}=\frac{\rho}{1-\rho}\end{aligned}\tag{8.11}$$

8.2.2.2　队列中的平均顾客数 *Lq*

$$L_q=\sum_{k=1}^{\infty}(k-1)P_k=\sum_{k=1}^{\infty}(k-1)\rho^k(1-\rho)=(1-\rho)\sum_{k=1}^{\infty}(k-1)\rho^k$$

$$=(1-\rho)\frac{\rho^2}{(1-\rho)^2}=\frac{\rho^2}{1-\rho} \tag{8.12}$$

即

$$L_q=\rho L$$

8.2.2.3　顾客在系统中的平均逗留时间 *W*

设随机变量 X 为系统中已有 k 个顾客的条件下，下一个顾客从到达至离去在系统中逗留的时间。

设 Y_i（$i=1,2,\cdots,k,k+1$）为已经在队列中的第 i 个顾客接受服务的时间，则上图中最后到达的第 $k+1$ 个顾客在系统中逗留的时间

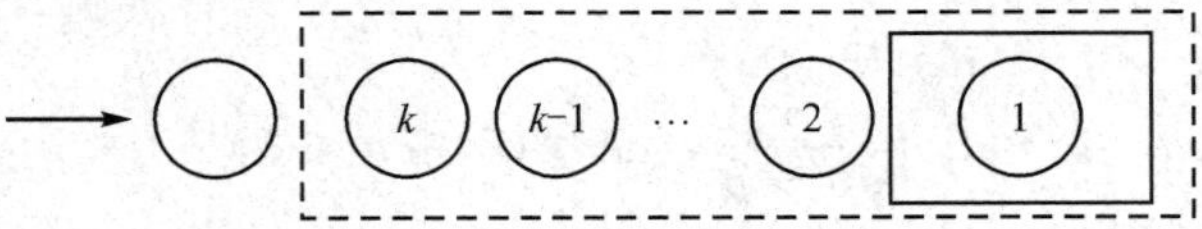

$$X=\sum_{i=1}^{k+1}Y_i$$

由于 Yi 服从参数为 μ 的负指数分布，因此 X 服从 $k+1$ 阶 Erlang 分布，其条件密度函数为

$$f(t\mid k)=\frac{\mu(\mu t)^k}{k!}\mathrm{e}^{-\mu t}\quad(k=0,1,2,\cdots)$$

因此 X 的密度函数为

$$f(x)=\sum_{k=0}^{\infty}f(t\mid k)P_k=\sum_{k=0}^{\infty}\frac{\mu(\mu t)^k}{k!}\mathrm{e}^{-\mu t}\rho^k(1-\rho)$$

$$=\sum_{k=0}^{\infty}\frac{\mu(\mu t)^k}{k!}\mathrm{e}^{-\mu t}\left(\frac{\lambda}{\mu}\right)^k\left(1-\frac{\lambda}{\mu}\right)$$

$$=\sum_{k=0}^{\infty}\frac{(\lambda t)^k}{k!}(\mu-\lambda)\mathrm{e}^{-\mu t}=(\mu-\lambda)\mathrm{e}^{-\mu t}\sum_{k=0}^{\infty}\frac{(\lambda t)^k}{k!}$$

$$=(\mu-\lambda)\mathrm{e}^{-\mu t}\mathrm{e}^{\lambda t}=(\mu-\lambda)\mathrm{e}^{-(\mu-\lambda)t} \tag{8.13}$$

其中，由于

$$0\leqslant\frac{\lambda}{\mu}<1$$

因此，$\mu>\lambda$，即 $\mu-\lambda>0$。

由(8.13)可以看出，顾客在系统中的逗留时间 X 服从以 $\mu-\lambda$ 为参数的负指数分布，因而 X 的期望值即平均逗留时间为

$$W=E(X)=\frac{1}{\mu-\lambda} \tag{8.14}$$

8.2.2.4　顾客在队列中的平均逗留时间 *Wq*

顾客在系统中逗留的时间，由在队列中等待的时间和在服务台中接受服务的时间组成，因

此，顾客在队列中等待时间的期望值，等于顾客在系统中逗留时间的期望值，减去在系统中接受服务时间的期望值，即

$$W_q = W - \frac{1}{\mu} = \frac{1}{\mu-\lambda} - \frac{1}{\mu} = \frac{\mu-(\mu-\lambda)}{\mu(\mu-\lambda)}$$

$$= \frac{\lambda}{\mu(\mu-\lambda)} = \frac{\rho}{\mu-\lambda} = \rho W \tag{8.15}$$

将以上结果总结如下：

对于$[M/M/1/\infty/\infty/\text{FCFS}]$系统，

系统中由 k 个顾客的概率为

$$P_k = \rho^k(1-\rho) \quad (k=0,1,2,\cdots)$$

系统中的平均顾客数为

$$L = \frac{\rho}{1-\rho} \quad (0 \leqslant \rho < 1)$$

队列的平均长度为

$$L_q = \frac{\rho^2}{1-\rho} = \rho L \quad (0 \leqslant \rho < 1)$$

顾客在系统中的平均逗留时间为

$$W = \frac{1}{\mu-\lambda}$$

顾客在队列中的平均等待时间为

$$W_q = \frac{\rho}{\mu-\lambda} = \rho W$$

例 8.2 高速公路入口收费处设有一个收费通道，汽车到达服从 Poisson 分布，平均到达速率为 200 辆/h，收费时间服从负指数分布，平均收费时间为 15 s/辆。求 L、Lq、W 和 Wq。

根据题意，$\lambda=200$ 辆/h，$\mu=240$ 辆/h，$\rho=\lambda/\mu=5/6$。

$$L = \frac{\rho}{1-\rho} = \frac{\frac{5}{6}}{1-\frac{5}{6}} = 5$$

$$L_q = \rho L = \frac{5}{6} \times 5 = 4.17$$

$$W = \frac{1}{\mu-\lambda} = \frac{1}{240-200} = 0.025(\text{h}) = 90(\text{s})$$

$$W_q = \rho W = \frac{5}{6} \times 90 = 75(\text{s})$$

8.2.3 Little 公式

由式(8.11)，式(8.12)，式(8.14)和式(8.15)可以得

$$
\begin{aligned}
L &= \lambda W \\
L_q &= \lambda W_q \\
L &= L_q + \rho \\
W &= W_q + \frac{1}{\mu}
\end{aligned}
\tag{8.16}
$$

虽然以上关系是对[$M/M/1/\infty/\infty/$FCFS]得到的，可以证明，在很宽的条件下，以上关系都是成立的。对于后面讨论的系统，我们将用 Little 公式推出系统的运行指标。

8.3　有限队列模型[$M/M/1/N/\infty/$FCFS]

当系统的容量从无限值变为有限值 N 时，[$M/M/1/\infty/\infty/$FCFS]就转化成为[$M/M/1/N/\infty/$FCFS]。[$M/M/1/N/\infty/$FCFS]系统的图示如图 8-7 所示。

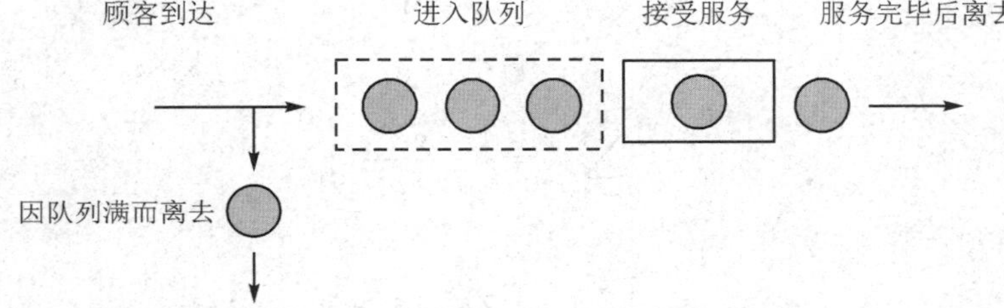

图 8-7　[$M/M/1/N/\infty/$FCFS]系统图示

8.3.1　[$M/M/1/N/\infty/$FCFS]系统中有 k 个顾客的概率

这个系统的状态转移图如图 8-8 所示。利用状态转移图来建立系统的概率平衡方程，其中系统的状态个数为有限值 N。

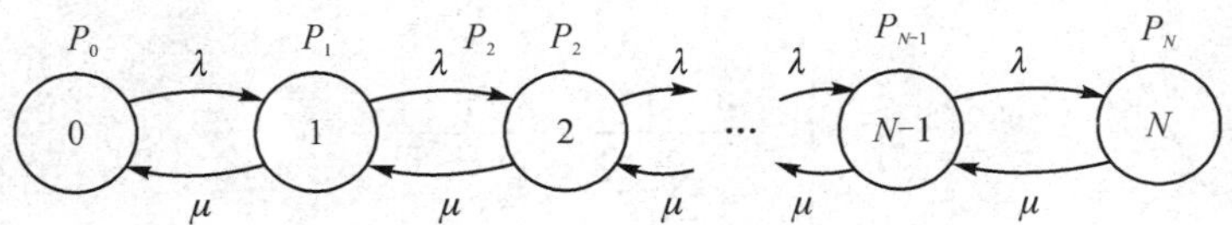

图 8-8　$M/M/1/N/\infty/$FCFS 状态转移图

由状态转移图，可以建立系统概率平衡方程如下：

对于状态 0：$\lambda P_0 = \mu P_1$

……

对于状态 k：$\lambda P_{k-1} + \mu P_{k+1} = (\lambda + \mu) P_k \quad 0 < k < N$

……

对于状态 N：$\lambda P_{N-1} = \mu P_N$

即

$$
P_1 = \frac{\lambda}{\mu} P_0 = \rho P_0
$$

$$P_2=\frac{\lambda}{\mu}P_1=\rho^2P_0$$

$$\cdots$$

$$P_k=\frac{\lambda}{\mu}P_{k-1}=\rho^kP_0$$

$$\cdots$$

$$P_N=\frac{\lambda}{\mu}P_{N-1}=\rho^NP_0$$

由

$$\sum_{k=0}^{N}P_k=1$$

得到

$$P_0\sum_{k=0}^{N}\rho^k=1$$

当 $\rho\neq1$ 时

$$\sum_{k=0}^{N}\rho^k=\frac{1-\rho^{N+1}}{1-\rho}$$

由(8.16)得到

$$P_k=\rho^k\ \frac{1-\rho}{1-\rho^{N+1}}\quad(k=0,1,2,\cdots,N)\tag{8.17}$$

当 $\rho=1$ 时

$$\sum_{k=0}^{N}\rho^k=N+1$$

由(8.15)得到

$$P_k=\rho^kP_0=P_0$$

由(8.16)得到

$$P_0=\frac{1}{\sum\limits_{k=0}^{N}\rho^k}=\frac{1}{N+1}$$

因此当 $\rho=1$ 时,有

$$P_k=\frac{1}{N+1}\quad(k=0,1,2,\cdots,N)$$

8.3.2　[M/M/1/N/∞/FCFS]系统的运行指标

8.3.2.1　系统中的平均顾客数 L

对于 $\rho\neq1$,系统中顾客数的期望值为

$$\begin{aligned}L&=\sum_{k=0}^{N}kP_k=\sum_{k=0}^{N}k\rho^k\ \frac{1-\rho}{1-\rho^{N+1}}\\&=\frac{1-\rho}{1-\rho^{N+1}}\left[\frac{\rho(1-\rho^{N+1})}{1-\rho^2}-\frac{(N+1)\rho^{N+1}}{1-\rho}\right]\end{aligned}$$

$$=\frac{\rho}{1-\rho}-\frac{(N+1)\rho^{N+1}}{1-\rho^{N+1}} \tag{8.18}$$

$$\begin{aligned}
L_q &= \sum_{k=0}^{N}(k-1)P_k=\sum_{k=0}^{N}kP_k-\sum_{k=0}^{N}P_k \\
&= L-(1-P_0)=L-\left(1-\frac{1-\rho}{1-\rho^{N+1}}\right)=L-\frac{\rho-\rho^{N+1}}{1-\rho^{N+1}} \\
&= L-\rho\,\frac{1-\rho^{N}}{1-\rho^{N+1}}=L-\rho\,\frac{1-\rho^{N+1}-(\rho^{N}-\rho^{N+1})}{1-\rho^{N+1}} \\
&= L-\rho\left(1-\frac{\rho^{N}(1-\rho)}{1-\rho^{N+1}}\right)=L-\rho(1-P_N)=L-\frac{\lambda(1-P_N)}{\mu}
\end{aligned} \tag{8.19}$$

令

$$\lambda_e=\lambda(1-P_N)$$

$$\rho_e=\frac{\lambda_e}{\mu}$$

λ_e 称为有效到达率，即单位时间内到达并能进入队列的平均顾客数。ρ_e 称为有效服务强度。

由(8.19)，有

$$L_q=L-\rho_e \tag{8.20}$$

由 Little 公式，得到

$$W=\frac{L}{\lambda_e}=\frac{L}{\lambda(1-P_N)} \tag{8.21}$$

$$W_q=\frac{L_q}{\lambda_e}=\frac{L-\rho_e}{\lambda_e}=\frac{L}{\lambda_e}-\frac{1}{\mu}=W-\frac{1}{\mu} \tag{8.22}$$

从(8.20)～(8.22)可以看出，在[$M/M/1/N/\infty$/FCFS]系统中，如果考虑有效到达速率 λ_e 和有效服务强度 ρ_e，[$M/M/1/N/\infty$/FCFS]系统和[$M/M/1/\infty/\infty$/FCFS]系统的运行指标的形式是相同的。

例 8.3　一个单人理发店，除理发椅外，还有 4 把椅子可供顾客等候。顾客到达发现没有座位空闲，就不再等待而离去。顾客到达的平均速率为 4 人/h，理发的平均时间为 10 min/人。顾客到达服从 Poisson 流，理发时间服从负指数分布。求：

① 顾客到达不用等待就可理发的概率；

② 理发店里的平均顾客数以及等待理发的平均顾客数；

③ 顾客来店理发一次平均花费的时间以及平均等待的时间；

④ 顾客到达后因客满而离去的概率；

⑤ 增加一张椅子可以减少的顾客损失率。

这是一个[$M/M/1/N/\infty$/FCFS]系统，其中 $N=4+1=5$，$\lambda=4$ 人/h，$\mu=6$ 人/h，$\rho=2/3$。

$$P_0=\frac{1-\rho}{1-\rho^{N+1}}=\frac{1-\dfrac{2}{3}}{1-\left(\dfrac{2}{3}\right)^{6}}=0.356$$

$$\lambda_e=\lambda(1-P_N)=\lambda(1-\rho^{N}P_0)=4\times\left[1-\left(\frac{2}{3}\right)^{5}\times 0.356\right]=3.808$$

$$L=\frac{\rho}{1-\rho}-\frac{(N+1)\rho^{N+1}}{1-\rho^{N+1}}=\frac{\frac{2}{3}}{1-\frac{2}{3}}-\frac{(5+1)\left(\frac{2}{3}\right)^{6}}{1-\left(\frac{2}{3}\right)^{6}}=2-0.577=1.423$$

$$L_q=L-\frac{\lambda_e}{\mu}=1.423-\frac{3.808}{6}=0.788$$

$$W=\frac{L}{\lambda_e}=\frac{1.423}{3.808}=0.374(\mathrm{h})=22.4(\mathrm{min})$$

$$W_q=\frac{L}{\lambda_e}=\frac{0.788}{3.808}=0.207(\mathrm{h})=12.4(\mathrm{min})$$

$$P_5=\rho^5 P_0=\left(\frac{2}{3}\right)^5\times 0.356=0.048$$

因客满而离去的概率为 0.048。

当 $N=6$ 时

$$P_0=\frac{1-\rho}{1-\rho^{N+1}}=\frac{1-\frac{2}{3}}{1-\left(\frac{2}{3}\right)^7}=0.354$$

$$P_6=\rho^6 P_0=\left(\frac{2}{3}\right)^6\times 0.354=0.031\ 1$$

$$P_5-P_6==0.048\ 0-0.031\ 1=0.016\ 9=1.69\%$$

即增加一张椅子可以减少顾客损失率 1.69%。

8.4 有限顾客源模型[$M/M/1/\infty/m/FCFS$]

这是一种所谓的有限顾客源模型。设顾客总数为 m。当顾客需要服务时，就进入队列等待;服务完毕后，重新回到顾客源中。如此循环往复。

典型的有限顾客源问题是机器维修问题。有 m 台机器在运转，单位时间内平均出现故障的机器数即为顾客平均到达率 λ，修理工修理一台设备的平均时间为平均服务时间 μ，已修复的机器仍然可能再出现故障。

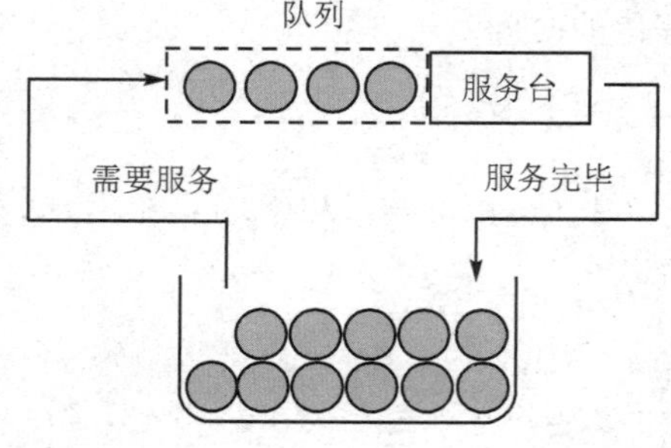

图 8-9 [$M/M/1/\infty/m/FCFS$]模型示意图

实际上，在这类问题中，由于顾客源的数量是有限的，因此队列的长度也是有限的，并且队列的长度必定小于顾客源总数。

有限顾客源模型可以用下图示意：

在无限源系统中，顾客的平均到达速率 λ 是整个顾客源的性质，与单独的顾客无关。而在有限源系统中，由于一个顾客要反复接受服务，因此有必要假定每一个顾客在单位时间内需要接受服务的平均次数是相同的，设为 λ。这样，有限源系统顾客到达的平均速率就与顾客源中的顾客数有关。以机器维修问题为例,设机器总数为 m 台,每台机器在单位时间内发生故障的平均次数为 λ,已经发生故障正在等待修理及正在接受修理的机器数为 n,则在单位时间内出现故障的平均机器数(即有限源系统顾客的平均到达速率)为

$$\lambda_e=\lambda(m-n)$$

如同无限源系统一样,为了求得系统的运行指标,必须先求出系统中出现顾客数的概率。

8.4.1 系统中有 n 个顾客的概率

8.4.1.1 在 $t+\Delta t$ 时刻系统中顾客数为 0 的概率

$$P_0(t+\Delta t)=P_0(t)p_0(\Delta t)+P_1(t)p_0(\Delta t)q_1(\Delta t)+P_k(t)p_r(\Delta t)q_s(\Delta t)$$

其中

$$p_0(\Delta t)=1-m\lambda\Delta t+o(\Delta t)$$
$$q_1(\Delta t)=\mu\Delta t+o(\Delta t)$$

因此

$$\begin{aligned}P_0(t+\Delta t)=&P_0(t)[1-m\lambda\Delta t+o(\Delta t)]+\\&P_1(t)[1-m\Delta t+o(\Delta t)][\mu\Delta t+o(\Delta t)]+\\&P_k(t)o(\Delta t)\end{aligned}$$

整理后得到

$$P_0(t+\Delta t)=P_0(t)-m\lambda P_0(t)\Delta t+\mu P_1(t)\Delta t+o(\Delta t)$$

将 $P_0(t)$移到左边,两边同除以 Δt,得到

$$\frac{P_0(t+\Delta t)-P_0(t)}{\Delta t}=\mu P_1(t)-m\lambda P_0(t)+\frac{o(\Delta t)}{\Delta t}$$

求当 Δt 趋于零的极限

$$\lim_{\Delta t\to 0}\frac{P_0(t+\Delta t)-P_0(t)}{\Delta t}=\mu P_1(t)-m\lambda P_0(t)$$

即

$$\frac{\mathrm{d}P_0(t)}{\mathrm{d}t}=\mu P_1(t)-m\lambda P_0(t)\tag{8.23}$$

8.4.1.2 在 $t+\Delta t$ 时刻系统中顾客数为 n 的概率

$$\begin{aligned}P_n(t+\Delta t)=&P_n(t)p_0(t)q_0(\Delta t)+P_{n-1}(t)p_1(\Delta t)q_0(\Delta t)+P_{n+1}(t)p_0(\Delta t)q_1(\Delta t)+\\&P_{n-k}(t)p_r(\Delta t)q_s(\Delta t)+P_{n+k}(t)p_r(\Delta t)q_s(\Delta t)\\=&P_n(t)[1-(m-n)\lambda\Delta t+o(\Delta t)][1-\mu\Delta t+o(\Delta t)]+\\&P_{n-1}(t)[(m-n+1)\lambda\Delta t+o(\Delta t)][1-\mu\Delta t+o(\Delta t)]+\\&P_{n+1}(t)[1-(m-n+1)\lambda\Delta t+o(\Delta t)][\mu\Delta t+o(\Delta t)]+\\&P_{n-k}(t)o(\Delta t)+\\&P_{n+k}(t)o(\Delta t)\end{aligned}$$

整理后得到

$$\begin{aligned}P_n(t+\Delta t)=&P_n(t)[1-(m-n)\lambda\Delta t-\mu\Delta t+o(\Delta t)]+\\&P_{n-1}(t)[(m-n+1)\lambda\Delta t+o(\Delta t)]+\end{aligned}$$

$$
\begin{aligned}
&P_{n+1}(t)[\mu\Delta t+o(\Delta t)]+\\
&P_{n-k}(t)o(\Delta t)+\\
&P_{n+k}(t)o(\Delta t)\\
=&P_n(t)-(m-n)\lambda P_n(t)\Delta t-\mu P_n(t)\Delta t+(m-n+1)\lambda P_{n-1}(t)\Delta t+\\
&\mu P_{n+1}(t)\Delta t+o(\Delta t)
\end{aligned}
$$

将 $P_n(t)$移到左边，两边同除以 Δt，得

$$\frac{P_n(t+\Delta t)-P_n(t)}{\Delta t}=(m-n+1)\lambda P_{n-1}(t)-[(m-n)\lambda+\mu]P_n(t)+\mu P_{n+1}(t)+\frac{o(\Delta t)}{\Delta t}$$

求当 Δt 趋向于零时的极限 $\lim\limits_{\Delta t\to 0}\frac{P_n(t+\Delta t)-P_n(t)}{\Delta t}=(m-n+1)\lambda P_{n-1}(t)-[(m-n)\lambda+\mu]P_n(t)+\mu P_{n+1}(t)$ 即

$$\frac{\mathrm{d}P_n(t)}{\mathrm{d}t}=(m-n+1)\lambda P_{n-1}(t)-[(m-n)\lambda+\mu]P_n(t)+\mu P_{n+1}(t)$$

8.4.1.3 在 $t+\Delta t$ 时刻系统中有 m 个顾客的概率

$$
\begin{aligned}
P_m(t+\Delta t)&=P_{m-k}(t)p_r(\Delta t)q_s(\Delta t)+P_{m-1}(t)p_1(\Delta t)q_0(\Delta t)+P_m(t)p_0(\Delta t)q_0(\Delta t)\\
&=P_{m-k}(t)o(\Delta t)+P_{m-1}(t)[\lambda\Delta t+o(\Delta t)][1-\mu\Delta t+o(\Delta t)]+\\
&\quad P_m[1-\mu\Delta t+o(\Delta t)]\\
&=\lambda P_{m-1}(t)\Delta t+P_m(t)-\mu P_m(t)\Delta t+o(\Delta t)
\end{aligned}
$$

即

$$\frac{P_m(t+\Delta t)-P_m(t)}{\Delta t}=\lambda P_{m-1}(t)-\mu P_m(t)+\frac{o(\Delta t)}{\Delta t}$$

两边取极限

$$\lim_{\Delta t\to 0}\frac{P_m(t+\Delta t)-P_n(t)}{\Delta t}=\lambda P_{m-1}(t)-\mu P_m(t)$$

即

$$\frac{\mathrm{d}P_m(t)}{\mathrm{d}t}=\lambda P_{m-1}(t)-\mu P_m(t) \tag{8.24}$$

将式(8.22)～式(8.24)等联立，得到由 $m+1$ 个方程组成的微分方程组

$$\frac{\mathrm{d}P_0(t)}{\mathrm{d}t}=\mu P_1(t)-m\lambda P_0(t)$$

……

$$\frac{\mathrm{d}P_n(t)}{\mathrm{d}t}=(m-n+1)\lambda P_{n-1}(t)-[(m-n)\lambda+\mu]P_n(t)+\mu P_{n+1}(t)\quad(0<n<m)$$

……

$$\frac{\mathrm{d}P_m(t)}{\mathrm{d}t}=\lambda P_{m-1}(t)-\mu P_m(t)$$

当系统处于统计平衡时，$P_0(t),\cdots,P_n(t),\cdots,P_m(t)$不随时间 t 变化，因而可记为 $P_0,\cdots,P_n,\cdots,P_m$，且

$$\frac{\mathrm{d}P_0(t)}{\mathrm{d}t}=\cdots=\frac{\mathrm{d}P_n(t)}{\mathrm{d}t}=\cdots=\frac{\mathrm{d}P_m(t)}{\mathrm{d}t}=0$$

从而得到以下的系统稳态差分方程组

$$\mu P_1 = m\lambda P_0 \tag{8.25}$$

……

$$\mu P_{n+1} = [(m-n)\lambda + \mu]P_n - (m-n+1)\lambda P_{n-1} \quad (n=1,2,\cdots,m-1) \tag{8.26}$$

……

$$\mu P_m = \lambda P_{m-1} \tag{8.27}$$

式(8.25)～式(8.27)的稳态方程，也可以由图 8-10 状态转移图得到。

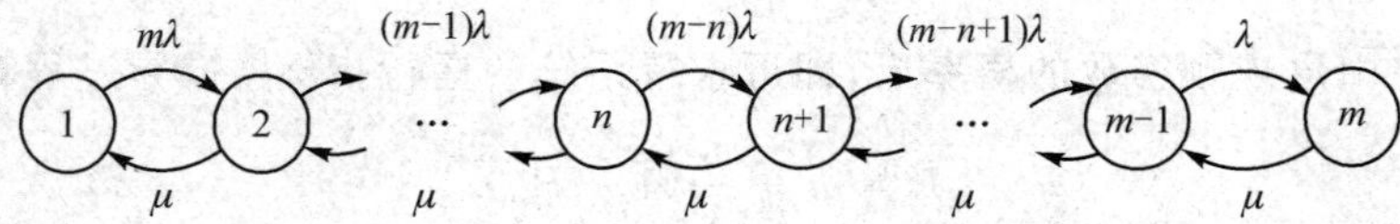

图 8-10　M/M/1/∞/m/FCFS

式(8.25)～式(8.27)可以表示成

$$P_1 = m\frac{\lambda}{\mu}P_0 \tag{8.28}$$

……

$$P_{n+1} = [(m-n)\frac{\lambda}{\mu} + 1]P_n - (m-n+1)\frac{\lambda}{\mu}P_{n-1} \quad (n=1,2,\cdots,m-1) \tag{8.29}$$

……

$$P_m = \frac{\lambda}{\mu}P_{m-1} \tag{8.30}$$

在式(8.28)～式(8.30)中，记

$$\rho = \frac{\lambda}{\mu}$$

(注意，在这里 ρ 的涵义与无限源系统中不同)并递推得到

$$P_1 = m\rho P_0 \tag{8.31}$$

$$\begin{aligned} P_2 &= [(m-1)\rho + 1]P_1 - m\rho P_0 \\ &= [(m-1)\rho + 1]m\rho P_0 - m\rho P_0 \\ &= m(m-1)\rho^2 P_0 \end{aligned} \tag{8.32}$$

$$\begin{aligned} P_3 &= [(m-2)\rho + 1]P_2 - (m-1)\rho P_1 \\ &= [(m-2)\rho + 1]m(m-1)\rho^2 P_0 - (m-1)m\rho^2 P_0 \\ &= m(m-1)(m-2)\rho^3 P_0 \end{aligned} \tag{8.33}$$

$$\vdots$$

$$P_n = m(m-1)(m-2)\cdots(m-n+1)\rho^n P_0 \tag{8.34}$$

$$\vdots$$

$$P_m = m(m-1)(m-2)\cdots 2 \times 1 \times \rho^m P_0 \tag{8.35}$$

由式(8.31)～式(8.35)以及

$$\sum_{i=0}^{m} P_i = 1$$

得

$$P_0 = \frac{1}{\sum_{i=0}^{m} \frac{m!}{(m-i)!}\rho^i} \tag{8.36}$$

$$P_n = \frac{m!}{(m-n)!}\rho^n P_0 \tag{8.37}$$

8.4.2　有限源系统的运行指标

在求得系统中出现顾客数的概率后,即可求得系统的运行指标（推导过程略）

$$L = m - \frac{\mu}{\lambda}(1 - P_0) \tag{8.38}$$

$$L_q = m - (1+\rho)(1-P_0) = L - (1-P_0) \tag{8.39}$$

$$W = \frac{m}{\mu(1-P_0)} - \frac{1}{\lambda} \tag{8.40}$$

$$W_q = W - \frac{1}{m} \tag{8.41}$$

在机器维修问题中,L 是待检修及正在检修的平均机器数,而

$$m - L = \rho(1 - P_0)$$

表示正常运行的平均机器数。

例 8.4　某车间有 5 台机器,每台机器的连续运转时间服从负指数分布,平均连续运行时间 15 分钟。有一个修理工,每次修理时间服从负指数分布,平均每次 12 分钟。求:

① 修理工空闲的概率;

② 五台机器都出故障的概率;

③ 出故障的平均台数;

④ 平均停工时间;

⑤ 平均等待修理时间;

⑥ 评价这个系统的运行情况。

解　根据题意,$m=5,\lambda=1/15,\mu=1/12,\rho=\lambda/\mu=0.8$

① $P_0 = \left[\frac{5!}{5!}(0.8)^0 + \frac{5!}{4!}(0.8)^1 + \frac{5!}{3!}(0.8)^2 + \frac{5!}{2!}(0.8)^3 + \frac{5!}{1!}(0.8)^4 + \frac{5!}{0!}(0.8)^5\right]^{-1}$

$= \frac{1}{136.8} = 0.007\,3$

② $P_5 = \frac{5!}{0!}(0.8)^5 P_0 = 0.287$

③ $L = m - \frac{1}{\rho}(1-P_0) = 5 - \frac{1}{0.8}(1-0.007\,3) = 3.76$

④ $L_q = L - (1-P_0) = 3.76 - (1-0.007\,3) = 2.77$

⑤ $W = \frac{m}{\mu(1-P_0)} - \frac{1}{\lambda} = \frac{5}{\frac{1}{12}\times(1-0.007\,3)} - 15 = 46(\text{min})$

⑥ $W_q = W - \frac{1}{\mu} = 46 - 12 = 34(\text{min})$

从以上指标可以看出，这个系统修理工几乎没有空闲时间，机器的停工时间 W 是平均运行时间的 3 倍，系统的服务效率很低。

8.5　多服务台模型[$M/M/c$]

[$M/M/c$]模型是研究单队、并列的多服务台排队系统。如同单服务台系统一样，分为以下几种情况进行讨论：

① 标准的[$M/M/c/\infty/\infty$/FCFS]模型；

② 系统容量有限的[$M/M/c/N/\infty$/FCFS]模型；

③ 有限顾客源的[$M/M/c/\infty$/m/FCFS]模型。

8.5.1　[$M/M/c/\infty/\infty$/FCFS]模型

这个模型的队列与服务台的关系如图 8-11 所示。

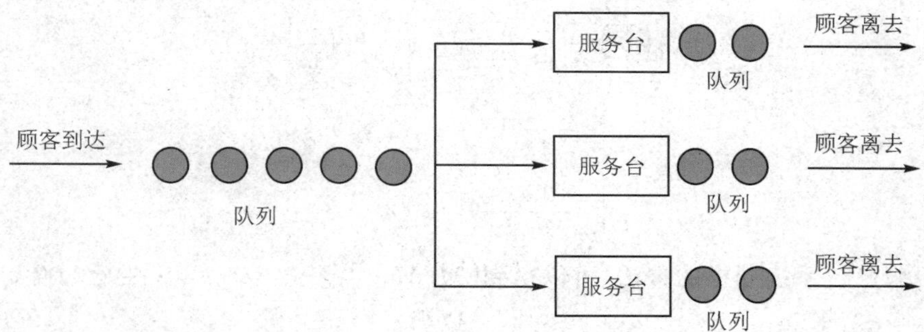

图 8-11　[$M/M/c/\infty/\infty$/FCFS]模型图示

顾客到达后，进入队列尾端；当某一个服务台空闲时，队列中的第一个顾客即到该服务台接收服务；服务完毕后随即离去。

各服务台互相独立且服务速率相同，即 $\mu_1 = \mu_2 = \cdots = \mu_c$。

容易知道，整个系统的最大服务速率为 $c\mu$，如令

$$\rho = \frac{\lambda}{c\mu}$$

则当 $\rho < 1$ 时系统才不会排成无限的队列。

这个系统的特点是，系统的服务速率与系统中的顾客数有关。当系统中的顾客数 k 不大于服务台个数，即 $1 \leqslant k \leqslant c$ 时，系统中的顾客全部在服务台中，这时系统的服务速率为 $k\mu$；当系统中的顾客数 $k > c$ 时，服务台中正在接受服务的顾客数仍为 c 个，其余顾客在队列中等待服务，这时系统的服务速率为 $c\mu$。为了求得系统的状态概率，先作出系统的状态转移图，如图 8-12 所示。

由状态转移图可以得到系统的稳态概率方程：

对状态 0：
$$\lambda P_0 = \mu P_1 \tag{8.42}$$

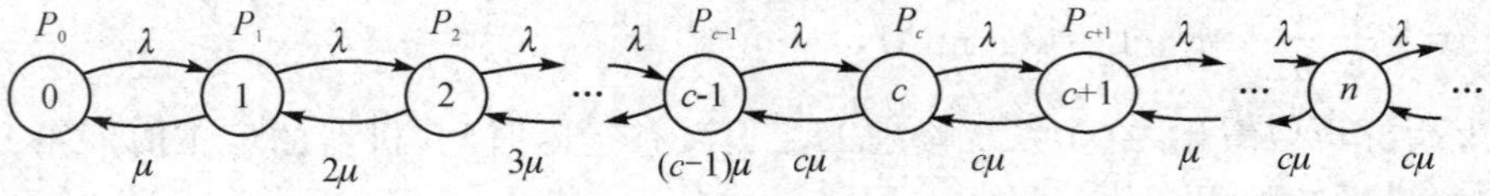

图 8-12 [$M/M/c/\infty/\infty/FCFS$] 状态转移图

对状态 1： $$\lambda P_0 + 2\mu P_2 = (\lambda + \mu) P_1 \tag{8.43}$$

………

对状态 c： $$\lambda P_{c-1} + c\mu P_{c+1} = (\lambda + c\mu) P_c \tag{8.44}$$

………

对状态 n $$\lambda P_{n-1} + c\mu P_{n+1} = (\lambda + c\mu) P_n \tag{8.45}$$

………

由(8.42)～(8.45)以及

$$\sum_{n=1}^{\infty} P_n = 1$$

可以解得

$$P_0 = \left[\left(\sum_{n=0}^{c-1} \frac{\lambda^n}{\mu^n n!}\right) + \frac{1}{c!}\left(\frac{\lambda}{\mu}\right)^c \left(\frac{1}{1-\rho}\right)\right]^{-1}$$

$$P_n = \begin{cases} \dfrac{\lambda^n}{\mu^n n!} P_0 & (1 \leqslant n \leqslant c) \\ \dfrac{\lambda^n}{\mu^n c!\ c^{n-c}} P_0 & (n > c) \end{cases}$$

用与单服务台系统同样的方法，可以得到[$M/M/c$]:[∞/∞/FCFS]的运行指标：

$$L_q = \frac{\lambda^c \rho P_0}{\mu^c c!\ (1-\rho)^2} \tag{8.46}$$

$$L = L_q + \frac{\lambda}{\mu} \tag{8.47}$$

$$W = \frac{L}{\lambda} \tag{8.48}$$

$$W_q = \frac{L_q}{\lambda} \tag{8.49}$$

例 8.5 某售票处有 3 个窗口，顾客到达服从 Poisson 流，到达速率为 0.9 人/min，售票时间服从负指数分布，每个窗口的平均售票速率为 0.4 人/min。顾客到达后排成一队，依次到空闲窗口购票。求：

① 所有窗口都空闲的概率；

② 平均队长；

③ 平均等待时间及逗留时间；

④ 顾客到达后必须等待的概率。

解 这是一个[$M/M/3$]:[∞/∞/FCFS]系统，$\lambda/\mu=2.25$，$\rho=\lambda/c\mu=0.75$

① 所有窗口都空闲的概率，即求 P_0 的值

$$P_0=\left[\frac{(2.25)^0}{0!}+\frac{(2.25)^1}{1!}+\frac{(2.25)^2}{2!}+\frac{(2.25)^3}{3!}\times\frac{1}{1-0.75}\right]^{-1}=0.0748$$

② 平均队长，即求 L 的值，必须先求 L_q

$$L_q=\frac{(2.25)^3\times 0.75}{3!\ \times(1-0.75)^2}\times 0.0748=1.70$$

$$L=L_q+\frac{\lambda}{\mu}=1.70+2.25=3.95$$

③ 平均等待时间和平均逗留时间，即求 W_q 和 W 的值

$$W_q=\frac{L_q}{\lambda}=\frac{1.70}{0.9}=1.89(\text{min})$$

$$W=W_q+\frac{1}{\mu}=1.89+\frac{1}{0.4}=4.39(\text{min})$$

④ 顾客到达后必须等待，即 $n\geqslant 3$，

$$P[n\geqslant 3]=\frac{(2.25)^3}{3!\ (1-0.75)}\times 0.0748=0.57$$

8.5.2　系统容量有限的[M/M/c/N/∞/FCFS]模型

设系统容量为 $N(N\geqslant c)$，当系统中的顾数 $n<N$ 时，到达的顾客就进入系统；当 $n=N$ 时，到达的顾客就被拒绝。设顾客到达的速率为 λ，m 每个服务台服务的速率为 μ，$\rho=\lambda/c\mu$。由于系统不会无限止地接纳顾客，对 ρ 不必加以限制。

系统的状态转移图如图 8-13 所示，这时状态个数为有限值 $0,1,2\cdots N-1,N$。

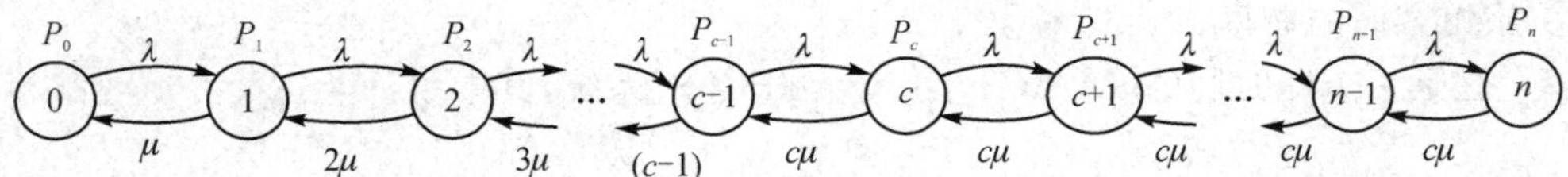

图 8-13　[M/M/c/N/∞/FCFS] 状态转移图

稳定状态的状态概率转移方程为

对状态 0：$$\lambda P_0=\mu P_1 \tag{8.50}$$

对状态 1：$$\lambda P_0+2\mu P_2=(\lambda+\mu)P_1 \tag{8.51}$$

……

对状态 $c-1$：$$\lambda P_{c-2}+c\mu P_c=[\lambda+(c-1)\mu]P_{c-1} \tag{8.52}$$

对状态 c：$$\lambda P_{c-1}+c\mu P_{c+1}=(\lambda+c\mu)P_c \tag{8.53}$$

对状态 $c+1$：$$\lambda P_c+c\mu P_{c+2}=(\lambda+c\mu)P_{c+1} \tag{8.54}$$

……

对状态 N：$$\lambda P_{N-1}=c\mu P_n \tag{8.55}$$

由(8.50)～(8.55)以及

$$\sum_{n=0}^{N}P_n=1$$

可以得到系统稳态的状态概率以及运行指标：

$$P_0=\left[\sum_{k=0}^{c}\frac{(c\rho)^k}{k\,!}+\frac{c^c}{c\,!}\cdot\frac{\rho(\rho^c-\rho^N)}{1-\rho}\right]^{-1}\quad(\rho\neq 1)\tag{8.56}$$

$\rho=1$ 时 P_0 的表达式可以用单服务台有限容量系统类似的方法求得,此处从略。

$$P_n=\begin{cases}\dfrac{(c\rho)^n}{n\,!}P_0 & (0\leqslant n\leqslant c)\\[2ex] \dfrac{c^c\rho^n}{c\,!}P_0 & (c\leqslant n\leqslant N)\end{cases}\tag{8.57}$$

由此可以求出系统的运行指标:

$$L_q=\frac{\rho(c\rho)^c}{c\,!\ (1-\rho)^2}\left[1-\rho^{N-c}-(N-c)\rho^N-c(1-\rho)\right]P_0\tag{8.58}$$

$$L=L_q+c\rho(1-P_N)\tag{8.59}$$

$$W_q=\frac{L_q}{\lambda(1-P_N)}\tag{8.60}$$

$$W=W_q+\frac{1}{\mu}\tag{8.61}$$

特别地,当 $N=c$ 时,系统的队列最大长度为 0,即顾客到达时,如果服务台有空闲,则进入服务台接受服务,如果服务台没有空,顾客则当即离去。这样的系统成为"即时制"。许多服务设施,如旅馆、停车场等都具有这样的性质。

例 8.6　某旅馆有 8 个单人房间,旅客到达服从泊松流,平均速率为 6 人/天,旅客平均逗留时间为 2 天,求:

① 每天客房平均占用数;

② 旅馆客满的概率。

解　这是一个即时制的$[M/M/c]$:[N/∞/FCFS]系统,其中

$$N=c=8,\lambda=6,\frac{1}{\mu}=2,c\rho=\frac{\lambda}{\mu}=\frac{6}{0.5}=12$$

$$P_0=\left[\frac{(12)^0}{0!}+\frac{(12)^1}{1!}+\frac{(12)^2}{2!}+\frac{(12)^3}{3!}+\frac{(12)^4}{4!}+\frac{(12)^5}{5!}+\frac{(12)^6}{6!}+\frac{(12)^7}{7!}+\frac{(12)^8}{8!}\right]^{-1}$$
$$=3.963\times10^{-5}$$

$$P_8=\frac{(c\rho)^n}{n\,!}P_0=\frac{(12)^8}{8!}\times3.963\times10^{-5}=0.423$$

旅馆 8 个房间全满的概率为 0.423.

$$L=c\rho(1-P_c)=12\times(1-0.423)=6.924$$

平均占用客房数为 6.9 间。客房占用率为 86.6%。

8.5.3　顾客源有限的$[M/M/c/\infty/m/\mathrm{FCFS}]$模型

设顾客源为有限数 m,服务台个数为 c,且 $m>c$。这个模型的典型例子是机器维修问题,机器数量为 m 台,修理工数量为 c 人。和单服务台系统一样,顾客到达率是按每个顾客来考虑的,在机器维修问题中,每个顾客的到达率 λ 是每台机器在单位运行时间内发生故障的期望次数,当正常运行的机器数为 m 时,发生故障的机器数为 m_λ。系统中的顾客数 n 就是发生故障的机器数,当 $n\leqslant c$ 时,所有发生故障的机器都在修理中,而有 $c-n$ 个修理工空闲;当 $c<$

$n \leqslant m$ 时，有 $n-c$ 台机器在停机等待修理，而修理工都在繁忙状态。假定这 c 个修理工的技术相同，修理时间都服从参数为 μ 的负指数分布。这个系统的模型示意图如图 8-14 所示：用状态转移图可以得到状态概率与运行指标（推导过程从略）：

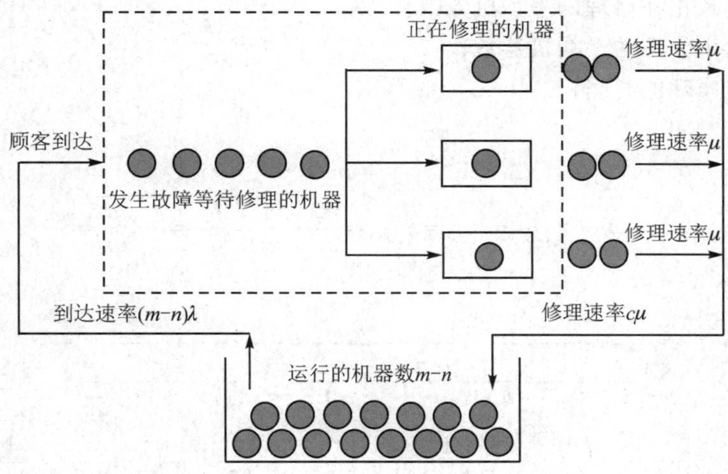

图 8-14　[$M/M/c/\infty/m/FCFS$] 模型示意图

8.5.3.1　状态概率

$$P_0=\frac{1}{m!}\cdot\frac{1}{\sum_{k=0}^{c}\frac{1}{k!\ (m-k)!}\left(\frac{c\rho}{m}\right)^k+\frac{c^c}{c!}\sum_{k=c+1}^{m}\frac{1}{(m-k)!}\left(\frac{\rho}{m}\right)^k} \tag{8.62}$$

其中

$$\rho=\frac{m\lambda}{c\mu}$$

$$P_n=\begin{cases}\dfrac{m!}{(m-n)!\ n!}\left(\dfrac{\lambda}{\mu}\right)^n P_0 & (0\leqslant n\leqslant c)\\[2ex] \dfrac{m!}{(m-n)!\ c!\ c^{n-c}}\left(\dfrac{\lambda}{\mu}\right)^n P_0 & (c+1\leqslant n\leqslant m)\end{cases} \tag{8.63}$$

8.5.3.2　运行指标

平均故障机器数

$$L=\sum_{n=1}^{m}nP_n \tag{8.64}$$

平均等待修理机器数

$$L_q=\sum_{n=c+1}^{m}(n-c)P_n \tag{8.65}$$

定义有效到达速率 λe 为单位时间内出现故障的机器数，有

$$\lambda e=\lambda(m-L)$$

可以证明

$$L=L_q+\frac{\lambda_e}{\mu}=L_q+\frac{\lambda}{\mu}(m-L) \tag{8.66}$$

例 8.7 车间有 5 台机器，每台机器的故障率为 1 次/h，有 2 个修理工负责修理这 5 台机器，工作效率相同，为 4 台/h。求：

① 等待修理的平均机器数；

② 等待修理及正在修理的平均机器数；

③ 每小时发生故障的平均机器数；

④ 平均等待修理的时间；

⑤ 平均停工时间。

解

$$m=5,\lambda=1,\mu=4,c=2,\rho=\frac{m\lambda}{c\mu},\frac{c\rho}{m}=\frac{\lambda}{\mu}=\frac{1}{4},\frac{\rho}{m}=\frac{1}{8}$$

由式(8.62)可以得到

$$\begin{aligned}P_0&=\frac{1}{m!}\cdot\frac{1}{\sum\limits_{k=0}^{c}\frac{1}{k!\ (m-k)!}\left(\frac{c\rho}{m}\right)^k+\frac{c^c}{c!}\sum\limits_{k=c+1}^{m}\frac{1}{(m-k)!}\left(\frac{\rho}{m}\right)^k}\\&=\frac{1}{5!}\times\left[\frac{1}{0!\ 5!}\left(\frac{1}{4}\right)^0+\frac{1}{1!\ 4!}\left(\frac{1}{4}\right)^1+\frac{1}{2!\ 3!}\left(\frac{1}{4}\right)^2+\frac{2^2}{2!}\cdot\frac{1}{2!}\left(\frac{1}{8}\right)^3+\right.\\&\quad\left.\frac{2^2}{2!}\cdot\frac{1}{1!}\left(\frac{1}{8}\right)^4+\frac{2^2}{2!}\cdot\frac{1}{0!}\left(\frac{1}{8}\right)^5\right]^{-1}\\&=0.314\ 9\end{aligned}$$

由式(8.63)可以计算得(算式略)：

$$P_1=0.394,P_2=0.197,P_3=0.074,P_4=0.018,P_5=0.002$$

由此，计算系统的各项运行指标如下：

① $L_q=\sum\limits_{n=c+1}^{m}(n-c)P_n=P_3+2P_4+3P_5=0.118$

② $L=\sum\limits_{n=1}^{m}nP_n=P_1+2P_2+3P_3+4P_4+5P_5=1.092$

③ $\lambda_e=\lambda(m-L)=1\times(5-1.092)=3.908$

④ $W_q=\dfrac{L_q}{\lambda_e}=\dfrac{0.118}{3.908}=0.03(\text{h})=1.8(\text{min})$

⑤ $W=\dfrac{L}{\lambda_e}=\dfrac{1.902}{3.908}=0.28(\text{h})=16.8(\text{min})$

8.6 排队系统的经济分析与最优化

前面讨论了若干常见排队系统的主要数量指标，这些指标能够反映出排队系统的功能，对决策者在设计或改造系统时是很有帮助的。然而一般情况下，要得到完整的分析以实现系统的最优化，只有把上述指标与经济数据结合起来才能完成。排队系统的最优化问题分为两大类：系统的静态最优设计问题和系统的动态最优控制问题。前者的目的在于使系统达到最大效益，或者说在一定指标下使系统最为经济；后者是指对一给定的系统，如何营运可使某个目标函数达到最优。由于系统最优控制问题涉及更多的数学知识，因此本节只讨论系统的静态最优设计问题。这类问题一般可借助费用模型来解决。

8.6.1　排队系统的费用分析

一般来说，为了减少顾客的等待费用（损失），需要提高排队系统的服务水平，但这将增加服务机构的成本。为了在两者之间取得平衡，排队系统的经济分析通常是以系统的总费用最小为优化目标来确定服务水平的，系统总费用包括服务费用和等待费用两部分。另外一些常用的目标函数有：使利润为最大或使等待费用与服务台闲置损失费用之和为最小等。

在稳态情形下，各种费用都是按单位时间来考虑的。通常，服务费用（成本）比较容易确定，而顾客的等待费用因有多种不同情况，不易确定。例如，机器故障问题中的等待费用是可以计算出来的，但像病人就诊的等待费用（由于耽误可能使病情恶化造成的损失）以及由于队列过长而失掉潜在顾客所造成的营业损失等则是不好估算的。然而，为了使计算结果能符合实际情形，应尽一切努力确定等待费用并直接在排队系统的分析中把它考虑进去。

服务水平也具有不同的表现形式，主要有平均服务率 μ，其次是服务设备，如服务台的个数 S，以及系统的容量等。服务水平也可以通过服务强度 ρ 来表示。

8.6.2　多服务台模型中的最优服务台数

考虑标准的 $M/M/s$ 模型，在稳态情形下，系统单位时间的总费用的期望值为

$$z=C_s \cdot s+C_w \cdot L \tag{8-67}$$

其中 s 为服务台数，C_s 每个服务台单位时间的成本，C_w 为每个顾客在系统中停留（或排队等待）单位时间的费用，L 是平均队长（或平均队列长）。由于 C_s 和 C_w 是给定的，L 的值与 s 有关，因此 z 是 s 的函数，记为 $z(s)$。我们求最优解 s^* 使 $z(s^*)$ 为最小。

因为 s 只取正整数值，即 $z(s)$ 不是连续变量的函数，故不能用经典的微分法而采用边际分析法。不难看出可以使用下面的关系式找出 s^*。

$$\begin{aligned} z(s^*) &\leqslant z(s^*-1) \\ z(s^*) &\leqslant z(s^*+1) \end{aligned} \tag{8-68}$$

依次求 $s=1,2,3\cdots$ 时 L 的值，并计算相应的 $z(s)$ 的值和使用上面的公式就能确定 s^* 的值。

例 8.8　某厂仓库负责向全厂工人发放材料。已知领料工人按泊松流到达，平均每小时来 20 人，发放时间服从平均值 4 分钟的负指数分布。每个工人去领料所造成的停工损失为每小时 60 元，仓库管理员每人每小时的服务成本为 5 元。问该仓库应配备几名管理员才能使总费用的期望值为最小？

解　这是求排队模型最优服务台数的问题，其中 $\lambda=20$（人/小时），$\mu=60/4=15$（人/小时），$C_s=5$ 元，$C_w=60$ 元，系统单位时间的总费用的期望值为

$$z(s)=C_s \cdot s+C_w L_s(s)=5s+60L_s(s) \tag{8-69}$$

为保证系统能达到稳态，必须使 $\rho=\lambda/su<1$，因此服务台的数目 s 应大于等于 2。计算过程与结果如表 8-1 所列。由表可见，应该取 $s^*=4$，即应配备 4 名管理员，相应的最小平均总费用为每小时 101.54 元。

表 8-1

s	$L_s(s)$	$C_wL_s(s)$	$C_s \cdot s$	$z(s)$
2	2.399	143.94	10	153.94
3	1.478	88.68	15	103.68
4	1.359	81.54	20	101.54
5	1.338	80.28	25	105.28

对于模型也可以进行类似的经济分析,不再赘述。

8.6.3 单服务台模型中的最优服务率

(1) 标准的 $M/M/l$ 模型

在(8-67)式中令服务台数 $s=1$,取 C_w 为每个顾客在系统中停留单位时间的费用,L 为平均队长。并设服务台单位时间的成本 C_s 与平均服务率 μ 成正比,即 $C_s=C'_s\cdot\mu$,(C'_s为当 $\mu=1$ 时单位时间的服务费用)。则系统单位时间的总费用的期望值为

$$z=C'_s\cdot\mu+C_w\cdot L$$

由 $L=\lambda/(\mu-\lambda)$,有

$$z=C'_s\cdot\mu+C_w\lambda/(\mu-\lambda) \tag{8-70}$$

在(8-70)式中,λ 是给定的,我们假定平均服务率可以在 λ 至∞的范围内连续变动。

为了求 $z=z(\mu)$ 的极小,令 $\mathrm{d}z/\mathrm{d}\mu=0$,得

$$\frac{\mathrm{d}z}{\mathrm{d}\mu}=C'_s-\frac{C_w\lambda}{(\mu-\lambda)^2}=0$$

解出

$$\mu^*=\lambda+\sqrt{\frac{C_w\lambda}{C'_s}} \tag{8-71}$$

因为当 $\mu=\mu^*$ 时,二阶系数

$$\frac{\mathrm{d}^2z}{\mathrm{d}\mu^2}=\frac{2C_w\lambda}{(\mu^*-\lambda)^3}>0$$

故可断定 μ^* 为最优服务率。

例 8.9 设货船按泊松流到达某一港口,平均到达率为每天 50 艘。港口的卸货时间服从负指数分布,平均卸货率为 μ,每天的卸货费用为 1 000μ 元。又知货船在港口停泊一天的滞期费为 500 元。求港口的最优卸货率。

解 将 $\lambda=50$,$C_w=500$,$C'_s=1\ 000$ 代入式(8-71)。可求得最优平均卸货率。

一般而言,服务成本是平均服务率 μ 的增函数,但不一定成正比例关系,或者平均服务率 μ 只能取离散值,这时当然不能使用公式(8-71)。但仍然可使用费用函数式(8-70)(令 $s=1$),即 $z=C'_s\cdot S+C_w\cdot L$ 来确定满意的平均服务率。试看下面的例子。

例 8.10 某设备修理站打算在甲、乙和丙 3 名工人中聘用一人。甲要求工资每小时 15 元,他每小时平均能修理 4 台设备;乙要求工资每小时 12 元,他每小时平均能修理 3 台设备;丙要求工资每小时 18 元,他每小时平均能修理 5 台设备。一台设备停留在修理站一个小时,

修理站要支付 6 元。已知送来修理的设备为泊松流，平均每小时 2 台。3 名工人修理机器的时间均服从负指数分布。问修理站应聘用哪位工人？

解　本例使用的费用函数为

$$z = C'_s \cdot s + C_w \cdot L$$

对于甲工人：

$$L_s = \lambda/(\mu - \lambda) = 2/(4-2) = 1$$
$$z = 15 + 6 \times 1 = 21(\text{元})$$

对于乙工人：

$$L_s = \lambda/(\mu - \lambda) = 2/(3-2) = 2$$
$$z = 12 + 6 \times 2 = 24(\text{元})$$

对于丙工人：

$$L_s = \lambda/(\mu - \lambda) = 2/(5-2) = 2/3$$
$$z = 18 + 6 \times (2/3) = 22(\text{元})$$

因此，修理站应聘用甲工人。

(2) $M/M/1/N$ 模型

我们取利润最大化为决策目标。前面已知道该系统顾客有效到达率为 $\lambda_e = \lambda(1-p_N)$。设系统每服务一名顾客可收入 G 元，则单位时间收入期望值为 $\lambda(1-p_N)G$ 元，扣去成本可得单位时间的利润期望值为

$$\begin{aligned} z &= \lambda(1-p_N)G - C'_s\mu \\ &= \lambda G \frac{1-\rho^N}{1-\rho^{N+1}} - C'_s \cdot \mu \\ &= \lambda\mu G \frac{\mu^N - \lambda^N}{\mu^{N+1} - \lambda^{N+1}} - C'_s \cdot \mu \end{aligned}$$

令 $\dfrac{\mathrm{d}z}{\mathrm{d}\mu} = 0$，得

$$\rho^{K+1}\left[\frac{N-(N+1)\rho+\rho^{N+1}}{(1-\rho^{N+1})^2} - \cdot\ \mu\right] = \frac{C'_s}{G} \tag{8-72}$$

其中 C'_s 的意义如前。

例 8.11　考虑一个 $M/M/1/4$ 排队系统，顾客平均到达率为 10 人/小时，平均服务率为 μ，每小时的服务费用为 7μ 元，系统服务一名顾客可收入 40 元。试确定利润期望值最大的平均服务率。

解　本例 $\lambda=10$，$N=4$，$G_s=7$，$G=40$，代入式(8-72)可得方程

求解后得 $\rho=0.717\,86$，从而得最优平均服务率

$$\mu^* = 10/0.717\,86 = 13.93 \approx 14(\text{人}/\text{小时})。$$

8.7　空中交通流量管理系统中的排队系统

当空中交通拥挤时，飞机排队的现象时常发生，合理的飞机排队可以降低空中交通管制员的劳动强度，提高空域利用率，因此对空中交通流量管理系统中的排队问题的研究非常重要。

8.7.1　空中交通流量排队系统的组成部分

空中交通流量管理的排队系统主要由输入过程、排队规则和服务机构组成。要求服务内容主要包括起飞、着陆和飞越，系统如图 8－15 所示。

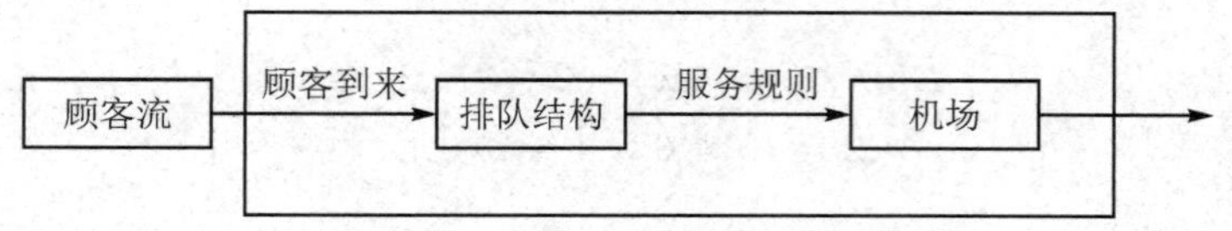

图 8－15　空中交通流量排队系统

1. 输入过程

服务的对象（顾客）指的是飞机，主要研究飞机按什么规律到达。内容包括：

① 飞机参数；

② 飞机到达方式——单个到或成批到；

③ 飞机相继到达的时间分隔分布——确定性（定期班机）或随机性。

2. 排队规则，即飞机接受服务的先后次序

（1）排队规律

排队规律有两种：损失制和等待制。

① 损失制。飞机到达时实行流量控制，不能进入该区域，飞机随即飞往别的地方备降，不再接受服务。

② 等待制。飞机到达时，机场正忙碌．飞机需要排队等待接受服务。

（2）管制服务规律

管制服务规律包括以下几种：

① 先到先服务，即按飞机到达的先后次序服务，它最常用。

② 后到先服务，如电梯的顾客常是后人先出，堆放的纸张上面的先用。

③ 随机服务，即从等待的飞机中随机选取其一服务。

④ 优先权服务，即高优先权飞机先于低优先权飞机接受服务，如专机、大型飞机、国际航班等。

3. 服务机构

服务机构包括机场跑道管制机构等。它管理的内容如下：

① 服务台个数，即跑道数、管制扇区数。

② 服务时间的分布。

8.7.2　空中交通流量排队系统的特征指标

空中交通流量排队系统作为排队论在空中交通管理方面的具体应用，它所研究的主要问题具体描述如下。

（1）统计分析

为建立排队系统的模型，先要根据原始资料，应用统计科学方法，确定飞机到达间隔时间和服务时间是属于哪种理论分布，然后估计其参数值。

(2) 性状特征

性状特征，即运行指标，主要包括以下几个：

① 队长，指在系统中的飞机数，包括等待的飞机数和接受服务的飞机数。

② 排队长，指在系统中排队等待的飞机数。其中，队长＝排队长＋正被服务的飞机数

③ 逗留时间，即飞机在系统中的停留时间。

④ 等待时间，即从飞机到达时刻起到它开始接受服务的这段时间。

⑤ 服务时间，即飞机在被服务的时间。

逗留时间＝等待时间＋服务时间

⑥ 忙期，即服务机构连续繁忙的时间长度，它关系到管制员的工作强度。

(3) 最优化

虽优化包括排队系统的设计和控制。

① 设计。给定到达率 A，服务率少如何设置服务台(配置服务人员)，使指标达最优。

② 控制。对系统确定一个最佳或合理的控制策略，使系统达到最佳运行状态。

8.7.3　空中交通流量排队系统模型

对于单队、单服务台、负指数分布的排队模型，通常考虑两种情况。

(1) 队长容量无限：$M/M/1/\infty/\infty/$FCFS；

(2) 队长容量有限：$M/M/1/N/\infty/$FCFS，排队系统队长为 N。

飞机到达时间间隔服从负指数分布，记 λ 为飞机到达系统的平均速率(即单位时间到达的飞机数)，即单位时间到达的飞机数服从以 λ 为平均数的分布(泊松分布)

$$L_s=\frac{\lambda}{\mu-\lambda}=\frac{\rho}{1-\rho}\tag{8-73}$$

式中，$\rho=\dfrac{\lambda}{\mu}$为系统能力利用率。

排队长期望值(等待服务的平均飞机数)为

$$L_q=\frac{\rho\lambda}{\mu-\lambda}=\rho L\tag{8-74}$$

飞机逗留时间平均期望值为

$$W_s=\frac{1}{\mu-\lambda}\tag{8-75}$$

飞机等待时间平均期望值为

$$W_q=\frac{\rho}{\mu-\lambda}=\rho W\tag{8-76}$$

由于忙期和闲期出现的概率分别为 ρ 和 $1-\rho$，所以在一段时间内可以认为忙期和闲期的总长度之比为 ρ:$(1-\rho)$。又因为忙期和闲期是交替出现的，所以在充分长的时间里，它出现的次数应是相同的，于是忙期的平均长度 $\bar{B}$ 和闲期的平均长度 $\bar{I}$ 之比也应为 $\rho/(1-\rho)$。

到达为泊松流时，根据负指数分布的无记忆性和到达与服务相互独立的假设。容易证明从系统空闲时刻起到下一个顾客到达时刻(即闲期)的时间间隔仍服从参数为 λ 的负指数分

布，且与到达时间间隔相互独立，因此平均闲期应为 $1/\lambda$，便求得平均忙期为

$$B=\frac{\rho}{1-\rho}\,\frac{1}{\lambda}=\frac{1}{\mu-\lambda} \tag{8-77}$$

队长容量有限时($M/M/1/N/\infty/\infty/\mathrm{FCFS}$)，可求得队长为

$$L_s=\begin{cases}\dfrac{\rho}{1-\rho}-\dfrac{(N+1)\,\rho^{N+1}}{1-\rho^{N+1}}\,(\rho^{1}1)\\[2ex]\dfrac{N}{2}\quad(\rho=1)\end{cases} \tag{8-78}$$

排队长为

$$L_q=L_s-(1-p_0),\quad p_0=\begin{cases}\dfrac{1-\rho}{1-\rho^{N+1}}\,(\rho^{1}1)\\[2ex]\dfrac{1}{N+1}\quad(\rho=1)\end{cases} \tag{8-79}$$

逗留时间为

$$W_s=\frac{L_s}{\mu(1-p_0)} \tag{8-80}$$

等待时间为

$$W_q=W_s-\frac{1}{\mu} \tag{8-81}$$

例 8.12　某机场的飞机到达为随机的泊松分布，$\lambda=30$ 架/h，管制员指挥飞机降落为负指数分布，$\mu=40$ 架/h。求该系统平均飞机数，平均排队飞机数，飞机平均花费时间，平均等待时间。

解　机场服务系统能力利用率

$$\rho=\frac{\lambda}{\mu}=30/40=0.75<1$$

系统是稳定的。

系统平均飞机数(队长)

$$L_s=\frac{\lambda}{\mu-\lambda}=\frac{30}{10}=3(\text{架})$$

系统平均排队飞机数(排队长)

$$L_q=\frac{\rho\lambda}{\mu-\lambda}=\rho L_s=0.75\times 3=2.25(\text{架})$$

飞机平均花费时间(逗留时间)

$$W_s=\frac{1}{\mu-\lambda}=(1/10)\ \mathrm{h}=6\ \mathrm{min}$$

飞机平均等待时间

$$W_q=\frac{\rho}{\mu-\lambda}=\rho W_s=0.75\times 6=4.5\ \mathrm{min}$$

8.7.4　空中交通流量排队系统的最优化

从经济角度看，要使排队系统最优化，一是要使系统服务费用最少，二是要使飞机逗留时

间的损失最少，则对于前述单队、单服务台、负指数分布的标准模型：$M/M/1/N/\infty/\infty/$FCFS，系统单位时间期望总费用可改为服务速率和队长 L_s 的函数：

$$Z(\mu)=C_s\mu+C_w\frac{\lambda}{\mu-\lambda} \tag{8-82}$$

式中，C_s，为单位 μ 的费用；C_w 为每架飞机在系统中停留单位时间的费用。将队长期望值（平均飞机数）$L_s=\lambda/(\mu-\lambda)$ 代人总费用函数得

$$Z(\mu)=C_s\mu+C_w\frac{\lambda}{\mu-\lambda} \tag{8-83}$$

解 $\frac{\mathrm{d}Z}{\mathrm{d}\mu}=0$，得

$$C_s-C_w\frac{\lambda}{(\mu-\lambda)^2}=0 \tag{8-84}$$

求得最优服务速率为

$$\mu^*=\lambda+\sqrt{\frac{C_w}{C_s}\lambda} \tag{8-85}$$

习　题

8.1　某修理店只有一个修理工，来修理的顾客到达次数服从泊松分布，平均每小时 4 人；修理时间服从负指数分布，平均需 6 分钟。求：

① 修理店空闲时间的概率；

② 店内有 3 个顾客的概率；

③ 店内至少有一个顾客的概率；

④ 在店内顾客的平均数；

⑤ 在店内顾客的平均逗留时间；

⑥ 等待服务的顾客平均数；

⑦ 平均等待修理(服务)时间；

⑧ 必须在店内消耗 15 分钟以上的概率。

8.2　设货船按泊松流到达某港，平均每天到达两艘。装卸货物时间为负指数分布，平均每天可装卸 3 条船。试问每只船在港内的平均停留时间；平均有多少条船在排队等待装卸货。

8.3　某机关接待室，接待人员每天工作 10 小时，来访人员的到来和被接待时间都是随机的。每天平均有 90 人到来，$\lambda=9$ 人/h，接待的平均速度为 $u=10$ 人/h(平均每人 6 min)，试求排队等待接待的平均人数；排队等待多于 2 人的概率；如果使等待的人平均为 2 人，接待速度应提高多少?

8.4　对于 $M/M/1$ 排队模型，根据下列等式右侧的表达式分别解释 ρ 的含义：

① $\rho=\frac{\lambda}{\mu}$；② $\rho=\frac{1}{\mu}\Big/\frac{1}{\lambda}$；③$\rho=1-\rho_0$；④ $\rho=w_q/w_s$

8.5　一个办事员核对登记的申请书时必须检查 8 张表格，核对一份表格需要 1 分钟。平均每小时有 6 个申请人到达。申请人到达间隔和服务时间间隔都是负指数分布。试求：① 办事员空闲概率；② 排队等待的平均人数；③ 系统内平均人数；④ 排队等待的平均时间；⑤ 在

系统内平均停留时间。

8.6　某加油站有一台油泵，来加油的汽车为泊松流，平均每小时 20 辆，但当加油站中已有 n 辆汽车时，新来汽车中将有一部分不愿等待而离去，离去概率为 q_n（$n=0,1,2,3,4$）。油泵给一辆汽车加油所需要的时间为具有均值 3 分钟的负指数分布。

① 画出此排队系统的状态转移图；

② 导出其状态平衡方程；

③ 求出加油站中汽车数的稳态概率；

④ 求在加油站的汽车的平均逗留时间。

8.7　某风景区准备建造旅馆，游客平均逗留两天，逗留时间是随机变数，服从负指数分布。游客到达是泊松流，平均每天有 6 个游客到达。如果旅馆只有 8 个床位，试求床位的平均使用率及旅馆满员的概率。

8.8　某电话站单位时间内呼唤的次数随时间而变。其变化规律用下式表示：

$$\lambda(t)=20-0.1\times(t-12)\ 次/小时$$

试计算自 17 点至 17 点 10 分，至少有两个人来打电话的概率。

8.9　某工厂有 5 台同类精密仪器，平均每 15 分钟调试一次，调试流为泊松流。有一调试工人，其调试时间服从负指数分布。每台仪器平均调试时间为 12 分钟。试求：① 工人空闲的概率；② 5 台仪器都在调试室等待调试的概率；③ 调试室中的平均仪器台数；④ 排队等待调试的平均台数；⑤ 每台仪器在调试室的平均逗留时间；⑥ 每台仪器的平均等待时间；⑦ 求有效到达率；⑧ 评价该服务系统。

8.10　某航运公司有一外轮码头，外轮按泊松流到达，平均每天到达 6 艘船，每艘船的卸货时间服从负指数分布，每个装卸组平均每天卸船 2 艘。由于外轮在港内停留时间超过一定期限，罚款极重，因此为了使外轮等待概率低于 0.035，公司需要配备多少个装卸组？

8.11　要求在机场着陆的飞机数量服从泊松分布，平均每小时 18 架次. 每次着陆需占用机场跑道的平均时间为 2.5 min，服从负指数分布。试问该机场应设置多少条跑道，使要求着陆的飞机需在空中等待的概率不超过 5%，求这种情况下跑道的平均利用率。

8.12　某飞机维修中心专门负责波音 747 大型客机发动机的定期全面检修。为了使飞机尽快投入运行，原先的方案是每次只检修 4 台发动机中的一台。这种情况下来检修的飞机每天平均到达一架，服从泊松分布，而每台发动机实际需检修时间（不计可能的等待时间）为 0.5 d，服从负指数分布。后来有人提出新的维修方案，即对进来检修的飞机，依次对 4 台发动机均检修一遍（检修组在同一时间内只能对一台发动机进行检修），这样每天到达检修的飞机将减少到原来的 1/4。设对每台发动机检修时间同上不变，试比较上述哪一种检修方案使飞机因发动机检修耽误的飞行时间更少。

第9章　空中交通系统预测

9.1　空中交通系统预测基本概念

9.1.1　预测在系统中的地位与作用

从古到今、无论中外，预测是普遍存在的客观现象，可以说人人皆预测。一般理解“预测”是预料和估计未来的事情，系统预测是指预料和估计系统未来的状态。

(1) 预测与规划

如前所述，系统规划是系统工程中一个重要阶段。规划总是面向未来的，必然要对拟设计建立的系统未来的行为和状态做出估计和判断。系统预测不正确，规划的指向和目标就会出偏差，结果事倍功半。

(2) 预测与控制

系统一旦建成投入运行，为了使得系统处于设计的优化状态，必须进行系统管理与控制。管理控制的任何措施和手段都是针对系统未来状态的，已经发生的情况无法改变，只能想办法让系统的未来运行状态尽可能地达到预期效果。可见，系统管理与控制的基础是建立在科学正确的系统预测基础上的。

(3) 预测与决策

其实规划和管理控制都包含了决策，这里之所以单独再提出来，是为了强调决策方法步骤中离不开预测。无论是哪种决策，都要对系统未来的自然状态以及这些状态可能发生的概率进行预测。

(4) 预测与优化

系统优化也需要在预测的基础上进行。要预测系统的内部条件与外部环境的未来状态，以形成各种约束条件，要预测优化模型中的各种参数在未来状态下的值，然后才能按照一定的优化方法得出优化结果。

总之，系统预测是系统工程各个阶段的基础，预测的好坏直接影响着系统工程各个阶段的质量，也就必然影响整个系统的质量。

9.1.2　一般预测方法

系统预测既然这么重要，那么其必须建立在科学的基础上。随着预测技术的不断发展和应用，新的预测方法也在不断地涌现。现在预测方法的总数已经超过300种，以致难以对预测方法进行正确分类。图9-1是大致分类的示意图。

从图9-1中可以看出，预测方法分为定性预测方法与定量预测方法两个大类。定性预测方法只是分别给出了具有代表性的两种方法；定量分析方法可以分为因果分析预测方法、趋势

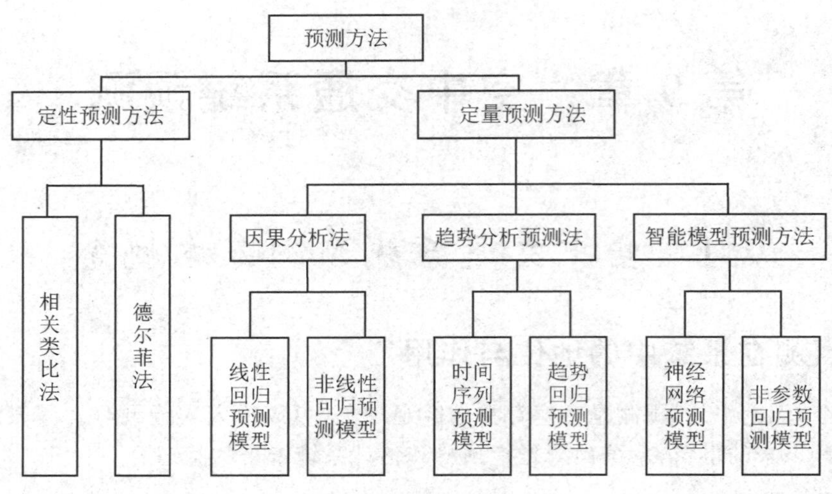

图 9-1　预测方法分类

分析预测方法和智能型预测方法。每类定量预测方法又包含了许多子类,图中也只是分别给出了具有代表性的两种方法。

图中的子类方法还可以进一步分解出各种不同形式的具体方法,这里没有再细分。每种方法都有各自的优缺点,有各自的适用范围。现在发展趋势是将这些方法恰当地组合起来应用,即所谓组合预测方法。空中交通系统中的预测技术也得到了广泛应用,如旅客流量预测,航班需求预测,空中交通流量预测等。下节介绍几种常用的预测模型在空中交通系统中的应用。

9.1.3　空中交通系统预测的主要内容

目前,对于空中交通流量预测方法的研究主要集中在以下几个方面:

1. 航班需求预测方法

① 基于C-均值聚类的航班需求预测方法。首先利用聚类方法分析航班的销售特征,依靠归类决定预测结果,建立一种基于C-均值聚类的航班订座预测模型。该模型屏蔽了日期和季节特性对预测过程的影响,降低了算法复杂度,具有运算速度快、鲁棒性强、预测精度相对较高等优点。

② 基于神经网络的航班需求预测方法。利用神经网络能够记忆复杂的历史订座规律和销售趋势的特点,首先对航班需求的历史数据进行学习,然后建立一种基于神经网络的航班需求预测模型。该模型具有在线预测速度快,预测精度相对较高等优点。

③ 航班需求的集群预测方法。为了适应不断变化的航班时刻表,将订票程序作为一个集群,随着起飞的临近而增长并且加入了多飞机过站的程序来建立航班需求的预测模型。该模型具有运行速度快,鲁棒性和准确性更好的特点。

2. 民航客货运输预测方法

① 趋势预测法。根据民航货运总量的历史数据,使用 n 次多项式建立模型进行预测。但是此方法只适用于国家经济发展较平稳的条件下,在国家经济动荡时不适用。

② 回归分析法。首先对民航客货运输的影响因素进行分析,选取合适的因素建立回归分

析模型进行预测。此方法考虑了其他因素对民航客货运输的影响，提高了预测的准确性。

③ 支持向量回归方法。利用民航客货运输的历史数据，确定 ε 不敏感值、惩罚因子 C 及核函数的参数，然后利用支持向量回归方法，建立了机场旅客吞量预测模型。该模型与传统预测方法相比，计算结果准确性更高，稳定性更好。

④ 模糊时间序列法。通过对近进中熵及不变时间指数 T 最小化的整合，建立一个新的基于熵的模糊时间序列模型来预测机场旅客吞吐量。

3. 民航飞行流量预测方法

① 回归分析法。首先对民航飞行流量的影响因素进行分析，选取合适的因素建立回归分析模型进行预测。此方法考虑了其他因素对民航飞行流量的影响，提高了预测的准确性。

② 基于神经网络的飞行流量预测方法。利用神经网络能够记忆复杂的历史数据规律和趋势的特点，首先对飞行流量大量的历史数据进行学习，然后建立一种基于神经网络的飞行流量预测模型。该模型具有在线预测速度快，预测精度相对较高等优点。

③ 时间序列法。根据历史数据，确定时间序列模型的参数，然后建立时间序列模型对民航飞行流量进行预测。

④ 基于最小二乘估计原理的飞机流量预测方法。应用系统辨识理论进行模型和参数的辨识，建立了基于最小二乘估计原理的飞机流量预测模型。该模型进行一步预报时不用对国内生产总值指数进行预报，因而预报过程更简单，同时流量预报误差相对更小。

本书主要介绍空中交通流量的预测方法。

9.1.4　空中交通流量主要预测方法

空中交通流量管理(Air Traffic Flow Management，ATFM)是在空中交通流量接近或达到空中交通管制可用能力时，预先或适时采取适当措施，保证空中交通量最佳地流入或通过相应区域，尽可能提高机场、空域可用容量的利用率。它是空中交通管理(Air Traffic Management，ATM)的重要组成部分。其主要目的是安全而有效地使用现有空域、空中交通管理的服务和机场设施，并且为飞机运作者提供及时、精确的信息，从而规划和实施一种经济的空中运输，以尽可能准确地预报飞行情报而使延误减至最小。

随着空中流量的不断加大，空中交通越来越拥挤，尤其在航空流量密集的区域，空中延误逐渐增多，管制员负荷逐渐加大，流量过大引起的航班延误不仅给管制部门带来巨大的压力，同时严重影响到了航空公司的利益。

在保持现有资源的条件下解决这一问题的有效途径就是对空中交通流量实施预测，科学准确的流量预测不仅是空中交通流持续、畅通的有效保障，而且是 ATFM 各级管理部门制定决策和发展战略的重要依据。随着民航运输量的不断增长，对空中交通流量预测的研究也逐渐增多，近年来的预测方法主要有以下几种：

(1) 趋势预测法

该方法是调查以往交通活动的历史记载，根据历史数据的时间数据建立曲线方程，再由此方程外推预测未来的运载值。

采用这种预测方法的一个基本假设是：以往影响交通量变化的因素将按照原样继续起作用，其增长率和变化趋势也继续保持下去。

曲线模型的形式，可以采用直线，指数或数理逻辑曲线，而主要的模型有如下几种：

① 直线模型：

$$y = a + bt \tag{9.1}$$

式中：a——初始时间的数量；

b——每年的增长数量；

t——预测的时间；

直线模型适用于需求对时间变化为常数的预测，即每年递增固定的需求量。式中的参数用最小法进行估计。

② 多项式模型：

普遍表达式为

$$y = a + bt + ct^2 + dt^3 + \cdots \tag{9.2}$$

式中，a，b，c，d，e 为参数，t 为时间，且它的参数用最小二乘法来估计。

③ 指数模型：

$$y = ab^t \tag{9.3}$$

式中：a——每年的交通量；

b——每年交通量的增长率；

t——预测的时间；

适用于增长率为一常数，即每年的需求量递增为固定百分比。

④ 成长模型（即数理逻辑方程）：

$$y = \frac{1}{k + ab^t} \tag{9.4}$$

式中的 k，a，b 为参数，t 为时间。此方程为一条 S 曲线且它的拐点是对称的。适用于开始阶段年增长量递增缓慢，随后增长加快，达到一定程度后增长量稳定，最后是一个增长量递减的阶段，最终达到饱和状态。

(2) 时间序列法

时间序列法是假设预测对象的变化仅与时间有关，根据它的变化特征，以惯性原理推测其未来状态。事实上预测对象与外部因素有着密切而复杂的联系，时间序列中的每一个数据都反映了当时许多因素综合作用的结果。整个时间序列则反映了外部因素综合作用下预测对象的变化过程。因此，预测对象的变化仅与时间有关的假设，是对外部因素复杂作用的简化，从而使预测的研究更为直接和便捷。

时间序列分析方法包括确定型时间序列分析和随机型时间序列分析。

确定型时间序列分析包括一些简单的外推方法和一些常用且典型的曲线模型方法等。这些方法可用于根据实践的过去变化特征来预测其将来的变化特征，其趋势是确定型的，因为它不涉及时间序列的随机性根源或随机性质。确定型时间序列分析的模型主要有线性模型、指数模型、二次型模型，以及各种特殊的曲线模型等。应用的预测技术有移动平均、指数平滑以及加权平均等。

Box-Jenkins 方法是典型的随机型时间序列分析法。它是在定性分析的基础上，按照一定的数学理论建立各种因素的综合型模型。该方法借助计算机的强大功能进行反复迭代搜索，从而对历史数据拟合出性能最佳的模型。在短期预测方面，它能达到较高的精度。Box-Jenkins方法的数学模型主要有以下几类：自回归模型（简称AR模型）、滑动平均模型（简称MA模型）、自回归滑动平均模型（简称ARMA模型）以及对非平稳时间序列的自回归移动平均模型（简称ARIMA模型）。

(3) 回归模型预测法

回归模型也称因果模型，它根据变量自身的历史值及其他相关变量的历史值解释并预测该变量。回归分析方法具有非常广泛的适用性，不仅适用于微观预测，而且适用于宏观预测；不仅适用于短期预测，也适用于长期预测。

回归模型预测法的数学模型主要有以下几类：一元线性回归预测模型、多元线性回归预测模型、非线性回归模型、滞后变量模型。

(4) 马尔科夫预测法

马尔科夫链，就是一种随机事件序列，它将来取值情况只与它现在的取值情况有关，而与它过去取值情况无关，即无后效性。具备这个性质的离散随机过程，称为马尔科夫链。

马尔科夫预测法是应用随机过程中马尔科夫链的理论和方法研究分析有关经济现象变化规律并借此对未来进行预测的一种方法。

马尔科夫预测法的主要研究对象是一个运行系统的状态及状态的转移，其目的就是根据某些经济变量现在的状态及其变动取向，预测它在未来的某一特定期间可能出现的状态，从而为经营决策提供依据。

(5) 神经网络预测模型

1943年，神经生物学家Warren s. McCulloch和数理逻辑学家Waiter Pitts首先提出一个简单的神经计算模型，即神经元的阈值元件模型（简称MP模型），开创了神经网络的研究。

神经网络是一种新兴的数学建模方法，它具有识别复杂非线性系统的特性，交通系统是复杂巨系统，因此神经网络比较适合于交通领域应用。

(6) 灰色关联分析预测法

灰色系统理论起源于对控制论的研究。以往的控制思想，是根据已有的行为进行控制，即在观察系统输出后，分析输出值与目标值的偏离程度，再进行控制。灰色系统理论则以现有信息为基础，对系统未来状态进行预测，然后按预期值制定控制措施。灰色系统理论是基于关联度收敛原理、生成数、灰导数、灰微分方程等观点和方法建立了微分方程模型，在预测中获得了良好效果。

9.2　定性预测方法

9.2.1　定性预测定义

定性预测也称为意向预测，是指依靠熟悉业务知识、具有丰富经验和综合分析能力的人员与专家，根据已掌握的历史资料和直观材料，运用个人的经验和分析判断能力，对事物的未来发展做出性质和程度上的判断，然后，再通过一定形式综合各方面的意见，得到的结果作为预测未来的主要依据。

定性预测在工程实践中被广泛地使用，特别适合于对预测对象的数据资料（包括历史的和现实的)掌握不充分,或影响因素复杂、难以用数字描述,或对主要影响因素难以进行量化分析等情况。

定性预测着重于对市场行情的发展方向和施工中各种影响施工项目成本因素的分析进行预测,能发挥专家经验和主观能动性,比较灵活,而且简便易行,可以较快地提出预测结果。但是在进行定性预测时,也要尽可能地搜集数据,通常也是运用数学方法,从数量上测算出结果。

9.2.2 定性预测特点

定性预测的特点在于其主要凭借人的经验以及分析能力:① 着重对事物发展的性质进行预测;② 着重对事物发展的趋势、方向和重大转折点进行预测。

定性预测的优点(见图 9-2)在于注重于事物发展在性质方面的预测,具有较大的灵活性,易于充分发挥人的主观能动作用,且简单、迅速,省时省费用;定性预测的缺点是易受主观因素的影响,比较注重于人的经验和主观判断能力,从而易受人的知识、经验和能力大小的束缚和限制,尤其是缺乏对事物发展做数量上的精确描述。

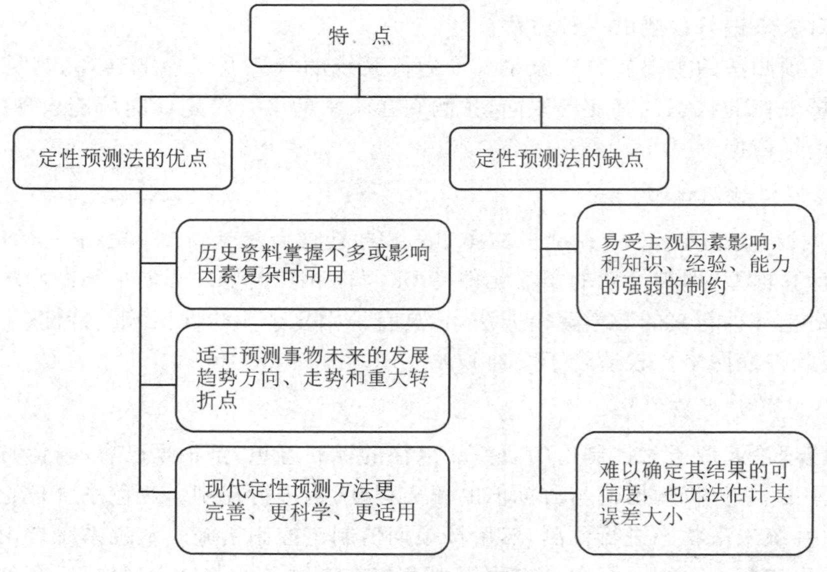

图 9-2 定性预测的优缺点比较

定量预测的优缺点在于:注重于事物发展在数量方面的分析,重视对事物发展变化的程度做数量上的描述,更多地依据历史统计资料,较少受主观因素的影响。定量预测的缺点在于:比较机械,不易处理有较大波动的资料,更难于事物预测的变化。

定性预测和定量预测并不是相互排斥的,而是可以相互补充的,在实际预测过程中通常把两者结合起来使用。

9.2.3 空中交通流量定性预测方法

由于民航客运量与经济增长在一定程度上是无法形成稳定的统计规律,且民航客运量又经常出现大起大落的波动,这使得一般的计量经济模型不能准确地对全部复杂关系进行定量分析,有时会产生较大的误差。正是由于经济因素的复杂性、多变性,不可能对全部的复杂的经济计量因素定量化，所以根据预测者的经验，综合考虑多种影响因素，对客运量进行定性的预测也是必要的。定性的预测法主要有：德尔菲法、主观概率法和类推法。

(1) 德尔菲法

德尔菲法也称专家调查法，是在专家个人判断和专家会议的基础上发展起来的一种定性预测方法。德尔菲法是根据有专门知识的人的直接经验，对研究的问题进行判断、预测的一种方法，是专家调查法的一种。它以预先选定的专家作为征询意见的对象，预测小组以匿名的方式函询征求专家意见，将收集到的意见汇总整理，再作为参考资料发给每个专家，供其分析、判断、提出新的论证，如此多次反复，专家意见逐步趋于一致，讨论的可靠性也随之增强，德尔菲法操作程序见图 9-3，这一方法在运输量的远期预测中效果较好。

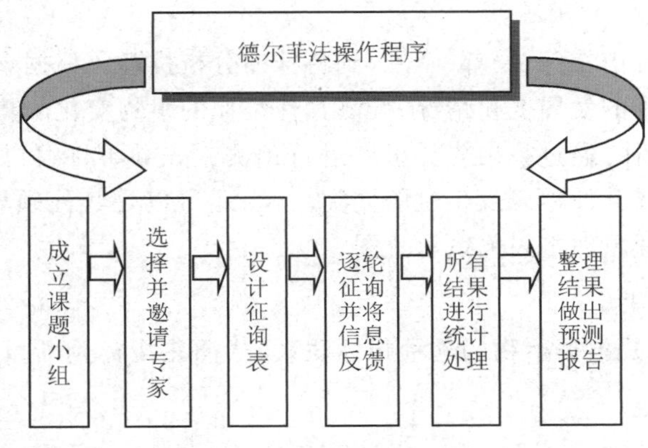

图 9-3　德尔菲法操作程序

德尔菲法具有反馈性、匿名性和统计性特点（见图 9-4）。选择合适的专家是做好德尔菲预测的关键环节。

德尔菲法的优点：可以加快预测速度和节约预测费用；可以获得各种不同但有价值的观点和意见；适用于长期流量预测，在历史资料不足或不可测因素较多时尤为适用。

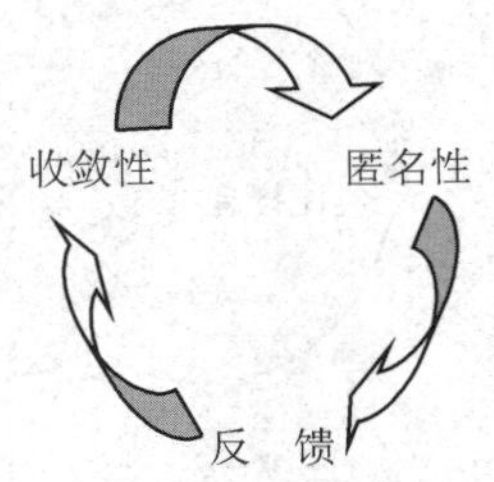

图 9-4　德尔菲法的特点

德尔菲法的缺点：对于分地区的流量预测可能不可靠；责任比较分散；专家的意见有时可能不完整或不切和实际。

德尔菲法的结果处理：利用算术平均数得出最后结果 $y=\frac{\sum x}{n}$。其中，y 为预测值；$\sum x$ 为聘请的专家进行意见判断的总数，即总方案数；n 为专家人数。

(2) 主观概率法

主观概率法是对经验评判中各方法的不同定量估计进行集中整理的常用方法。它是以主观概率为权数，对各种预测意见进行加权平均，求得综合性预测结果的方法。它是一种适用性很强的统计预测方法，可以用于人类活动的各个领域。它与客观概率不同，客观概率是根据事件发展的客观性统计出来的一种概率。

主观概率法的主要特点：它是一种个人的心理评价，受人的心理影响较大。主观概率法是预测者对事物发生的概率做出的主观估计和心理评价，通过计算得到的主观概率平均值可作为预测事件的结论。

在很多情况下，人们没有办法计算事情发生的客观概率，因而只能用主观概率来描述事件发生的概率。空中交通流量可以通过主观概率的方法进行定性的预测。其用主观概率法有如下的步骤：

① 准备与空中交通流量变化相关的资料；

② 编制主观概率调查表；

③ 汇总整理，得出相应的情况下的事件概率；

④ 依据相应的统计材料，进行主观判断预测空中交通流量。

(3) 类推法

类推即类比推理，是由特殊（局部、个别）到特殊的分析推理。根据事物及其环境因素的相似性，从一个已知的事物的发展变化情况，推测其他类似的事物变化趋势。类推法是应用事件现象间相似性的发展规律，通过找出先导事件进行预测。先导事件可以是历史上发展过的同类事件，也可以是国外或其他地区发生过的同类事件，还可以是其他领域发生过的同类事件。图 9-5 给出了三大推理原理之间关系示意图。

(4) 征兆指标预测法

征兆指标预测法就是根据事物的这种指标联系，从征兆指标判断可能引起的某种事物的出现和变化（图 9-6）。

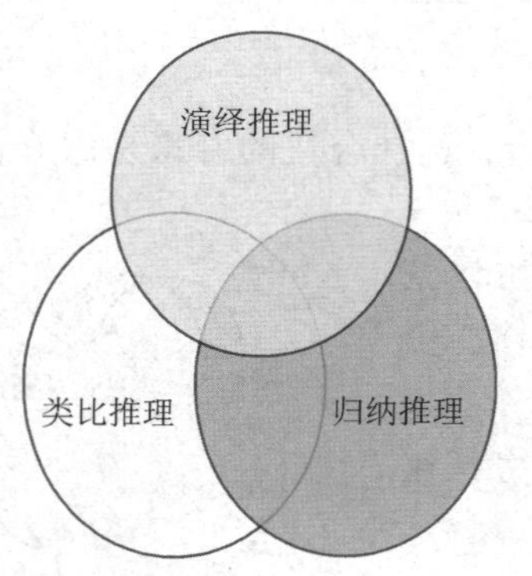

图 9-5　三大推理原理

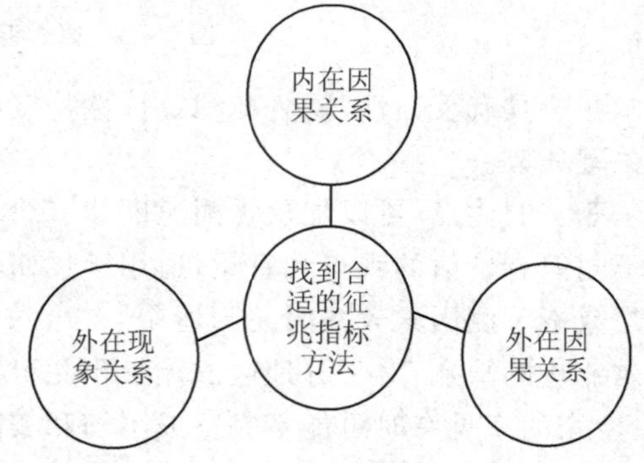

图 9-6　确定征兆指标方法

运用征兆指标法的关键就是找到事物中的内在联系，在空中交通流量预测中依据起飞与降落流量的因果关系，进行空中流量的预测。

总之，在空中交通流量预测中可以使用定性预测，但定性预测不与定量预测相结合，很容易得出不准确的预测结果。前述 3 种预测方法往往是在历史资料较少、预测期较长时，与其他方法结合使用，只要运用得当，可以发挥出定性预测的关键作用。

空中交通系统的预测是指对空中交通流量的发展进行动态分析，并在定性基础上进行定量计算。空中交通流量是一组按时间顺序排列的数据序列，具有时变性、复杂性和非线性等特点，其变化受多个因素影响，且各因素的作用机制无法定量描述，天气情况也对民航运输具有很大影响，因此传统的基于统计理论的预测模型不再适合空中交通流量这种复杂的非线性系统的预测问题。

9.3　时间序列预测法

9.3.1　时间序列预测法简介

(1) 时间序列预测法定义

时间序列，也叫时间数列、历史复数或动态数列。它是将某种统计指标的数值，按时间先后顺序排列到所形成的数列。时间序列预测法就是通过编制和分析时间序列，根据时间序列所反映出来的发展过程、方向和趋势，进行类推或延伸，借以预测下一段时间或以后若干年内可能达到的水平，也称历史延伸法或外推法。它是一种定量分析方法，其内容包括：收集与整理某种社会现象的历史资料；对这些资料进行检查鉴别，排成数列；分析时间数列，从中寻找该社会现象随时间变化 而变化的规律，得出一定的模式；以此模式去预测该社会现象将来的情况。

时间序列预测法的基本特点是：假定事物的过去趋势会延伸到未来；预测所依据的数据具有不规则性；撇开了一些事物发展之间的因果关系。

(2) 时间序列预测法的原理与依据

构成时间序列的要素有两个：其一是时间，其二是与时间相对应的变量水平。实际数据的时间序列能够展示研究对象在一定时期内的发展变化趋势与规律，因而可以从时间序列中找出变量变化的特征、趋势以及发展规律，从而对变量的未来变化进行有效地预测。

时间序列的变动形态一般分为 4 种：长期趋势变动，季节变动，循环变动，不规则变动。

(3) 时间序列预测法的步骤

① 收集历史资料，加以整理，编成时间序列，并根据时间序列绘制成统计图。时间序列分析通常是把各种可能发生作用的因素进行分类，传统的分类方法是按各种因素的特点或影响效果分为 4 大类：长期趋势；季节变动；循环变动；不规则变动。

② 分析时间序列。时间序列中的每一时期的数值都是由许许多多不同的因素同时发生作用后的综合结果。

③ 求时间序列的长期趋势（T）、季节变动（s）和不规则变动（I）的值，并选定近似的数学模式来代表它们。对于数学模式中的诸未知参数，可以使用适当的技术方法求出其值。

④ 利用时间序列资料求出长期趋势、季节变动和不规则变动的数学模型后，就可以利用它来预测未来的长期趋势值 T 和季节变动值 s，在可能的情况下预测不规则变动值 I。然后用以下模式计算出未来的时间序列的预测值 y：

加法模式：

$$y = T + s + I \tag{9.5}$$

乘法模式：

$$y = T \times s \times I \tag{9.6}$$

如果不规则变动的预测值难以求得且只求长期趋势和季节变动的预测值，可以采用加法模式和乘法模式进行预测。如果现象本身没有季节变动或不需预测分季分月的资料，则长期趋势的预测值就是时间序列的预测值，即 $y=T$。但要注意这个预测值只反映现象未来的发展趋势，即使很准确的趋势线在按时间顺序的观察方面所起的作用，本质上也只是一个平均数的作用，实际值将围绕着它上下波动。

9.3.2 时间序列预测法的分类

时间序列预测法可用于短期、中期和长期预测。根据对资料分析方法的不同，又可分为：平均数预测、移动平均数预测法、指数平滑预测法、趋势预测法、季节变动预测法等。

1. 平均数预测

平均数预测是最简单的定量预测方法。平均数预测法的运算过程简单，常在市场的近期、短期预测中使用。最常用的平均数预测法有：简单算数平均数法、加权算术平均数法、几何平均数法。

(1) 简单算数平均数法

简单算数平均数法也称简单平均数法，是用一定观察期内预测目标的时间序列的各期数据的简单平均数作为预测期的预测值的预测方法。即把若干历史时期的统计数值作为观察值，求出的算术平均数作为下期预测值。这种方法基于下列假设："过去这样，今后也将这样"，把近期和远期数据等同化和平均化，因此只能适用于事物变化不大的趋势预测。如果事物呈现某种上升或下降的趋势，就不宜采用此法。

在简单平均数法中，极差越小、方差越小，简单平均数作为预测值的代表性越好。简单平均数法的预测模型：

$$\hat{x}=\bar{x}=\frac{x_1+x_2+x_3+\cdots+x_n}{n}=\frac{\sum_{i=1}^{n}x_i}{n} \tag{9.7}$$

式中：—x_i 为第 i 个历史时期的统计值；

—n 为统计时期数。

(2) 加权算术平均数法

加权算术平均数法是简单算术平均数法的改进。它根据观察期各个时间序列数据的重要程度，分别对各个数据进行加权，以加权平均数作为下期的预测值。对于离预测期越近的数据，可以赋予越大的权重。

加权算术平均数法的预测模型：

$$\hat{x}=\bar{x}=w_1x_1+w_2x_2+w_3x_3+\cdots+w_nx_n=\sum_{i=1}^{n}w_ix_i \tag{9.8}$$

式中：—x_i 为第 i 个历史时期的统计值；

—n 为统计时期数；

—$w_1+w_2+w_3+\cdots+w_n=1$。

(3) 几何平均数法

几何平均数法是以一定观察期内预测目标的时间序列的几何平均数作为某个未来时期的预测值的预测方法。几何平均数法一般用于观察期有显著长期变动趋势的预测。

几何平均数法的预测模型：

$$\hat{x}=\bar{x}=\sqrt[n]{x_1\times x_2\times x_3\times\cdots\times x_n} \tag{9.9}$$

或

$$\hat{x}=\bar{x}=\sqrt[n]{\frac{a_1}{a_0}\times\frac{a_2}{a_1}\times\frac{a_3}{a_2}\times\cdots\times\frac{a_n}{a_{n-1}}}=\sqrt[n]{\frac{a_n}{a_0}} \tag{9.10}$$

式中：—x_n 为第 n 个历史时期的统计值；

—n 为统计时期数；

—$\frac{a_n}{a_{n-1}}$为环比增长率。

2. 移动平均数预测

移动平均法就是相继移动计算若干时期的算术平均数作为下期预测值。移动平均法根据时间序列逐项移动，依次计算包含一定项数的平均数，形成平均数时间序列，并据此对预测对象进行预测。移动平均法可以消除或减少时间序列数据受偶然性因素干扰而产生的随机变动影响。

移动平均法在短期预测中较准确，在长期预测中效果较差。

移动平均法可以分为：一次移动平均法、二次移动平均法。

(1) 一次移动平均法

一次移动平均法适用于具有明显线性趋势的时间序列数据的预测，只能用来对下一期进行预测，不能用于长期预测。必须选择合理的移动跨期，跨期越大对预测的平滑影响也越大，移动平均数滞后于实际数据的偏差也越大。跨期太小则又不能有效消除偶然因素的影响。跨期取值可在 3～20 选取。

一次移动平均数的计算公式如下：

$$\hat{x}_{t+1}=M_t^{(1)}=\frac{x_t+x_{t-1}+x_{t-2}+\cdots+x_{t-(n-1)}}{n} \tag{9.11}$$

式中：—t 为时间序列；

—n 为时间跨度；

—x_t 为第 t 时间序列的统计值。

(2) 二次移动平均法

二次移动平均法是对一次移动平均数再次进行移动平均，并在两次移动平均的基础上建立预测模型对预测对象进行预测。二次移动平均法与一次移动平均法相比，其优点是大大减少了滞后偏差，使预测准确性提高。二次移动平均只适用于短期预测。而且只用于 $T\geqslant 0$ 的情形。

二次移动平均法的预测模型如下：

$$M_t^{(1)}=\frac{x_t+x_{t-1}+x_{t-2}+\cdots+x_{t-(n-1)}}{n} \tag{9.12}$$

$$M_t^{(2)}=\frac{M_t^{(1)}+M_{t-1}^{(1)}+M_{t-2}^{(1)}+\cdots+M_{t-(n-1)}^{(1)}}{n} \tag{9.13}$$

$$\hat{x}_{t+T}=a_t+b_tT \tag{9.14}$$

式中：—$a_t=2M_t^{(1)}-M_t^{(2)}$

—$b_t=\frac{2}{n-1}(M_t^{(1)}-M_t^{(2)})$

—t 为时间序列；

—n 为时间跨度

—x_t 为第 t 时间序列的统计值。

例 9.1 已知我国自 2012 年到 2023 年的民航旅客运输量(见表 9-1)，单位：亿人次，以此为基础通过二次移动平均法，预测我国 2024 年的年均旅客量。

根据模型计算得到：

$$a_{12}=2M_{12}^{(1)}-M_{12}^{(2)}=2\times 1.92-1.61=2.23$$

$$b_{12}=\frac{2}{n-1}(M_{12}^{(1)}-M_{12}^{(2)})=\frac{2}{4-1}(1.92-1.61)=0.207$$

$$\therefore\quad \hat{x}_{12+T}=2.23+0.207\times T$$

预计 2024 年：

$$\hat{x}_{12+1}=2.23+0.207\times 1=2.437\approx 2.4$$

表 9-1 民航旅客运输量

观察年份	时 序	实际数值	$Mt^{(1)}(n=4)$	$Mt^{(2)}(n=4)$
2012	1	0.58		
2013	2	0.61		
2014	3	0.67		
2015	4	0.75	0.65	
2016	5	0.86	0.72	
2017	6	1.04	0.83	
2018	7	1.21	0.97	0.79
2019	8	1.38	1.12	0.91
2020	9	1.60	1.51	1.23
2021	10	1.85	1.69	1.41
2022	11	1.92	1.92	1.61
2023	12	2.30		

3. 指数平滑法预测

指数平滑法来自于移动平均法，是一次移动平均法的延伸。指数平滑法是对时间数据给予加工平滑，从而获得其变化规律与趋势。根据平滑次数的不同，指数平滑法可以分为：一次指数平滑法、二次指数平滑法、三次指数平滑法。3 种方法的基本计算公式：$\hat{x}_{t+1}=\alpha x_t+(1-\alpha)\hat{x}_t$

(1) 一次指数平滑法

一次指数平滑预测模型：

$$S_t^{(1)}=\alpha x_t+(1-\alpha)S_{t-1}^{(1)}$$

$$=\alpha x_t+\alpha(1-\alpha)x_{t-1}+\alpha(1-\alpha)^2x_{t-2}+\cdots+\alpha(1-\alpha)^{t-1}x_{t-(t-1)} \tag{9.15}$$

当时间序列数据大于 50 时，初始值 $S_0^{(1)}$ 对 $S_t^{(1)}$ 计算结果影响极小，可以设定为 x_1；当时间序列数据小于 50 时，初始值 $S_0^{(1)}$ 对 $S_t^{(1)}$ 计算结果影响较大，应取前几项的平均值。

(2) 二次指数平滑法

二次指数平滑的计算公式

$$S_t^{(2)}=\alpha S_t^{(1)}+(1-\alpha)S_{t-1}^{(2)} \tag{9.16}$$

预测的数学模型

$$\hat{x}_{t+T}=a_t+b_tT \tag{9.17}$$

式中，$a_t=2S_t^{(1)}-S_t^{(2)}$；$b_t=\dfrac{\alpha}{1-\alpha}(S_t^{(1)}-S_t^{(2)})$。

例 9.2　有关数据的计算见表 9-2($\alpha=0.8$)。

表 9-2　预测结果

观察年份	时　序	观察值	$S_t^{(1)}$	$S_t^{(2)}$
2002	1	40	41.534	42.655
2003	2	47	45.906	45.256
2004	3	56	53.981	52.236
2005	4	65	62.796	60.684
2006	5	70	68.559	66.984
2007	6	75	73.712	72.366
2008	7	82	80.342	78.747

根据例中数据，有

$$a_7=2S_7^{(1)}-S_7^{(2)}=2\times 80.342-78.747=81.937$$

$$b_7=\frac{\alpha}{1-\alpha}(S_7^{(1)}-S_7^{(2)})=\frac{0.8}{1-0.8}(80.342-78.747)=6.38$$

$$\hat{x}_{7+T}=a_7+b_7T=81.937+6.38\,T$$

(3) 三次指数平滑法

当时间序列为非线性增长时，一次指数平滑与二次指数平滑都将失去有效性；此时需要使用三次指数平滑法。三次指数平滑法建立的模型是抛物线模型。

三次指数平滑的计算公式是：

$$S_t^{(1)}=\alpha x_t+(1-\alpha)S_{t-1}^{(1)} \tag{9.18}$$

$$S_t^{(2)}=\alpha S_t^{(1)}+(1-\alpha)S_{t-1}^{(2)} \tag{9.19}$$

$$S_t^{(3)}=\alpha S_t^{(2)}+(1-\alpha)S_{t-1}^{(3)} \tag{9.20}$$

三次指数平滑法的数学预测模型：

$$\hat{x}_{t+T}=a_t+b_tT+c_tT^2 \tag{9.21}$$

其中：

$$a_t=3S_t^{(1)}-3S_t^{(2)}+S_t^{(3)} \tag{9.22}$$

$$b_t=\frac{\alpha}{2(1-\alpha)}[(6-5\alpha)S_t^{(1)}-2(5-4\alpha)S_t^{(2)}+(4-3\alpha)S_t^{(3)}] \tag{9.23}$$

$$c_t = \frac{\alpha^2}{2(1-\alpha)^2}(S_t^{(1)} - 2S_t^{(2)} + S_t^{(3)}) \tag{9.24}$$

4. 趋势法预测

趋势预测的种类见图 9－7。

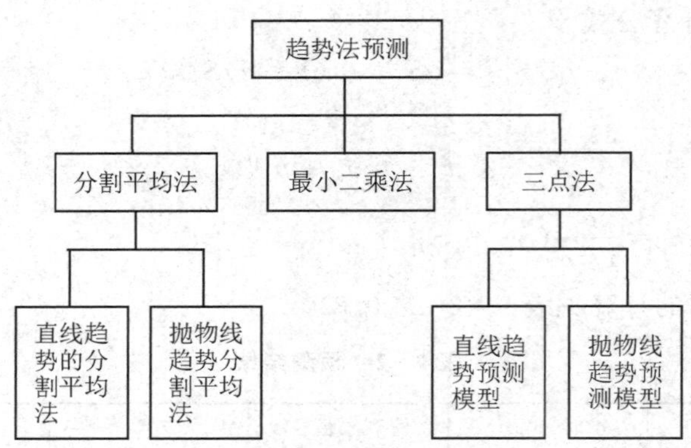

图 9－7　趋势预测的种类

(1) 直线趋势的分割平均法

直线趋势的分割平均法的过程首先将时间序列数据分为前后相等的两段(当数据为奇数个时,去掉数列第 1 项或中间 1 项),并分别求出两端数据对应观察值与时序的平均值,并以此为坐标;假设两点的坐标分别为$(\bar{x}_1,\bar{t}_1)$,$(\bar{x}_2,\bar{t}_2)$。则选定直线趋势方程为

$$\hat{x} = a + bt \tag{9.25}$$

式中,$b=\dfrac{\bar{x}_2-\bar{x}_1}{\bar{t}_2-\bar{t}_1}$;$a=\bar{x}_1-b\bar{t}_1$;$t$ 为所研究问题时序

例 9.3　对某机场的旅客流量进行预测,已知 2014 到 2022 年的旅客流量见表 9－3,通过直线趋势分割平均法预测 2023 年的旅客流量。

表 9－3　旅客流量统计

观察年份	2014	2015	2016	2017	2018	2019	2020	2021	2022
时　序	1	2	3	4	5	6	7	8	9
实测值/万人	13	15	16	18	19	21	23	24	26
预测值/万人	2023(25.5)								

解　根据题意可计算

$$\bar{x}_1 = \frac{13+15+16+18}{4} = 15.5$$

$$\bar{x}_2 = \frac{21+23+24+26}{4} = 23.5$$

$$\bar{t}_1 = \frac{1+2+3+4}{4} = 2.5$$

$$\bar{t}_2 = \frac{6+7+8+9}{4} = 7.5$$

$$b = \frac{\bar{x}_2 - \bar{x}_1}{\bar{t}_2 - \bar{t}_1} = \frac{23.5 - 15.5}{7.5 - 2.5} = \frac{8}{5} = 1.6$$

$$a = \bar{x}_1 - b\bar{t}_1 = 15.5 - 1.6 \times 2.5 = 9.5$$

$$\hat{x} = a + bt = 9.5 + 1.6t$$

将 $t=10$ 代入上式得到的数值为 25.5 万人。

(2) 抛物线趋势的分割平均法

抛物线趋势的分割平均法要求将时间序列数据划分为等距离的 3 段。若数列不能被 3 整除，当余数为 1 时去掉数列首项；当余数为 2 时，去掉 3 段中间所夹两项。抛物线趋势的分割平均法的预测模型：

$$\hat{x} = a + bt + ct^2$$

a、b 和 c 可以由下列方程组求得：

$$\bar{x}_1 = a + b\bar{t}_1 + c\bar{t}_1^2$$
$$\bar{x}_2 = a + b\bar{t}_2 + c\bar{t}_2^2$$
$$\bar{x}_3 = a + b\bar{t}_3 + c\bar{t}_3^2$$

例 9.4　某地区的飞行流量统计见表 9-4，求用抛物线趋势的分割平均法预测下一时序的公式模型。

表 9-4　飞行流量统计

观察年份	2002	2003	2004	2005	2006	2007
时　序	1	2	3	4	5	6
观察值	1 200	1 400	1 620	1 862	2 127	2 413

将上表数据分为等距的 3 段，每段两个数据。分别计算 3 点坐标得到：

$$\bar{x}_1 = \frac{1\,200 + 1\,400}{2} = 1\,300, \quad \bar{t}_1 = \frac{1+2}{2} = 1.5$$

$$\bar{x}_2 = \frac{1\,620 + 1\,862}{2} = 1\,741, \quad \bar{t}_2 = \frac{3+4}{2} = 3.5$$

$$\bar{x}_3 = \frac{2\,127 + 2\,413}{2} = 2\,270, \quad \bar{t}_3 = \frac{5+6}{2} = 5.5$$

待定参数的联立方程组：

$$1\,300 = a + 1.5b + 1.5^2c$$
$$1\,741 = a + 3.5b + 3.5^2c$$
$$2\,270 = a + 5.5b + 5.5^2c$$

求解得

$$a = 1\,024.25, \quad b = 165.5, \quad c = 11$$

$$\therefore \quad \hat{x} = 1\,024.25 + 165.5t + 11t^2$$

(3) 最小二乘法

最小二乘法即适用于直线趋势的预测，也适用于曲线趋势的预测。最小二乘法直线趋势预测模型：

$$\hat{x}=a+bt$$

式中，$b=\dfrac{n\sum tx-\sum t\sum x}{n\sum t^2-\left(\sum t\right)^2}$；$a=\dfrac{1}{n}\left(\sum x-b\sum t\right)=\bar{x}-b\bar{t}$。

例如：已知 2012 到 2021 年某机场的起降架次见表 9－5，欲通过最小二乘法进行 2021 年的飞机架次预测，求其模型的表达公式。

表 9－5　机场起降架次统计

观察年份	时序(t)	观察值(x)	tx	t^2	趋势值
2012	1	13	13	1	12.7
2013	2	15	30	4	15.5
2014	3	18	54	9	18.2
2015	4	20	80	16	20.9
2016	5	24	120	25	23.6
2017	6	27	162	36	26.3
2018	7	30	210	49	29.1
2019	8	32	256	64	31.8
2020	9	35	315	81	34.6
2021	10	36	360	100	37.3
合计		250	1600	385	250

根据上表可知：

$$\bar{t}=\frac{\sum t}{n}=\frac{55}{10}=5.5,\quad \bar{x}=\frac{\sum x}{n}=\frac{250}{10}=25$$

$$\sum tx=1\ 600,\quad \sum t^2=385$$

$$b=\frac{n\sum tx-\sum t\sum x}{n\sum t^2-\left(\sum t\right)^2}=\frac{10\times 1\ 600-55\times 250}{10\times 385-55^2}=\frac{2\ 250}{825}=2.727$$

$$a=\frac{1}{n}\left(\sum x-b\sum t\right)=\bar{x}-b\bar{t}=25-2.727\times 5.5=10$$

$$\hat{x}=a+bt=10+2.727t$$

(4) 直线趋势预测模型

若时间序列呈直线趋势，则选用 3 点法的直线趋势预测模型。当数据项超过 10 项时，取 5 项加权平均，在序列的首尾两端求得近期和远期两点坐标 $M_1(\bar{t}_1,R)$ 和 $M_3(\bar{t}_3,T)$。

直线趋势预测模型：

$$\hat{x}=a+bt \tag{9.26}$$

将坐标点的值代入预测模型有

$$R = a + \frac{11}{3}b \tag{9.27}$$

$$T = a + (n - \frac{4}{3})b \tag{9.28}$$

即

$$b = \frac{T - R}{n - 5} \tag{9.29}$$

$$a = R - \frac{11}{3}b \tag{9.30}$$

当数据项在 6～10 时，取 3 项加权平均，在序列的首尾两端求得近期和远期两点坐标 $M_1(\bar{t}_1, R)$ 和 $M_3(\bar{t}_3, T)$。

将坐标点代入到预测模型，有：

$$R = a + \frac{7}{3}b \tag{9.31}$$

$$T = a + \left(n - \frac{2}{3}\right)b \tag{9.32}$$

即

$$b = \frac{T - R}{n - 3} \tag{9.33}$$

$$a = R - \frac{7}{3}b \tag{9.34}$$

例 9.5　某航空公司的营业额见表 9－6，w 为不同年份的权重，基于基础数据利用直线趋势预测模型预测 2009 年的营业额，求其直线趋势预测模型的表达式。

表 9－6　营业额统计

观察年份	时序 t	实测值 x/千万元	权数 w	wx	加权平均
2000	1	4.40	1	4.40	
2001	2	4.78	2	9.56	R
2002	3	5.13	3	15.39	
2003	4	5.81	合计	29.35	4.89
2004	5	6.94			
2005	6	7.36			加权平均
2006	7	8.13	1	8.13	
2007	8	8.56	2	17.12	T
2008	9	8.91	3	26.73	
合　计				51.98	8.66

计算过程：

$$R = \frac{1}{1+2+3}(x_1 + 2x_2 + 3x_3) = 4.89$$

$$T = \frac{1}{1+2+3}(x_7 + 2x_8 + 3x_9) = 8.66$$

即：

$$b=\frac{T-R}{n-3}=\frac{8.66-4.89}{9-3}=0.63$$

$$a=R-\frac{7}{3}b=4.89-\frac{7}{3}\times 0.63=3.42$$

$$\therefore\quad \hat{x}=3.42+0.63\,t$$

(5) 抛物线趋势预测模型

首先将时间序列划分为等距的 3 组，若项数大于 15，则每组数据取 5 项加权平均；若数据项数在 9～15 之间，则每组取 3 项加权平均。设近、中、远期 3 组数据的平均值的坐标点分别为 $M_1(\bar{t}_1,R)$、$M_2(\bar{t}_2,S)$和 $M_3(\bar{t}_3,T)$。

抛物线趋势预测的数学模型为

$$\hat{x}=a+bt+ct^2 \tag{9.35}$$

抛物线趋势预测的数学模型包括：5 项加权平均预测模型、3 项加权平均预测模型。

5 项加权平均预测模型步骤：将坐标点的值代入到预测模型，得

$$R=a+\frac{11}{3}b+\left(\frac{11}{3}\right)^2c \tag{9.36}$$

$$S=a+\frac{3n+7}{6}b+\left(\frac{3n+7}{6}\right)^2c \tag{9.37}$$

$$T=a+\left(n-\frac{4}{3}\right)b+\left(n-\frac{4}{3}\right)^2c \tag{9.38}$$

即

$$c=\frac{2(R+T-2S)}{(n-5)^2} \tag{9.39}$$

$$b=\frac{T-R}{n-5}-\frac{3n+7}{3}c \tag{9.40}$$

$$a=R-\frac{11}{3}b-15c \tag{9.41}$$

3 项加权平均预测模型步骤：将坐标点的值代入到预测模型，得

$$R=a+\frac{7}{3}b+\left(\frac{7}{3}\right)^2c \tag{9.42}$$

$$S=a+\frac{3n+5}{6}b+\left(\frac{3n+5}{6}\right)^2c \tag{9.43}$$

$$T=a+\left(n-\frac{2}{3}\right)b+\left(n-\frac{2}{3}\right)^2c \tag{9.44}$$

即

$$c=\frac{2(R+T-2S)}{(n-3)^2} \tag{9.45}$$

$$b=\frac{T-R}{n-3}-\frac{3n+5}{3}c \tag{9.46}$$

$$a = R - \frac{7}{3}b - 6c \tag{9.47}$$

例 9.6　对某航空公司的飞机年维修费用进行统计得到数值见表 9-7,通过基础数据用抛物线趋势法的 3 项加权平均模型进行 2023 年的维修费用预测,求其模型的表达式。

解　首先计算出加权平均参数 R、S、T

$$R = \frac{1}{1+2+3}(x_1 + 2x_2 + 3x_3)$$

$$S = \frac{1}{1+2+3}(x_5 + 2x_6 + 3x_7)$$

$$T = \frac{1}{1+2+3}(x_9 + 2x_{10} + 3x_{11})$$

$$R = 53.3 \quad S = 78.7, \quad T = 83.7$$

得

$$c = \frac{2(R + T - 2S)}{(n-3)^2} = \frac{2(53.3 + 83.7 - 2 \times 78.7)}{(11-3)^2} = -0.637\,5$$

$$b = \frac{T - R}{n-3} - \frac{3n+5}{3}c = \frac{83.7 - 53.3}{11-3} - \frac{3 \times 11 + 5}{3} \times (-0.637\,5) = 11.875$$

$$a = R - \frac{7}{3}b - 6c = 53.3 - \frac{7}{3} \times 11.875 - 6 \times (-0.637\,5) = 29.625$$

$$\therefore \quad \hat{x} = 29.625 + 11.875t - 0.637\,5t^2$$

表 9-7　维修费用统计

观察年份	时序(t)	实测值(x)/千万元	权数 w	wx	加权平均
2012	1	41	1	41	
2013	2	51	2	102	R
2014	3	59	3	177	
2015	4	66		320	53.3
2016	5	72	1	72	
2017	6	77	2	154	S
2018	7	82	3	246	
2019	8	85		472	78.7
2020	9	86	1	86	
2021	10	85	2	170	T
2022	11	82	3	246	
合　计				502	83.7

9.4　回归分析预测法

9.4.1　回归分析预测法简介

(1) 回归分析预测法定义

回归分析预测法，是在分析事物自变量和因变量之间相关关系的基础上，建立变量之间的回归方程，并将回归方程作为预测模型，对具有相关关系的变量，在固定一个变量数值的基础上，利用回归方程测算另一个变量取值的平均数。它是在相关分析的基础上，建立相当于函数关系式的回归方程，用以反映或预测相关关系变量的数量关系及数值。它是一种具体的、行之有效的、实用价值很高的常用市场预测方法。

(2) 回归分析预测法主要内容

回归分析预测法研究的关系内容见图 9-8。

相互关系：任何事物的产生和变化，总是由一定的原因引起的，并对其他事物产生影响，总体上可分为确定性关系和非确定性关系。

函数关系：函数关系就是确定性关系。它是指由某种确定的原因，必然会导致确定的结果的因果关系，并且可用函数关系式表示。即自变量的每一个确定的 X，必对应因变量唯一值 Y，可用函数表达式 $y=ax$ 表示。在社会经济活动和自然界中，这种函数关系很少，更多的是事物之间的相关关系。

相关关系：相关关系是事物之间存在着的非确定性关系，它是指变量之间相互关系之中不存在数值对应关系的非确定性的依存关系，相关关系类型见图 9-9。

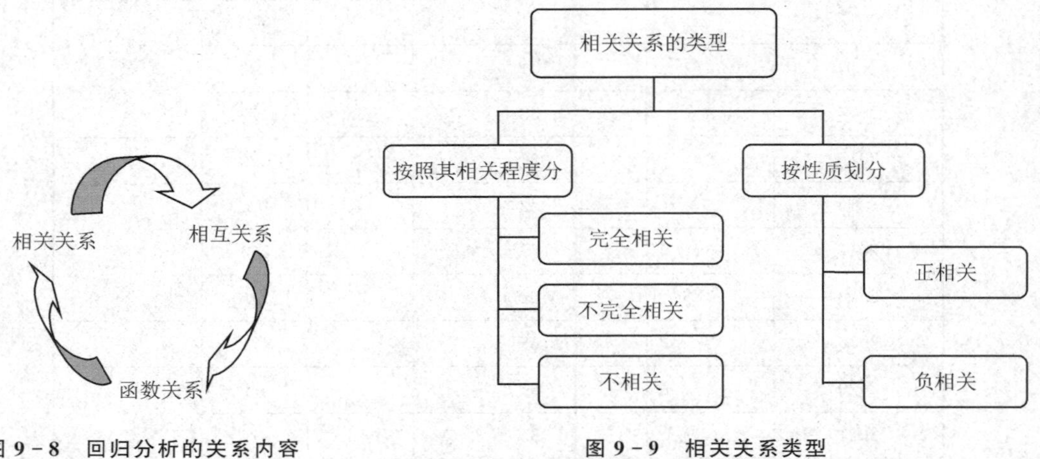

图 9-8　回归分析的关系内容　　图 9-9　相关关系类型

其中按照相关分析是对变量之间的相关关系进行分析和研究的方法，主要包括两个方面：确定事物之间有无相关关系，这也是相关分析的前提；确定事物之间相关关系的密切程度，可用相关系数或相关指数来衡量。

按性质划分：正相关是指具有相关关系的变量之间的变动方向一致，即同增同减。如汽车的保有量与汽油的需求量之间存在正相关关系；负相关是指具有相关关系的变量之间的变动方向不一致，呈反向运动，即此增彼减。如商品价格升高，则市场需求量相应减少。

(3) 回归分析预测法的分类

回归分析预测法有多种类型。依据相关关系中自变量的个数分类，可分为一元回归分析预测法和多元回归分析预测法。在一元回归分析预测法中，自变量只有一个，而在多元回归分析预测法中，自变量有两个以上。依据自变量和因变量之间的相关关系不同，可分为线性回归预测和非线性回归预测。

9.4.2　回归分析预测法的应用

1. 回归分析预测法的步骤见(图 9 - 10)

(1) 进行相关分析，确定自变量和因变量

回归分析是对具有因果关系的影响因素（自变量）和预测对象（因变量）所进行的数理统计分析处理。只有当变量与因变量确实存在某种关系时，建立的回归方程才有意义。因此，作为自变量的因素与作为因变量的预测对象是否有关，相关程度如何，以及判断这种相关程度的把握性多大，就成为进行回归分析必须要解决的问题。进行相关分析，一般要求出相关关系，以相关系数的大小来判断自变量和因变量的相关程度。确定事物相关关系的内容见图 9 - 11。

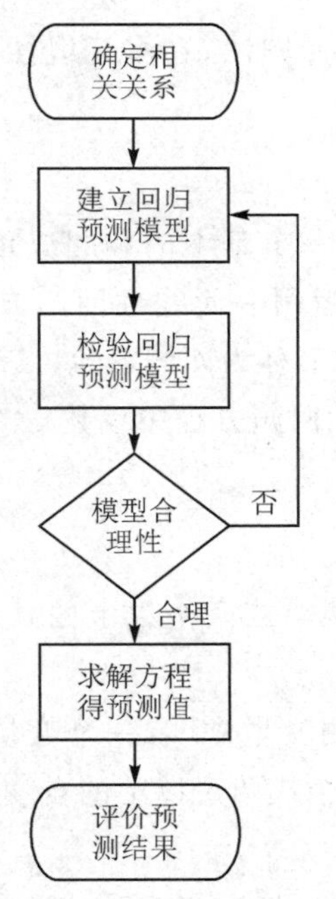

图 9 - 10　回归分析预测法的流程

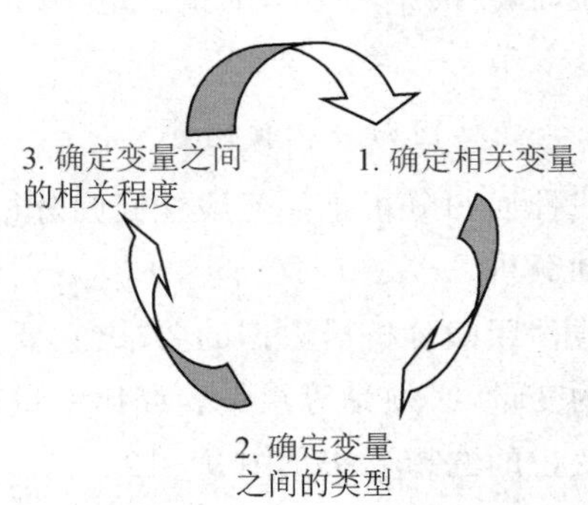

图 9 - 11　确定相关关系

(2) 建立回归预测模型

依据自变量和因变量的历史统计资料进行计算，在此基础上建立回归分析方程，即回归分析预测模型。建立回归方程是根据变量之间的相关关系，用数字表达式给予表示，可分为线性

回归和非线性回归两种。

线性回归的一般表达式为

$$y = a + b_1x_1 + b_2x_2 + b_3x_3 + \cdots + b_nx_n$$

简单线性回归。其公式为

$$y = a + bx$$

(3) 检验回归预测模型,计算预测误差

回归预测模型是否可用于实际预测,取决于对回归预测模型的检验和对预测误差的计算。回归方程只有通过各种检验,且预测误差较小,才能将回归方程作为预测模型进行预测。

(4) 计算并确定预测值

利用回归预测模型计算预测值,并对预测值进行综合分析,确定最后的预测值。如在简单线性方程 $y=a+bx$ 中,先求出参数 a 和 b 的值。把求得的各项参数值代入回归方程,通过计算,即可取预测结果。

(5) 评价预测结果

所有回归方程必须经过自变量与因变量之间依存关系紧密程度的检验,代入数据检验有效后,才能被接受。

2. 回归分析预测的基本方法

回归分析预测法通常分为一元线性回归法和多元线性回归法,在多元线性回归预测法中主要用到的是二元线性回归法。

(1) 一元线性回归预测法

一元线性回归预测法是当影响事物变化的诸因素中有一个基本的和起决定作用的因素,且自变量与变量之间的数据分布呈线性趋势,那么就可以运用一元线性回归方程 $y=a+bx$ 进行预测。其中 y 是因变量,x 为自变量,a、b 均为参数,b 又称为回归系数,其表示当 y 每增加一个单位时,x 的平均值增加量。最小二乘法是解决一元回归方程中参数 a、b 的有效方法,解法见 9.2.3 节。

(2) 多元线性回归分析预测法

多元线性回归分析是一元线性回归分析的扩展,是指两个或两个以上的自变量与一个因变量的变动分析。

多元线性回归分析对数据的要求:它要求在所有的观测变量中,有一个变量是因变量;作为因变量的变量,必须是等距量表或比率量表的资料;有两个或两个以上的自变量。多元回归分析中自变量的选择方法见图 9-12。

多元线性回归方程:多项式回归是回归函数为多项式的回归,当多项式阶数为 1 时即为最小二乘直线拟合。多元线性回归方程是用来描述因变量与多个自变量关系的数学表达式。即 $y=a+b_1x_1+b_2x_2+\cdots+b_nx_n$;其中 y 为因变量观测值,a 为常数,b_i 为偏回归系数,x_i 为各自变量。

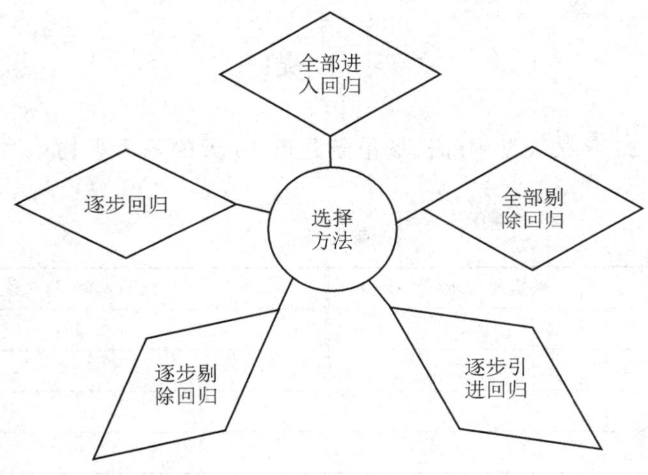

图 9-12　多元回归分析中自变量的选择方法

9.4.3　举例分析回归分析预测法在空中交通流量管理中的应用

例如：选取上海管制区某导航台 2002 年 10 月至 2003 年 1 月共 10 周的流量数据，分别按周日到周六进行统计，形成了 7 个流量的时间序列 $X_i(t)$，$(i=1,2,\cdots,7)$。对 $X_i(t)$ 做必要的预处理，将序列归一到[0,1]之间，以提高预测精度。

对序列 $X_i(k)=[X_i(1),X_i(2),\cdots,X_i(10)]$，记序列最大值为 $\max(X_i)$，序列最小值为 $\min(X_i)$。

令

$$x^i(k)=\alpha\frac{X_i(k)-\min(X_i)}{\max(X_i)-\min(X_i)}+\beta \tag{9.48}$$

其中：$k\in[1,10]$，$i\in[1,7]$，α、β 为归一系数。给出：$\alpha=0.9$，$\beta=0.05$。通过式(9.48)可以得到归一化后的 $x_i(k)$。并且通过检验可知，$x_i(k)$ 具有较好的平稳性和正态性，满足回归方法的基本要求。采用多项式回归方法对归一化后的流量时间序列进行预测。回归方法的输入序列为 $[X_i(1),X_i(2),\cdots,X_i(9)]$，计算之后的输出序列为 $[X_i(2),X_i(3),\cdots,X_i(10)]$，取 $X_i(10)$ 为预测值与实际流量值 $X_i(10)$ 进行比较。结果见表 9-8 多项式拟合预测方法结果(多项式阶数取 3)。多项式拟合的回归方法能比较敏锐地跟踪数据的变化，但存在偏差。

表 9-8　导航台流量数据

时　间	预测流量	实际流量	误差/%
周六	267.760 1	271	−1.20
周一	251.754 1	251	0.30
周二	254.889 3	277	−7.98
周三	272.690 1	264	3.29
周四	260.651 8	258	1.03
周五	269.662 3	259	4.12
周日	267.668 9	253	5.80

习　题

9.1　统计了2023年某大型国际机场单条跑道16天的每天平均小时的航班起降量。数据如表9-9所列：

表9-9

序　号	航班起降量(架　次)	序　号	航班起降量(架次)
1	50	9	52
2	55	10	54
3	60	11	60
4	65	12	68
5	70	13	65
6	75	14	70
7	80	15	78
8	82	16	86

(1) 请使用多项式拟合方法，拟合出一个适合的多项式模型，并根据该模型预测第17天平均小时的航班起降量。

(2) 除了多项式拟合，你认为还有哪些方法可以用来预测航班起降量？请简要描述一种方法及其预测效果。

9.2　已知民航华北地区空管局区某管制单位自2012—2023年平均小时飞行架次(见表9-10)，以此为基础通过二次移动平均法，预测我国2024年的该管制区。

表9-10

观察年份	时　序	实际数值	$Mt^{(1)}(n=4)$	$Mt^{(2)}(n=4)$
2012	1	58		
2013	2	61		
2014	3	67		
2015	4	75	65	
2016	5	86	72	
2017	6	104	83	
2018	7	121	97	79
2019	8	138	112	91
2020	9	160	151	123
2021	10	185	169	141
2022	11	192	192	161
2023	12	230		

9.3　使用移动平均法对某机场最近12个月的月度航班起降量进行预测。已知该机场前11个月的月度航班起降量如下：[100，110，120，115，130，125，140，135，150，145，160]。

请计算出第 12 个月的预测值。

9.4　对某航线最近一周的每日航班飞行架次进行指数平滑预测。已知该航线过去 7 天的每日航班飞行架次为:[120, 130, 125, 140, 135, 150, 145]。假设初始的平滑值为第一个观测值(120),平滑系数为 0.3。请计算出第 8 天的预测值。

9.5　对某通用航空企业的航空器年飞行小时统计见表 9-11,通过基础数据用抛物线趋势法的 3 项加权平均模型进行 2023 的飞行小时量预测,求其模型的表达式。

表 9-11

观察年份	时　序(t)	实测值(x)/千小时	权数 w	wx	加权平均
2012	1	38	1		
2013	2	51	2		R
2014	3	62	3		
2015	4	66	2		
2016	5	72	1		
2017	6	68	2		S
2018	7	82	3		
2019	8	78	2		
2020	9	86	1		
2021	10	81	2		T
2022	11	82	3		
合　计					

第 10 章　空中交通系统决策

10.1　空中交通系统决策分析的概念及分类

10.1.1　基本概念

决策是人们根据预定目标，综合考虑资源限制具有的不同的行动方案，在几种不同的行动方案中做出抉择的一种过程，是人们生活和工作中普遍存在的一种活动，同样也广泛存在于民航运输的全过程中。

决策者的决策活动需要系统分析人员的决策支持。决策分析就是为帮助决策者在多变的环境条件下进行正确决策而提供的一套推理方法、逻辑步骤和具体技术，以及利用这些方法和技术规范选择满意的行动方案的过程。决策分析的过程大致可以归纳成以下 4 个活动阶段：① 问题分析、诊断及信息活动；② 对目标、准则及方案的设计活动；③ 对非劣备选方案进行综合分析、比较、评价的抉择或选择活动；④ 将决策结果付诸实施并进行有效评估、跟踪、反馈实施效果。

按照西蒙(H. A. Simon)的观点，“管理就是决策”。空中交通系统管理过程也就是决策过程。决策是系统工程工作的目的，系统分析实质上就是决策分析。因此，决策分析的一般过程即系统分析的过程。科学化是对管理决策的集中要求，而规范化、民主化和系统化又是实现科学决策的重要基础，是管理决策及决策分析的基本原则。

10.1.2　决策问题的基本模型和常见类型

决策问题的基本模型为

$$w_{ij}=f(A_i,\theta_j)\quad(i=1,2,\cdots,m;j=1,2,\cdots,n)$$

式中：A_i—决策者的第 i 种策略或第 i 种方案，属于决策变量，是决策者的可控因素；

θ_j—决策者和决策对象(决策问题)所处的第 j 种环境条件或第 j 种自然状态，属于状态变量，是决策者不可控制的因素；

w_{ij}—决策者在第 j 种状态下选择第 i 种方案的结果，是决策问题的价值函数值，一般叫益损值、效用值，决策基本模型参数关系见表 10-1。

表 10-1　决策基本模型

可选择的方案	自然状态			
	θ_1	θ_2	…	θ_n
A_1	w_{11}	w_{21}	⋮	w_{1n}
A_2	w_{21}	w_{22}	⋮	w_{2n}
⋮	…	…	⋮	…
A_m	W_{m1}	W_{m2}	…	W_{mn}

根据决策问题的基本模式，可划分决策问题类型，其结果如图 10－1 所示。其中依照 θ_j 的不同所得到的 4 种类型是最基本和最常见的。多目标决策及群体决策在决策分析中也具有重要意义。

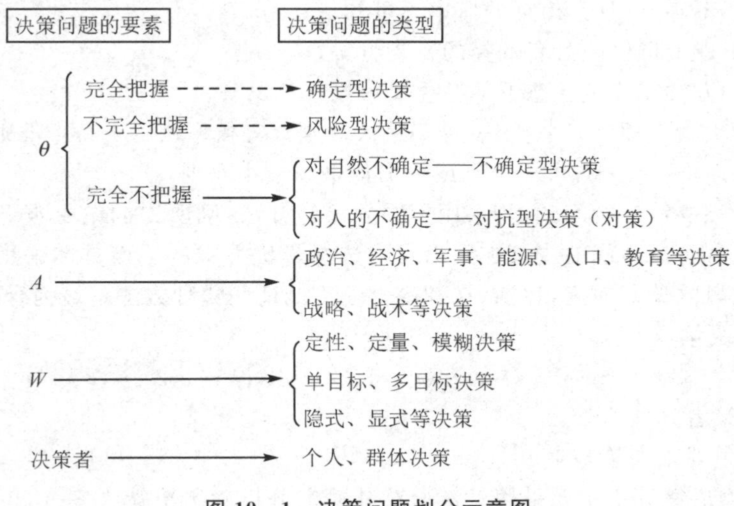

图 10－1　决策问题划分示意图

10.1.3　几类基本决策问题的分析

针对经典的决策问题，介绍决策方法的使用条件、使用方法。

(1) 确定型决策

条件：

① 存在决策者希望达到的明确目标(收益大或损失小等)；

② 存在确定的自然状态；

③ 存在两个以上的可供选择的行动方案；

④ 不同行动方案在确定状态下的益损值可以计算出来。

方法：在方案数量较大时，常用运筹学中的规划论等方法来分析解决此类决策问题，如线性规划等。

严格地讲，确定型决策问题只是优化计算问题，而不属于真正的管理决策分析问题。

(2) 风险型决策

条件：

①存在决策者希望达到的明确目标(收益大或损失小)；

② 存在两个以上不以决策者主观意志为转移的自然状态，但决策者或分析人员根据过去的经验和科学理论等可预先估算出自然状态的概率值 $P_{(\theta_j)}$；

③ 存在两个以上可供决策者选择的行动方案；

④ 不同行动方案在确定状态下的益损值可以计算出来。

方法：损益期望值、决策树法。

风险型决策问题是一般决策分析的主要内容。在基本方法的基础上，应注意把握信息的价值及分析和决策者的效用观等重要问题。

(3) 不确定型决策

条件：

① 存在决策者希望达到的明确目的(收益大或损失小)；

② 自然状态不确定，且其出现的概率不可知；

③ 存在两个以上可供决策者选择的行动方案；

④ 不同行动方案在确定状态下的益损值可以计算出来。

方法：乐观法(最大最大原则)、悲观法(最小最大原则)、等概率法(Laplace 准则，也是一种特殊的风险型决策)、后悔值法(Savage 准则或后悔值最大最小原则)。

对于不确定型决策分析问题，若采用不同的求解方法，则所得的结果也会有所不同，因为这些决策方法是各自从不同的决策准则出发来选择最优方案的。而具体采用何种方法，又视决策者的态度或风险偏好而定，目前，在理论上还不能证明哪种方法是最为合适的。

(4) 对抗型决策

$$w_{ij} = f(A_i, B_j) \quad (i = 1,2,\cdots,m; j = 1,2,\cdots,n)$$

式中：A_i——决策者的策略集；

B_j——竞争对手的策略集。

方法：对抗型决策分析主要采用对策论及其冲突分析确定决策方案。这类决策分析问题也是当前管理界、经济界比较关注的问题。

(5) 多目标决策

由于系统工程所研究的大规模复杂系统一般具有属性及目标多样化的特点，在管理决策时通常要考虑多个目标，且它们在很多情况下又是相互消长或矛盾的，这就使得多目标决策分析在管理决策分析中具有重要的作用。多目标决策的理论、方法与应用，在国际上是最近二三十年才得到蓬勃发展的。目前分析该类决策问题的方法已有不少，常用方法有：化多目标为单目标的方法(含系统评价中的加权和以及各种确定目标权重的方法)、重排次序法、目标规划法及层次分析(AHP)法等。

10.2 风险型决策分析

随着数据感知、获取能力的提升，在实际系统管理中所遇到的决策分析问题大部分都可以获取一定的历史数据进而为决策提供量化支撑。通常根据过去的统计资料和积累的工作经验，或通过一定的调查研究所获得的信息，总是可以对各种自然状况的发生概率作出一定估算。这种在事前估算和确定的概率叫作主观概率。所以，在实际工作中需要进行决策分析的问题大多数属于风险型决策分析问题。

10.2.1 益损期望值法

期望值是指概率论中随机变量试验的数学期望。这里，把所采取的行动方案看成是离散的随机变量，则 m 个方案就有 m 个离散随机变量，离散变量的取值就是行动方案相对应的益损值。离散随机变量 X 的数学期望表达式为

$$E(X) = \sum_{i=1}^{m} p_i x_i$$

式中：x_i——随机离散变量 x 的第 i 个取值，$i=1,2,\cdots,m$；

p_i——$x=x_i$ 时的概率。

期望值法就是利用上述公式算出每个行动方案的益损值并加以比较。若采用的决策目标(准则)是让期望收益最大，则选择收益期望值最大的行动方案为最优方案；反之，若决策目标是期望费用最小，则采用费用期望值最小的方案为最优方案。

例 10.1　由于新开航线，某航空公司要决策该航线的航空器机型，以便及早做好运行前的各项准备工作。假设机型的配备主要根据该航线的运量需求大小而定。根据以往的统计资料及市场预测的信息得知：未来运量需求出现上涨、不变和下跌三种状态的概率分别为 0.3、0.6、0.1。若按大、中、小三种不同机型(即三种不同方案)安排，则在不同运量需求状态下的益损值是可以估算出来的，如表 10-2 所列。现要求通过决策分析来确定新航线的机型，使该航线能获得的收益期望最大。

表 10-2　例 10.1 的益损值

百万元

方　案	状　态		
	运量上涨 θ_1	运量不变 θ_2	运量下跌 θ_3
	概　率		
	0.3	0.6	0.1
A_1：大机型	40	32	−6
A_2：中机型	36	34	24
A_3：小机型	20	16	14

解　这是一个面临三种自然状态和三种行动方案的风险型决策分析问题，可运用期望值法求解如下：

① 根据表 10-1 所列的各种自然状态的概率和不同行动方案的益损值，可用公式 $E(X)=\sum_{i=1}^{m} p_i x_i$ 算出每种行动方案的益损值分别为

方案 A_1：$E(A_1)=0.3\times40$ 万元 $+0.6\times32$ 万元 $+0.1\times(-6)$ 万元 $=30.6$(百万元)

方案 A_2：$E(A_2)=0.3\times36$ 万元 $+0.6\times34$ 万元 $+0.1\times24$ 万元 $=33.6$(百万元)

方案 A_3：$E(A_3)=0.3\times20$ 万元 $+0.6\times16$ 万元 $+0.1\times14$ 万元 $=17$(百万元)

② 通过计算并比较后可知，A_2 的数学期望 $E(A_2)=33.6$ 百万元最大，所以选择方案 A_2 为最优方案。也就是该航线按中机型执行航班计划所获得的收益期望值最大。

1. 决策树法

所谓决策树法，就是利用树形图模型来描述决策分析问题，并直接在决策树图上进行决策分析。其决策目标(准则)可以是益损期望值或经过变换的其他指标值。现仍以例 10.1 为例介绍决策树法。

① 绘制决策树。按表 10-1 所示各种行动方案和自然状态及其相应的益损值和主观概率等信息，按由左至右的顺序画出决策树图，如图 10-2 所示。

图中各节点的名称及含义如下：

“□”表示决策节点，从它引出的分枝叫作方案分枝。分枝数量与行动方案数量相同。如

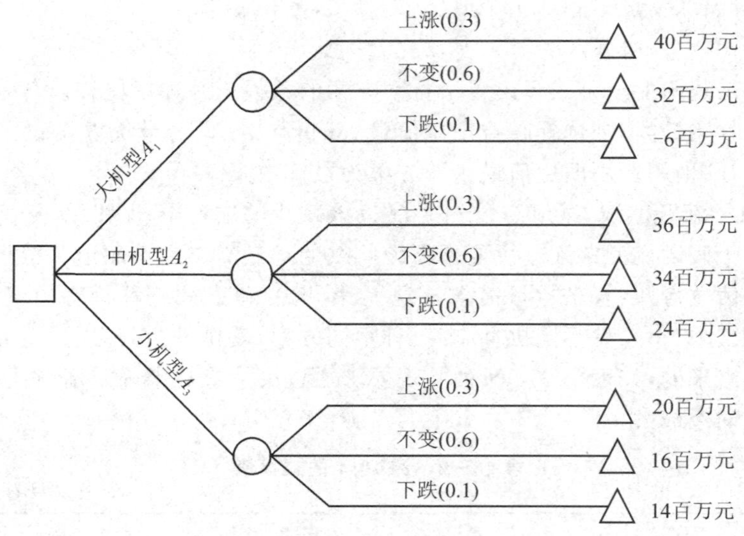

图 10－2　例 10.1 的决策树

例 10.1 中有三个行动方案，则图 10－2 所示就有三个方案分枝。决策节点表明，从它引出的行动方案需要进行分析和决策。

“○”表示状态节点，从它引出的分枝叫作状态分枝或概率分枝，在每一分枝上注明自然状态名称及概率。状态分枝数量与自然状态数量相同。

“△”表示结果节点，即将不同行动方案在不同自然状态下的结果(如益损值)注明在结果节点的右端。

② 计算个行动方案的益损期望值，并将计算结果标注在相应的状态节点上。图 10－3 所示为方案 A_2 的益损期望值。

③ 将计算所得的各行动方案的益损期望值加以比较，选择其中最大的期望值并标注在决策节点上方，如图 10－4 所示。与最大期望值相对应的是方案 A_2，即 A_2 则为最优方案。然后，在其余的方案分枝上画上“‖”符号，表明这些方案已被舍弃，图 10－4 所示的即是一个经过决策分析选择行动方案 A_2 为最优方案的决策树图。

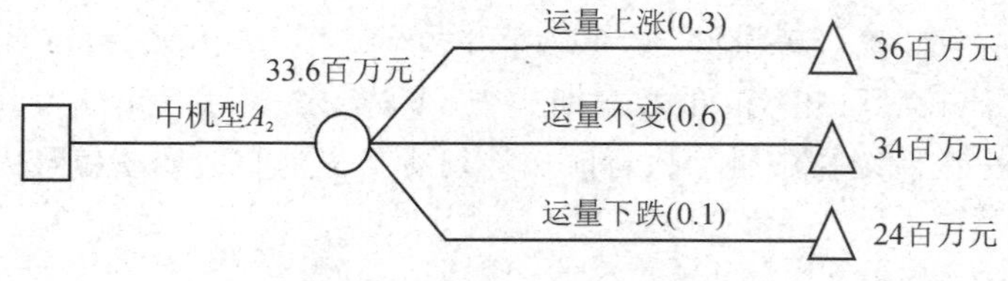

图 10－3　方案 A_2 的益损期望值

2. 多级决策树

从例 10.1 中可知，如果只需作一次决策，其分析求解即可完成，则这种决策分析问题就叫作单级决策。反之，有些决策问题需要经过多次决策才能完成。则这种决策问题就叫作多级决策问题。其应用决策树法进行的多级决策分析叫作多级决策树。

例 10.2　某航空制造配件公司生产 I 型号航空器除冰液。由于现有生产工艺比较落后，

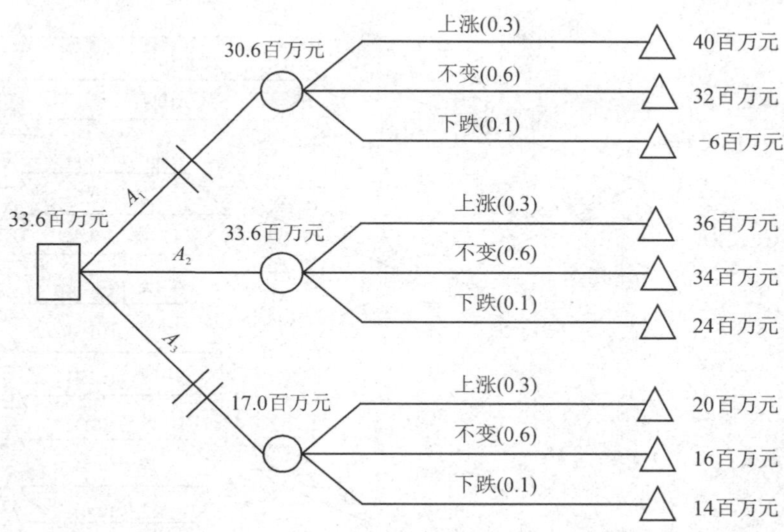

图 10－4　例 10.1 的决策分析过程及结果

产品质量不易保证，且成本较高，销路受到影响。若产品价格保持现有水平则无利可图，若产品价格下降则还要亏本，只有在产品价格上涨时才稍有赢利。为此公司决定要对该产品的生产工艺进行改进，并提出两种方案以供选择：一是从国外引进一条自动化程度较高的生产线；二是自行设计一条有一定水平的生产线。根据公司以往引进和自行设计的生产线工作经验显示：引进生产线投资较大，但产品质量好，且成本较低，年产量大，引进技术的成功率为 80%。而自行设计生产线，投资相对较小，产品质量也有保证，成本也较低，年产量也大，但自行设计的成功率只有 60%。进一步考虑到无论是引进或自行设计生产线，产量都能增加，因此，该公司又制定了两个生产方案：一是产量与过去相同（保持不变），二是产量增加，为此又需要进行决策。最后，若引进或自行设计均不成功，公司只得仍采用原有生产工艺继续生产，产量自然保持不变。公司计划生产 5 年该除冰液。根据以往价格统计资料和市场预测信息可得，该类产品在今后 5 年内价格下跌的概率为 0.1，保持原价的概率为 0.5，而涨价的概率为 0.4。通过估算，可得各种方案在不同价格状态下的益损值如表 10－3 所列。

表 10－3　例 10.2 的益损值

万元

方　案		概　率		
		跌　价	原　价	涨　价
		0.1	0.5	0.4
按原工艺生产		－100	0	125
引进生产线 A_1（成功率 0.8）	产量不变 B_1	－250	80	200
	产量增加 B_2	－400	100	300
设计生产线 A_2（成功率 0.6）	产量不变 B_1	－250	0	250
	产量增加 B_2	－350	－250	650

根据上述可知，例 10.2 是一个二级决策分析问题。因此可采用多级决策树进行分析，其过程和结果如图 10－5 所示。

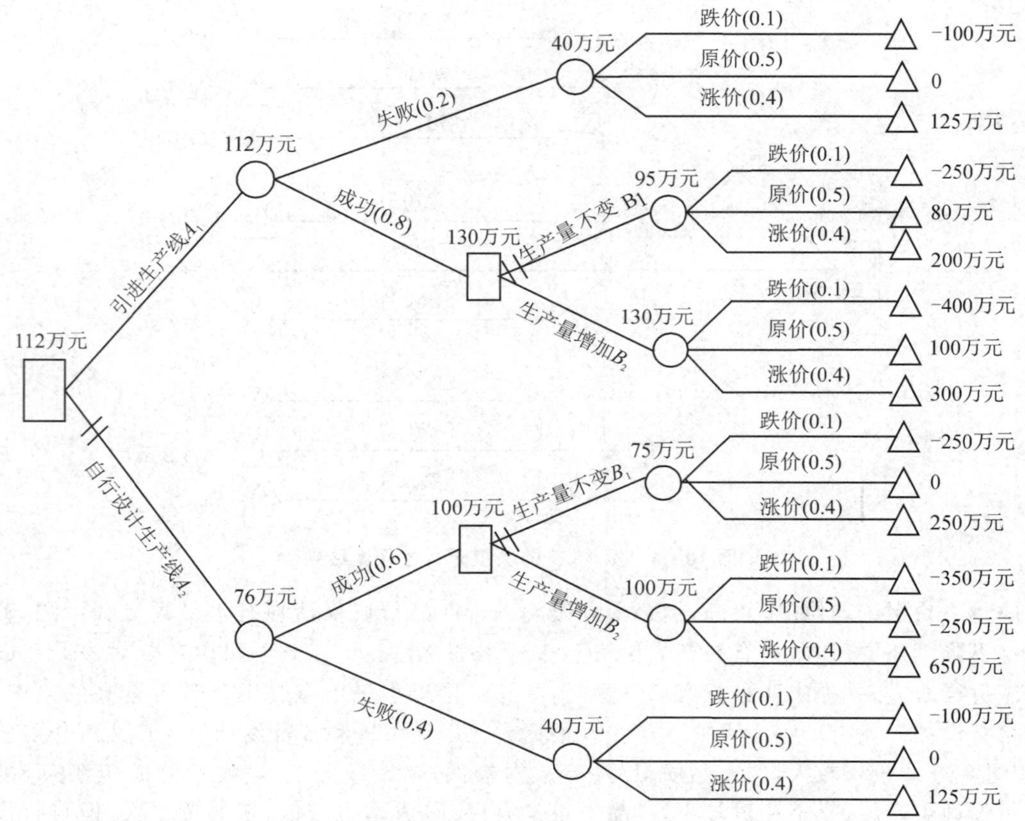

图 10-5 例 10.2 的多级决策分析过程及结果

10.2.2 信息的价值

信息和决策的关系十分密切。要获得正确的决策，必须依赖足够和可靠的信息，但是为取得这些信息所付出的代价也相当大。从而提出了这样一个问题：是否值得花费一定数量的代价去获得必须的信息以供决策需要呢？为此就出现了如何评价信息价值的问题。另外，信息不对称情况下的决策是对抗型决策中的重要问题。

决策所需的信息一般可以分为两类：一类是完全信息，即据此可以得到完全肯定的自然状态信息，这有助于正确的决策，从而使决策结果获得较大的收益。但为获得完全信息的代价也相当大，而且在多数情况下，要获得这种完全信息也较为困难或根本不可能；另一类是抽样信息，这是一类不完全可靠的信息。通过抽样所获得的信息，用统计方法类推自然状态出现的概率，据此来选择行动的方案。抽样信息虽不十分可靠，但为获得此类信息所付出的代价也较小，且在多数情况下，获得这类信息可能性较大，以供决策之需。

下面分别通过举例来介绍如何分析完全信息和抽样信息的价值问题。

1. 完全信息的价值

例 10.3 某航空制造企业生产一批通信设备，据对统计资料的分析表明，该批通信的次品率可以分为 5 个等级(即 5 种状态)，每个等级(状态)的概率如表 10-4 所列。

表 10-4　5 种状态及其概率值

纯度状态(次品率)	S_1(0.02)	S_2(0.05)	S_3(0.10)	S_4(0.15)	S_5(0.20)
概　率	0.20	0.20	0.10	0.20	0.30

通过进一步分析可知,产品次品率的高低与该产品所用的主要原料的纯度有关。今已知,原料纯度越高,次品率越低(如 $S_1 \to 0.02$);反之,次品率越高($S_5 \to 0.20$)。该公司打算在生产该产品前,先对该原料增加一道提纯工序。通过提纯工序,能使全部原料处于 S_1 状态,从而降低了次品率。但增加提纯工序就增加了工序费用。经过核算可知,每批原料的提纯费用为 3 400 元。经估算,在不同纯度状态下其益损值如表 10-5 所列。如果在生产前先将原料检验一下(每批检验费用为 50 元),通过检验可以掌握每批原料处于何种纯度状态,这样可以对不同纯度的原料采用不同的策略,即提纯或不提纯,从而使益损期望值最大。

表 10-5　例 10.3 的益损值表

元

方　案	状　态				
	S_1	S_2	S_3	S_4	S_5
	概　率				
	0.20	0.20	0.10	0.20	0.30
A_1:提　纯	1 000	1 000	1 000	1 000	1 000
A_2:不提纯	4 400	3 200	2 000	800	−400

采用决策树法对该问题进行分析,具体过程和结果如图 10-6 所示。

由图 10-6 可知,通过检验,当某批原料纯度处于 S_1、S_2 或 S_3 状态时,采用 A_2(不提纯)方案,其益损值大于 A_1(提纯)方案;反之,若处于 S_4 或 S_5 状态时,则采用 A_1(提纯)方案,这时其益损值大于 A_2 方案。据此可计算出益损期望值为 2 220 元。与没有经过检验工序相比,通过检验完全知道原料纯度的状态信息,因此可得完全信息的价值为 2 220 元−1 760 元=460 元。

通过该例可知,为获得完全信息所要付出的代价,不应大于完全信息所能得到的收益期望。本例中不应大于 460 元。本例中提纯方案分枝菱形内的数字为 50,即增加检验工序只花费 50 元,而能多获得 460 元的收益,因此,增加检验工序是可取的。

2. 抽样信息的价值

例 10.4　随着航空需求的不断增加,造成机场与需求之间出现了不匹配的情况,为缓解运行压力满足吞吐量日益增长的需要,某机场根据实际情况拟定了两种建设方案:

(1) 新建方案(A_1),即建设新机场。

(2) 扩建方案(A_2),即在原机场的基础上加以扩建。

若采用新建方案,则投资费用较大。如果交通需求增长明显,则该机场可获较大收益;反之,如果交通需求增长缓慢,则投资不能及早回收,该总公司亏损也大。如果采用扩建方案,则原有装备基本上都可利用,故投资费用少,因此无论销路好或差,都能获得一定收益而不至亏损。该总公司根据以往的统计资料可知,交通需求增长明显的概率为 0.35,不景气的概率为 0.65。计划该机场运行 10 年,估算其益损值如表 10-6 所列。

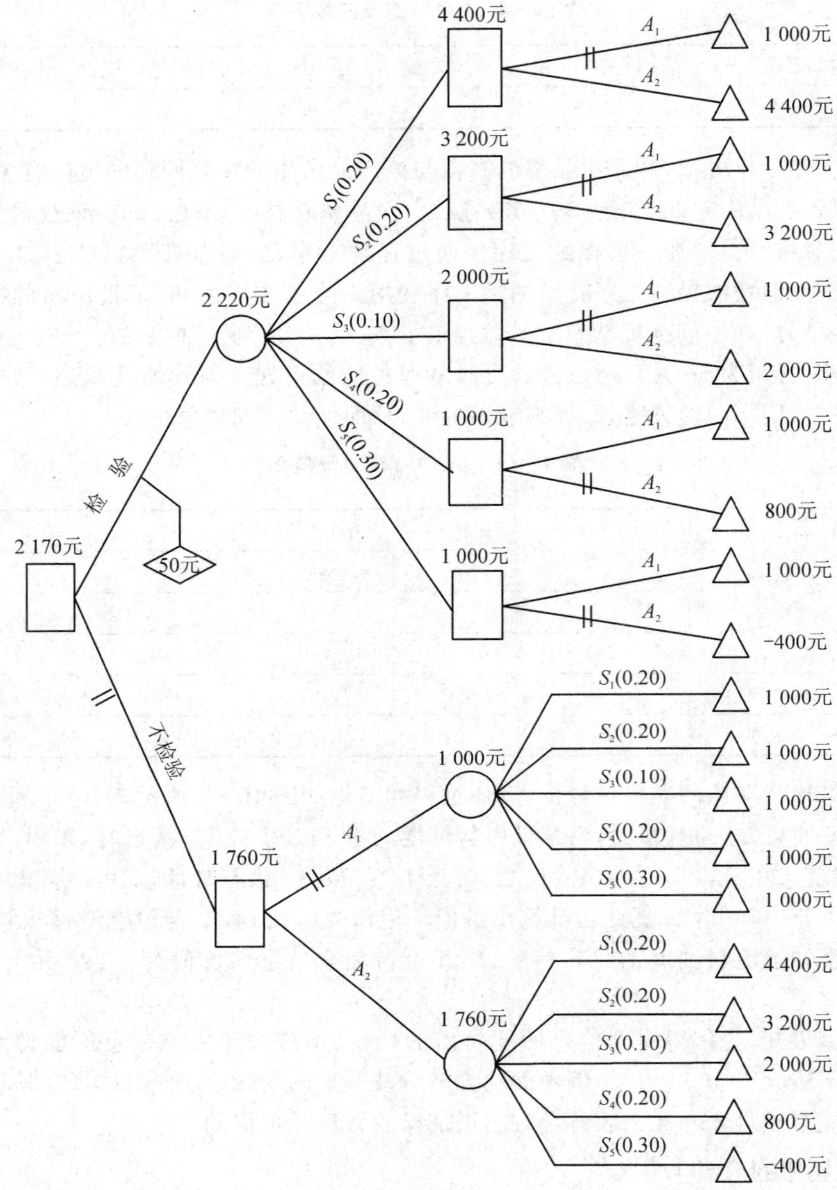

图 10-6　例 10.3 的完全信息多级决策分析及结果

该机场为了进一步确定采用哪种设计方案,要对交通需求进行专门调查和预测。但由于交通需求因素颇为复杂,因此依靠调查和预测所得信息并不完全正确可靠,交通需求情况只有在运营过程中才能真正地得到可靠的结论。故预测所得信息只是抽样信息。根据以往经验,得出交通需求增长明显的信息,其可靠程度只有 80%,得出交通需求增长缓慢的信息,其可靠程度只有 70%。为了确定这种预测是否值得去做,必须进行计算和分析。综上所述,上例为一多级决策分析问题。据此,可先画出多级决策树,如图 10-7 所示。

表 10-6　例 10.4 的益损值

百万

方　案	状　态	
	交通需求增长明显 θ_1	交通需求增长缓慢 θ_2
	概　率	
	0.35	0.65
A_1:新建机场	45	−22.5
A_2:扩建机场	18	4.5

现将决策分析计算中有关概率及其计算予以说明。

设 G —交通需求增长明显；

B—交通需求增长缓慢；

f_g—预测结果为交通需求增长明显这一事件；

f_b—预测结果为交通需求增长缓慢这一事件。

则 $P(G)$—交通需求增长明显的概率，已知 $P(G)=0.35$；

$P(B)$—交通需求增长缓慢的概率，已知 $P(B)=0.65$；

$P(f_g/G)$—交通需求增长明显，而预测结果交通需求增长明显的概率，据题意可知：$P(f_g/G)=0.8$；

$P(f_b/G)$—交通需求增长明显，而预测结果交通需求增长缓慢的概率为：

$$1-P(f_b/G)=1-0.8=0.2;$$

$P(f_b/B)$—交通需求增长缓慢，而预测结果交通需求增长缓慢的概率，据题意可知：

$$P(f_b/B)=0.7;$$

$P(f_g/B)$—交通需求增长缓慢，但预测结果交通需求增长明显的概率为：

$$1-P(f_g/B)=1-0.7=0.3$$

根据全概率公式，可求得如下概率：

$P(f_g)$—预测结果为交通需求增长快的概率之和，其值为

$$\begin{aligned}P(f_g)&=P(f_g/G)P(G)+P(f_g/B)P(B)\\&=0.8\times0.35+0.3\times0.65=0.475\end{aligned}$$

$P(f_b)$—预测结果为交通需求增长缓慢的概率之和，其值为

$$\begin{aligned}P(f_b)&=P(f_b/B)P(B)+P(f_b/G)P(G)\\&=0.7\times0.65+0.2\times0.35=0.525\end{aligned}$$

根据贝叶斯(Bayes)公式，可计算有关的条件概率为：

$P(G/f_g)$—预测结果认为交通需求增长明显，而实际交通需求增长明显的概率，其计算公式及数值为

$$P(G/f_g)=\frac{P(f_g/G)P(G)}{P(f_g)}=\frac{0.8\times0.35}{0.475}=0.589$$

$P(B/f_g)$—预测结果认为交通需求增长明显，而实际交通需求增长缓慢的概率，其计算公式及数值为

$$P(B/f_g)=\frac{P(f_g/B)P(B)}{P(f_g)}=\frac{0.3\times0.65}{0.475}=0.411$$

同理可求得 $P(G/f_b)=0.133, P(B/f_b)=0.867$

把上述已知和计算所得的概率值标在决策树的相应分枝上(见图 10－7),就可以对各决策行动方案的期望值进行计算,再通过比较即可决定方案的取舍。

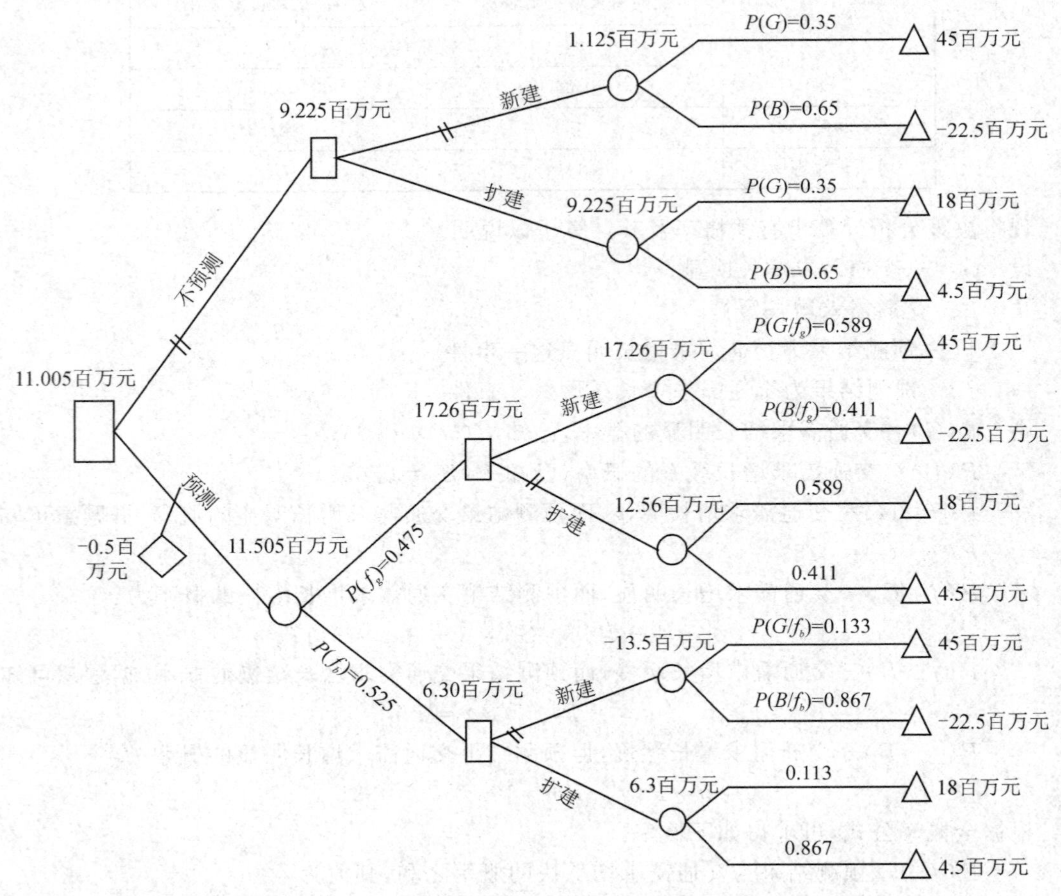

图 10－7　例 10.4 的抽样信息多级决策分析及结果

由图 10－7 可知,抽样信息的收益期望值为

$$11.505\text{ 百万} - 9.225\text{ 百万} = 2.28\text{ 百万}$$

若预测费用是 50 万元,小于抽样信息所获得的收益期望值,则可知对产品销路进行预测的方案是可取的。

10.3　不确定型决策分析

针对决策影响因素不确定的情况,决策者对于决策问题将面对一些不同的状态,其中决策者可计算出不同决策方案在不同决策因素下的损益值,但决策者无法预先确定影响因素发生的概率。因此,这时决策者是根据自己的主观倾向进行决策。根据决策者的主观态度不同决策准则基本可分为 5 种,它们分别是:① 最大最小准则;② 最大最大准则;③ 等可能性准则;④ 折衷准则;⑤ 后悔值准则。决策者可以根据其具体情况,选择一个最合适的准则进行决策。

10.3.1　悲观准则

当决策者面临着各种事件的发生概率不确定时，决策者主要考虑由于决策错误而造成的损失且采取谨慎原则。决策者从最不利的角度出发，分析各种可能的最坏结果，即先选出每个方案在不同自然状态下的最小收益值，再从这些最小收益中选取一个最大值，从而确定最好的行动方案。悲观准则用符号表示为 max min 决策准则，也称悲观主义准则或最大最小准则。

例 10.5　某航空公司现需对某航材采购作出决策，现有三种备选采购方案：S_1—大批量订购；S_2—中批量订购；S_3—小批量订购。未来市场对该航材的需求情况有两种可能发生的自然状态：N_1—需求量大；N_2—需求量小。经估计，采用某一行动方案而实际发生某一自然状态时，公司的收益如表 10－7 所列，请用悲观准则做出决策。

表 10－7　例 10.5 的益损值

百万元

方　案	状　态	
	需求量大 N_1	需求量小 N_2
S_1：大批量订购	30	－6
S_2：中批量订购	20	－2
S_3：小批量订购	10	5

解　上述收益表也称为收益矩阵。用 $\alpha(S_i, N_j)$ 表示采用方案 S_i 而发生的自然状态为 N_j 时公司的收益值，这样可知采用 S_1 时在各种自然状态下最小收益为－6，即

$$\min_{1\leqslant j\leqslant 2}[\alpha(S_1, N_j)] = \min\{30, -6\} = -6$$

同样有

$$\min_{1\leqslant j\leqslant 2}[\alpha(S_2, N_j)] = \min\{20, -2\} = -2$$

$$\min_{1\leqslant j\leqslant 2}[\alpha(S_3, N_j)] = \min\{10, 5\} = 5$$

再从这些最小收益中选取一个最大值 5，即

$$\max_{1\leqslant i\leqslant 3}\{\min_{1\leqslant j\leqslant 2}[\alpha(S_i, N_j)]\} = \max\{-6, -2, 5\} = 5$$

在此准则下，方案 S_3 即小批量生产为最优。

上述计算用公式表示为

$$S_k^* \longrightarrow \max_i \min_j(\alpha_{ij})$$

10.3.2　乐观(max max)准则

当决策者面临情况不明的决策问题时，他考虑的是决不放弃任何一个可获得最好结果的机会，对待问题时抱积极乐观的态度。因此，决策者从最有利的结果出发，先找出每个方案在不同自然状态下最大的收益值，再从这些最大收益值中选取一个最大值，相应的方案为最优方案。用符号表示为 max max。此准则又称乐观主义准则。用乐观准则分析例 10.5 决策，决策收益见表 10－8。

很容易得

$$\max_{1\leqslant j\leqslant 2}[\alpha(S_1, N_j)] = \max\{30, -6\} = 30$$

$$\max_{1\leqslant j\leqslant 2}[\alpha(S_2,N_j)]=\max\{20,-2\}=20$$

$$\max_{1\leqslant j\leqslant 2}[\alpha(S_3,N_j)]=\max\{10,5\}=10$$

最后得到

$$\max_{1\leqslant i\leqslant 3}\{\max_{1\leqslant j\leqslant 2}[\alpha(S_i,N_j)]\}=\max\{30,20,10\}=30$$

可见在此准则下，方案 S_1 为最优。用公式表示为

$$S_k^* \rightarrow \max_i \max_j(\alpha_{ij})$$

表 10-8　例 10.5 乐观准则决策收益

万元

行动方案	自然状态		
	N_1（需求量大）	N_2（需求量小）	$\max\limits_{1\leqslant j\leqslant 2}[\alpha(S_i,N_j)]$
S_1（大批量生产）	30	−6	30←max
S_2（中批量生产）	20	−2	20
S_3（小批量生产）	10	5	10

10.3.3　等可能性准则

等可能性(Laplace)准则是十九世纪数学家 Laplace 提出的。他认为当一人面临着某事件集合，在没有什么确切理由来说明这一事件比那一事件发生概率时，只能认为各事件发生的机会是均等的。即每一事件发生的概率都是 1/事件数。决策者计算各方案的收益期望值，然后在所有这些期望值中选择最大者，并以它对应的方案为最优方案。

用等可能原则分析例 10.5 说明，其期望值收益见表 10-9。

表 10-9　例 10.5 等可能性准则决策收益

万元

行动方案	自然状态		
	N_1（需求量大）	N_2（需求量小）	收益期望值 $E(S_i)$
	1/2	1/2	
S_1（大批量生产）	30	−6	12←max
S_2（中批量生产）	20	−2	9
S_3（小批量生产）	10	5	7.5

可得

$$E(S_1)=0.5\times 30+0.5\times(-6)=12$$

$$E(S_2)=9$$

$$E(S_3)=7.5$$

式中，$E(S_1)$最大，根据等可能性准则可得，S_1 为最优方案

用公式表示为：$S_k^* \rightarrow \max\limits_i\{E(S_i)\}$

10.3.4　折中主义准则

用 min max 决策准则或 max max 决策准则来处理问题，当太极端，于是提出把这两种决策准则给予综合，即为折中主义准则。决策者根据以往的经验，确定一个乐观系数 $\alpha(0<\alpha<1)$。

利用公式

$$CV_i = \alpha \cdot \max_j [\alpha(S_i, N_j)] + (1-\alpha) \cdot \min [\alpha(S_i, N_j)]$$

计算出方案 S_i 的折中标准及收益值 CV_i，然后在 CV_i（i=1,2,3,…,m）中取最大值，作为最优方案。用折中准则分析仍用例 10.5，取 α=0.7，见表 10-10。

表 10-10　例 10.5 折中准则决策收益

万元

行动方案	自然状态		
	N_1（需求量大）	N_2（需求量小）	CV_i
S_1（大批量生产）	30	−6	19.2
S_2（中批量生产）	20	−2	13.4
S_3（小批量生产）	10	5	8.5

可得

$$CV_1 = 0.7 \times 30 + 0.3 \times (-6) = 19.2$$
$$CV_2 = 0.7 \times 20 + 0.3 \times (-2) = 13.4$$
$$CV_3 = 0.7 \times 10 + 0.3 \times 5 = 8.5$$

即

$\max\limits_{1 \leqslant i \leqslant 3} [CV_i] = 19.2$，故方案 1 为最优方案。

10.3.5　后悔值准则

后悔值准则是由经济学家沙万奇（Savage）提出的，故又称沙万奇准则。决策者制定决策之后，若情况未能符合理想，必将后悔。这个方法是将各自然状态下的最大收益值定为理想目标，并将该状态中的其他值与最高值之差称为未达到理想目标的后悔值，然后从各方案中的后悔值中取一个最小的，其相应的方案被选作最优方案。要用“后悔值”决策树时，先画出后悔矩阵，例 10.5 的后悔矩阵情况如表 10-11 所列。

表 10-11　例 10.5 后悔值准则决策收益

万元

行动方案	自然状态		
	N_1（需求量大）	N_2（需求量小）	$\max\limits_{1 \leqslant j \leqslant 2} \alpha'_{ij}$
S_1（大批量生产）	0	11	11
S_2（中批量生产）	10	7	10←min
S_3（小批量生产）	20	0	20

在后悔矩阵 $(\boldsymbol{a}'_{ij})_{m \times s}$ 中，元素 a'_{ij} 表示的后悔值为

$$a'_{ij} = \{\max_s(\alpha_{sj}) - \alpha_{ij}\}$$

例如

$$a'_{11} = \{\max_s(\alpha_{s1}) - \alpha_{11}\} = \{\max(30,20,10) - 30\} = 30 - 30 = 0$$
$$a'_{22} = \{\max_s(\alpha_{s2}) - \alpha_{22}\} = \{\max(-6,-2,5) - (-2)\} = 5 - (-2) = 7$$

再从后悔矩阵中，找出各方案的最大后悔值，方案 S_1 的最大后悔值为 11；S_2 的最大后悔值为 10；S_3 的最大后悔值为 20。最后从这些最大后悔值中找出最小值。

$$\min_i \max_j \alpha'_{ij} = \min\{11, 10, 20\} = 10$$

故在后悔值准则下取方案 S_2 为最优。

在不确定性决策中是因人因地因时选择决策准则的，但在实际中当决策者面临不确定性决策问题时，首先是获取有关各事件发生的信息，使不确定性决策转化为风险决策。所以风险决策是本章讨论的重点。

10.4 效用函数曲线及其应用

10.4.1 效用及效用函数曲线

效用这个概念首先是由贝努利(D. Berneulli)提出的。他认为人们对其钱财的真实价值的认知与他的钱财拥有量之间存在对数关系。这就是贝努利的货币效用函数曲线。经济管理学家将效用作为指标来衡量人们对某些事物价值的主观态度、偏爱等。例如在风险情况下进行决策，决策者对风险的态度是不同的。用效用这一指标来量化决策者对待风险的态度，可以给每个决策者测定他的对待风险的态度的效用曲线(函数)。效用值是一个相对的指标值，一般可规定：凡对决策者最爱好、最倾向、最愿意的事物(事件)的效用值赋予 1，而最不爱好的赋予 0。也可以用其他的数值范围，如(100～0)。通过效用这一指标可将某些难以量化且存在明显的差别的事物(事件)给予量化。如某人面临多种工作方案的选择时，要考虑地点、工作性质、单位福利等。可将要考虑的因素都折合为效用值，得到各方案的综合效用值，然后选择效用值最大的方案，这就是最大效用值决策准则。

在风险情况下只作一次决策时，用最大期望值决策准则，是不太合理的。表 10－12 是各方案及按最大收益期望值的计算结果。表 10－12 的 3 个方案的 EMV 期望平均收益都相同，但显然这 3 个方案并不是等价的。另外，因 EMV* 给出的是平均意义下的最大，当决策不可重复时，用 EMV* 决策准则就不恰当了。这时可用最大效用值决策准则来解决这一矛盾。

表 10－12 最大期望值准则决策收益

Si	Ej				EMV
	$E1$	$E2$	$E3$	$E4$	
	0.35	0.35	0.15	0.15	
A	418.3	418.3	−60	−60	275
B	650	−100	650	−100	275
C	483	211.3	480	−267	275

10.4.2 效用曲线的确定

确定效用曲线的基本方法有两种，一种是直接提问法，另一种是对比提问法。

① 直接提问法是向决策者提出一系列问题，要求决策者进行主观衡量并作出回答。例如向某决策者提问："若今年企业获利 100 万可达满意水平，那么获利多少，你会加倍满意？"若决策者回答 200 万则又获取决策曲线上的一个点。这样不断地提问与回答，可绘制出该决策者的获利效用曲线。显然这种提问与回答是十分含糊的，很难确切，所以应用较少。

② 对比提问法，设决策者面临两种可选方案 A_1、A_2。A_1 表示他可无任何风险地得到一笔金额 x_2；A_2 表示他得到一笔金额 x_1 的概率为 p，或损失金额 x_3 的概率为 $(1-p)$；且 $x_1>x_2>x_3$，设 $U(x_1)$ 表示金额 x_1 的效用值。若在某条件下，该决策者认为 A_1、A_2 两方案等价时，可表示为

$$pU(x_1)+(1-p)U(x_3)=U(x_2) \tag{10.1}$$

确切地讲，该决策者认为 x_2 的效用值等于 x_1、x_3 的效用期望值线性组合。于是可用对比提问法来测定决策者的风险效用曲线。从式(10.1)可见，其中有 x_1、x_2、x_3、p 4 个变量，若其中任意 3 个为已知时，向决策者提问第 4 个变量应取何值？并就第 4 个变量的取值请决策者作出主观判断。提问的方式大致有 3 种：

① 每次固定 x_1、x_2、x_3 的值，改变 p，问决策者："p 取何值时，认为 A_1 与 A_2 等价。"

② 每次固定 p 、x_1、x_3 的值，改变 x_2，问决策者："x_2 取何值时，认为 A_1 与 A_2 等价。"

③ 每次固定 p 、x_2、x_3(或 x_1)的值，改变 x_3(或 x_1)，问决策者："x_3(或 x_1)取何值时，认为 A_1 与 A_2 等价。"一般采用改进的 $V-M$ (*Von Neumann-Morgenstern*)法。即每次取 $p=0.5$，固定 x_1、x_3 利用

$$0.5U(x_1)+0.5U(x_3)=U(x_2)$$

改变 x_2 3 次，提三问，确定三点，即可绘出该决策者的效用曲线，下面用数字说明。

设可获得的最大收益 $x_1=2\ 000$ 万元，可承担的最大损失 $x_3=-1\ 000$ 万元，

即取 $U(2\ 000)=1$，$U(-1\ 000)=0$

$$0.5U(x_1)+0.5U(x_3)=U(x_2) \tag{10.2}$$

第一问："你认为 x_2 取何值时，式(10.2)成立?"若其回答为"在 $x_2=1\ 200$ 时"，则 $U(-250\ 000)=0.5$，那么 x_2 的效用值为 0.5。在坐标系中给出第一个点，并利用 10.3 继续提问

$$0.5U(x_1)+0.5U(x_2)=U(x_2') \tag{10.3}$$

第二问："你认为 x_2'取何值时，式(10.3)成立？"若其回答为"在 $x_2'=800$ 时"，那么

$$U(75\ 000)=0.5\times 1+0.5\times 0.5=0.75$$

即 x_2'的效用值为 0.75，在左标系中给出第二点。利用 10.4 继续提问

$$0.5U(x_2)+0.5U(x_3)=U(x_2'') \tag{10.4}$$

提第三问，"你认为 x_2''取何值时，式(10.4)成立？"若其回答为"在 $x_2''=200$ 时"，那么

$$U(-420\ 000)=0.5\times 0.5+0.5\times 0=0.25$$

即 x_2''的效用值为 0.25，在左标系中给出第三点，这就可以绘制出该决策者对风险的效用曲线，如图 10-8 所示，可以看出，当前为冒险型决策，也就是说，当前决策者更为冒险。

从以上向决策者提问及回答的情况来看，不同的决策者会选择不同的 x_2、x_2'、x_2''的值，使式(10.2)、式(10.3)、式(10.4)成立。这就能得到不同形状的效用曲线，并表示了不同决策者对待风险的不同态度。其结果一般可分为 3 种：保守型(L_1)、中间型(L_2)、冒险型(L_3)，如图 10-9 所示。

① 具有保守型效用曲线的决策者，他认为他对损失金额越多越敏感，相反地对收入的增加反应得比较迟钝(即他不愿承受损失的风险，只愿得到确定的利益)。此时，一个非确定型决策的等价的效用总是小于与这个决策期望值相等的确定型决策的效用(上凸即凹型曲线)。

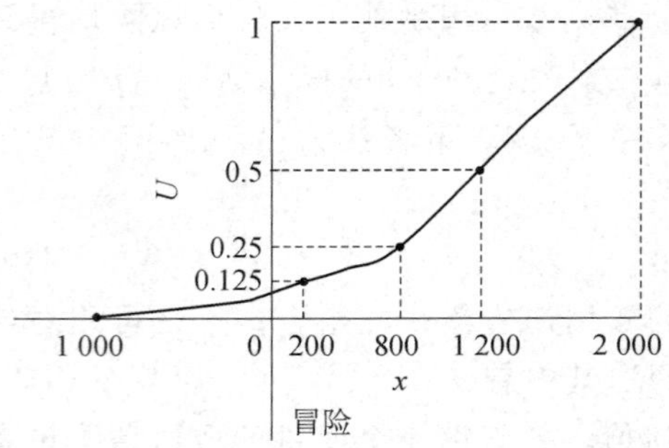

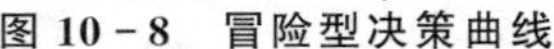
图 10-8 冒险型决策曲线

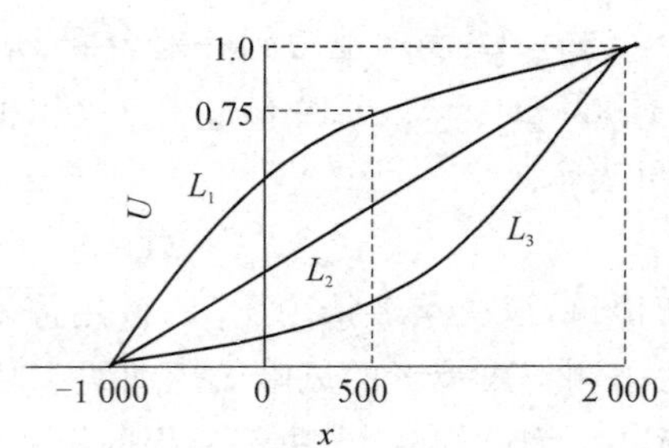

图 10-9 保守型、中间型、冒险型决策曲线

② 具有冒险型效用曲线的决策者，他认为他对损失金额比较迟钝，相反地对收入的增加比较敏感(即他可以承受损失的风险，当有较大利益的希望时，他不惜放弃稳得的利益而去争取更大的利益)此时，一个非确定型决策的确定等价值的效用总是大于与这个决策期望值相等的确定型决策的效用(下凸即凸型曲线)。

③ 具有中间型效用曲线的决策者，他认为他的收入金额的增长与效用值的增长成等比关系，这说明决策者既不保守也不冒险。此时一个非确定型决策的确定等价值就等于它的期望收益值，因而，效用曲线是一条直线。

10.4.3 效用曲线的拟合

当用计算机时需用解析式来表示效用曲线，并对决策者测得的数据进行拟合时，常用的关系式有以下六种。

① 线性函数：

$$U(x)=c_1+a_1(x-c_2)$$

② 指数函数：

$$U(x)=c_1+a_1(1-e^{a_2(x-c_2)})$$

③ 双指数函数：

$$U(x)=c_1+a_1(2-e^{a_2(x-c_2)}-e^{a_3(x-c_3)})$$

④ 指数加线性函数：

$$U(x)=c_1+a_1(1-e^{a_2(x-c_2)})+a_3(x-c_3)$$

⑤ 幂函数：

$$U(x)=a_1+c_1\times a_2\left[c_2(x-a_3)\right]^{a_4}$$

⑥ 对数函数：

$$U(x)=c_1+a_1\log(c_3x-c_2)$$

10.4.4 利用效用曲线进行决策

因为在某些情况下，利用货币期望值作为标准的决策无法完全反映决策的效果，因此我们可以改用效用作为标准进行决策，此时只要把原来的益损值改为相应的效用值就可以了。以下我们将举例加以说明。

例 10.6　某航空公司欲开设 A、B 两条航线，但受到资金及客流需求限制，只能选择其中之一。若已知投运 A 航线需要资金 30 万元，投运 B 航线只需资金 16 万元，两种航线运营周期均为 5 年。估计在此期间，两条航线旅客需求大的概率为 0.7，需求小的概率为 0.3。它们的益损值如表 10－13 所列。问究竟开设哪条航线？

表 10－13　例 10.5 的益损值表

万元

方　案	状　态	
	旅客需求大	旅客需求小
	概　率	
	0.7	0.3
A	70	－50
B	24	－6

今先采用益损期望值作为决策准则，显然以运营 A 航线为最优，如图 10－10 所示。

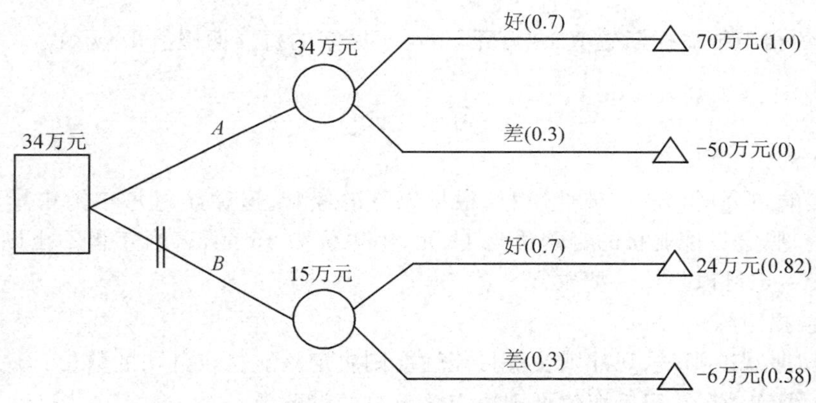

图 10－10　例 10.6 的决策树及分析计算

若用效用值作为决策准则，其步骤如下：

① 绘制决策人的效用曲线。设 70 万元的效用值为 1.0，－50 万元的效用值为 0，然后由决策人经过多次辨优过程，找出与益损值相应的效用值后，就可以画出决策人的效用曲线，如图 10－11 所示。

② 根据图 10－11 所示的效用曲线，可以找出方案 B 中与益损值相对应的效用值，其效用值分别为 0.82 和 0.58，最后将其标注在决策树相应的结果节点右端。这样就可以用效用期望值为决策准则进行计算和决策。

航线 A 的效用期望值为

$$0.7 \times 1.0 - 0.5 \times 0 = 0.70$$

航线 B 的效用期望值为

$$0.7 \times 0.82 + 0.3 \times 0.58 = 0.75$$

由此可见，若以效用期望值作为决策标准，开设航线 B 的方案比开设航线 A 更好。这是因为，决策人是一个保守型的人物，他不愿冒太大的风险。从效用曲线（见图 10－11）可以测出，效用期望值 0.70 约相当于益损期望值 8 万元，这远小于原来的益损期望值 34 万元；效用

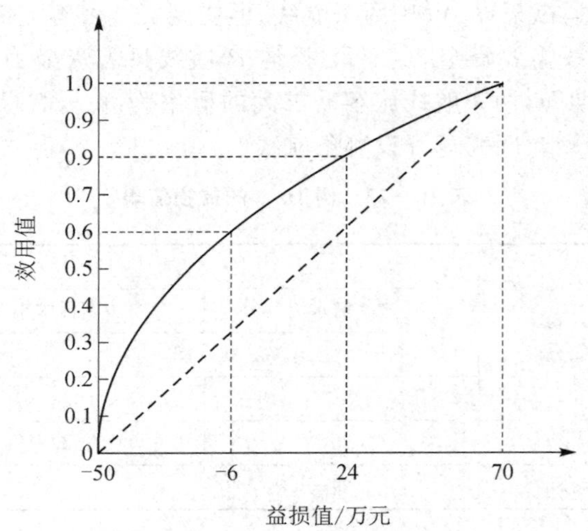

图 10－11　例 10.6 的效用曲线

期望值 0.75 约相当于益损期望值 13 万元，也小于原来的益损期望值 15 万元。

习　题

10.1　某航空公司订购季节性航材，根据以往的经验，这种航材每年销售量可能为 100、200、300、400。假定每件航材的订购价为 10 元，销售价为 15 元，若当年售不出则剩下的按处理价每件 5 元一定可以售出。要求：

① 建立益损矩阵；

② 分别用悲观准则、乐观准则及等可能性准则决定该航材应订购的数量；

③ 建立后悔矩阵，并用后悔值准则决定该航材的订购数。

10.2　某机场工程施工单位承担机场改扩建的施工任务，由于施工地区夏季多雨，需停工 3 个月。在停工期间该工程队可将施工机械搬走或留在原处。若搬走，需搬运费 1 800 元；若留原处，一种方案是花费 500 元筑一护堤，防止河水上涨发生高水位的侵袭；另一种方案是不筑护堤，发生高水位侵袭时将损失 10 000 元。但在下暴雨发生洪水时，不管是否筑护堤，只要施工机械留在原处都将受到 60 000 元的损失。据历史资料分析得，该地区夏季高水位发生的概率是 25%，洪水发生概率是 2%，试用决策树法分析该施工队是否把施工机械搬走及是否要筑护堤。

10.3　某航空公司部门有 50 000 元的多余资金，若用于研发部门辅助性操作软件成功概率为 96%。若成功，一年可提供效益 12%，但一旦失败，有丧失全部资金的风险。若把资金存入银行，则可稳赚年利 60%。为获取更多情报，该部门求助于咨询公司，咨询费为 500 元，但咨询意见只是提供参考。根据过去咨询公司类似 200 例咨询意见实施结果，情况见下表。试用决策树法分析：

① 该部门是否值得求助于咨询服务？

② 该部门多余资金应如何合理使用？

咨询意见	实施结果		
可以投资	154 次	2 次	156 次
不宜投资	38 次	6 次	44 次
合　计	192 次	8 次	200 次

10.4　某企业生产一种新产品，为了满足市场可能出现的高需求，打算增加某些附加设备。但是，市场一旦出现高需求后，企业不能确切知道高需求是否长期持续。根据对今后 8 年市场需求预测对该种新产品的需求估计见表。据此有两种投资方案：方案 A 为一次投资 10 万元，高需求时，每年获利 4 万元，低需求时，每年获利 5 000 元；方案 B 为分阶段投资。开始投资 7 万元，3 年后根据情况确定是否再投资。执行方案 B，市场高需求时，头 3 年每年获利 3 万元；不增加投资时后 5 年获利 1.5 万元，增加投资 4.5 万元时，后 5 年每年获利 1 万元。试用决策树确定最优投资策略。

需求(前 3 年)	需求(后 5 年)	可能性
高	高	0.4
高	低	0.2
低	高	0.3
低	低	0.1

10.5　航班延误后某旅客时间损失为 500 元时其效用函数曲线值为 1，当获得航空公司 1 000 元补贴时效用值为 10；对该旅客来说当肯定能得到 5 元与下列情况等效即以概率 0.3 失去 500 元和以概率 0.7 得到 1 000 元。请计算该旅客获取 5 元时对应的效用值有多大？

第 11 章　空中交通系统综合评价

11.1　评价方法概述

11.1.1　评价概述

1. 评价及综合评价

评价一般是指按照明确目标测定对象的属性，并把它变成主观效用(达到主体要求的满意度)的行为，即明确评价对象价值的过程。评价具有不同的维度，可以根据评价维度合理地设定评价属性。当评价只涉及评价对象的一个特定方面，称为单项评价。而更多的评价涉及评价对象的多个方面，即从政治、经济、社会、技术、风险、自然与生态环境、组织和个人等多方面进行综合评价。在评价时，不仅重视直接的影响，而且重视间接的效益和影响；不仅重视近期效益，而且注重长远的效益；不仅重视定量指标(如投资、收益等)的评价，而且重视软指标的评价。评价在民航领域应用广泛，主要用于运行安全和效益。评价根据时间维度分为静态评价和动态评价。

2. 评价的过程

(1) 确立评价对象

评价对象可能是人，是事，是物，是过程，也可能是它们的任意组合，评价对象可能是评价主题的自我选择，也可能是价值主体的委托。

(2) 明确评价目标

评价目标不同，所考虑的因素就有所不同。为了进行科学地评价，必须反复了解每次评价的目标及为达到此目标应注意的具体事项，熟悉评价方法，并进一步地分析和讨论考虑到的因素。

(3) 信息收集与分析

该过程主要包括有关价值主体信息、价值客体信息、参照客体信息的获取。所谓“获取”，包括收集、搜索、筛选和正确处理的过程。

(4) 组织评价小组

评价小组通常由评价所需要的技术专家、管理专家和评价专家组成。参加评价工作的专家，其资格、组成以及工作方式等都应满足评价目标的要求，以保证评价结论的有效性和权威性。

(5) 确定评价指标体系

指标是衡量评价对象属性的尺度，指标体系是综合评估对象系统的结构框架，是综合反映说明评价对象的状态、发展趋势的一组具有内在联系的指标，是从评价总的或一系列目标出发，逐级发展子目标，最终确定各专项指标的过程。

(6) 选择或设计评价方法

评价方法根据评价对象的具体要求不同而有所不同，总的来说，要按系统目标与系统分析结果恰当地选择成熟、公认的评价方法，并注意评价方法与评价目的之间的匹配，注意评价方法的内在约束，掌握不同方法的评价角度与评价途径。

(7) 单项评价

单项评价是就系统的某一特殊方面进行详细地评价，以突出系统的特征。单项评价不能解决最优方案的判定问题，因为只有综合评价才能解决最优方案或方案优先顺序的确定问题。

(8) 综合评价

综合评价是在单项评价的基础上利用模型和各种资料，用技术经济的观点对比各种方案，考虑资源与效益的关系，权衡各方案的利弊得失，从系统的观点出发，综合分析问题，最后选择适当而且可能实现的优化方案。

(9) 评价结果分析及协调

评估人员将各专项评估结论作为论据得出综合评价结论，如果评估人员对最终的综合评价结论有异议，则需要选择对综合评价结果影响较大的指标的权重或者分数进行进一步地讨论，必要时应重新进行评价。若多次协调讨论失败，则应抓住主要方面，统筹兼顾，提出结论性意见，根据评价对象存在的问题，提出建设性建议，供相关决策部门参考。

3. 需要注意的问题

任何类型的评价系统都需要注意一些问题：

① 评价就是衡量价值主体与价值客体的价值关系；

② 评价是一种主观的活动，它的结果随着评价主体、客体、环境的不同而存在差异，这种差异很大程度上是由主观意识产生的，这种差异只能尽量减小，而不可能消除。所以，在设计评价方法时，应尽可能地选择最大限度呈现事物客观价值的评价方法；

③ 评价的程序和步骤应根据不同的评价对象、评价系统、评价准则、评价方法以及不同的被评价项目而做出适当地修正。

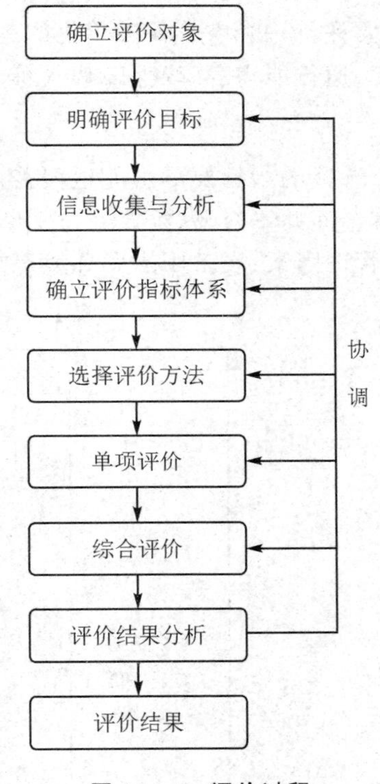

图 11-1　评价过程

评价过程如图 11-1 所示：

11.1.2　评价指标体系

1. 评价指标体系概述

评价指标体系是由若干个单项评价指标组成的整体，是综合评价的一个整体框架。指标体系从不同角度，不同方面反映评价对象特性：指标可以是定量的，也可以是定性的；体系可以是单一层次的，也可以是多层次的。表 11-1 为空中交通管理系统安全的评价指标体系。

2. 指标选择原则

建立科学的指标体系是评价工作的关键。选取的评价指标是否合适，直接影响到综合评价的结论。指标是不是选取得越多就越全面呢？若指标太多，且事实上是重复性的指标，则会对结果产生干扰；若指标太少，可能所选的指标缺乏足够的代表性，会使得结果更加片面性。因为每一项指标都是从一个方面反映了评价对象的某些信息，所以如何正确地、科学地使用这种信息，就是综合评价要处理的问题。同时，评价指标的选取与具体问题所涉及的专业知识有关，也与我们能考察获取的手段有关。尽管如此，仍然有一些原则可以帮助我们选择合适的评价指标。

(1) 目的明确

所选用的指标目的要明确。从评价的内容来看，评价指标必须能反映有关的内容。指标反映的内容多与少是另一类问题，但决不能将与评价对象、评价内容无关的指标选择进来。比如，要评价一个空管保障单位的运行效率，就要选择与空管业务发展能力有关的指标，例如差错率、通行能力、高峰保障架次等。

(2) 内容全面

选择的指标要尽可能地覆盖评价的内容，如果有所遗漏，评价就会出偏差。当然，要做到内容全面并不容易，须要经过不断筛选、优化。比如，评价空中交通运行安全时，要考虑人为因素、管理因素、设备因素和环境等重要因素，如表 11-1 所列。

表 11-1　空中交通管理系统安全评价指标体系

	二级评价指标	三级评价指标
空中交通安全评价指标体系	人为因素	敬业精神、服务意识、安全观念
		责任心
		遵守规章
		知识与技能
		身体、保健、酒精饮品
		日常工作
		培　训
	管理因素	组织机构合理
		指导思想
		规章制度建设
		安全管理
		计数培训管理
		安全文化
		综合素质

续表 11-1

空中交通安全评价指标体系	设备因素	基础设施建设
		设备运行管理
		维护与保养工作
	环境因素	空域环境
		地理环境
		气象环境
		人文环境
		通信环境
		信息环境
		电磁环境

(3) 切实可行

通俗来讲，就是可操作性。有些指标虽然很合适，但评价数据无法得到，缺乏可操作性。例如，评价一个管制员的能力，没有办法可以直接测量，只能通过测试、面试、技能考核几种方式去考察。综合评价在一定意义下就是凭借一些可以直接观察、测量的指标去推断不可观察、测量的性能。

(4) 相互独立

同一层次的各项指标不相互重叠，尽量减少冗余，避免交叉与重复。重叠的指标不仅使整个指标体系变得臃肿，而且会使最终的评价结果失真。

(5) 层次清晰

在评价指标体系中，每一项子指标都与总目标或上一级指标的规定保持一致；各级子指标不宜设置过多，要形成紧凑的、易于把握的体系。

11.1.3　综合评价方法简介

1. 主成分法

(1) 基本步骤

用主成分法进行多指标综合评价的基本步骤包括：

① 原始指标数据的标准化；

② 求指标数据间的相关系数矩阵 $\boldsymbol{R}$；

③ 求矩阵 $\boldsymbol{R}$ 的特征根、特征向量和贡献率等；

④ 确定主成分的个数 K；

⑤ 对主成分的社会经济含义做出解释；

⑥ 合成各主成分得到综合评价值。

(2) 主成分法优点

① 主成分法消除了评价指标间的相关影响。在多指标综合评价中，各评价指标彼此间往往存在一定程度的相关关系，这表现出它们对评价对象反映的信息有所重复。消除了这种重

复信息对综合评价值的影响，就有助于正确认识评价对象的相对地位。另外，主成份法用于多指标综合评价，是对彼此独立的分量进行合成，适合采用加权线性和的合成方法，所以不必在合成方法的选择上多做工作。

② 减少了指标选择的工作量。在其他综合评价方法中，由于难以消除评价指标间的相关影响，使选择评价指标时要花费不少精力，因此尽量避免选择相关程度高的指标，以减少评价信息的重复。在主成份法中由于可以消除这种重复的影响，因而在指标选择上相对容易些。

(3) 主成分法缺点

① 转换结果受样本指标间关系的影响，如果指标间数据相关程度不高，不一定能得到理想的主成份这可能导致较多主成份的存在，降维的作用不明显。

② 主成分法采用线性关系处理原始变量与分量，然而，有的时候二者之间也可能是非线性关系，只采用线性处理可能导致原始变量与分量存在现实上的偏差。

③ 利用主成分法进行多指标综合评价时，要求在数据个数较多时才能应用，即此时的应用效果才比较合理。有研究指出，当样本大于指标数二倍时(指标数在多指标综合评价中不应过少)，评价效果比较理想。

2. 因子分析法

(1) 基本步骤

① 将原始变量数据标准化；

② 求解标准化变量的相关矩阵；

③ 求解相关矩阵 $\boldsymbol{R}$ 的特征根、特征向量和贡献率；

④ 确定公共因子个数；

⑤ 求解初始因子负荷矩阵；

⑥ 对初始因子负荷矩阵作旋转处理；

⑦ 解释因子的社会经济含义；

⑧ 估计因子得分；

⑨ 计算综合评价值。

(2) 因子分析法特点

由于因子分析法与主成份分析法在多指标综合评价中有很多相同之处，因而，利用因子分析法进行多指标综合评价也就具有了主成份分析具备的优点和缺点。同时，与主成分分析法相比，因子分析法在综合评价方面具有如下特点：

① 因子分析法的性质比主成份分析法更容易明确，容易解释；

② 因子分析法的综合评价值有可能包含重复信息。

总之，与主成份分析法相比，因子分析法的优点是所求因子比主成份更易于与客观社会经济现象挂钩，从而将定量分析与定性分析更好地结合起来，对事物做出综合评价。存在的问题是综合评价值的质量有可能下降，计算工作量增大。因而，如果一般性地进行多指标综合评价，采用相对简易的主成份分析就可以了；如果还要结合对样本、指标的分类、预测等其他工作，或还有其他方面的要求或主成份分析法效果不大理想，则可以考虑采用因子分析法。

3. 灰色关联度评价法

(1) 灰色系统理论

1982 年,华中理工大学邓聚龙教授首先提出了灰色系统的概念,并建立了灰色系统理论之后,灰色系统理论得到了较深入地研究,并在许多方面取得了成功应用。灰色系统理论认为,人们对客观事物的认识具有广泛的灰色性,即信息的不完全性和不确定性,因而由客观事物所形成的是一种灰色系统。即部分信息已知、部分信息未知的系统,比如社会系统、经济系统、生态系统等都可以看作是灰色系统。人们对综合评价的对象——被评价事物的认识也具有灰色性,因而可以借助于灰色系统的相关理论来研究综合评价问题。

(2) 基本步骤

① 确定分析序列。在对所研究问题定性分析的基础上,确定一个因变量因素和多个自变量因素;

② 对变量序列进行无量纲化。一般情况下,原始变量序列具有不同的量纲或数量级,为了保证分析结果的可靠性,需要对变量序列进行无量纲化;

③ 求差序列、最大差和最小差;

④ 计算关联系数;

⑤ 计算关联度;

⑥ 依关联度排序。对各比较序列与参考序列的关联度从大到小排序,关联度越大,说明比较序列与参考序列变化的态势越一致。

从上面可以看出,关联度的几何含义为比较序列与参考序列曲线的相似与一致程度。如果两序列的曲线形状接近,则两者关联度就较大;反之,两者关联度就较小。

灰色关联分析的目的是揭示因素间关系的强弱,其操作对象是因素的时间序列,最终的结果表现为通过关联度对各比较序列做出排序。综合评价的对象也可以看作是时间序列(每个被评事物对应的各项指标值),并且往往需要对这些时间序列做出排序,因而可以借助灰色关联度分析法来进行。比较序列自然是由被评事物的各项指标值构成的序列,那么参考序列是什么呢? 考虑到要用比较序列与参考序列的关联度来对各比较序列排序,因此参考序列应该是一个理想的比较标准。可选最优样本数据作为参考序列,与比较序列关联度越大越好。

4. 层次分析法(AHP)

层次分析法的基本思想是先按问题要求建立起一个描述系统功能或持征的内部独立的递阶层次结构,然后通过两两比较元素(或目标、准则、方案)的相对重要性,给出相应的比例标度,构造上层某元素对下层相关元素的判断矩阵,以给出相关元素关于上层某元素的相对重要序列。

层次分析法可以直接用于方案排序,也可以用于其他评价方法的一部分求指标权重。是目前用的较为广泛的一种将定量分析和定性分析相结合的综合评价方法。比较适合于人的定性判断起重要作用的场合或对决策结果难于直接计量的场合。

5. 模糊综合评价

模糊综合评价法把社会现象中所出现的“亦此亦彼”的中介过渡状态采用概念内涵清晰但外延界限不明确的模糊思想予以描述。评价者从影响问题的主要因素出发，参照有关数据和情况，根据判断对复杂问题分别做出不同程度的模糊评价，然后通过模糊数学提供的方法进行运算，得出定量的综合评价结果。

用经典数学方法来解决多因素、不同权重、等级层次不高的综合评价问题比较困难，而模糊数学为解决模糊综合评价问题提供了理论依据，从而找到一种有效而简单的评价方法。该方法主要优势是当评价指标增加时，问题的复杂性并没增加，增加的只是计算量。

11.3 节将详细介绍模糊综合评价的计算步骤及应用实例。

11.2 层次分析法空中交通系统评价指标体系

11.2.1 层次分析法

层次分析法(Analytical Hierarchy Process，AHP)是由美国著名运筹学家 T·L. 萨蒂(saaty)教授于 20 世纪 70 年代提出，80 年代初引进我国的，现已得到了广泛应用；层次分析法是一种定性与定量相结合的解决多指标评价问题的决策分析方法。它把人的思维过程层次化、数量化，并用数学为分析、决策提供定量的依据。适用于人的定性判断难以发挥重要作用的场合，以及对决策结果难于直接计量的场合。

1. 基本思想

层次分析法的基本思想是将一个复杂的问题分解为各个组成因素，并将这些因素按支配关系分组，从而形成一个有序的递阶层次结构。通过两两比较的方式确定层次中诸多因素的相对重要性，然后综合人的判断以确定决策因素相对重要性的总排序。

2. 计算步骤

(1) 构建层次结构

层次分析的基本方法是建立层次结构模型。建立层次模型，首先要对所解决的问题有明确的认识，弄清它涉及哪些因素(如目标、分目标、准则和方案等)，以及因素相互之间的关系。其次，将决策问题层次化。将决策问题划分为若干个层次，第一层是目标层，即要想达到的目标；中间层常称为准则层等；最低层一般是解决问题的方案，或者与问题有关的可能情况，常称为方案层或措施层。层次结构模型的示意图如图 11-2 所示。

构造一个好的层次结构对于问题的解决极为重要，它决定了分析结果的有效程度。层次结构建立在决策者对问题全面深入认识的基础之上。如果在层次的划分和确定及层次的支配关系上举棋不定，最好的办法是重新分析问题。打乱原来的结构，重新定义要素并建立新的结构。另外，层次数目与问题的复杂程度相关，一般每个层次中的元素不超过 9 个，因同一层次中包含数目过多的元素会给两两比较判断过程带来困难。

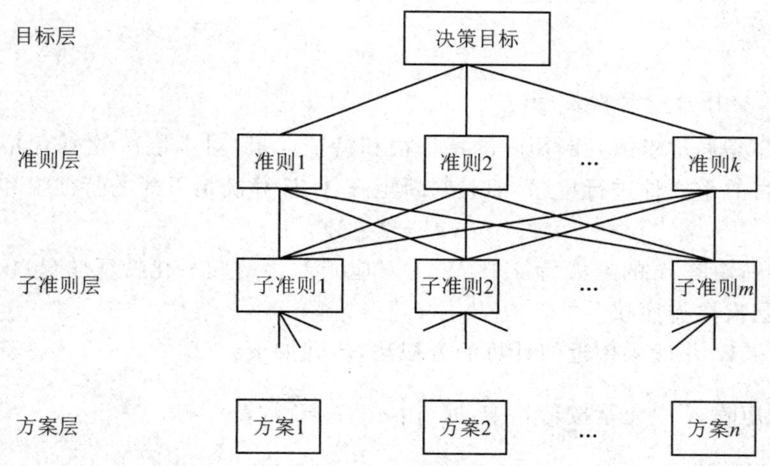

图 11-2　评价指标体系层次结构模型

(2) 构造两两比较矩阵

建立层次结构以后，上下层之间元素的隶属关系就被确定了。假定上一层次的元素 C_k 作为准则，对下一层次的元素 $A_1, A_2 \cdots\cdots A_n$ 有支配关系。通过向决策者询问在准则 C_k 下元素 A_i 对元素 A_j 的优劣比较，且对优劣程度赋予 1～9 标度。构造一判断矩阵 $\mathbf{A}$，其形式见表 11-2。

表 11-2　比较矩阵

C_k	A_1	A_2	…	A_n
A_1	a_{11}	a_{12}	…	a_{1n}
A_2	a_{21}	a_{22}	…	a_{2n}
…	…	…	…	…
A_n	a_{n1}	a_{n2}	…	a_{nn}

其中 a_{ij} 表示对于准则 C_k 来说，A_i 对 A_j 相对重要性的数值体现，其取值为 1～9 以及它们的倒数，含义如表 11-3 所列：

表 11-3　主要程度对比表

标　度 a_{ij}	相对重要性数值
1	i 元素与 j 元素相比，同样重要
3	i 元素与 j 元素相比，略微重要
5	i 元素与 j 元素相比，明显重要
7	i 元素与 j 元素相比，非常重要
9	i 元素与 j 元素相比，绝对重要
2,4,6,8	上述相邻判断之间状态对应的标度

判断矩阵中的元素具有如下性质：

① $a_{ij} > 0$；

② $a_{ij}=1/a_{ji}$；

③ $a_{ii}=0$。

(3) 层次单排序及一致性检验

层次单排序是通过求解判断矩阵的特征根和特征向量，对本层次的所有元素相对于上一层次某元素而言的重要件进行排序，即对判断矩阵 **A**，计算满足下式的特征根和特征向量。

$$\boldsymbol{A}W=\lambda_{\max}W,$$

其中，$\lambda_{\max}$ 为判断矩阵 **A** 的最大特征根，W 为对应于 $\lambda_{\max}$ 的归一化特征向量；W 的分量 w_i 即为相应元素的层次单排序权重。

计算 $\lambda_{\max}$ 和 W 一般采用近似计算的方根法，步骤如下：

① 将判断矩阵 **A** 中元素按行相乘：即 $\prod_{j=1}^{n}a_{ij}(i=1,2,\cdots,n)$；

② 计算 $\bar{w}_i=\sqrt[n]{\prod_{j=1}^{n}a_{ij}}$；

③ 将 $\bar{w}_i$ 归一化得 $w_i=\bar{w}_i/\sum_{j=1}^{n}\bar{w}_i$，$W=[w_1,w_2,\cdots,w_n]^{\mathrm{T}}$ 为所求特征向量；

④ 计算最大特征根 $\lambda_{\max}=\sum_{i=1}^{n}\frac{(AW)_i}{nw_i}$，其中 $(AW)_i$ 表示 AW 的第 i 个元素。

由于客观事物的复杂性以及评价人员认识的多样性，人们在对大量元素进行两两比较时，可能会产生一些不一致性的结论。例如当元素 i、j 和 k 的重要性很接近，进行两两比较，有可能得出 i 比 j 重要，j 比 k 重要，而 k 又比 i 重要等矛盾的结论，要完全达到判断一致性是非常困难的。

为了检查决策者在构造判断矩阵时的判断思维是否具有一致性，要进行矩阵一致性检验，即计算一致性指标。

进行一致性检验的步骤如下：

① 计算一致性指标

$$C.I.=\frac{\lambda_{\max}-n}{n-1}$$

式中，n 为判断矩阵 **A** 的阶数。

② 查表求平均随机一致性指标 $R.I.$。$R.I.$ 是多次重复进行随机判断矩阵特征值的计算后取算术平均数得到的，表 11－4 给出了 1～15 阶矩阵重复计算 1 000 次的平均随机一致性指标值。

表 11－4　平均随机一致性指标

阶　数	1	2	3	4	5	6	7	8	9	10	11	12	13	14	15
$R.I.$	0	0	0.52	0.89	1.12	1.26	1.36	1.41	1.46	1.49	1.52	1.54	1.56	1.58	1.59

③ 计算一致性比例

$$C.R.=\frac{C.I.}{R.I.}$$

当 $C.R.<0.1$ 时，一般人为判断矩阵的一致性是可以接受的，否则应修改判断矩阵使之符合

一致性要求。

(4) 层次总排序及一致性检验

为了得到递阶层次结构中每层次中所有元素相对于总目标的相对权重，需把前一步计算的结果进行适当组合，以计算出总排序的相对权重，并进行层次总排序的一次性检验。在此，要由上而下逐层进行，最终得出最低层次元素相对权重和整个递阶层次模型的判断一致性。

如果上一层所有元素 $A_1,A_2,\cdots,A_m$ 的组合权重已知，权值分别为 $a_1,a_2,\cdots,a_m$，与 A_i 相应的本层元素 $B_1,B_2,\cdots,B_n$ 的单排序结果（权重）为 $b_1^i,b_2^i,\cdots,b_n^i(i=1,2,\cdots,m)$。若 B_j 与 A_i 无联系时，$b_j^i=0$，则本层元素的组合权重可根据下表计算。显然有 $\sum_{i=1}^{n} b_j=1$。

为评价层次总排序计算结果的一致性，也需要计算与层次单排序相类似的检验量。如果层次分析通过了这一检验，分析的结果便可用于决策。否则，研究者需要重新调整判断矩阵，再进行分析。设 $C.I.$ 为层次总排序一致性指标；$R.I.$ 为层次总排序随机一致性指标。其计算公式为

$$C.I.=\sum_{i=1}^{m} a_i C.I._i$$

$C.I._i$ 为 A_i 相应的 B 层次中判断矩阵的一致性指标。

$$R.I.=\sum_{i=1}^{m} a_i R.I._i$$

$R.I._i$ 为 A_i 相应的 B 层次中判断矩阵的随机一致性指标。

并取

$$C.R.=\frac{C.I.}{R.I.}$$

当 $C.R.<0.10$，认为层次总排序的结果具有满意的一致性，模型参数见表 11-5。

表 11-5　模型参数表

权　重	层次 A				B 层次元素组合权重
	A_1	A_2	…	A_m	
层次 B	a_1	a_2	…	A_m	
B_1	b_1^1	b_1^2	…	b_1^m	$b_1=\sum_{i=1}^{m} a_i b_1^i$
B_2	b_2^1	b_2^2	…	b_2^m	$b_2=\sum_{i=1}^{m} a_i b_2^i$
⋮	⋮	⋮	⋮	⋮	⋮
B_n	b_n^1	b_n^2	…	b_n^m	$b_n=\sum_{i=1}^{m} a_i b_n^i$

3. 应用举例

通常层次分析法被用于方案排序和评价指标体系权重的确定。如果最下层的元素是可选择的方案，那么可以根据各个方案的权重大小排序，权重最大的即为最优方案。如果最下层元素为评价指标体系的细化的最终指标，则通过层次分析法可以确定最终指标的权重，再根据被

评价对象在各个最终指标的得分，计算评价对象的加权平均分即为综合评价得分。得分最高的即为最优选择。

例 1　某航空公司欲花费一定的资金来提高公司办公效率，根据各方意见，提出的方案有发奖金、添置福利设施、办培训班、购买业务资料、购买辅助性系统。在决策时要考虑调动员工劳动积极性、提高员工技术水平和改善物质文化生活 3 个方面。

从以下几个步骤解决：

① 建立层次结构如图 11-3 所示；

② 构造目标的判断矩阵；

③ 一致性检验；

④ 计算各因素的权重；

⑤ 计算评价量化值。

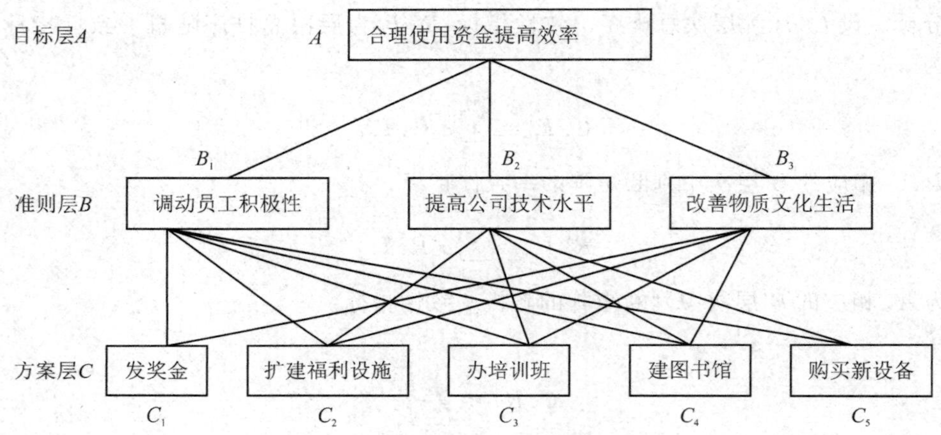

图 11-3　某航空公司资金效率层次结构

首先，构造第二层准则层 B 对于第一层目标层 A 的判断矩阵：

A	B_1	B_2	B_3
B_1	1	1/5	1/3
B_2	5	1	3
B_3	3	1/3	1

通过计算得判断矩阵的特征向量和特征根分别为

$$W=[0.105 \quad 0.637 \quad 0.258]^{\mathrm{T}}$$

$$\lambda_{\max}=3.039$$

对判断矩阵进行一致性检验，即计算 $C.I.$ 和 $C.R.$

$$C.I.=0.019$$

$$C.R.=0.033<0.1$$

说明判断矩阵的一致性可以接受。

同样可以构造第三层对于第二层各准则的判断矩阵：

B_1	C_1	C_2	C_3	C_4	C_5
C_1	1	2	3	4	7
C_2	1/2	1	3	2	5
C_3	1/3	1/3	1	1/2	1
C_4	1/4	1/2	2	1	3
C_5	1/7	1/5	1	1/3	1

$$W=[0.435\quad 0.268\quad 0.088\quad 0.147\quad 0.062]^{\mathrm{T}},\quad \lambda_{\max}=5.126$$

$$C.I.=0.032,\quad C.R.=0.028<0.1$$

B_2	C_2	C_3	C_4	C_5
C_2	1	1/7	1/3	1/5
C_3	7	1	5	2
C_4	3	1/5	1	1/3
C_5	5	1/2	3	1

$$W=[0.057\quad 0.523\quad 0.121\quad 0.299]^{\mathrm{T}},\quad \lambda_{\max}=4.068$$

$$C.I.=0.023,\quad C.R.=0.026<0.1$$

B_3	C_1	C_2	C_3	C_4
C_1	1	1	3	3
C_2	1	1	3	3
C_3	1/3	1/3	1	1
C_4	1/3	1/3	1	1

$$W=[0.375\quad 0.375\quad 0.125\quad 0.125]^{\mathrm{T}},\quad \lambda_{\max}=4$$

$$C.I.=0,\quad C.R.=0<0.1$$

第三层相对于第一层的权重通过第二层相对于第一层的权重和第三层相对于第二层的权重组合得到，计算结果如表 11－6 所列。

表 11－6

C	A			总权重
	B_1	B_2	B_3	
	0.105	0.637	0.258	
C_1	0.046	0	0.097	0.142
C_2	0.028	0.036	0.036	0.101
C_3	0.009	0.333	0.032	0.375
C_4	0.147	0.121	0.125	0.125
C_5	0.062	0.299	0	0.197

评价结果表明，举办培训班是首选。

例 2　人是空中交通管制系统中最灵活、最具适应性和最有价值的要素，而其失误行为也是最易产生不利影响的。由于空中交通管制中产生的人为失误，往往会导致航空器空中危险接近，严重的后果甚至会酿成空难。下表为空中交通管制中人的可靠性评价的指标体系层次结构。从人自身因素、软件、硬件、环境等方面指出了影响空中交通管制中人的可靠性的心理、空中环境等 17 个子因素。现利用该在指标体系通过层次分析法对两个工作组 A 和 B 进行综合评价。

首先,请空管专家对该指标体系各层元素分别进行两两比较,建立判断矩阵,依据层次分析法的步骤,可得到 17 个子因素相对于总评价目标的权重,即表 11－7 中的第 4 列。

表 11－7　人因可靠性评价指标

	一级指标	二级指标	权　重	工作组 A	A 综合得分	工作组 B	B 综合得分
空中交通管制中人的可靠性评价	人的因素	文化程度	0.051	8	7.394	7	7.531
		生理因素	0.055	6		8	
		心理因素	0.070	7		8	
		训练因素	0.069	8		8	
		群体因素	0.068	7		6	
	软件因素	管制指挥程序	0.054	9		8	
		飞行调配预案	0.056	10		9	
		特情处置预案	0.056	8		6	
		管制信息来源	0.058	6		7	
	硬件因素	航管设备完好率	0.089	6		8	
		航管设备配置	0.082	8		8	
		航管设备宜人度	0.074	5		7	
	环境因素	空中环境	0.086	7		6	
		工作场所布局	0.055	9		8	
		温度和湿度	0.033	8		9	
		照明	0.022	8		9	
		噪音	0.023	9		9	

然后,请评价者按照评价标准给出工作组在各个子因素的得分(满分为 10 分),如第 5、7 列所列。

最后,加权平均得到工作组 A 的得分为 7.394,B 的得分为 7.531。即工作组 B 优于工作组 A。

11.2.2　模糊综合评价法

模糊综合评价是一种定量评价方法,评价者从影响问题的主要因素出发,参照有关数据和情况,根据判断对复杂问题分别做出不同程度的模糊评价,然后通过模糊数学提供的方法进行运算,得出定量的综合评价结果。

模糊综合评价法把社会现象中所出现的“亦此亦彼”的中介过渡状态采用概念内涵清晰,但外延界限不明确的模糊思想予以描述,并进行多因素的综合评定和评价。采用模糊综合评价法有效地避免了用“是”与“非”这种硬性尺度衡量被评价现象的做法,克服了采用传统的综合评价法可能出现的不同程度地偏离客观真实状况评价的缺陷。

1. 问题描述

根据若干指标(因素)对被评价的对象进行综合评价,得出该评价对象属于哪一等级的结论。

2. 计算步骤

(1) 确定评价指标及其权重

根据问题确定评价指标集 $X=\{x_1,\cdots,x_n\}$ 及各指标的权重 $A=[a_1,\cdots,a_n]$。通常应用层次分析法来计算指标的权重。

(2) 单因素评价

首先确定评价结果等级即决策集 $Z=\{z_1,\cdots,z_m\}$。

然后确定评价对象在各单项指标上的得分,

$$r_i=\{r_{i1},\cdots,r_{im}\}\quad (i=1,\cdots,n)$$

其中 r_{ij} 是评价对象在第 i 个指标上隶属于 z_j 的程度。

最后,以 r_i 为行构成单因素评价矩阵 $\boldsymbol{R}=(r_{ij})_{n\times m}$。

(3) 综合评价

计算模糊合成 $A\cdot R$,合成采用普通矩阵乘法,对于合成结果进行归一化,并按照最大隶属度原则确定评价对象所属的等级。

3. 应　用

例 3. 对机组人员进行基本素质评价,评价指标为 x_1(文化程度),x_2(生理因素),x_3(心理因素),x_4(训练因素),x_5(沟通能力)。应用层次分析法,得到各评价指标的权重为 $A=[0.163,0.175,0.224,0.220,0.218]$。决策集 $Z=\{$好,较好,一般,较差,差$\}$。

现由 20 名专家和顾问小组对机组人员进行单因素评价,即给出该机组人员在各指标是上分别隶属于各等级的程度,如表 11-8 所列。

表 11-8　指标集与决策集

指标集	权　重	决策集									
		好	票　数	较　好	票　数	一　般	票　数	较　差	票　数	差	票　数
文化程度	0.163	0.4	8	0.35	7	0.25	5	0	0	0	0
生理因素	0.175	0.4	8	0.4	8	0.2	4	0	0	0	0
心理因素	0.224	0.5	10	0.2	4	0.3	6	0	0	0	0
训练因素	0.220	0.3	6	0.4	8	0.3	6	0	0	0	0
沟通能力	0.218	0.35	7	0.4	8	0.25	5	0	0	0	0

单因素评价矩阵

$$\boldsymbol{R}=\begin{pmatrix} 0.4 & 0.35 & 0.25 & 0 & 0 \\ 0.4 & 0.4 & 0.2 & 0 & 0 \\ 0.5 & 0.2 & 0.3 & 0 & 0 \\ 0.3 & 0.4 & 0.3 & 0 & 0 \\ 0.35 & 0.4 & 0.25 & 0 & 0 \end{pmatrix}$$

综合评价结果为

$$A \cdot R = [0.163, 0.175, 0.224, 0.220, 0.218] \cdot \begin{pmatrix} 0.4 & 0.35 & 0.25 & 0 & 0 \\ 0.4 & 0.4 & 0.2 & 0 & 0 \\ 0.5 & 0.2 & 0.3 & 0 & 0 \\ 0.3 & 0.4 & 0.3 & 0 & 0 \\ 0.35 & 0.4 & 0.25 & 0 & 0 \end{pmatrix}$$

$$= [0.3895, 0.3470, 0.2635, 0, 0]$$

即该机组人员的基本素质 0.389 5 隶属于好，0.347 隶属于较好，0.263 5 隶属于一般。根据隶属度最大原则，该机组人员在基本素质方面得到的综合评价为“好”。

习　题

11.1　某管制单位为降低管制员的人为差错，需要对管制员的核心能力进行分析并设计提升方案。假如你是这家管制单位的安全专家，希望通过主成分分析方法来分析管制员的各项人为因素，并找出影响飞行安全的主要因素。

需要完成以下任务：

(1) 设计一个方案分析获取影响管制员的人为差错的因素，包括但不限于以下因素：管制经验(年)；在岗小时数(小时)；差错次数(次)；接受培训次数(次)；专业知识水平等。

(2) 对采集数据按照主成分分析与方法要求进行处理；

(3) 确定影响飞行安全的主要因素并给出释义。

11.2　某空域管理部门为分析本单位扇区运行品质，以便为优化空域提供量化支撑。请根据所学的层次分析法(AHP)设计一个评估扇区运行品质方案，完成以下内容：

(1) 从安全、效率、设备、人员等角度构建至少 3 层指标体系；

(2) 说明数据获取方式和方法；

(3) 使用层次分析方法分析建立层次结构；

(4) 构造目标的判断矩阵；

(5) 一致性检验。

利用上述过程，依托一个具体管制扇区分析其在某段时间的运行品质。

11.3　某大型国际机场为分析在大流量、高密度运行机场飞行区运行安全水平，需要采用模糊综合评价方法进行评估。假如你是该单位评估人员，完成以下任务：

(1) 针对机场飞行区运行特点构建相应的评价指标体系；

(2) 说明不同指标数据获取方式；

(3) 使用模糊综合评价方法建立评估模型。

利用上述过程，依托一个具体大型机场分析其机场飞行区安全水平。

11.4　假设你是某航空公司的运营经理，你需要评估不同机场的客流量与航班准点率之间的关联程度，以确定哪些机场的客流量对航班准点率影响较大，请使用灰色关联度评价法来进行评估。

请根据表 11－9 的数据采用灰色关联度评价方法去分析？机场的客流量与航班准点率之间的关联程度。根据评估结果，确定哪些机场的客流量对航班准点率影响较大，并解释评估结果。

表 11－9　统计数据表

序　号	客流量/万人次	准点率/%	序号	客流量/万人次	准点率/%
1	50	85	9	52	86
2	55	90	10	54	88
3	60	80	11	60	82
4	65	85	12	68	83
5	70	75	13	65	80
6	75	75	14	70	72
7	80	78	15	78	65
8	82	70	16	86	65

参考文献

[1] 胡运权. 运筹学教程[M]. 5 版. 北京：清华大学出版社，2018.

[2] 清华大学. 运筹学[M]. 4 版. 北京：清华大学出版社，2012.

[3] 陶谦坎. 运筹学与系统分析[M]. 北京：机械工业出版社，2000.

[4] 张莹. 运筹学基础[M]. 北京：清华大学出版社，2010.

[5] 韩大卫. 管理运筹学[M]. 大连：大连理工大学出版社，2009.

[6] 吴育华，杜纲. 管理运筹学[M]. 天津：天津大学出版社，2004.

[7] HILLIER，LIEBERMAN，McGraw-Hill H. Introduction to Operations Research[M]. 9th ed. 北京：清华大学出版社，2010.

[8] HAMDY A，TAHA，HALL P. Operations Research——An Introduction[M]. 8th ed. 北京：清华大学出版社，2009.

[9] 王振军. 交通运输系统工程[M]. 南京：东南大学出版社，2008.

[10] 张国伍. 交通运输系统分析[M]. 成都：西南交通大学出版社，1991.

[11] 李昂，降绍华，杨新湦. 民航概论：第四版[M]. 北京：中国民航出版社，2016.

[12] 梁曼，黄贻刚. 空中交通管理概论[M]. 北京：中国民航出版社，2013.

[13] 程擎，朱代武，李彦冬. 新一代空中交通管理系统[M]. 2 版. 成都：西南交通大学出版社，2023.

[14] 杜实. 飞行运行的组织与管理[M]. 北京：兵器出版社，2010.

[15] 李艳伟. 飞行组织运行与管理[M]. 北京：清华大学出版社，2022.

[16] 朱金福. 航空运输组织[M]. 北京：科学出版社，2018.

[17] 朱金福. 航空运输规划[M]. 北京：西北工业大学出版社，2009.

[18] 马兰，吴志军. 空中交通管理信息安全评估[M]. 北京：科学出版社，2015.

[19] 张兆宁，王莉莉，等. 机场多跑道安全运行理论[M]. 北京：科学出版社，2014.

[20] 张兆宁. 空中交通流量管理理论与方法[M]. 北京：科学出版社，2009.

[21] 理查德·德·纽弗威尔，阿米第 R·欧都尼. 机场系统：规划、设计和管理[M]. 高金华，等，译. 北京：中国民航出版社，2006.

[22] 苗敬毅，董媛香，等. 预测方法与技术[M]. 北京：清华大学出版社，2019.

[23] 林齐宁. 决策分析教程[M]. 北京：清华大学出版社，2013.

[24] 刘云忠，郝原. 统计综合评价方法与应用[M]. 北京：清华大学出版社，2020.